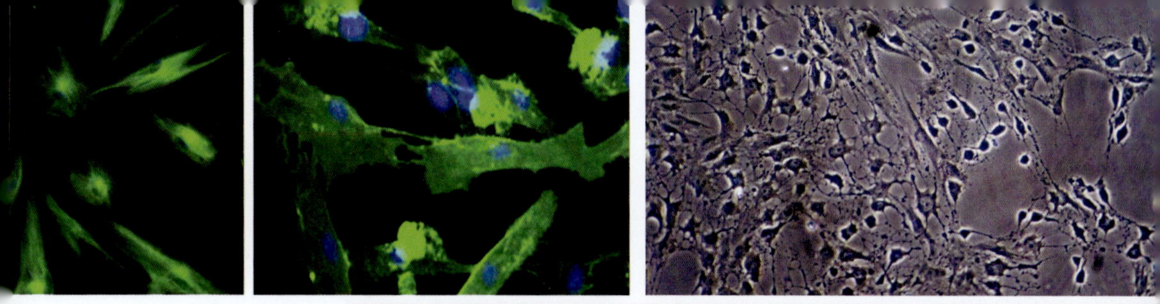

CÉLULAS-TRONCO

da coleta aos protocolos terapêuticos

Outros Livros de Interesse

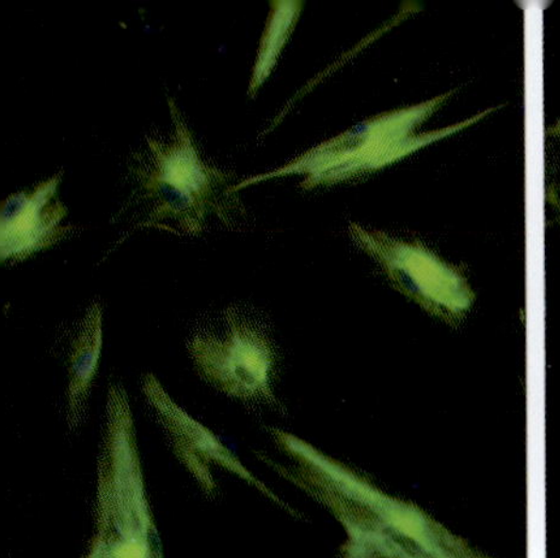
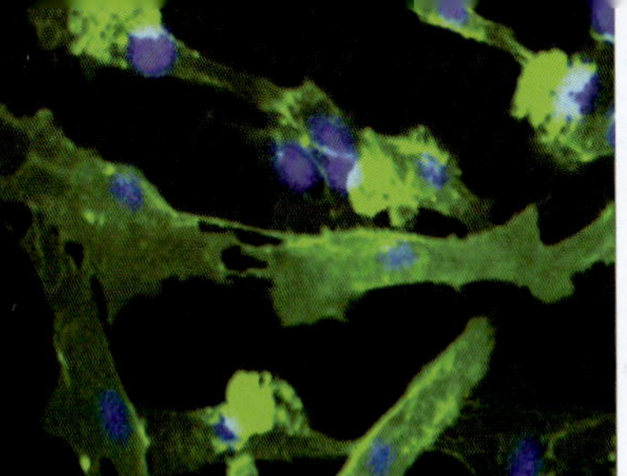
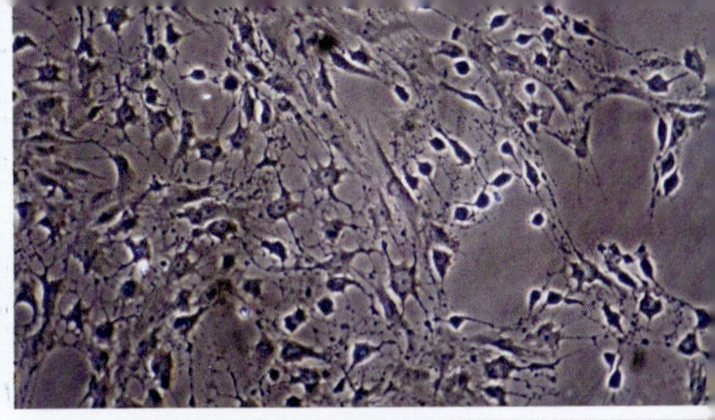

CÉLULAS-TRONCO

da coleta aos protocolos terapêuticos

Editores

Celso Massumoto

Sally Mizukami Massumoto

Carlos Alexandre Ayoub

Nelson Foresto Lizier

Atheneu

EDITORA ATHENEU

São Paulo — Rua Jesuíno Pascoal, 30
Tel.: (11) 2858-8750
Fax: (11) 2858-8766
E-mail: atheneu@atheneu.com.br

Rio de Janeiro — Rua Bambina, 74
Tel.: (21)3094-1295
Fax: (21)3094-1284
E-mail: atheneu@atheneu.com.br

Belo Horizonte — Rua Domingos Vieira, 319 — conj. 1.104

PRODUÇÃO EDITORIAL: Equipe Atheneu
PROJETO GRÁFICO/DIAGRAMAÇÃO: Triall Composição Editorial Ltda.

Dados Internacionais de Catalogação na Publicação (CIP)
(Câmara Brasileira do Livro, SP, Brasil)

Células-tronco : da coleta aos protocolos terapêuticos / editor Celso Massumoto...
[et al.]. -- São Paulo : Editora Atheneu, 2014.

Outros editores: Sally Mizukami Massumoto, Carlos Alexandre Ayoub, Nelson Foresto Lizier
Vários colaboradores.
ISBN 978-85-388-0577-9

1. Células-tronco 2. Células-tronco embrionárias 3. Terapia celular I. Massumoto, Celso. II. Massumoto, Sally Mizukami. III. Ayoub, Carlos Alexandre. IV. Lizier, Nelson Foresto.

14-10827 CDD-572.877

Índices para catálogo sistemático:

1. Células-tronco : Protocolos terapêuticos : Ciência de vida 572.877

MASSUMOTO, CELSO; MASSUMOTO, SALLY MIZUKAMI, AYOUB, CARLOS ALEXANDRE; LIZIER, NELSON FORESTO
Células-tronco – da Coleta aos Protocolos Terapêuticos

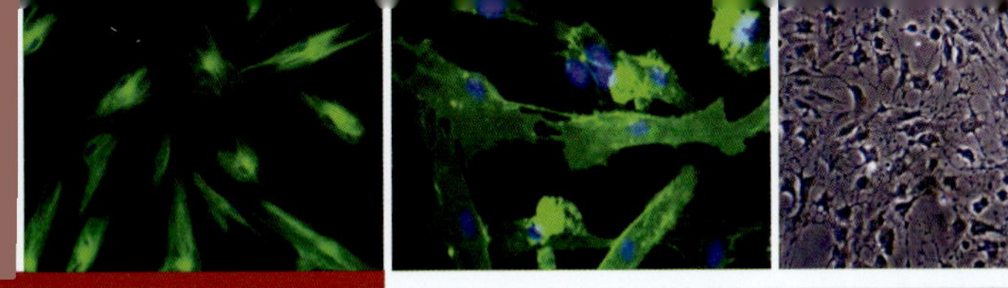

Sobre os editores

Celso Mitsushi Massumoto

Responsável Técnico do Transplante de Medula Óssea do Hospital Alemão Oswaldo Cruz. Doutor em Medicina pela Faculdade de Medicina da Universidade de São Paulo (FMUSP). *Ex-clinical fellow* do Fred Hutchinson Cancer Center, Seattle, Washington. Especialista em Hematologia, Área de Concentração de Transplante de Medula Óssea pela Associação Médica Brasileira (AMB).

Sally Mizukami Massumoto

Ex-fellow do Fred Hutchinson Cancer Center, Laboratório de Criogenia, Seattle, Washington. Mestrado pela Universidade de São Paulo (USP) em Farmácia e Bioquímica. Farmacêutica do Centro de Criogenia Brasil, São Paulo, SP.

Carlos Alexandre Ayoub

Diretor Médico do Centro de Criogenia Brasil, São Paulo, SP.

Nelson Foresto Lizier

Bacharel em Biotecnologia pela Universidade Estadual Paulista (Unesp/Assis), SP. Mestrado em Ciências pelo Departamento de Morfologia e Genética da Universidade Federal de São Paulo (Unifesp). Doutor em Ciências pelo Departamento de Morfologia e Genética da Unifesp. Membro da Sociedade Internacional de Estudos em Células-tronco (ISSCR).

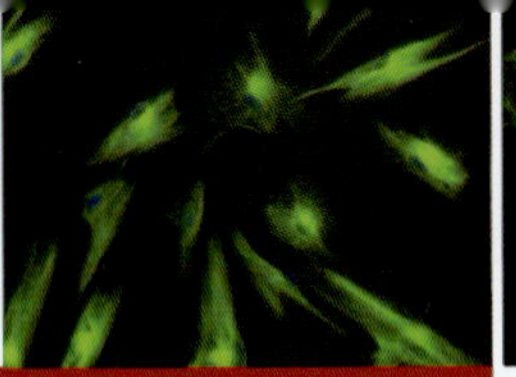
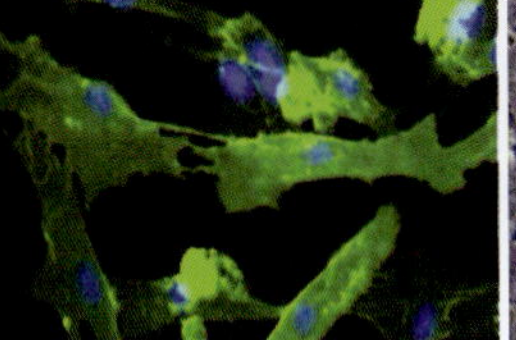
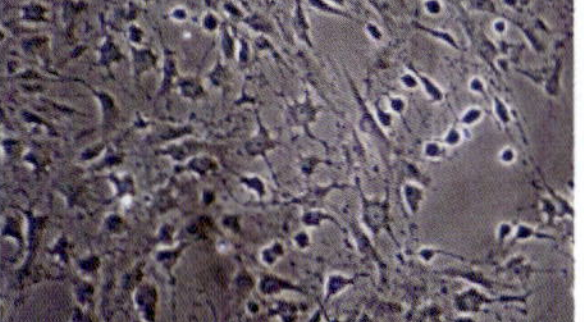

Sobre os colaboradores

Antonio Araújo Júnior

Neurocirurgião do Hospital Sírio-Libanês.

Flávio Key Miura

Médico Neurocirurgião do Hospital Alemão Oswaldo Cruz e do Hospital Sírio-Libanês.

Guilherme Lepski

Professor Livre-docente da Faculdade de Medicina da Universidade de São Paulo (FMUSP).

Joel Augusto Ribeiro Teixeira

Médico Neurocirurgião, responsável pelo Setor de Cirurgia Minimamente Invasiva da Dor do Hospital Alemão Oswaldo Cruz.

Joselito Bomfim Brandão

Coordenador Médico do Banco de Sangue do Hospital Alemão Oswaldo Cruz.

Milton Artur Ruiz

Médico Hematologista da Associação Portuguesa de Beneficência de São José do Rio Preto.

Mirella M. Fazzito

Neurologista do Hospital Sírio-Libanês.

Pedro Lemos

Médico Intervencionista do Instituto do Coração e do Hospital Sírio-Libanês.

Roberto Luiz Kaiser Junior

Médico da Kaiser Clínica de São José do Rio Preto.

Ricardo Ferreira

Neurofisiologista da Clínica Dr. Ricardo Ferreira – São Paulo – SP.

Rogerio Tuma

Neurologista do Hospital Sírio-Libanês.

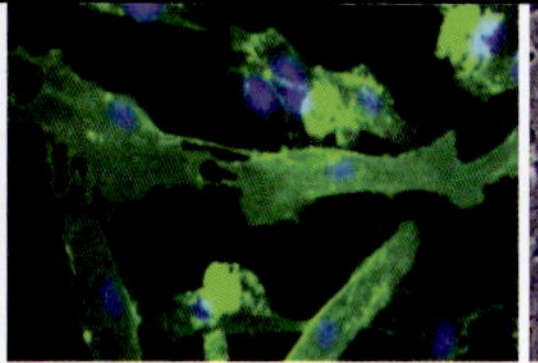
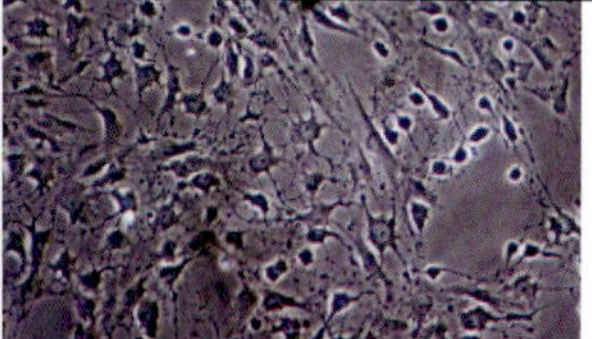

Dedicatórias

Às nossas filhas, Susi e Nicole
Meus pais, George e Tamiko
– Celso e Sally

À Nina, Rafael e Fernanda
Aos nossos colaboradores do CCB
– Alexandre

Aos meus pais, Edson e Fátima, e aos meus irmãos, Karina, Dalmo e Danusa
– Nelson

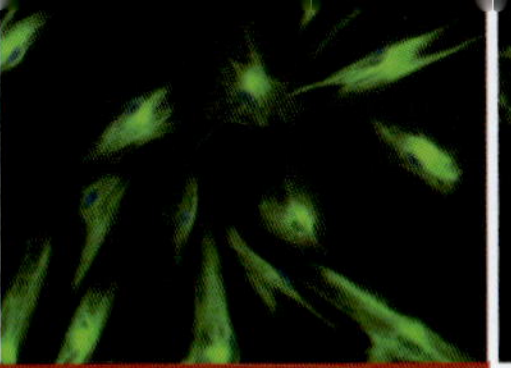

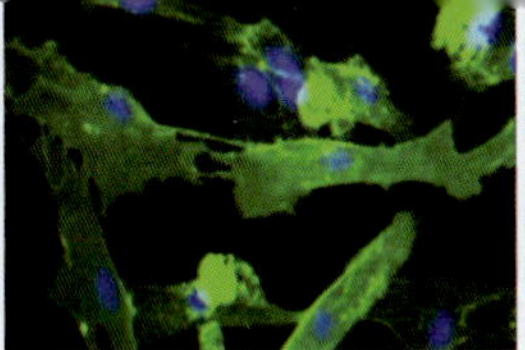

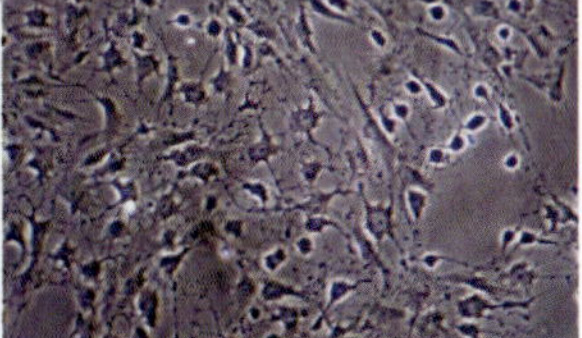

Agradecimentos

Um progresso notável ocorreu no conhecimento das células-tronco nos últimos anos. Desde a primeira edição deste manual até os dias atuais, observamos uma evolução de informações sem precedentes. As células-tronco ganharam um reconhecimento espetacular. Em decorrência disso os autores se reuniram e atualizaram esta obra. O livro atual contempla duas partes: a primeira com as células-tronco mesenquimais e a segunda, com as células-tronco hematopoéticas. Em ambas, os capítulos estão divididos em bases racionais e em seguida estão listados os protocolos de acordo com os procedimentos operacionais padrões (POP).

Assim como na edição anterior agradecemos ao nosso mentor científico, Scott D. Rowley pelos ensinamentos e a condução de nossas carreiras. Somos gratos a Fernanda Fischetti Ayoub e Raquel Rodrigues Nakamato pela contribuição aos fundamentos da acreditação em Banco de Cordão Umbilical. Agradecemos aos médicos colaboradores de capítulos citados abaixo. Aos diretores do Hospital Alemão Oswaldo Cruz pela parceria científica para o desenvolvimento deste livro.

Finalmente, agradecemos as nossas famílias e aos pacientes que são a razão de nossa devoção e progresso.

Os autores

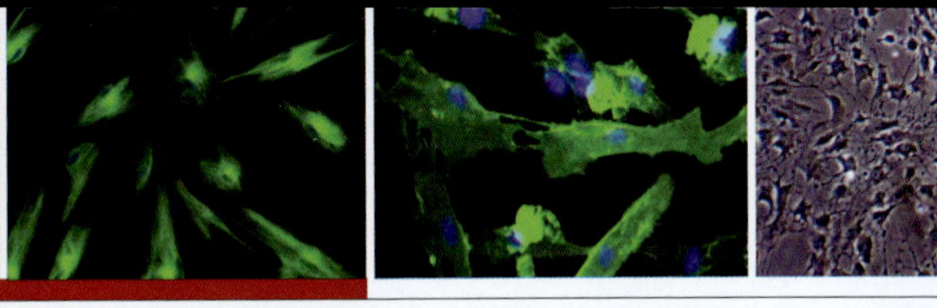

Prefácio

Nesta nova edição do manual de células-tronco, os autores Celso e Sally Massumoto, Carlos Ayoub e Nelson Lizier, ampliam e atualizam diversos e importantes temas que incluem desde a coleta até os protocolos terapêuticos das células-tronco mesenquimais e hematopoéticas.

Assim como na obra anterior, a forma sistemática e a abordagem didática, aliada à experiência multiprofissional destes pesquisadores, trazem ao leitor um conhecimento diverso e aprofundado sobre as células-tronco e a terapia celular. Este livro torna-se uma referência didática tanto aos profissionais que estão iniciando como aos que possuem uma experiência consolidada nesta área do conhecimento.

Após uma parte introdutória, os capítulos do livro estão divididos nos fundamentos científicos e na apresentação dos protocolos de procedimentos operacionais padrões, com uma abordagem separada para os dois tipos de células-tronco. Em suas duas partes finais, são discutidos os temas normas e consentimentos e as aplicações das células-tronco mesenquimais em protocolos terapêuticos.

Alguns capítulos contam com a participação de colaboradores com experiência prática em suas áreas de atuação profissional, complementa a visão e abordagem dos autores.

Para o Instituto de Educação e Ciências em Saúde (IECS) do Hospital Alemão Oswaldo Cruz, é uma satisfação poder participar da coedição desta obra, junto com a Atheneu, editora que tem produzido, há muitas décadas, obras de enorme valor para a área da saúde. Entre as diretrizes do IECS está a de contribuir na geração e disseminação do conhecimento científico aos profissionais envolvidos com a pesquisa científica e com a promoção e o cuidado à saúde das pessoas. Neste sentido, esta é mais uma obra que cumpre com este propósito.

Prof. Dr. Jefferson Gomes Fernandes
Superintendente de Educação e Ciências
Hospital Alemão Oswaldo Cruz
São Paulo, agosto de 2014.

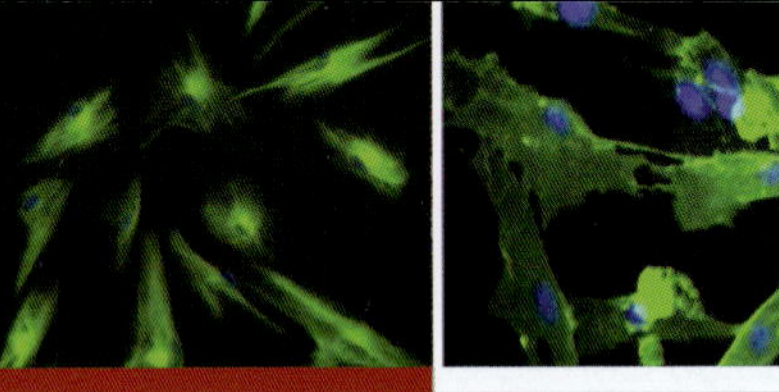
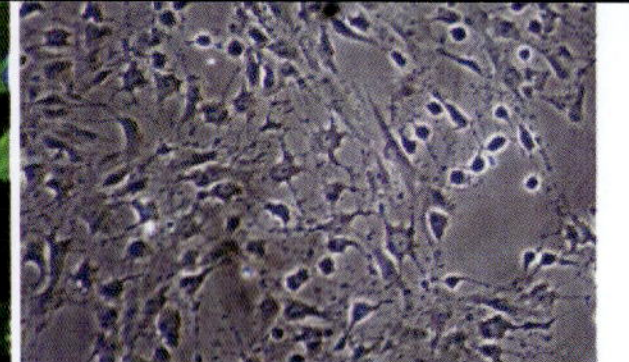

Sumário

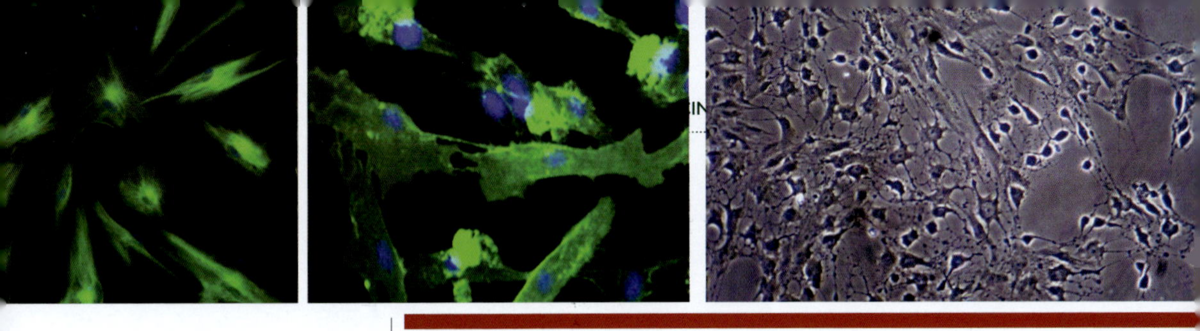

parte 1

Biologia das Células-tronco

capítulo 1

Medicina Regenerativa – Perspectiva Histórica

A prática da medicina remonta aos tempos pré-históricos nos quais quase todas as culturas tiveram seus curandeiros. A arte de curar foi desenvolvida por indivíduos que se propunham a sanar os males dos outros. Há modos primitivos como, por exemplo, o do pajé, que como curandeiro da tribo indígena realiza procedimentos que ultrapassam o corpo físico da pessoa. Em algumas comunidades no Amazonas, o pajé é o principal líder comunitário e, caso ele não permita, a medicina tradicional não é oferecida aos índios. No Havaí, há um hospital no qual a medicina científica convive com a medicina alternativa. Para alguns nativos daquele estado americano, quem é alternativa é a medicina moderna.

Em outros rituais antigos, fazia-se um buraco no crânio (trepanação) para a saída dos espíritos, pois se acreditava que esta era a causa dos distúrbios psiquiátricos. Em 1692, a região de Salem, no norte de Boston, ficou conhecida pela presença das "bruxas de Salem". As jovens apresentavam alucinações, convulsões e, sob o olhar da comunidade, eram "possuídas pelo diabo". O saldo final foi a morte de 19 jovens por execução sumária e 100 a 200 pessoas aprisionadas por bruxaria.[1] A explicação: as jovens haviam ingerido centeio contaminado com um fungo que era resistente ao cozimento que, no organismo, levava à formação de um produto semelhante ao ácido lisérgico (LSD).

A medicina baseada em evidência é atualmente o modo predominante. Hoje, não é permitida a aprovação de um medicamento novo sem que hajam estudos controlados, realizados em grandes grupos populacionais, entre o produto em estudo e um grupo placebo.

Há 2.500 anos, Hipócrates estabeleceu os critérios da medicina como ciência dentro da ética.

Os egípcios deram grande contribuição com o desenvolvimento de emplastros feitos com vísceras de animais. Eles fizeram a ligação entre doença e religião, pois atendiam os faraós, considerados a encarnação dos deuses na Terra. Provavelmente, foram os primeiros médicos a praticarem medicina particular na história da humanidade.

O objetivo de todos os cientistas é o mesmo: o aumento da expectativa de vida associado à regeneração de tecidos lesados e a eterna procura "pelo poço da juventude", citado em registros indus de 700 a.C.

No século XVI, o médico Paracelso escreveu: "O coração cura o coração, pulmão cura o pulmão, o semelhante cura o semelhante". Esta premissa tornou-se hoje a teoria básica da terapia regenerativa, e vem sendo perseguida pelos cientistas.

Prometeus é um símbolo para a medicina regenerativa. Conta a mitologia que depois de ter roubado o fogo dos deuses do monte Olimpo e o de ter dado aos mortais, Zeus ordenou que Prometeus fosse acorrentado a uma rocha na qual uma águia lhe comia parte do fígado diariamente. No entanto, o fígado de Prometeus era capaz de se regenerar, permitindo ao Titã sobreviver. Hoje, busca-se o desenvolvimento de processos e protocolos terapêuticos para restaurar tecidos e órgãos perdidos, danificados ou envelhecidos para que essa lendária história de regeneração se torne realidade.[2]

A medicina regenerativa é o campo que estuda a criação de tecidos humanos novos e funcionais para reparar ou substituir tecidos ou órgãos que perderam a sua função, devido à idade, a doenças, a acidentes ou defeitos congênitos.[3]

AS CÉLULAS-TRONCO E A TERAPIA CELULAR

Em 1868, o termo "célula-tronco" surge na literatura científica pela primeira vez quando Ernst Haeckel usa a expressão para descrever o óvulo fertilizado que se torna um organismo. O autor usou a mesma palavra para descrever o organismo unicelular que serviu como célula ancestral para todos os seres vivos.[4] Essa publicação original pode ser vista no books.google.com.

Em 1908, o histologista russo Alexander Maksimov sugere a hipótese da existência de células-tronco hematopoéticas e estabelece as bases do que conhecemos hoje como hematopoese (formação do sangue) durante o congresso da sociedade de hematologia de Berlim.[5]

Em 1924, Maksimov identifica um outro tipo de célula precursora dentro do mesênquima da medula óssea que se desenvolve em vários tipos celulares. As células descobertas foram mais tarde reveladas como células-tronco mesenquimais[6] e promoveram uma revolução no conhecimento das células-tronco.

No final do século XIX, vários embriologistas, entre eles os alemães Hans Spemann (1869-1941) e Jacques Loeb (1859-1924), começaram a decifrar os segredos das células-tronco por meio de experimentos com células de embriões. Tais pesquisas revelaram, em 1930, que as duas primeiras células de um embrião de anfíbio, ao serem separadas, cada uma era capaz de gerar um girino normal.[7]

Em 1953, Leroy Stevens descobriu um tumor no saco escrotal de um rato, denominado teratoma. Ao examinar o interior da lesão, ele identificou vários tecidos, como dentes e cabelos, comuns nesse tipo de tumor de origem embrionária. A partir dessa constatação, traçou a origem do tumor e deu início ao estudo das células-tronco pluripotentes, capazes de se diferenciar em qualquer célula encontrada em um animal.[8]

Somente após dez anos de pesquisa que dois canadenses Ernest A. Mac Culloch e James E. Till provaram a existência das células-tronco e a caracterização conhecida até hoje.[9]

Em 1966, Alexander Friedenstein consegue cultivar algumas células da medula óssea, que ficaram aderidas ao plástico de cultura após várias passagens celulares. Essas células tinham capacidade de gerar células diferentes das hematopoéticas. Um novo conhecimento foi estabelecido: na medula óssea são encontrados dois tipos de células-

-tronco: as hematopoéticas (responsáveis pela formação de células do sangue) e as mesenquimais (responsáveis pela formação de células adiposas, ósseas e cartilaginosas).[10] Não obstante, como visto anteriormente, essas células foram vistas quarenta anos antes por Maksimov.

Em 1991, Arnold Caplan amplia o termo células-tronco mesenquimais. Seriam células--tronco da medula óssea sem origem hematopoética[11] e capazes de produzir outros tecidos.

Em 1998, James Thomson, cientista da Universidade de Wisconsin, coletou células--tronco de embriões de clínicas de fertilidade e as cultivou em laboratório, estabelecendo a primeira linhagem de células-tronco embrionárias humanas. Desde então, novas evidências sugerem que essas células-tronco embrionárias são capazes de se tornar em quase todas as células especializadas do corpo e, portanto, têm o potencial de gerar células de reposição para uma ampla variedade de tecidos e órgãos, como o coração, o fígado, o pâncreas e o sistema nervoso. Portanto, cada peça do quebra-cabeças era montado e trouxe diversas esperanças para a medicina regenerativa atual.[12]

O cirurgião suíço Paul Niehans descobriu, por acaso, os benefícios da terapia celular. Em 1931, ele foi chamado por um colega que retirou do paciente, acidentalmente, a glândula paratireoide durante a cirurgia de tireoide. Essa glândula é tão vital que há pouca chance de se sobreviver sem ela. Em atitude de desespero, Niehans no trajeto para o hospital, parou em um matadouro e pegou células frescas de bezerro que continham a glândula paratireoide. Ao chegar ao hospital, o paciente se apresentava com convulsão e tetania (espamos musculares). Ele retira a glândula do animal, macera em pedaços pequenos e as insere no pescoço do paciente, onde normalmente essas células ficam alocadas. O paciente recuperou-se plenamente e permaneceu vivo por 30 anos sem apresentar deficiência da glândula. A clínica criada por Niehans (Clinique La Pairie) é famosa na região de Montreux, onde a língua francesa convive com a alemã. Nesta pequena cidade, no sudoeste da Suíça, ele criou um dos maiores *spas* do mundo, no qual vários famosos procuram por tratamentos regenerativos, sobretudo estéticos.[13]

As células-tronco hematopoéticas, provenientes do interior dos ossos começaram a ganhar destaque com a técnica do transplante de medula óssea.

Quando Edward Donnall Thomas começou sua pesquisa, no final de 1950, os transplantes de medula óssea eram vistos como algo assustador pelo alto risco de insucesso. Os pacientes sofriam complicações perigosas decorrentes do tratamento, e as taxas de sobrevivência eram mínimas.[14]

Thomas juntou-se ao Fred Hutchinson Cancer Center, em 1974, servindo como seu primeiro diretor de oncologia e depois como diretor da divisão de pesquisa clínica. O centro tornou-se líder mundial em transplante de medula óssea. Em 1979, ele relatou que metade dos pacientes com leucemia submetidos ao transplante se curavam quando a doença estava em um estágio de remissão completa. Thomas[15] foi nomeado, em 1990, professor emérito de medicina na Universidade de Washington. Tornou-se membro da Academia Nacional de Ciências, em 1982, e recebeu a Medalha Nacional de Ciência, em 1990. Em 1990, também recebeu o Prêmio Nobel de Medicina junto com Dr. Joseph E. Murray, que realizou o primeiro transplante renal bem-sucedido.

O primeiro transplante utilizando o sangue de cordão umbilical e placentário (SCUP) foi realizado com sucesso em outubro de 1988, no Hospital Saint-Louis, por

Eliana Glukman, em Paris, onde um garoto de 6 anos, apresentando anemia de Fanconi, foi transplantado com o sangue de cordão de sua irmã recém-nascida, HLA compatível e saudável, coletado nos EUA e infundido na França.[16]

Shinya Yamanaka foi premiado com o Nobel de Medicina, em 2012, graças a seu trabalho com células-tronco pluripotentes induzidas (IPS), em 2006. Ele conseguiu o prodígio de fazer a ciência avançar contornando objeções éticas e religiosas às pesquisas com células-tronco embrionárias. Yamanaka formou-se como cirurgião ortopédico e depois mudou a sua carreira para a pesquisa científica até obter o reconhecimento definitivo de seu trabalho com o prêmio. Suas descobertas revolucionaram a compreensão de como as células e os organismos se desenvolvem,[17] tornando possível o desenvolvimento de novos protocolos terapêuticos.

No mundo científico, era aceito que as células-tronco embrionárias eram essenciais para a pesquisa de tratamentos médicos. Entretanto, as pesquisas enfrentavam a oposição de grupos religiosos e políticos que consideram que extrair células-tronco de embriões equivale ao sacrifício de uma vida. Por isso, a produção das primeiras células IPS na Universidade de Kyoto, conduzida pela equipe de Yamanaka, representou, em 2006, um enorme avanço[17] tecnológico.

As células-tronco IPS são células adultas submetidas a uma espécie de técnica de rejuvenescimento. O coquetel de genes de Yamanaka possibilitou levar essas células adultas ao estado de células-tronco embrionárias, que ainda não adquiriram sua função. Desse modo, não é necessário recorrer ao embrião para "colher" as células-tronco e poder diferenciá-las.

Em 29 de maio de 2008, o Superior Tribunal Federal aprovou as pesquisas com células-tronco embrionárias no Brasil, sendo o primeiro país da América Latina e o 26º no mundo a permitir esse tipo de pesquisa. O artigo 5º da Lei de Biossegurança (Lei nº 11.105, de 24 de março de 2005) liberou no país a pesquisa com células-tronco de embriões obtidos por fertilização *in vitro* e congelados há mais de três anos. Esses embriões são descartados após quatro anos de armazenamento pelas clínicas de fertilização, mas os pais devem autorizar seu uso para a pesquisa. Quando a lei foi aprovada, considerou-se um avanço, pois a Lei de Biossegurança anterior (de 1995) proibia pesquisas com embriões, e os pesquisadores se viam obrigados a importar exemplares para realizar estudos básicos com células-tronco embrionárias.[18]

Em 2013, o primeiro hambúrguer de células-tronco foi cozido e consumido por alguns voluntários. A chamada "carne cultivada" foi feita a partir de fios de carne das células musculares retiradas de uma vaca viva, misturada com sal, ovo em pó e farinha de rosca, e colorido com suco de beterraba. Mark Post, da Universidade de Maastricht, na Holanda, que liderou a pesquisa, afirmou que poderia substituir a carne comum nas dietas de milhões de pessoas e com isso reduzir a enorme pressão ambiental causada pela pecuária. Ele já vinha estudando a miogênese no passado.[19]

Nas últimas décadas, células-tronco de diversas origens foram descritas e vêm sendo amplamente estudadas. É possível extraí-las da medula óssea ou de outro tecido e, em alguns casos, expandir seu número em laboratório com a adição de fatores de crescimento para sua sobrevivência. Há diversos centros de pesquisa no mundo testando o potencial terapêutico dos diferentes tipos de células-tronco, tanto em modelos animais quanto em estudos clínicos (protocolos terapêuticos) com pacientes. Na Parte VI deste livro, apresentamos alguns protocolos terapêuticos que se encontram em andamento em nosso grupo.

Embora a ciência médica seja a arte das verdades transitórias, a medicina regenerativa, por meio das células-tronco é a esperança de se aumentar ainda mais a expectativa de vida, com qualidade e dignidade, eliminando a dor, restituindo movimentos e restaurando funções de órgãos lesados.[3]

REFERÊNCIAS BIBLIOGRÁFICAS

1. Ujvari S, Adoni T. A História do século XX pelas descobertas da medicina. Editora Contexto, 2014.
2. Grimal P. La mitologia grega. Barcelona: Edicions, 2000.
3. Lukovic D, Stojkovic, Moreno-Manzano V, et al. Perspectives and future directions of human pluripotent stem cell-based therapies: Lessons from Geron`s clinical trial for spinal cord injury. Stem Cells and Development. 2014;23(1):1-14.
4. Haeckel E. Histoire de La création des etres organisés Troisiéme edition. Librairie C. Reinwald.1903. books.google.com
5. Maksimov A, Nerem R, Sambanis A.Tissue engineering from biology too biological substitutes. Tissue Eng. 1995;1:3-13
6. Maksimov A, Jamill K, Das KP. Stem cell:revolution in current medicine. Ind J Biotechnol. 2005;4:173-85.
7. Spermann H, Mangold H. über Induktion von embryonalanlagen durch implantation artfremder organisatoren. Archiv fur mikroskopische Anatomie und Entwicklungsmechanik. 1924;100(3-4):599-638.
8. Stevens L. Origin of testicular teratomas from primordial germ cells in mice. J Nat Cancer Institute. 1970;38(4):549-52.
9. Becker AJ, McCulloch EA, Till JA. Cytological demonstration of the clonal nature of spleen colonies derived from transplanted mouse marrow cells. Nature. 1963;197(4866):452-54.
10. Friedenstein A, Chailakhyan R, Latsinik N, et al. Stromal cells responsible for transferring the microenviroment of the hemopoietic tissues: Cloning in vitro and retransplantation in vivo.Transplantation. 1974:17(4):331.
11. Caplan A. Mesenchymal stem cells. J Orthop Res. 1991;9(5):641-50.
12. Thomson J, Itskovitz-Eldor J, Shapiro S, et al. Embryonic stem cell lines derived from human blastocysts. Science. 1998;282(5391):1145-7.
13. Niehans P. Vor 50 Jahren: Paul Niehans bringt den Begriff "Zellulartherapie" in die Öffentlichkeit. Bolletino dei medici svizzeri. 2002;83(32):1726-27.
14. Thomas ED, Blume KG. Historical markers in the development of allogeneic hematopoietic cell transplantation. Biol Blood and Marrow Transplant. 1999;5:341-6.
15. Thomas ED, Lochte HL, LU WC, et al. Intravenous infusion of bone marrow in patients receiving radiation and chemotherapy. New Engl J Med. 1957;257:491-6.
16. Gluckman E. History of cord blood transplantation. Bone Marrow Transplant. 2009;44:621-6.
17. Yamanaka S. Strategies and new developments in the generation of patient-specific pluripotent stem cells. Cell Stem Cell.2007;1(1):3-49.
18. Lei de Biossegurança: Lei n.11.105, de 24 de março de 2005.
19. Post MJ, Laham FW, Sellke FW, et al.Therapeutic angiogenesis in cardiology using protein formulations. Cardiovasc Res.2001;49(3):522-31.

capítulo 2

Células-tronco Mesenquimais: Importância Clínica

O desenvolvimento de mamíferos segue um padrão molecular e celular predeterminado, culminando na formação de um organismo multicelular com funções definidas. A formação de órgãos e tecidos ocorre de modo natural durante o desenvolvimento pré-natal do organismo, e é mantida durante toda a vida do indivíduo por meio de processos de reparação celular que são iniciados pelo organismo em caso de trauma ou doença. Porém, a capacidade das células de regenerar órgãos e tecidos em adultos é limitada. O desenvolvimento, o crescimento e a reparação de órgãos estão fundamentados na diferenciação celular, que inclui a proliferação e a capacidade de se diferenciar para várias linhagens celulares específicas. As células que promovem a manutenção contínua e o reparo de órgãos após o nascimento não são diferenciadas, e são denominadas células de reserva ou células-tronco pós-natais adultas.[1]

O uso de células-tronco na terapia celular para substituir a modalidade terapêutica convencional tem sido alvo de pesquisas em diversas áreas da saúde.[2] Tal fato baseia-se nas duas características primordiais desse tipo celular: a capacidade de autorrenovação e a de diferenciação em um ou mais tipos de células especializadas, que, quando reintroduzidas no organismo, adquirirem a funcionalidade de qualquer tecido. Portanto, a capacidade das células-tronco de se autorrenovarem constantemente e darem origem a praticamente todos os tipos de células do indivíduo as tornam extremamente atrativas para a regeneração de tecidos.[3,4] Os tipos de células-tronco reportados na literatura dividem-nas em três categorias: células-tronco embrionárias (CTE), pluripotentes induzidas (*iPS, induced pluripotent stem cells*) e somáticas – células-tronco adultas (CTA).[5]

Nas últimas décadas, houve uma explosão no número de células-tronco isoladas a partir de uma variedade de tecidos embrionários, fetais e adultos. A capacidade de pluripotência e de diferenciação em derivados de todas as camadas germinais *in vitro* e *in vivo* fizeram das CTE uma das principais candidatas para engenharia de tecidos e medicina regenerativa,[6] como no tratamento da doença de Parkinson,[7] esclerose amiotrófica lateral,[8] lesão medular,[9,10] acidente vascular cerebral,[11] doenças cardíacas,[12] diabetes,[13] doenças hematopoiéticas,[14] doenças do fígado[15] e doenças pulmonares.[16] No entanto, apesar do grande potencial terapêutico das CTE, o isolamento de CTE humanas tornou-se muito problemático no mundo inteiro e no Brasil devido aos entraves éticos na utilização de um blastocisto humano como material biológico. Além dos questionamentos éticos, sua aplicação clínica também é severamente limitada pelas dificuldades de acessibilidade aos embriões humanos, baixa eficiência do isolamento, técnicas de purificação de células isoladas e sua manipulação, controle de proliferação e diferenciação, além da preocupação com a formação de teratomas e problemas com imunogenicidade dos precursores obtidos a partir de CTE.

As células-tronco pluripotentes induzidas (*iPS*) produzidas pelo homem pela técnica de reprogramação – inserção de genes de pluripotência,[17] também apresentam limitações, como a baixa eficiência de produção, dificuldades de isolamento e de sua manipulação, controle de proliferação e diferenciação, e também a formação de teratomas.

Em decorrência das questões éticas da utilização das CTE e as razões de segurança biológica das *iPS*, as CTA, em especial as células-tronco mesenquimais (CTM), têm demonstrado ser uma importante alternativa para a terapia celular.

A característica principal das CTA é a divisão celular desigual, que leva a produção de uma célula-tronco e um precursor multipotente que, por sua vez, produz outro precursor com potencial já mais restrito e um precursor mais comprometido, que assim produz outro precursor comprometido e uma célula diferenciada/especializada. O uso das CTA no desenvolvimento de pesquisas em engenharia de tecidos e medicina regenerativa é importante e apresenta vantagens, uma vez que sua diferenciação é mais controlada e, quando introduzidas no organismo, dificilmente produz tumores.[18,19] As CTA podem ser isoladas de vários tecidos do corpo humano, como, por exemplo, medula óssea,[20,21] fígado,[22] polpa de dente,[23] pâncreas,[24] gordura,[25] retina,[26,27], dentre outros, sendo, portanto, células de tecidos específicos.[28] Essas células podem ser isoladas e expandidas em cultura, ou seja, cultivadas *in vitro*.

Como os pesquisadores relatam em seus estudos diferentes métodos de isolamento e expansão de CTM e diferentes abordagens para a caracterização das células, o *Mesenchymal and Tissue Stem Cell Committee of the International Society for Cellular Therapy* declarou a sua posição referente aos critérios mínimos para a definição de CTM/estromais multipotentes. Segundo sugerido pelo referido Comitê, as CTM devem ser aderentes ao plástico quando mantidas sob condições de cultivo padronizadas. As CTM devem expressar uma série de marcadores (antígenos), como: CD105, CD73 e CD90, e também não expressar: CD45, CD34, CD14 ou CD19 ou CD11b, CD79-α e as moléculas de HLA-DR de superfície.[29] Além disso, as CTM devem se diferenciar *in vitro* para osteócitos, adipócitos e condrócitos (Figura 2.1). Embora o tal Comitê sugira que esses critérios provavelmente irão requerer modificação futura conforme novas descobertas, esse conjunto mínimo de critérios-padrão irá promover uma obtenção mais uniforme de CTM e garantir a segurança na sua aplicação clínica.

Estima-se que para a terapia celular cerca de 10^6-10^7 CTM por kg do paciente sejam necessárias, porém, para atingir esse montante, é necessário realizar o processo de expansão das células em cultura, o que pode levar à senescência, a alterações cromossômicas e à consequente perda das características das CTM. Diversos estudos têm demonstrado o declínio na capacidade de diferenciação e expansão em cultura de CTM de acordo com o envelhecimento do organismo.[30] Portanto, células-tronco isoladas de nichos mais jovens são mais propensas a maior potencial proliferativo e a maior capacidade de diferenciação do que as células-tronco isoladas de nichos mais adultos. Contudo, ainda não foi possível desvendar todos os fatores necessários para manter o nicho fisiológico de uma célula-tronco, pois uma célula-tronco isolada e cultivada em laboratório não se comporta da mesma maneira que a célula-tronco em seu nicho natural no organismo.

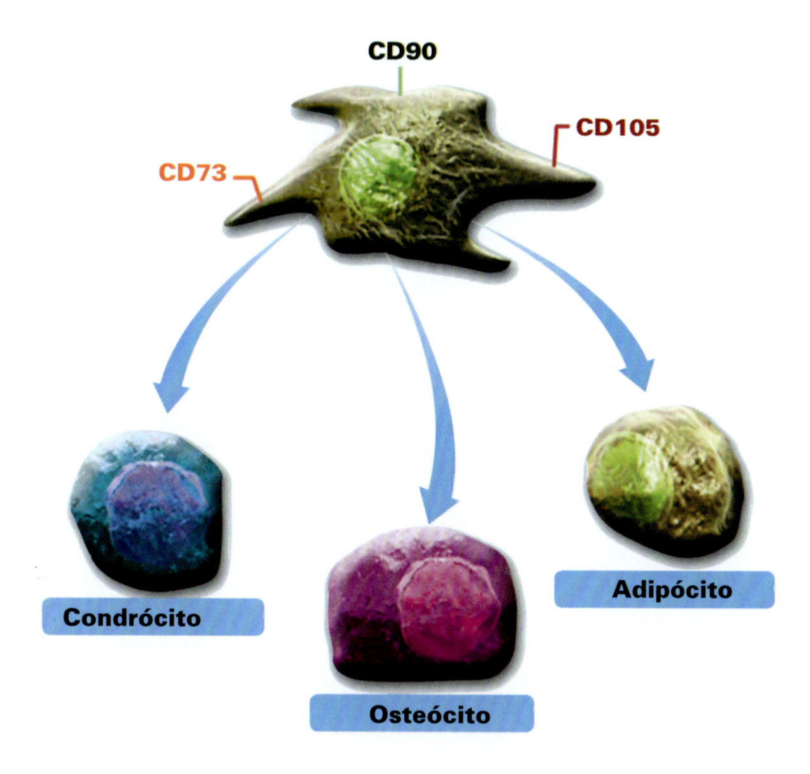

Figura 2.1 ▸ Critérios da *Mesenchymal and Tissue Stem Cell Committee of the International Society for Cellular Therapy* para a definição das CTM. A CTM deve expressar os marcadores CD73, CD90 e CD105, e se diferenciar *in vitro* para condrócito, osteócito e adipócito.

REFERÊNCIAS BIBLIOGRÁFICAS

1. Caplan AI. Mesenchymal stem cells. J Orthop Res. 1991;9:641–50.
2. Tuby H, Maltz L, Oron U. Low-level laser irradiation (LLLI) promotes proliferation of mesenchymal and cardiac stem cells in culture. Lasers Surg Med. 2007;39:373
3. Caplan AI. Mesenchymal stem cells and gene therapy. Clinical Orthopaedics and Related Research. 2000;(379 SUPPL.):S67–S70.
4. Caplan AI, Helms L. Embryonic development and the principles of tissue engineering. Novartis Foundation Symposium. 2003;249:17–33.
5. Nakamura S, Yamada Y, Katagiri W, Sugito T, et al. Stem cell proliferation pathways comparison between human exfoliated deciduous teeth and dental pulp stem cells by gene expression profile from promising dental pulp. J Endod. 2009;35(11):1536–42.

6. Hyslop LA, Armstrong L, Stojkovic M, Lako M. Human embryonic stem cells: biology and clinical implications. Expert Reviews in Molecular Medicine. 2005;7(19):1–21.
7. Geeta R, Ramnath RL, Rao HS, Chandra V. One year survival and significant reversal of motor deficits in parkinsonian rats transplanted with hESC derived dopaminergic neurons. Biochemical and Biophysical Research Communications. 2008;373(2): 258–64.
8. López-González R, Knuckles P, Velasco I. Transient Recovery in a Rat Model of Familial Amyotrophic Lateral Sclerosis after Transplantation of Motor Neurons Derived From Mouse Embryonic Stem Cells. Cell Transplantation. 2009;18(10):1171–81.
9. Hatami M, Mehrjardi NZ, Kiani S, et al. Human embryonic stem cell-derived neural precursor transplants in collagen scaffolds promote recovery in injured rat spinal cord. Cytotherapy. 2009;11(5): 618–30.
10. Sharp J, Frame J, Siegenthaler M, Nistor G, Keirstead HS. Human embryonic stem cell--derived oligodendrocyte progenitor cell transplants improve recovery after cervical spinal cord injury. Stem Cells. 2010;28(1):152–63.
11. Hicks AU, Lappalainen RS, Narkilahti S, et al. Transplantation of human embryonic stem cell-derived neural precursor cells and enriched environment after cortical stroke in rats: cell survival and functional recovery. The European Journal of Neuroscience. 2009;29(3):562–74.
12. Pal R. Embryonic stem (ES) cell-derived cardiomyocytes: a good candidate for cell therapy applications. Cell Biology International. 2009;33(3):325–36.
13. Jiang J, Au M, Lu K, et al. Generation of insulin producing islet-like clusters from human embryonic stem cells. Stem Cells. 2007;25(8):1940–53.
14. Wang Y, Yates F, Naveiras O, Ernst P, Daley GQ. Embryonic stem cell-derived hematopoietic stem cells. Proceedings of the National Academy of Sciences of the United States of America. 2005;102(52):19081–6.
15. Ishii T, Yasuchika K, Machimoto T, et al. Transplantation of embryonic stem cell-derived endodermal cells into mice with induced lethal liver damage. Stem Cells. 2007;25(12):3252–60.
16. Van Vranken BE, Rippon HJ, Samadikuchaksaraei A, Trounson AO, Bishop AE. The differentiation of distal lung epithelium from embryonic stem cells. Curr Protoc Stem Cell Biol. 2007; Jul; Chapter 1:Unit 1G.1.
17. Takahashi K, Yamanaka S. Induction of pluripotent stem cells from mouse embryonic and adult fibroblast cultures by defined factors. Cell. 2006; 25;126(4):663–76.
18. Kuehle I, Goodell MA. "The therapeutic potential of stem cells from adults". BMJ. 2002;325:372–6.
19. Young HE, Duplaa C, Katz R, Thompson T, Hawkins KC, Boev AN, et al. Adult-derived stem cells and their potential for tissue repair and molecular medicine. J Cell Molec Med. 2005;9:753–69.
20. Jiang Y, Jahagirdar BN, Reinhardt RL, Schwartz RE, Keene CD, Ortiz–Gonzalez XR, et al. Pluripotency of mesenchymal stem cells derived from adult marrow. Nature. 2002;418:41–9.
21. Grove JE, Bruscia E, Krause DS. Plasticity of Bone Marrow–Derived Stem Cells. 2004;22:487–500.
22. Zheng YW, Taniguchi H. Diversity of hepatic stem cells in the fetal and adult liver. Semin. Liver Dis. 2003;23:337–48.
23. Gronthos S, Mankani M, Brahim J, Robey PG, Shi S. Postnatal human dental pulp stem cells (DPSCs) in vitro and in vivo. Proc Natl Acad Sci USA. 2000;97:13625–30.

24. Bouwens L. Cytokeratins and cell differentiation in the pancreas. Pathol. 1998;184:234–39.
25. Zuk PA, Zhu M, Mizuno H, et al. Multilineage cells from human adipose tissue: implications for cell-based therapies. Tissue Eng. 2001;7:211–28.
26. Boulton M, Albon J. "Stem cells in the eye." International Journal of Biochemistry and Cell Biology. 2004;36(4):643–57.
27. Klassen HJ, TF Ng, Kurimoto Y, Kirov I, Shatos M, Coffey P, et al. Multipotent retinal progenitors express developmental markers, differentiate into retinal neurons, and preserve light-mediated behavior. Invest. Ophthalmol. Visual Sci. 2004;45:4167–73.
28. Zuk PA, Zhu M, Ashjian P, et al. Human adipose tissue is a source of multipotent stem cells. Mol Biol Cell. 2002;13:4279–95.
29. Dominici M, Le Blanc K, Mueller I, Slaper-Cortenbach I, et al. Minimal criteria for defining multipotent mesenchymal stromal cells. The International Society for Cellular Therapy position statement. Cytotherapy. 2006;8(4):315–7.
30. Roobrouck VD, Ulloa-Montoya F, Verfaillie CM. Self-renewal and differentiation capacity of young and aged stem cells. Experimental Cell Research. 2008;314(9):1937–44.

capítulo 3

Células-tronco Mesenquimais: Isolamento, Cultura e Expansão

As CTM podem ser isoladas a partir de diversos tecidos conjuntivos de várias maneiras e cultivadas *ex vivo*. Elas podem ser purificadas a partir de sangue (periférico e do cordão umbilical), mas tecidos moles e sólidos exigem processos de isolamento. Um processo amplamente utilizado para se isolar as CTM é a digestão enzimática dos tecidos por enzimas, como colagenases e/ou tripsina, que degradam a matriz extracelular e liberam as células. Como alternativa, pedaços de tecido podem ser colocados em meio de cultura, e as CTM que migram para fora do tecido estão disponíveis para a cultura. Esse método é conhecido com cultura de explante (Figura 3.1). As CTM que são cultivadas diretamente a partir de um tecido são conhecidas como células primárias. As culturas de células primárias das CTM podem ter uma vida limitada ou reduzida devido às condições de cultivo que podem induzir o processo de senescência e a diferenciação espontânea *in vitro*.

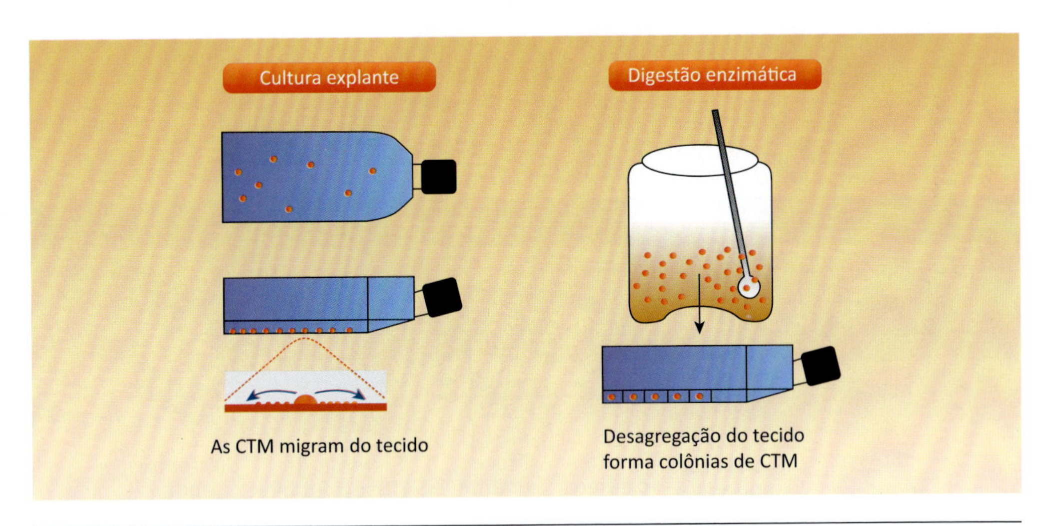

Figura 3.1 ▸ Métodos de isolamento de CTM. Primeiro, cultura explante em frasco de cultivo com a secção inferior e com um pormenor ampliado da secção do menor diagrama, mostrando o explante e a migração radial das CTM sob as setas. Segundo, um recipiente agitado para a desagregação enzimática produzindo suspensão de células que, ao serem plaqueadas, formam uma monocamada no diagrama de baixo.

As condições de cultivo variam muito para as CTM de acordo com o tecido de origem, mas o ambiente artificial em que as CTM são cultivadas consiste, invariavelmente, de um recipiente adequado contendo um substrato ou suporte que fornece os nutrientes essenciais (aminoácidos, hidratos de carbono, vitaminas e minerais), fatores de crescimentos, gases (O_2 e CO_2) e o meio ambiente físico (pH, pressão osmótica, temperatura). Dessa maneira, as variações das condições para as CTM podem resultar em diferentes fenótipos. Os fatores de crescimento usados para suplementar os meios são quase sempre derivados de sangue, como soro fetal bovino ou o plasma rico/pobre em plaquetas. Uma complicação dessas substâncias derivadas do sangue é o potencial para a contaminação da cultura com vírus ou príons. Hoje, substitutos sintéticos estão sendo utilizados para minimizar ou eliminar o uso desses suplementos, mas isso não pode ser sempre realizado.

Para que as CTM sejam verdadeiramente benéficas ou terapeuticamente úteis, a expansão de células é um pré-requisito. Um ambiente de cultura apropriado é fundamental para a expansão celular e a produção em larga escala de CTM. Esse ambiente é tipicamente mantido por uma combinação de meios, suplementos e reagentes.

Os sistemas mais utilizados para a expansão de células são os frascos de culturas estáticos (garrafas e placas) e os biorreatores de culturas dinâmicas (Figura 3.2). O sistema estático é o sistema padrão estabelecido para o cultivo e a expansão de CTM, porém apresenta desvantagem de não promover o crescimento/diferenciação de modo

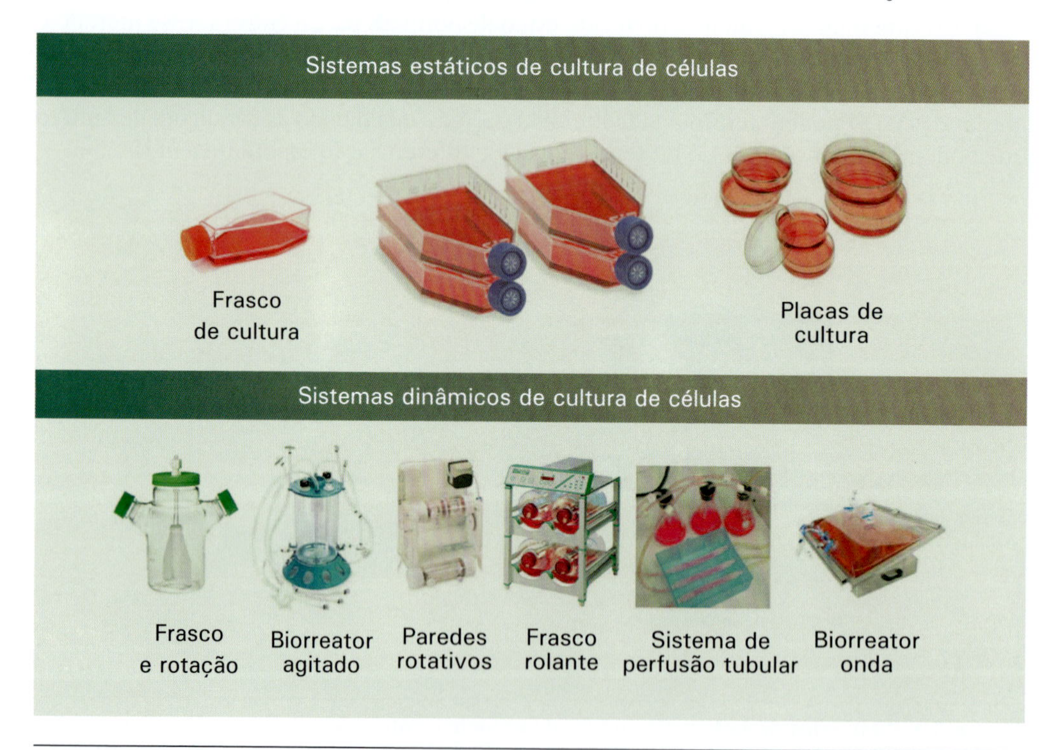

Figura 3.2 ▶ Sistemas de cultivo de CTM. Primeiro, o sistema estático é o sistema padrão estabelecido para o cultivo e a expansão de CTM. Os sistemas dinâmicos são responsáveis pela produção em larga escala das CTM.

homogêneo. Os sistemas dinâmicos são responsáveis pela produção em larga escala das CTM, pois promovem melhor difusão de nutrientes e gazes para as células, resultando em maior potencial proliferativo.

No entanto, para se obter CTM em larga escala, são necessários, a princípio, o isolamento de grande quantidade de CTM que apresentem um potencial proliferativo alto. Por isso, a fonte de coleta das CTM é muito importante. Em geral, elas podem ser obtidas de diversos nichos teciduais, mas os seguintes nichos são os mais estudados: medula óssea,[1-3] tecido adiposo,[4-6] cordão umbilical[7-9] e polpa dentária.[10-12]

REFERÊNCIAS BIBLIOGRÁFICAS

1. Caplan AI. Mesenchymal stem cells. J Orthop Res. 1991;9:641–50.
2. Kuznetsov SA, Krebsbach PH, Satomura K, Kerr J, Riminucci M, et al. Single-colony derived strains of human marrow stromal fibroblasts form bone after transplantation in vivo. J Bone Miner Res. 1997;12:1335–47.
3. Méndez-Ferrer S, Michurina TV, Ferraro F, Mazloom AR, Macarthur BD, et al. Mesenchymal and haematopoietic stem cells form a unique bone marrow niche. Nature. 2010;12;466;(7308):829–34.
4. Zuk PA, Zhu M, Ashjian P, et al. Human adipose tissue is a source of multipotent stem cells. Mol Biol Cell. 2002;13:4279–95.
5. Gimble JM, Katz AJ, Bunnell BA. Adipose-derived stem cells for regenerative medicine. Circ Res. 2007;100(9):1249–60.
6. Kaewsuwan S, Song SY, Kim JH, Sung JH. Mimicking the functional niche of adipose-derived stem cells for regenerative medicine. Expert Opin Biol Ther. 2012;12(12):1575–88.
7. Nanaev AK, Kohnen G, Milovanov AP, Domogatsky SP, Kaufmann P. Stromal differentiation and architecture of the human umbilical cord. Placenta. 1997;18(1):53–64.
8. Can A, Karahuseyinoglu S. Concise review: human umbilical cord stroma with regard to the source of fetus-derived stem cells. Stem Cells. 2007;25(11):2886–95.
9. Secco M, Zucconi E, Vieira NM, Fogaça LLQ, et al. Multipotent stem cells from umbilical cord: Cord is richer than blood. Stem Cells. 2008;26(1):146–50.
10. Gronthos S, Mankani M, Brahim J, Robey PG, Shi S. Postnatal human dental pulp stem cells (DPSCs) in vitro and in vivo. Proc Natl Acad Sci USA. 2000; 97:13625–30.
11. Shi S, Gronthos S. Perivascular niche of postnatal mesenchymal stem cells in human bone marrow and dental pulp. J Bone Miner Res. 2003;18:696–704.
12. Lizier NF, Kerkis A, Gomes CM, Hebling J, Oliveira CF, Caplan AI, et al. Scaling-up of dental pulp stem cells isolated from multiple niches. PLoS One. 2012;7(6):39885.

capítulo 4

A Medula Óssea

A formação óssea ocorre por dois processos distintos denominados ossificações endocondral e intramembranosa e envolve vários fatores, como: proteínas morfogênicas ósseas, retinoides, hormônio de crescimento, vitamina D, dentre outros.[1] Durante a gênese óssea, ocorre estímulo à vascularização e, como consequência, há imigração hematopoiética para a medula óssea.[2,3] A medula óssea é constituída de um tecido denominado tecido mieloide, que está presente nos espaços trabeculares do osso esponjoso, bem como no canal medular dos ossos compactos. Há duas variedades de medula óssea: vermelha e amarela.

A medula óssea vermelha é formada por uma população de células fixas, entre elas as células reticulares, os macrófagos fixos e os capilares sinusoides, todos presos às fibras reticulares e por uma população de células livres que são as células precursoras dos elementos figurados do sangue. Nesses nichos de células livres, há grande quantidade de células em divisão e/ou diferenciação que posteriormente originarão as séries: eritrocítica (eritrócitos), ou granulocítica (neutrófilos, eosinófilos e basófilos), ou linfocítica (linfócitos), ou monocítica (monócitos), ou megacariocítica (plaquetas).

A medula óssea amarela é formada pelas mesmas células fixas, porém, com o avançar da idade, as células livres são substituídas por células adiposas. Na criança, toda medula óssea é vermelha, já no adulto apenas a crista ilíaca, costelas, vértebras e esterno possuem medula vermelha; nos outros ossos só há medula amarela.

A ocorrência da atividade hematopoiética da medula óssea é creditada às funções das células estromais. A organização dessas células em microambientes específicos (nichos) tem sido demonstrada como fator determinante para que ocorra a hematopoese medular.[4-6] De fato, o estroma parece ser responsável não só por suporte físico tridimensional para as células, mas também por regular suas atividades fisiológicas, como sinalização, diferenciação e maturação. Além disso, o estroma ainda fornece fatores de crescimento e citocinas. A modulação da diferenciação celular hematopoiética na medula óssea é consequência de interações contínuas entre o estroma e as células precursoras. Dentre os diferentes tipos de células precursoras presentes no estroma da medula óssea, este está enriquecido com as células-tronco hematopoiéticas (CTH),[7] progenitores endoteliais[8,9] e as CTM[10] (Figura 4.1).

O primeiro a demonstrar que as células isoladas do estroma de medula óssea eram capazes de promover a osteogênese foi o Dr. Alexandre Friedenstein.[11] Anos mais tarde,

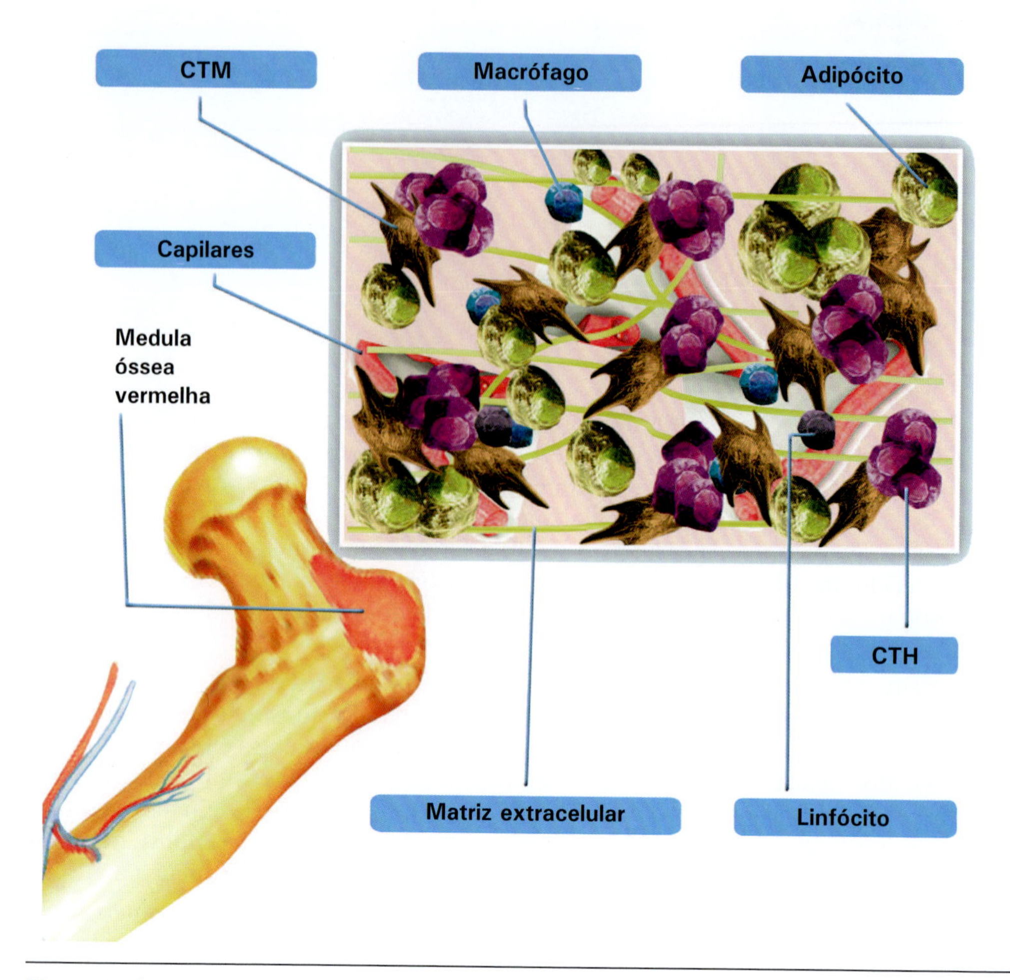

Figura 4.1 ▸ Esquema ilustrativo dos componentes da medula óssea. A medula óssea é um tecido mieloide que preenche a cavidade interna de vários ossos e fabrica os elementos figurados do sangue. Este tecido consiste em células-tronco hematopoiéticas (CTH), progenitores endoteliais e células-tronco mesenquimais (CTM), além dos elementos figurados do sangue, como linfócitos e macrófagos e do estroma formado pela matriz extracelular.

o Dr. Arnold Caplan foi o responsável pela denominação células-tronco mesenquimais dada às células estromais isoladas da medula óssea.[12] A partir de então, na literatura científica, o termo CTM tem sido utilizado para representar as células estromais da medula óssea.

As CTM derivadas de medula óssea (CTM-MO) representam uma rara subpopulação das células-tronco da medula óssea (< 0,01% das células mononucleares da medula óssea) e têm sido funcionalmente definidas como células não hematopoiéticas multipotenciais que suportam a expansão *in vitro* das CTH e podem se diferenciar em células de vários tecidos derivados do mesoderma. O aspirado medular obtido pela punção da crista ilíaca após o doador receber anestesia é o modo mais utilizado para se coletar as CTM-MO. Portanto, após a coleta, as CTM-MO podem ser obtidas por plaqueamento direto do aspirado medular, ou por uso do Ficoll-Paque™ Plus e podem ser expandidas mitoticamente em meio de cultura. Outras populações semelhantes às CTM foram isoladas de vários tecidos adultos, como músculos,[13] pele[14,15] e seus anexos,[16] que aparentemente são capazes de produzir não só células derivadas do mesoderma, mas também do endoderma e do ectoderma. Essas células passaram a ser denominadas CTA multipotentes. Em comparação com as CTM, as CTA multipotentes demonstram um nível mais alto de plasticidade e, aparentemente, possuem um potencial ilimitado de proliferação e diferenciação.[17,18] As CTM e as CTA multipotentes têm sido descritas como sendo capazes de dar origem a diferentes fenótipos de células. No entanto, a capacidade de se diferenciar não é a única característica que faz com que essas células sejam consideradas atrativas para fins terapêuticos. A secreção de uma ampla variedade de moléculas bioativas pelas CTM, como fatores de crescimento, citocinas e quimiocinas, constitui o seu papel biologicamente mais significativo em condições de lesão. Compreender essa atividade secretora, bem como as propriedades das CTM *in vivo* é essencial para desvendar o seu potencial clínico. Além disso, as CTM apresentam muitas vantagens, como facilidade para cultivo de células ou para modificação genética.[19]

Durante muito tempo, as CTA isoladas da medula óssea foram utilizadas no tratamento do câncer, como na leucemia. Todavia, nos últimos anos, foi demonstrado que a plasticidade dessas células possibilita também utilizá-las na regeneração de tecidos destruídos por trauma, doença ou na regeneração dos tecidos lesionados.[20-26] As CTM têm sido eficazes em modelos animais de dano pulmonar,[27] doença renal,[28] *diabetes mellitus*,[29] infarto do miocárdio[30] e várias doenças neurológicas.[31]

Potencial de diferenciação osteogênico, condrogênico e adipogênico das CTM-MO

Além do suporte à hematopoiese, as CTM-MO podem se diferenciar em osso, cartilagem e células do tecido adiposo.[32-37] Estudos tanto *in vivo*[38-40] quanto *in vitro*[41] já reportaram amplamente o potencial mesodermal das CTM-MO. Porém, sua plasticidade não se limita a derivações mesodermais.

Potencial de diferenciação das CTM-MO em células semelhantes a células neuronais e perspectivas terapêuticas para doenças neurológicas

Na maioria das doenças neurológicas, os danos causados são quase sempre irreversíveis, uma vez que no sistema nervoso central adulto as células com potencial de regeneração são de difícil recrutamento. Desse modo, novas alternativas terapêuticas são necessárias para promover a função regenerativa.

A diferenciação neuronal a partir de CTM vem sendo muito discutida. Já foi demonstrado que as CTM-MO podem se diferenciar em neurônios.[42,43] Outros trabalhos demonstraram que as CTM-MO com expressão de marcadores neurais migram da corrente sanguínea para a área isquêmica.[44-46] Kopen *et al.*[47] demonstraram que CTM injetadas no sistema nervoso central de camundongos recém-nascidos migravam através do cérebro e eram capazes de adotar características morfológicas e fenotípicas de astrócitos e neurônios. Além disso, foi demonstrado que as CTM-MO podem auxiliar na remielinação dos axônios.[48,49] Há relatos também de melhora funcional em modelos experimentais da doença de Alzheimer,[50] de Huntington[51] e de esclerose lateral amiotrófica.[52] A diferenciação de CTM-MO em neurônios no sistema nervoso central foi também demonstrada em seres humanos.[53] Parece que a inclusão dessas células no tecido nervoso é intensificada diante de um dano tecidual. Portanto, mesmo que essas células não regenerem o tecido lesado por diferenciarem-se em determinado tipo celular, é provável que a recuperação de funções cerebrais ou a estabilização da doença neurológica ocorra por outros mecanismos biológicos, como a fusão celular, a liberação de fatores tróficos, citocinas ou ativação de células endógenas.[54] Desse modo, as CTM-MO podem ser uma fonte para transplante de células autólogas para terapia de doenças neurodegenerativas.

Potencial de diferenciação das CTM-MO em *clusters* semelhantes às ilhotas pancreáticas e perspectivas terapêuticas para a diabetes

O uso de CTM-MO para o tratamento de doenças autoimunes, como diabetes tipo I[55], vem sendo amplamente estudado. Os resultados desses estudos reforçam a plasticidade das CTM-MO e apontam que elas podem ser diferenciadas tanto *in vitro* quanto *in vivo* em células produtoras de insulina.[56]

Ianus *et al.*[57] transfectaram CTM-MO com uma construção que possuía uma região promotora da insulina e expressava a proteína GFP. As células resultantes foram transplantadas para camundongos e, após seis semanas, células GFP-positivas foram detectadas nas ilhotas pancreáticas, contribuindo com 3% do total do número de células nesse tecido. Os pesquisadores sugeriram que o mecanismo de transdiferenciação podia ser o responsável por esses resultados. Além disso, as células isoladas do pâncreas revelaram a produção de insulina. Em outro estudo, CTM humanas foram infectadas com adenovírus recombinante codificando três fatores de transcrição (Foxa2, Hb9 e Pdx1) específicos para células β-pancreáticas e cocultivando com ilhotas pancreáticas ou com meio de cultura de apropriado para ilhotas pancreáticas, resultando em diferenciação das CTM-MO para células secretoras de insulina.[58] Em 2004, Chen *et al.*[59] diferenciaram CTM-MO de camundongos em células que secretam insulina. Os pesquisadores observaram que as células expressavam nestin no estágio intermediário do processo de diferenciação. Ainda no mesmo ano, Tang *et al.*[60] induziram a diferenciação das CTM-MO em células β tratando as células com soro bovino fetal e elevadas concentrações de glicose (23 mmol/L), durante quatro meses. Os pesquisadores observaram que o meio de cultivo induzia a expressão de vários genes específicos para células β-pancreáticas, como insulin e Ipf-1. Essas células foram transplantadas em camundongos modelo para diabetes e mostraram-se funcionais, uma vez que reduziram a concentração de glicose no sangue. Desse modo, as CTM-MO podem ser uma alternativa para terapia da diabetes.

Potencial de diferenciação das CTM-MO em células semelhantes aos hepatócitos e perspectivas terapêuticas para doenças hepáticas

Uma grande variedade de doenças hepáticas conduz à perda da função do fígado e, desse modo, uma intervenção clínica se faz necessária. Hoje, o único tratamento eficiente ainda é o transplante hepático.[61] O uso das CTM poderia ser uma alternativa ao transplante hepático. O primeiro relato de uso de CTM-MO em doenças hepáticas foi de Petersen *et al.*[62] em 1999, que transplantou medula óssea de ratos machos em ratas fêmeas (cuja medula havia sido irradiada previamente), tratadas com 2-acetaminoflurano e tetracloreto de carbono. Os animais irradiados se recuperaram e produziram células hepáticas derivadas da medula.

Há atualmente vários ensaios clínicos realizados com CTM-MO em paciente com doenças hepáticas[63-65] com resultados promissores.

Potencial de diferenciação das CTM-MO em células semelhantes aos cardiomiócitos e perspectivas terapêuticas para doenças cardiovasculares

A diferenciação das CTM-MO em mioblastos[66] e cardiomiócitos[67] tem sido observada em condições específicas de cultura. Elas também se diferenciam em fibras musculares lisas e poderiam ser preferencialmente candidatas em terapia celular para doenças cardiovasculares.[68-70] A princípio acreditava-se que o principal mecanismo de ação das CTM no miocárdio seria por meio dessa propriedade de diferenciação. Diversos estudos chegaram a demonstrar esse fenômeno, tanto *in vitro* como *in vivo*.[71,72] Entretanto, estudos mais recentes provaram que, na realidade, a diferenciação das CTM-MO injetadas é um evento raro, ocorrendo em pequena proporção.[73,74] Essa constatação indica que as CTM-MO não são capazes de produzir cardiomiócitos em quantidade suficiente para reparar o miocárdio lesado apenas por meio desse mecanismo. Há três mecanismos já estabelecidos pelos quais as CTM atuam no reparo miocárdico: regeneração dos cardiomiócitos (via diferenciação), vasculogênese (liberação de fatores pró-angiogênicos) e efeito parácrino (fatores secretados pelas CTM exercem ação antiapoptótica, pró-angiogênica e efeito reparador endógeno).[74]

Outras possíveis aplicações biotecnológicas das CTM-MO

As CTM-MO apresentam vasta aplicabilidade no campo da engenharia de tecidos ósseo e cartilaginoso pela associação dessas células a arcabouços (*scaffolds*) de β-fosfato tricálcio, fosfato de cálcio e hidrogel, que por sua vez poderão auxiliar no tratamento de defeitos ocasionados por infecções, tumores e trauma. Desse modo, o futuro da terapia celular, como a engenharia de tecidos, depende de uma fonte de células-tronco. Para engenharia de tecido mesodérmico, uma fonte de células é o estroma da medula óssea, mais precisamente CTM-MO. Entretanto, a aquisição da medula óssea autóloga tem suas limitações. Portanto, uma fonte alternativa de CTA que seja obtida em grandes quantidades, com anestesia local, com um mínimo conforto, é vantajosa.

REFERÊNCIAS BIBLIOGRÁFICAS

1. Kronenberg HM. Developmental regulation of the growth plate. Nature. 2003;15;423(6937):332–6.
2. McGrath KE, Koniski AD, Maltby KM, McGann JK, Palis J. Embryonic expression and function of the chemokine SDF-1 and its receptor, CXCR4. Dev Biol. 1999; 15;213(2):442–56.
3. Petit I, Szyper-Kravitz M, Nagler A, Lahav M, Peled A, Habler L, et al. G-CSF induces stem cell mobilization by decreasing bone marrow SDF-1 and up-regulating CXCR4. Nat Immunol. 2002;3(7):687–94.
4. Schreck C, Bock F, Grziwok S, Oostendorp RA, Istvánffy R. Regulation of hematopoiesis by activators and inhibitors of Wnt signaling from the niche. Ann N Y Acad Sci. 2014;1310:32–43
5. Tokoyoda K, Egawa T, Sugiyama T, Choi BI, Nagasawa T. Cellular niches controlling B lymphocyte behavior within bone marrow during development. Immunity. 2004;20(6):707–18.
6. He N, Zhang L, Cui J, Li Z. Bone marrow vascular niche: home for hematopoietic stem cells. Bone Marrow Res. 2014;2014:128436.
7. Gunsilius E, Gastl G, Petzer AL. Hematopoietic stem cells. Biomed Pharmacother. 2001;55(4):186–94.
8. Isner JM, Kalka C, Kawamoto A, Asahara T. Bone marrow as a source of endothelial cells for natural and iatrogenic vascular repair. Ann N Y Acad Sci. 2001;953:75–84.
9. Minguell JJ, Erices A, Conget P. Mesenchymal stem cells. Exp Biol Med (Maywood). 2001;226(6):507–20.
10. Isern J, Méndez-Ferrer S. Stem cell interactions in a bone marrow niche. Curr Osteoporos Rep. 2011;9(4):210–8.
11. Friedenstein AJ, Deriglasova UF, Kulagina NN, Panasuk AF, Rudakowa SF, Luriá EA,et al. Precursors for fibroblasts in different populations of hematopoietic cells as detected by the in vitro colony assay method. Exp Hematol. 1974;2(2):83–92.
12. Caplan AI. Mesenchymal stem cells. J Orthop Res. 1991;9(5):641–50.
13. Péault B, Rudnicki M, Torrente Y, Cossu G, Tremblay JP, Partridge T, et al. Stem and progenitor cells in skeletal muscle development, maintenance, and therapy. Mol Ther. 2007;15(5):867–77.
14. Orciani M, Di Primio R. Skin-derived mesenchymal stem cells: isolation, culture, and characterization. Methods Mol Biol. 2013;989:275–83.
15. Soma T, Kishimoto J, Fisher D. Isolation of mesenchymal stem cells from human dermis. Methods Mol Biol. 2013;989:265–74.
16. Yang R, Xu X. Isolation and culture of neural crest stem cells from human hair follicles. J Vis Exp. 2013 6;(74).
17. Jiang Y, Vaessen B, Lenvik T, Blackstad M, Reyes M, Verfaillie CM. Multipotent progenitor cells can be isolated from postnatal murine bone marrow, muscle, and brain. Exp Hematol. 2002;30(8):896–904. Erratum in: Exp Hematol. 2006;34(6):809.
18. Jiang Y, Jahagirdar BN, Reinhardt RL, Schwartz RE, Keene CD, Ortiz-Gonzalez XR, et al. Pluripotency of mesenchymal stem cells derived from adult marrow. Nature. 2002;418:41–9.
19. Horwitz EM, Prockop DJ, Fitzpatrick LA, Koo WW, Gordon PL, Neel M, et al. Transplantability and therapeutic effects of bone marrow-derived mesenchymal cells in children with osteogenesis imperfecta. Nat Med. 1999;5(3):309–13.
20. Bittner RE, Schofer C, Weipoltshammer K, Ivanova S, Streubel B, Hauser E, et al. Recruitment of bone-marrow-derived cells by skeletal and cardiac muscle in adult dystrophic mdx mice. Anat Embryol (Berl). 1999;199(5):391–6.

21. Caplan AI, Fink DJ, Goto T, Linton AE, Young RG, Wakitani S, et al. Mesenchymal stem cells and tissue repair. In: The Anterior Cruciate Ligament: Current and Future Concepts. New York: Ed. Jackson, DW. Raven Press Ltd, 1993. p.405–17.
22. Caplan AI. Tissue engineering designs for the future: new logics, old molecules. Tissue Eng. 2000;6(1):1–8.
23. Bianco P, Riminucci M, Gronthos S, Robey PG. Bone marrow stromal stem cells: nature, biology, and potential applications. Stem Cell. 2001;19:180–92.
24. Caplan AI, Bruder SP. Mesenchymal stem cells: Building blocks for molecular medicine in the 21st century. Trends Molecular Medicine. 2001;7:259–64.
25. Kassem M, Kristiansen M, Abdallah BM. Mesenchymal stem cells: cell biology and potential use in therapy. Basic Clinical. Pharmacology.Toxicology. 2004;95(5):209–14.
26. Korbling, M, Estrov, Z. Adults stem cells for tissue repair – a new therapeutic concept. N Engl J Med. 2003;349:570.
27. Zhao Y, Xu A, Xu Q, Zhao W, Li D, Fang X, et al. Bone marrow mesenchymal stem cell transplantation for treatment of emphysemic rats. Int J Clin Exp Med. 2014; 15;7(4):968–72.
28. Geng Y, Zhang L, Fu B, Zhang J, Hong Q, Hu J, et al. Mesenchymal stem cells ameliorate rhabdomyolysis-induced acute kidney injury via the activation of M2 macrophages. Stem Cell Res Ther. 2014
29. Cao X, Han ZB, Zhao H, Liu Q. Transplantation of mesenchymal stem cells recruits trophic macrophages to induce pancreatic beta cell regeneration in diabetic mice. Int J Biochem Cell Biol. 2014;7;53C:372–9.
30. Li HM, Liu L, Mei X, Chen H, Liu Z, Zhao X. Overexpression of inducible nitric oxide synthase impairs the survival of bone marrow stem cells transplanted into rat infarcted myocardium. Life Sci. 2014;13;106(1–2):50–7.
31. Vu Q, Xie K, Eckert M, Zhao W, Cramer SC. Meta-analysis of preclinical studies of mesenchymal stromal cells for ischemic stroke. Neurology. 2014;8;82(14):1277–86.
32. Galmiche MC, Koteliansky VE, Brière J, Hervé P, Charbord P. Stromal cells from human long-term marrow cultures are mesenchymal cells that differentiate following a vascular smooth muscle differentiation pathway. Blood. 1993;1;82(1):66–76.
33. Pereira RF, Halford KW, O'Hara MD, Leeper DB, Sokolov BP, Pollard MD, et al. Cultured adherent cells from marrow can serve as long-lasting precursor cells for bone, cartilage, and lung in irradiated mice. Proc Natl Acad Sci USA. 1995;23;92(11):4857–61.
34. Prockop DJ. Marrow stromal cells as stem cells for nonhematopoietic tissues. Science. 1997;4;276(5309):71–4.
35. Caplan AI. Osteogenesis imperfecta, rehabilitation medicine, fundamental research and mesenchymal stem cells. Connect Tissue Res. 1995;31(4):S9–14.
36. Heider A, Danova-Alt R, Egger D, Cross M, Alt R. Murine and human very small embryonic--like cells: a perspective. Cytometry A. 2013;83(1):72–5.
37. Porada CD, Zanjani ED, Almeida-Porad G. Adult mesenchymal stem cells: a pluripotent population with multiple applications. Curr Stem Cell Res Ther. 2006;1(3):365–9.
38. Owen M. Marrow stromal stem cells. J Cell Sci Suppl. 1988;10:63–76.
39. Beresford JN. Osteogenic stem cells and the stromal system of bone and marrow. Clin Orthop Relat Res. 1989 Mar;(240):270–80.
40. Baykan E, Koc A, Eser Elcin A, Murat Elcin Y. Evaluation of a biomimetic poly(β-caprolactone)/β-tricalcium phosphate multispiral scaffold for bone tissue engineering: In vitro and in vivo studies. Biointerphases. 2014 Jun;9(2):029011.

41. Brown PT, Squire MW, Li WJ. Characterization and evaluation of mesenchymal stem cells derived from human embryonic stem cells and bone marrow. Cell Tissue Res. 2014 Jun 14.
42. Woodbury D, Schwarz EJ, Prockop DJ, Black IB. Adult rat and human bone marrow stromal cells differentiate into neurons. J Neurosci Res. 2000 Aug 15;61(4):364–70.
43. Jeong SG, Ohn T, Kim SH, Cho GW. Valproic acid promotes neuronal differentiation by induction of neuroprogenitors in human bone-marrow mesenchymal stromal cells. Neurosci Lett. 2013 Oct;25;554:22–7.
44. Azizi SA, Stokes D, Augelli BJ, DiGirolamo C, Prockop DJ. Engraftment and migration of human bone marrow stromal cells implanted in the brains of albino rats-similarities to astrocyte grafts. Proc Natl Acad Sci USA. 1998 Mar;31;95(7):3908–13.
45. Eglitis MA, Dawson D, Park KW, Mouradian MM. Targeting of marrow-derived astrocytes to the ischemic brain. Neuroreport. 1999 Apr;26;10(6):1289–92.
46. Lu D, Mahmood A, Wang L, Li Y, Lu M, Chopp M. Adult bone marrow stromal cells administered intravenously to rats after traumatic brain injury migrate into brain and improve neurological outcome. Neuroreport. 2001 Mar;5;12(3):559–63.
47. Kopen GC, Prockop DJ, Phinney DG. Marrow stromal cells migrate throughout forebrain and cerebellum, and they differentiate into astrocytes after injection into neonatal mouse brains. Proc Natl Acad Sci USA. 1999 Sep;14;96(19):10711–6.
48. Wang X, Luo E, Li Y, Hu J. Schwann-like mesenchymal stem cells within vein graft facilitate facial nerve regeneration and remyelination. Brain Res. 2011 Apr;6;1383:71–80.
49. Slavin S, Kurkalli BG, Karussis D. The potential use of adult stem cells for the treatment of multiple sclerosis and other neurodegenerative disorders. Clin Neurol Neurosurg. 2008 Nov;110(9):943–6.
50. Li LY, Li JT, Wu QY, Li J, Feng ZT, Liu S, Wang TH. Transplantation of NGF-gene-modified bone marrow stromal cells into a rat model of Alzheimer' disease. J Mol Neurosci. 2008 Feb;34(2):157–63.
51. Lescaudron L, Unni D, Dunbar GL. Autologous adult bone marrow stem cell transplantation in an animal model of huntington's disease: behavioral and morphological outcomes. Int J Neurosci. 2003 Jul;113(7):945–56.
52. Vercelli A, Mereuta OM, Garbossa D, Muraca G, Mareschi K, Rustichelli D, et al. Human mesenchymal stem cell transplantation extends survival, improves motor performance and decreases neuroinflammation in mouse model of amyotrophic lateral sclerosis. Neurobiol Dis. 2008 Sep;31(3):395–405.
53. Cogle CR, Yachnis AT, Laywell ED, Zander DS, Wingard JR, Steindler DA, Scott EW. Bone marrow transdifferentiation in brain after transplantation: a retrospective study. Lancet. 2004 May;1;363(9419):1432–7.
54. Terada N, Hamazaki T, Oka M, Hoki M, Mastalerz DM, Nakano Y, et al. Bone marrow cells adopt the phenotype of other cells by spontaneous cell fusion. Nature. 2002 Apr;4;416(6880):542–5.
55. Hematti P, Kim J, Stein AP, Kaufman D. Potential role of mesenchymal stromal cells in pancreatic islet transplantation. Transplant Rev (Orlando). 2013 Jan;27(1):21–9.
56. Santana A, Enseñat-Waser R, Arribas MI, Reig JA, Roche E. Insulin-producing cells derived from stem cells: recent progress and future directions. J Cell Mol Med. 2006 Oct-Dec;10(4):866–83.
57. Ianus A1, Holz GG, Theise ND, Hussain MA. In vivo derivation of glucose-competent pancreatic endocrine cells from bone marrow without evidence of cell fusion. J Clin Invest. 2003 Mar;111(6):843–50.

58. Moriscot C, de Fraipont F, Richard MJ, Marchand M, Savatier P, Bosco D, et al. Human bone marrow mesenchymal stem cells can express insulin and key transcription factors of the endocrine pancreas developmental pathway upon genetic and/or mic roenvironmental manipulation in vitro. Stem Cells. 2005 Apr;23(4):594–603.
59. Chen LB, Jiang XB, Yang L. Differentiation of rat marrow mesenchymal stem cells into pancreatic islet beta-cells. World J Gastroenterol. 2004 Oct;15;10(20):3016–20.
60. Tang DQ, Cao LZ, Burkhardt BR, Xia CQ, Litherland SA, Atkinson MA, Yang LJ. In vivo and in vitro characterization of insulin-producing cells obtained from murine bone marrow. Diabetes. 2004 Jul;53(7):1721–32.
61. Van Thiel DH, Brems J, Nadir A, Idilman R, Colantoni A, Holt D, Edelstein S. Liver transplantation for fulminant hepatic failure. J Gastroenterol. 2001 Jan;36(1):1–4.
62. Petersen BE, Bowen WC, Patrene KD, Mars WM, Sullivan AK, Murase N, et al. Bone marrow as a potential source of hepatic oval cells. Science. 1999 May;14;284(5417):1168–70.
63. Gaia S, Smedile A, Omedè P, Olivero A, Sanavio F, Balzola F, et al. Feasibility and safety of G--CSF administration to induce bone marrow-derived cells mobilization in patients with end stage liver disease. J Hepatol. 2006 Jul;45(1):13–9.
64. Terai S, Ishikawa T, Omori K, Aoyama K, Marumoto Y, Urata Y, et al. Improved liver function in patients with liver cirrhosis after autologous bone marrow cell infusion therapy. Stem Cells. 2006 Oct;24(10):2292–8.
65. Mohamadnejad M, Alimoghaddam K, Bagheri M, Ashrafi M, Abdollahzadeh L, Akhlaghpoor S, et al. Randomized placebo-controlled trial of mesenchymal stem cell transplantation in decompensated cirrhosis. Liver Int. 2013 Nov;33(10):1490–6.
66. Wakitani S, Saito T, Caplan AI. Myogenic cells derived from rat bone marrow mesenchymal stem cells exposed to 5-azacytidine. Muscle Nerve. 1995 Dec;18(12):1417–26.
67. Makino S, Fukuda K, Miyoshi S, Konishi F, Kodama H, Pan J, et al. Cardiomyocytes can be generated from marrow stromal cells in vitro. J Clin Invest. 1999 Mar;103(5):697–705.
68. Ferrari G, Cusella-De Angelis G, Coletta M, Paolucci E, Stornaiuolo A, Cossu G, et al. Muscle regeneration by bone marrow-derived myogenic progenitors. Science. 1998 Mar;6;279(5356):1528–30. Erratum in: Science. 1998 Aug;14;281(5379):923.
69. Hoch AI, Leach JK. Concise review: optimizing expansion of bone marrow mesenchymal stem/stromal cells for clinical applications. Stem Cells Transl Med. 2014 May;3(5):643–52.
70. Psaltis PJ, Spoon DB, Wong DT. Utility of mesenchymal stromal cells for myocardial infarction. Transitioning from bench to bedside. Minerva Cardioangiol. 2013 Dec;61(6):639–63.
71. Galli D, Vitale M, Vaccarezza M. Bone Marrow-Derived Mesenchymal Cell Differentiation toward Myogenic Lineages: Facts and Perspectives. Biomed Res Int. 2014;2014:762695.
72. Shake JG, Gruber PJ, Baumgartner WA, Senechal G, Meyers J, Redmond JM, et al. Mesenchymal stem cell implantation in a swine myocardial infarct model: engraftment and functional effects. Ann Thorac Surg. 2002 Jun;73(6):1919–25; discussion 1926.
73. Dai W, Hale SL, Martin BJ, Kuang JQ, Dow JS, Wold LE, Kloner RA. Allogeneic mesenchymal stem cell transplantation in postinfarcted rat myocardium: short- and long-term effects. Circulation. 2005 Jul;12;112(2):214–23.
74. Breitbach M, Bostani T, Roell W, Xia Y, Dewald O, Nygren JM, et al. Potential risks of bone marrow cell transplantation into infarcted hearts. Blood. 2007 Aug;15;110(4):1362–9.

capítulo 5

O Tecido Adiposo

O tecido adiposo é de origem mesodermal e contém uma população heterogênea de células estromais.[1,2] Ele participa do metabolismo energético, dos processos imunológicos e apresenta também uma atividade neuroendócrina muito importante, com a secreção de adipocinas que apresentam efeito sistêmico. Nos mamíferos, o tipo de gordura branca é predominante no tecido adiposo marrom, o qual está presente em recém-nascidos, mas praticamente ausente em adultos.[3] O tecido adiposo é composto por adipócitos maduros, pré-adipócitos, fibroblastos, células de músculo liso vascular, células endoteliais, monócitos e macrófagos residentes, linfócitos e pela fração vascular do estroma, que correspondem às células estromais do tecido adiposo[4] (Figura 5.1).

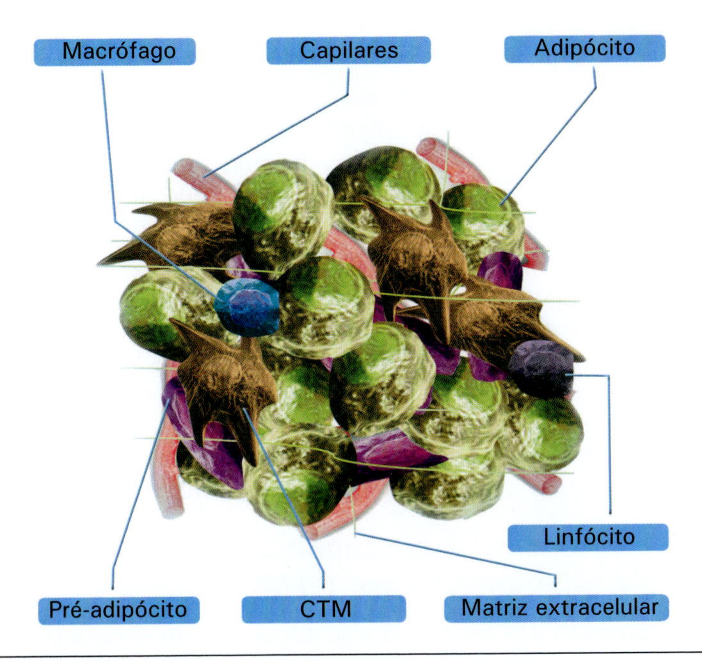

Figura 5.1 ▸ Esquema ilustrativo dos componentes do tecido adiposo. Este tecido conjuntivo frouxo consiste em adipócitos maduros, pré-adipócitos, fibroblastos, células de músculo liso vascular, células endoteliais, monócitos e macrófagos residentes, linfócitos e fração vascular do estroma, nos quais pode ser encontrada a fração de CTM.

Zuk *et al.*[5] isolaram do tecido adiposo humano, coletado por lipoaspiração, uma população de células aderentes ao plástico, semelhantes a fibroblastos, denominada células-tronco do tecido adiposo. Essas células podem ser mantidas *in vitro* por longos períodos, como uma população que se divide estavelmente e com baixos níveis de senescência. Além disso, elas diferenciam-se *in vitro* para células adipogênicas, condrogênicas e osteogênicas na presença de fatores indutores de linhagem específica. Esses dados demonstraram que o lipoaspirado humano contém CTM multipotentes e representa uma fonte alternativa às CTM-MO.

As CTM do tecido adiposo (CTM-TA) são células-tronco tecido-específicas e estão localizadas em compartimentos denominados nichos. Eles são microambientes fisiológicos, que controlam a taxa de proliferação das células-tronco, determinam a diferenciação em células progenitoras e protegem as células contra a apoptose. Diversos fatores estão envolvidos na regulação do comportamento das CTM dentro do nicho, como interações célula-célula, moléculas de adesão, componentes da matriz extracelular, fatores de crescimento, citocinas.[6] Essa interação recíproca entre a CTM e o nicho começa nos primeiros estágios do desenvolvimento embrionário e é mantida durante toda a vida adulta, sendo essencial para a ontogenia e a reparação tecidual. Foi sugerido que o nicho de CTM no tecido adiposo está localizado na região perivascular e estas CTM podem ser identificadas como precursores de células vasculares.[7] Várias evidências indicam que a rede vascular desempenha papel crítico no desenvolvimento e expansão do tecido adiposo[8,9] e considera-se que o tecido adiposo tem grande potencial angiogênico.[10,11] Diferentes estudos demonstraram que a fração vascular do estroma do tecido adiposo contém CTM capazes de se diferenciarem em células endoteliais e participarem na formação de vasos sanguíneos *in vivo*.[12]

Devido à enorme diversidade de nomenclaturas usadas para descrever a população de células aderentes, isoladas após digestão enzimática por colagenase a partir do tecido adiposo, o comitê International Fat Application Technology Society (IFATS) em Pittsburgh propôs uma nomenclatura padronizada em 2004, adotando o termo células-tronco do tecido adiposo para se referir à população de células multipotentes aderentes isoladas da fração vascular do estroma do tecido adiposo.[13]

Portanto, o tecido adiposo é uma fonte de CTM que oferece vantagens quando comparado à medula óssea, como baixo risco para os doadores, abundância relativa de tecido adiposo, facilidade de produção e um número elevado de CTM.[14] Mas a grande vantagem é que a obtenção do tecido doador não acarreta morbidade relevante. Ainda, o tecido adiposo contém maior número de CTM por mililitro em comparação à medula óssea[15], e a taxa de sucesso para o isolamento de CTM-TA é 40 vezes mais elevada.[16] Portanto, essas células apresentam um potencial muito grande na medicina regenerativa.[17]

Potencial de diferenciação osteogênico, condrogênico e adipogênico das CTM-TA

As CTM-TA apresentam potencial para se diferenciarem em células de tecidos mesodérmicos, como os adipócitos, as cartilagens, os ossos e o músculo esquelético.[18] Devido à grande disponibilidade do tecido adiposo e à quantidade de CTM nesse tecido, este se tornou uma das fontes preferenciais para aplicações terapêuticas na área de cirurgia reconstrutiva de tecidos mesodérmicos.

Potencial de diferenciação das CTM-TA em células semelhantes a células neuronais e perspectivas terapêuticas para doenças neurológicas

Diversos estudos *in vitro* relatam a morfologia e a expressão de proteínas da linhagem neural após exposição das CTM-TA a agentes de indução neural.[19,20] Estudos *in vivo* determinaram a sobrevivência, migração e enxerto de CTM-TA transplantadas e sugerem mecanismos de neuroproteção associado ao uso de CTM-TA.[20] Desse modo, as CTM-TA apresentam elevado potencial para a sua aplicação a doenças e lesões neurológicas.

Potencial de diferenciação das CTM-TA em clusters semelhantes às ilhotas pancreáticas e perspectivas terapêuticas para o diabetes

O primeiro relato mais contundente da utilização de CTM-TA para o tratamento do diabetes foi reportado por Timper *et al.*[21] que isolaram a CTM-TA de quatro doadores saudáveis. Durante o período de proliferação, as células expressavam os marcadores de células-tronco: nestin, ABCG2, SCF, Thy-1 e fator de transcrição pancreático Isl-1. As células foram induzidas a se diferenciarem em células com fenótipos pancreático em cultivo durante três dias. A análise por PCR quantitativo verificou que, nas células diferenciadas, ABCG2 estava pouco expresso e o fator de transcrição pancreático Isl-1 estava muito expresso. As células eram funcionais e secretavam insulina, glucagon e somatostatina. Portanto, esses autores sugerem que as CTM-TA Isl-1-positivas isoladas do tecido adiposo humano poderiam ser usadas na terapia celular para diabetes.[21] Sendo assim, o diabetes poderia ser controlado pela infusão das CTM-TA no tecido pancreático, pois essas células podem promover imunossupressão local e estimular os mecanismos de regeneração locais por meio de efeitos parácrinos.

Potencial de diferenciação das CTM-TA em células semelhantes aos hepatócitos e perspectivas terapêuticas para doenças hepáticas

A aplicação das CTM-TA em terapias para doenças hepáticas pode fornecer uma nova abordagem para a regeneração hepática e a diferenciação de hepatócitos e, assim, apoiar a função hepática em indivíduos doentes.[22,23]

Potencial de diferenciação das CTM-TA em células semelhantes aos cardiomiócitos e perspectivas terapêuticas para doenças cardiovasculares

Diversos estudos em animais têm sugerido que CTM-TA têm o potencial para se diferenciar *in vivo* em células endoteliais e cardiomiócitos.[15,18,24] Isso faz das CTM-TA uma fonte promissora para a terapia regenerativa para substituir tecido lesado por meio da criação de novos vasos sanguíneos e cardiomiócitos em pacientes com doença cardiovasculares.

Outras possíveis aplicações biotecnológicas das CTM-TA

As CTM-TA podem ainda ser utilizadas para estudo da fisiopatologia de doenças genéticas, bem como para o desenvolvimento e teste de novos fármacos. Relacionado com o uso em pele, a administração tópica de CTM-TA pode acelerar o processo de cicatrização de ferida cutânea. As CTM-TA podem ser utilizadas também para fins estéticos, como para eliminação de cicatrizes e rugas e para aumento de mamas. As CTM-MO e as CT-TA podem ser usadas clinicamente para tratar lesões de órgãos e tecidos vitais com menos preocupações do que as CTE. No entanto, a sua aplicação também tem suas limitações: o número de células e a capacidade de diferenciação limitada quando comparado às CTE. Essas características se tornam mais críticas com a idade do doador. Além disso, dependendo do tecido, a sua coleta pode ser bastante invasiva e com morbidez para o doador.[25] Desse modo, diferente da extensa pesquisa sobre as CTE e da crescente pesquisa com as *iPS*, as CTM derivadas do cordão umbilical e polpa dentária ganharam interesse especial, devido às suas vantagens sobre as CTE e demais CTM. Para começar, o cordão umbilical e o dente decíduo são descartados rotineiramente, evitando assim problemas éticos frequentes das CTE. Em segundo lugar, a natureza extracorpórea dessas fontes facilita o isolamento, eliminando o desconforto dos procedimentos de extração, bem como os riscos para o doador, que acompanham, por exemplo, o isolamento de CTM-MO e CTM-TA. Mais significativamente, a facilidade física de manipulação do cordão umbilical e do dente (polpa dentária) e a disponibilidade desses tecidos torna possível a obtenção de células-tronco durante o período de desenvolvimento precoce da ontogênese, de tal modo o cordão umbilical e a polpa dentária proporcionam células jovens.

REFERÊNCIAS BIBLIOGRÁFICAS

1. Prunet-Marcassus B, Cousin B, Caton D, André M, Pénicaud L, Casteilla L. From heterogeneity to plasticity in adipose tissues: Site-specific differences. Exp Cell Res. 2006;312:727–36.
2. Gimble J, Guilak F. Adipose-derived adult stem cells: isolation, characterization,and differentiation potential. Cytotherapy. 2003;5:362–9.
3. Lin CS, Xin ZC, Deng CH, Ning H, Lin G, Lue TF. Defining adipose tissue-derived stem cells in tissue and in culture. Histol Histopathol. 2010;25(6):807–15.
4. Schäffler A, Büchler C. Concise review: adipose tissue-derived stromal cells basic and clinical implications for novel cell based therapies. Stem Cells. 2007;25(4):818–27.
5. Zuk PA, Zhu M, Mizuno H, Huang J, Futrell JW, Katz AJ, et al. Multilineage cells from human adipose tissue: implications for cell-based therapies. Tissue Eng. 2001;7(2):211–28.
6. Schofield R. The relationship between the spleen colony-forming cell and the haemopoietic stem cell. Blood Cells. 1978;4(1–2):7–25.
7. Zannettino AC, Paton S, Arthur A, Khor F, Itescu S, Gimble JM, et al. Multipotential human adipose-derived stromal stem cells exhibit a perivascular phenotype in vitro and in vivo. J Cell Physiol. 2008;214(2):413–21.
8. Rupnick MA, Panigrahy D, Zhang CY, Dallabrida SM, Lowell BB, Langer R, et al. Adipose tissue mass can be regulated through the vasculature. Proc Natl Acad Sci USA. 2002 Aug;6;99(16):10730–5.

9. Dallabrida SM, Zurakowski D, Shih SC, Smith LE, Folkman J, Moulton KS, et al. Adipose tissue growth and regression are regulated by angiopoietin-1. Biochem Biophys Res Commun. 2003 Nov;21;311(3):563–71.
10. Bouloumié A, Lolmède K, Sengenès C, Galitzky J, Lafontan M. Angiogenesis in adipose tissue. Ann Endocrinol (Paris). 2002 Apr;63(2 Pt 1):91–5.
11. Ouchi N, Kihara S, Funahashi T, Nakamura T, Nishida M, Kumada M, et al. Reciprocal association of C-reactive protein with adiponectin in blood stream and adipose tissue. Circulation. 2003 Feb;11;107(5):671–4.
12. Kubis N, Tomita Y, Tran-Dinh A, Planat-Benard V, André M, Karaszewski B, et al. Vascular fate of adipose tissue-derived adult stromal cells in the ischemic murine brain: A combined imaging-histological study. Neuroimage. 2007 Jan;1;34(1):1–11.
13. Daher SR, Johnstone BH, Phinney DG, March KL. Adipose stromal/stem cells: basic and translational advances: the IFATS collection. Stem Cells. 2008;26(10):2664–5.
14. Gruber HE, Somayaji S, Riley F, Hoelscher GL, Norton HJ, Ingram J, et al. Human adipose--derived mesenchymal stem cells: serial passaging, doubling time and cell senescence. Biotech Histochem. 2012;87(4):303–11.
15. Fraser JK, Wulur I, Alfonso Z, Hedrick MH. Fat tissue: an underappreciated source of stem cells for biotechnology. Trends Biotechnol. 2006 Apr;24(4):150–4. Epub 2006 Feb 20. Review.
16. Kern S, Eichler H, Stoeve J, Kluter H, Bieback K. Comparative analysis of mesenchymal stem cells from bone marrow, umbilical cord blood, or adipose tissue. Stem Cells. 2006;24(5):1294–301.
17. Yarak S, Okamoto OK. Human adipose-derived stem cells: current challenges and clinical perspectives. An Bras Dermatol. 2010 Sep-Oct;85(5):647–56.
18. Strem BM, Hicok KC, Zhu M, Wulur I, Alfonso Z, Schreiber RE, et al. Multipotential differentiation of adipose tissue-derived stem cells. Keio J Med. 2005;54(3):132–41.
19. Kokai LE, Rubin JP, Marra KG. The potential of adipose-derived adult stem cells as a source of neuronal progenitor cells. Plast Reconstr Surg. 2005 Oct;116(5):1453–60.
20. Zavan B, Vindigni V, Gardin C, D'Avella D, Della Puppa A, Abatangelo G, et al. Neural potential of adipose stem cells. Discov Med. 2010 Jul;10(50):37–43.
21. Timper K, Seboek D, Eberhardt M, Linscheid P, Christ-Crain M, Keller U, et al. Human adipose tissue-derived mesenchymal stem cells differentiate into insulin, somatostatin, and glucagon expressing cells. Biochem Biophys Res Commun. 2006 Mar;24;341(4):1135–40.
22. Ishikawa T, Banas A, Hagiwara K, Iwaguro H, Ochiya T. Stem cells for hepatic regeneration: the role of adipose tissue derived mesenchymal stem cells. Curr Stem Cell Res Ther. 2010 Jun;5(2):182–9.
23. Seki A, Sakai Y, Komura T, Nasti A, Yoshida K, Higashimoto M, Honda M, et al. Adipose tissue-derived stem cells as a regenerative therapy for a mouse steatohepatitis-induced cirrhosis model. Hepatology. 2013 Sep;58(3):1133–42.
24. Heydarkhan-Hagvall S, Schenke-Layland K, Yang JQ, Heydarkhan S, Xu Y, Zuk PA, et. al. Human adipose stem cells: a potential cell source for cardiovascular tissue engineering. Cells Tissues Organs. 2008;187(4):263–74
25. Roobrouck VD, Ulloa-Montoya F, Verfaillie CM. Self-renewal and differentiation capacity of young and aged stem cells. Experimental Cell Research. 2008;314(9):1937–44.

capítulo 6

O Cordão Umbilical

Os anexos embrionários são adaptações evolutivas dos vertebrados ao meio terrestre. Importantes para o desenvolvimento embrionário, as membranas fetais internas: o saco vitelino, o âmnio, o córion e o alantoide atuam juntos na formação do cordão umbilical. O cordão umbilical começa a ser formado a partir do 26º dia da gestação e tem origem a partir do pedúnculo embrionário, que se liga à vesícula vitelínica e à amniótica. É deslocado ventralmente, por isso se denomina também pedúnculo abdominal, tendo papel importante no transporte de nutrientes maternos para o desenvolvimento do feto e na eliminação de excretas do feto para a mãe.[1]

O cordão umbilical humano cresce para formar um órgão helicoidal de 30 a 50 cm de comprimento ao nascimento, com um diâmetro médio de 1,5 cm a termo e pesando cerca de 40 g.[2,3] Ele faz a ligação entre a mãe (através da placenta) e o feto, sendo a parte mais importante da unidade fetoplacentária.[3] É coberto por uma camada de células epiteliais escamosas cuboides chamada epitélio umbilical, que supostamente é derivado do epitélio amniótico. Essas células epiteliais exibem características funcionais observadas em queratinócitos[4] e que foi demonstrado ter características de células-tronco.[5]

Internamente, o cordão umbilical humano é um tecido conjuntivo (estroma) de origem extraembrionária consistindo ainda de duas artérias e uma veia (Figura 6.1). O tecido conjuntivo frouxo, que também é referido como geleia de Wharton, consiste de estrutura tecidual esponjosa de fibras de colágeno e elastina, proteoglicanas, ácido hialurônico e células estromais.[6] Estudos indicaram que as células residentes no estroma não são só responsáveis pela síntese de componentes da matriz e do próprio cordão, mas também pela comunicação celular e sua constrição. Portanto, essas células foram também referidas como miofibroblastos.[7-10] As artérias umbilicais não possuem camada adventícia, em vez disso, a rígida geleia de Wharton realiza tal função.[11] Sua estrutura e o espessamento endotelial espiralado contribuem para resistir às pressões intrauterinas e trações fetais, impedindo o angustiamento da luz dos vasos. As células endoteliais do interior das artérias e veias são quase sempre ricas em organelas que participam da formação do líquido amniótico.[12] O âmnio é estruturalmente semelhante ao encontrado nas membranas fetais e pode manter ativamente a pressão do líquido na geleia de Wharton.

Mitchell *et al.*[13] relataram o isolamento de células da matriz do cordão umbilical porcino e humano utilizando a cultura dos explantes de tecido. Romanov *et al.*[14] relataram isolamento de CTM-símile a partir da camada subendotelial da veia do cordão umbilical humano. A partir desse momento, o isolamento das CTM do tecido do cordão umbilical (CTM-TCU) começou a atrair extensivamente o interesse da pesquisa.

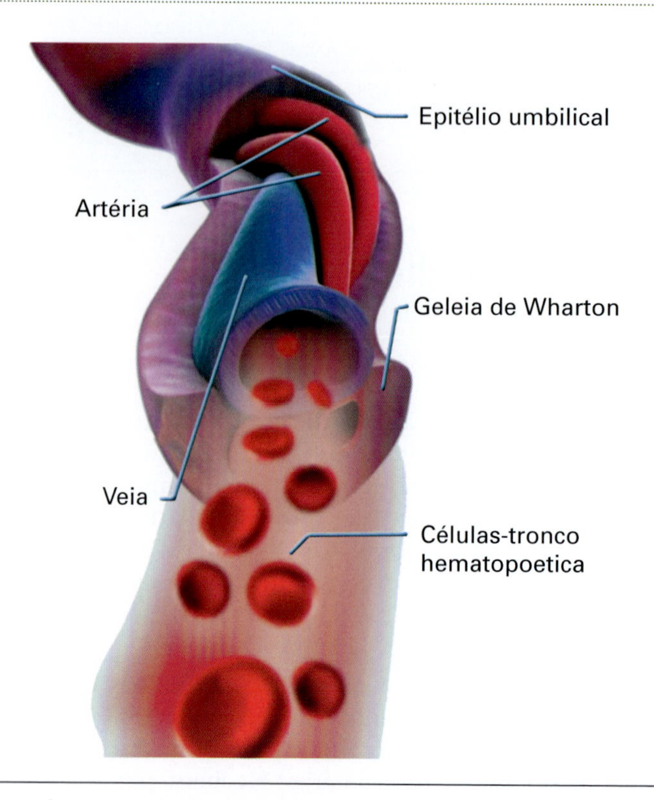

Figura 6.1 ▶ Esquema ilustrativo dos componentes do cordão umbilical. O cordão umbilical é coberto pelo epitélio umbilical; mais internamente apresenta a geleia de Wharton (estroma) e ainda duas artérias e uma veia. As células presentes no interior dos vasos são as células-tronco hematopoiéticas responsáveis por dar origem a todos os componentes do sangue. Além disso, pode ser encontrada uma pequena fração de CTM no sangue do cordão umbilical.

O potencial de diferenciação das CTM-TCU está entre as CTE e CTA, tendo um limite de proliferação e não formando teratomas. As CTM-TCU podem ser induzidas à diferenciação *in vitro* e *in vivo* em células adiposas, células ósseas, células de cartilagem, músculo esquelético, células cardíacas, células endoteliais, hepatócitos, células semelhantes às ilhotas pancreáticas, neurônios, astrócitos, oligodendrócitos, dentre outros.

Potencial de diferenciação osteogênico, condrogênico e adipogênico das CTM-TCU

A capacidade de diferenciação das CTM-TCU foi comprovada extensivamente por diversos autores.[8,9,13-18] Além disso, estudos mais recentes demonstraram que a capacidade das CTM-TCU de produzir osso é semelhante à das CTM de medula óssea (CTM-MO), apresentando semelhante capacidade e eficiência na consolidação da fratura óssea.[19] Outro estudo comparou esses dois tipos de células na produção de cartilagem e demonstrou que as CTM-TCU foram capazes de produzir três vezes mais colágeno do que as CTM--MO, indicando que a CTM-TCU é o tipo celular mais indicado para a engenharia tecidual na produção de fibrocartilagem.[20] Além disso, a transformação das CTM-TCU em tecido adiposo maduro indica a sua possível utilização na terapia estética.[21]

Potencial de diferenciação das CTM-TCU em células semelhantes a células neuronais e perspectivas terapêuticas para doenças neurológicas

Mitchell *et al.*[13] foram os primeiros a demonstrar a capacidade das CTM-TCU de se diferenciar na linhagem neural, atraindo bastante atenção dos pesquisadores do mundo todo. Posteriormente, vários protocolos que comprovaram a capacidade dessas células para a diferenciação neural foram desenvolvidos.[22,23]

Importante mencionar que as CTM-TCU produzem uma quantidade significativa de fatores neurotróficos para neurônios dopaminérgicos, como o fator neurotrófico derivado da glia (*glial-derived neurotrophic fator, GDNF*) e o fator de crescimento de fibroblastos (*fibroblast growth fator, FGF*).[22] Essas células *in vitro* também secretam nível significativo de vários outros fatores neurotrófico, como a interleucina-6 (IL-6), o *FGF-2* e o fator neurotrófico derivado do cérebro (*brain-derived neurotrophic fator, BDNF*). Além disso, as CTM-TCU produzem grandes quantidades de fatores estimuladores de colônias de granulócitos (*granulocyte colony-stimulating factors, G-CSF*) e fator de crescimento endotelial vascular (*vascular endothelial growth fator, VEGF*) antes, durante e um dia após a diferenciação neuronal. A produção de *BDNF* foi também maior nas CTM-TCU do que nas CTM-MO antes de diferenciação neuronal.[22] Esses fatores podem explicar, de modo parcial, o efeito positivo neurotrófico dessas células em modelos animais de doenças neurológicas.

As CTM-TCU foram testadas em vários modelos animais experimentais de isquemia cerebral, proporcionando recuperação funcional neurológica acelerada após transplante dessas células, que poderia ser mediada pela angiogênese provocada pelas células.[24] A aplicação experimental das CTM-TCU na hemorragia intracerebral demonstrou que o tratamento melhorou significativamente a deficiência na função neurológica, aumentou a densidade vascular na lesão e diminuiu o volume da lesão. Esses efeitos foram atribuídos à capacidade destas células de inibir a inflamação e promover a angiogênese.[25]

A administração das CTM-TCU é uma estratégia terapêutica viável para lesão de medula espinhal. Uma pesquisa promissora evidenciou que o transplante de CTM derivadas da geleia de Wharton era uma estratégia eficaz para promover a regeneração de fibras corticoespinhais e a recuperação locomotora após transecção medular no rato.[26] A doença de Parkinson (DP) é uma desordem neurodegenerativa, caracterizada por perda progressiva da função estriatal dopaminérgica. Weiss *et al.*[22] observaram a melhora em rotações induzidas por apomorfina após a aplicação das CTM-TCU. Eles evidenciaram a ausência da formação de tumores cerebrais, bem como de resposta imune de rejeição do hospedeiro.

A degeneração dos fotorreceptores é uma das causas principais de cegueira no mundo e pode se beneficiar das terapias celulares. Estudo recente comparou a eficiência das CTM-TCU e das CTM-MO na preservação da integridade dos fotorreceptores após a injeção em espaço subretinal em ratos com a degeneração da retina em progresso. O tratamento com CTM-TCU foi mais eficiente, tornando possível resgatar uma área maior dos fotorreceptores. Os autores propuseram que o efeito observado se deva à expressão dos fatores neurotróficos pelas células, como *IL-6* e *BDNF*.[27]

Potencial de diferenciação das CTM-TCU em clusters semelhantes às ilhotas pancreáticas e perspectivas terapêuticas para o diabetes

Uma pesquisa publicada indica que as CTM derivadas da geleia de Wharton podem servir como fonte promissora para produção de células das ilhotas pancreáticas.[28] Os pesquisadores, por meio de um protocolo composto por quatro passos, induziram a diferenciação *in vitro* das CTM-TCU em células semelhantes às das ilhotas pancreáticas, e, em seguida as transplantaram para o pâncreas de ratos com diabetes induzida por estreptozotocina via laparotomia. Essas ilhotas pancreáticas transplantadas contêm o peptídeo C humano e liberam a insulina humana em resposta aos níveis fisiológicos de glicose, bem como expressam insulina e outros genes relacionados com as células β-pancreáticas. A hiperglicemia e a intolerância à glicose em ratos diabéticos foram também significativamente aliviadas após xenotransplante dessas células. Além disso, os níveis estáveis de glicose no sangue foram mantidos por nove semanas, sem o uso de imunossupressor.

Considerando as vantagens do uso das CTM-TCU, assim como o baixo risco de rejeição, as CTM-TCU tem potencial para se tornar excelentes candidatas à substituição das células-β no diabetes.

Potencial de diferenciação das CTM-TCU em células semelhantes aos hepatócitos e perspectivas terapêuticas para doenças hepáticas

A capacidade das CTM-TCU em se diferenciar em hepatócitos foi demonstrada tanto *in vitro* como *in vivo*. Zhang *et al.*[29], com um protocolo simples utilizando o fator de crescimento hepático (*hepatic growth fator, HGF*) e o fator de crescimento de fibroblastos-4 (*FGF-4*), provaram a eficácia na transformação das CTM-TCU em células semelhantes aos hepatócitos com expressão de marcadores específicos de hepatócitos, como: albumina (ALB), α-fetoproteína (AFP) humana e citoqueratina 18 (CK-18). Outros estudos mostraram que as CTM-TCU diferenciadas em hepatócitos podem armazenar glicogênio e internalizar lipoproteína de baixa densidade (LDL), comprovando que essas células são uma fonte favorável de células para a engenharia de tecidos no tratamento de doenças hepáticas. Além disso, as CTM-TCU diferenciadas e funcionais semelhantes aos hepatócitos podem ainda manter a sua baixa imunogenicidade *in vitro*, fato que facilitaria o alotransplante na substituição das células hepáticas degeneradas.[30]

Os estudos *in vivo* mostraram que, após a injeção das CTM-TCU no fígado de camundongo SCID (imunodeficiente) com hepatectomia parcial induzida pelo tetracloreto de carbono, essas células expressaram ALB e AFP humana no parênquima e região perivascular do fígado. Após a administração, as CTM-TCU começaram a expressar o triptofano 2,3-dioxigenase, AFP, CK-18, proteína-1 secretora dos fibroblastos e α-actina de músculo liso humano em animais doentes. As CTM-TCU transplantadas inibiram a apoptose dos hepatócitos, diminuíram a quantidade de soro de aminotransferases e facilitaram a proliferação dos hepatócitos do animal.[31]

Potencial de diferenciação das CTM-TCU em células semelhantes aos cardiomiócitos e perspectivas terapêuticas para doenças cardiovasculares

Um estudo *in vivo* investigou o potencial terapêutico das CTM-TCU em modelo de infarto do miocárdio em ratos, revelando a melhora significativa da função cardíaca, o aumento acentuado da densidade capilar e arteriolar, assim como a diminuição da apoptose após o transplante das CTM-TCU. Além disso, as células transplantadas sobreviveram no miocárdio infartado, acumulando-se em torno das arteríolas e capilares espalhados em redes. É importante ressaltar que as células expressaram troponina-T, fator Von Willebrand e actina de músculo liso, indicando a regeneração do miocárdio danificado pela diferenciação das CTM-TCU em cardiomiócitos, endotélio e tecido liso muscular.[32]

Kadner *et al.*[33] investigaram a viabilidade da utilização das células de cordão umbilical como uma fonte alternativa de células para engenharia tecidual cardiovascular por meio de plaqueamento dessas células em polímeros para a construção de um tecido semelhante ao cardíaco. Outro estudo comparativo revelou ainda que as células isoladas da artéria do cordão umbilical, da veia e do cordão umbilical inteiro têm semelhanças na morfologia, na dinâmica de crescimento e na capacidade de formação de tecido.[34] Hoerstrup *et al.*[35] construíram com sucesso um tecido autólogo da artéria pulmonar derivado das células do cordão umbilical. Mais recentemente, um grupo publicou uma pesquisa bem-sucedida na engenharia de tecidos autólogos humanos – válvulas cardíacas, utilizando células endoteliais criopreservadas do cordão umbilical.[36] Considerando os resultados que indicam as propriedades excelentes na formação de tecido e propriedades biomecânicas que se aproximam do tecido nativo, o cordão umbilical representa uma alternativa promissora como fonte de células autólogas para engenharia de tecidos cardiovascular, evitando a coleta invasiva das estruturas vasculares intactas.

Outras possíveis aplicações biotecnológicas das CTM-TCU

As CTM-TCU podem ainda ser utilizadas para auxiliar o crescimento de células hematopoiéticas *in vitro*, assim como proporcionar o suporte ao enxerto e a expansão de células-tronco hematopoiéticas *in vivo* pela liberação de vários fatores, como as citosinas hematopoiéticas: *IL-6, IL-7, IL-8, IL-11, IL-14, IL-15*, fator de estimulação dos macrófagos (*macrophage colony-stimulating fator, M-CSF*), *VEGF*, SDF1 (*stromal derived factor 1*), LIF *(leukemia inhibitor factor)*, fator ligante flt-3 (*flt-3 ligand)* e o fator de células-tronco (*stem cell factor, SCF*). É importante ressaltar que as CTM-TCU, diferente das CMT-MO, também expressam *GM-CSF (granulocyte macrophage colony stimulating factors)* e *G-CSF.*[37]

Elas podem manter a sobrevivência e a função das células das ilhotas pancreáticas *in vitro* antes do transplante, devido ao seu potencial significativo para proteger as células das ilhotas pancreáticas de danos durante a cultura.[38]

Do mesmo modo, elas podem ser utilizadas como camada de suporte para o cultivo de CTE humanas sem a perda da pluripotência.[39] Além disso, os meios condicionados pelas CTM-TCU induzem o aumento do número de células positivas para GFAP e O4 em culturas de células gliais e aumenta também o número de neurônios MAP-2 positivo em cultura pela liberação dos fatores neuroregulatórios.[40]

REFERÊNCIAS BIBLIOGRÁFICAS

1. Keeth LM. Embriologia Clínica. Ed. Moore Persaud. 2000;6:57–9.
2. Raio L, Ghezzi F, Di Naro E, et al. Sonographic measurement of the umbilical cord and fetal anthropometric parameters. Eur J Obstet Gynecol Reprod Biol. 1999;83:131–5.
3. Di Naro E, Ghezzi F, Raio L, et al. Umbilical cord morphology and pregnancy outcome. Eur J Obstet Gynecol Reprod Biol. 2001;96:150–7.
4. Sanmano B, Mizoguchi M, Suga Y, et al. Engraftment of umbilical cord epithelial cells in athymic mice: In an attempt to improve reconstructed skin equivalents used as epithelial composite. J Dermatol Sci. 2005;37:29–39.
5. Miki T, Lehmann T, Cai H, et al. Stem cell characteristics of amniotic epithelial cells. Stem Cells. 2005;23:1549–59.
6. Bankowski E, Sobolewski K, Romanowicz L, et al. Collagen and glycosaminoglycans of Wharton's jelly and their alterations in EPH-gestosis. Eur J Obstet Gynecol Reprod Biol. 1996;66:109–17.
7. Takechi K, Kuwabara Y, Mizuno M. Ultrastructural and immunohistochemical studies of Wharton's jelly umbilical cord cells. Placenta. 1993;14:235–45.
8. Eyden BP, Ponting J, Davies H, Bartley C, Torgersen E. Defining the myofibroblast: normal tissues, with special reference to the stromal cells of Wharton's jelly in human umbilical cord. Journal of Submicroscopic Cytology and Pathology. 1994;26(3):347–55.
9. Nanaev AK, Kohnen G, Milovanov AP, Domogatsky SP, Kaufmann P. Stromal differentiation and architecture of the human umbilical cord. Placenta. 1997;18(1):53–64.
10. Bankowski E, Sobolewski K, Palka J, et al. Decreased expression of the insulin-like growth factor-I-binding protein-1 (IGFBP-1) phosphoisoform in pre-eclamptic Wharton's jelly and its role in the regulation of collagen biosynthesis. Clin Chem Lab Med. 2004;42:175–81.
11. Ferguson VL, Dodson RB. Bioengineering aspects of the umbilical cord. European Journal of Obstetrics & Gynecology and Reproductive Biology. 2009;144(Suppl 1):S108–S113.
12. Gebrane-Younes J, Hoang NM, Orcel L. Ultrastructure of human umbilical vessels: a possible role in amniotic fluid formation? Placenta. 1986;7:173–85.
13. Mitchell KE, Weiss ML, Mitchell BM, et al. Matrix cells from Wharton's jelly form neurons and glia. Stem Cells. 2003;21(1):50–60.
14. Romanov YA, Svintsitskaya VA, Smirnov VN. Searching for alternative sources of postnatal human mesenchymal stem cells: candidate MSC-like cells from umbilical cord. Stem Cells. 2003;21(1):105–10.
15. Wang HS, Hung SC, Peng ST, et al. Mesenchymal stem cells in the Wharton's jelly of the human umbilical cord. Stem Cells. 2004;22(7):1330–7.
16. Hyslop LA, Armstrong L, Stojkovic M, Lako M. Human embryonic stem cells: biology and clinical implications. Expert Reviews in Molecular Medicine. 2005;7(19):1–21.
17. Fan CG, Zhang QJ, Han ZC. Neural differentiation of mesenchymal stem cells from umbilical cord. Chinese Journal of Neurosurgery. 2005;21(7):388–92.
18. Karahuseyinoglu S, Cinar O, Kilic E, et al. Biology of stem cells in human umbilical cord stroma: in situ and in vitro surveys. Stem Cells. 2007;25(2):319–31.

19. Schneider RK, Puellen A, Kramann R, et al. The osteogenic differentiation of adult bone marrow and perinatal umbilical mesenchymal stem cells and matrix remodelling in three-dimensional collagen scaffolds. Biomaterials. 2010;31(3):467–80.
20. Wang L, Tran I, Seshareddy K, Weiss ML, Detamore MS. A comparison of human bone marrow-derived mesenchymal stem cells and human umbilical cord-derived mesenchymal stromal cells for cartilage tissue engineering. Tissue Engineering. Part A. 2009;15(8):2259–66.
21. Karahuseyinoglu S, Kocaefe C, Balci D, Erdemli E, Can A. Functional structure of adipocytes differentiated from human umbilical cord stroma-derived stem cells. Stem Cells. 2008;26(3):682–91.
22. Weiss ML, Medicetty S, Bledsoe AR, et al. Human umbilical cord matrix stem cells: preliminary characterization and effect of transplantation in a rodent model of Parkinson's disease. Stem Cells. 2006;24(3):781–92.
23. Koh SH, Kim KS, Choi MR, et al. Implantation of human umbilical cord-derived mesenchymal stem cells as a neuroprotective therapy for ischemic stroke in rats. Brain Research. 2008;1229:233–48.
24. Liao W, Xie J, Zhong J, et al. Therapeutic effect of human umbilical cord multipotent mesenchymal stromal cells in a rat model of stroke. Transplantation. 2009a;87(3):350–9.
25. Liao W, Zhong J, Yu J, et al. Therapeutic benefit of human umbilical cord derived mesenchymal stromal cells in intracerebral hemorrhage rat: implications of anti-inflammation and angiogenesis. Cellular Physiology and Biochemistry. 2009b;24(3–4):307–16.
26. Yang CC, Shih YH, Ko MH, Hsu SY, Cheng H, Fu YS. Transplantation of human umbilical mesenchymal stem cells from Wharton's jelly after complete transection of the rat spinal cord. PLoS ONE. 2008;3(10):e3336.
27. Lund RD, Wang S, Lu B, et al. Cells isolated from umbilical cord tissue rescue photoreceptors and visual functions in a rodent model of retinal disease. Stem Cells. 2007;25(3):602–11.
28. Chao KC, Chao KF, Fu YS, Liu SH. Islet like clusters derived from mesenchymal stem cells in Wharton's Jelly of the human umbilical cord for transplantation to control type 1 diabetes. PLoS ONE. 2008;3(1):e1451.
29. Zhang YN, Lie PC, Wei X. Differentiation of mesenchymal stromal cells derived from umbilical cord Wharton's jelly into hepatocyte-like cells. Cytotherapy. 2009;11(5):548–58.
30. Zhao Q, Ren H, Li X, et al. Differentiation of human umbilical cord mesenchymal stromal cells into low immunogenic hepatocyte-like cells. Cytotherapy. 2009;11(4):414–26.
31. Yan Y, Xu W, Qian H, et al. Mesenchymal stem cells from human umbilical cords ameliorate mouse hepatic injury in vivo. Liver International. 2009;29(3):356–65.
32. Breymann C, Schmidt D, Hoerstrup SP. Umbilical cord cells as a source of cardiovascular tissue engineering. Stem Cell Reviews. 2006;2(2):87–92.
33. Kadner A, Zund G, Maurus C, et al. Human umbilical cord cells for cardiovascular tissue engineering: a comparative study. European Journal of Cardiothoracic Surgery. 2004;25(4):635–41.
34. Kadivar M, Khatami S, Mortazavi Y, Shokrgozar MA, Taghikhani M, Soleimani M. In vitro cardiomyogenic potential of human umbilical vein-derived mesenchymal stem cells. Biochemical and Biophysical Research Communications. 2006;340(2):639–47.
35. Hoerstrup SP, Kadner A, Breymann C, et al. Living, autologous pulmonary artery conduits tissue engineered from human umbilical cord cells. The Annals of Thoracic Surgery. 2002;74(1):46–52.
36. Sodian R, Lueders C, Kraemer L, et al. Tissue engineering of autologous human heart valves using cryopreserved vascular umbilical cord cells. The Annals of Thoracic Surgery. 2006;81(6):2207–16.

37. Lu LL, Liu YJ, Yang SG, et al. Isolation and characterization of human umbilical cord mesenchymal stem cells with hematopoiesis-supportive function and other potentials. Haematologica. 2006;91(8):1017–26.
38. Chao KC, Chao KF, Chen CF, Liu SH. A novel human stem cell coculture system that maintains the survival and function of culture islet-like cell clusters. Cell Transplantation. 2008;17(6):657–64.
39. Hiroyama T, Sudo K, Aoki N, et al. Human umbilical cord-derived cells can often serve as feeder cells to maintain primate embryonic stem cells in a state capable of producing hematopoietic cells. Cell Biology International. 2008;32(1):1–7.
40. Salgado AJ, Fraga JS, Mesquita AR, Neves NM, Reis RL, Sousa N. Role of Human Umbilical Cord Mesenchymal Progenitors Conditioned Media in Neuronal/Glial Cell Densities. Viability and Proliferation. Stem Cells and Development. 2010;Jul;19(7):1067–74.

capítulo 7

A Polpa Dentária

A estrutura dentária deriva em grande parte do ectomesênquima.[1] Durante o desenvolvimento embrionário, ocorre na região bucal uma complexa interação entre uma população transitória de células embrionárias (células da crista neural), subjacentes ao mesênquima, e o ectoderma, no processo conhecido por odontogênese.[2] Durante as etapas de diferenciação e morfogênese, ocorre a organização do tecido pulpar, e, já na etapa de botão, no interior da papila dentária, acontece uma agregação das células provenientes da crista neural e do ectoderma. Uma parte dessas células se especializará para dar origem ao germe dentário e a outra permanece como subpopulação mais imatura, a qual é provavelmente a precursora de todas as demais populações residentes no tecido pulpar. Essa formação embriológica proporciona a fonte diversificada de células-tronco a serem encontradas no tecido pulpar (Figura 7.1).

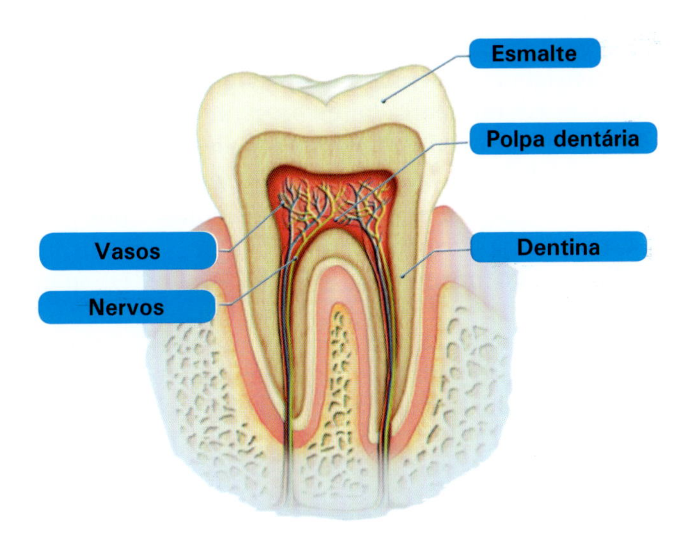

Figura 7.1 ▸ **Esquema ilustrativo dos componentes do dente.** O dente é coberto pelo esmalte; mais internamente, apresenta a dentina que é formada a partir da camada de odontoblatos. A estrutura interna do dente é formada por tecido conjuntivo frouxo (estroma) ricamente vascularizado e inervado. As células presentes no interior da polpa dentária são as células-tronco mesenquimais, os odontoblastos, os fibroblastos, os macrófagos, os linfócitos, os plasmócitos, os eosinófilos, os mastócitos e as células dendríticas.

A partir do ano 2000, diferentes populações de células-tronco e progenitores foram isoladas de diversos tipos de dentes: decíduos, permanentes e supranumerários,[3-7] por meio de digestão enzimática[3,4] ou por explante.[6] Essas populações apresentam características similares, como, por exemplo, morfologia fibroblastoide, eficiente aderência, formação de colônias e alta taxa de proliferação *in vitro*. Entretanto, estudos recentes têm demonstrado que elas diferem na expressão de alguns marcadores de células-tronco, tornando possível assim a distinção entre as diferentes populações de células-tronco e progenitores provenientes do tecido pulpar.[4,6,8-10] A derivação da crista neural torna possível que as células-tronco isoladas de polpa dentária possam se diferenciar em uma gama de tipos celulares, como células da glia, neurônios, osso, tendão, melanócito, condrócito, células endócrinas e tecido adiposo.[6,11-14]

As células-tronco de polpa dentária (CTPD), isoladas por Gronthos *et al.* (2000),[3] de dentes de pacientes adultos apresentaram *in vitro* alta eficiência quanto à formação de colônias e proliferação celular quando comparadas às CTM-MO. Estudos de imunofenotipagem das CTPD demonstraram que essas células não reagem aos marcadores hematopoiéticos, como CD14 (monócito/macrófago), CD45 (antígeno pan-leucócito) e CD34 (hematopoiético/progenitor/endotelial), mas expressam vários marcadores associados ao endotélio (VCAM-1), músculo (α-SM actina), osso (colágeno tipo I, osteonectina) e outros, como, por exemplo, o CD29 (integrina β1), uma proteína envolvida na adesão celular e também relacionada com diversos processos (embriogêneses, homeostase, reparo tecidual, resposta imune e difusão metastática de células tumorais).[3,15,16] Esse mesmo grupo isolou células-tronco de dente de leite (human exfoliated deciduous teeth, SHED), que demonstraram características semelhantes às CTPD, enquanto que seu potencial proliferativo e sua capacidade clonogênica foram maiores quando comparados aos das CTPD. Para a caracterização dessas células, foram utilizados os anticorpos anti-STRO-1, que potencialmente define uma subpopulação de células progenitoras, e anti-CD146 (MUC18), que é um marcador de progenitores das CTM. Contudo, após o isolamento e expansão *ex vivo*, apenas 9% dessas células apresentaram reação positiva ao anticorpo anti-STRO-1.[4]

Em 2006, Kerkis *et al.*[6] isolaram as conhecidas células-tronco imaturas de polpa dentária (CTIPD). Essas células são mais imaturas e homogêneas do que as CTPD/SHED por expressarem simultaneamente marcadores de CTM e de CTE, sobretudo Oct-4, Nanog, SSEA-3, SSEA-4, TRA-1-60 e TRA-1-81. As CTIPD apresentam cariótipo estável e taxa proliferativa por pelo menos 25 passagens, demonstrando ainda alta plasticidade se diferenciando em tecidos diversificados, como musculares, neurais, cartilaginosos e ósseos.[14,17-23] Hoje, pode-se concluir que as CTIPD são precursores multipotentes das populações conhecidas como CTPD/SHED.[6,14,24]

Potencial de diferenciação osteogênico, condrogênico e adipogênico das CTPD

Uma característica importante das CTPD humanas é o seu potencial de diferenciação odontoblástica. Essas células podem ser induzidas *in vitro*, para se diferenciarem em células de fenótipo odontoblástico, caracterizada por células polarizadas e acúmulo de nódulos mineralizados.[25,26] Além de seu potencial dentinogênico, subpopulações de CTPD também possuem capacidade de diferenciação adipogênica, exibindo morfologias celulares semelhantes ao fenótipo de adipócitos e expressando marcadores adipogênicos.[6,15] O potencial de diferenciação osteogênico, com formação de nódulos densamente mineralizados e condrogênico, com densa matriz cartilaginosa, também foram demonstrados em diversos trabalhos.[6,28,29]

Potencial de diferenciação das CTPD em células semelhantes a células neuronais e perspectivas terapêuticas para doenças neurológicas

Condizente com a derivação da crista neural, as CTPD expressam uma variedade de marcadores de células neurais, como nestin, βIII tubulina, MAP2 (microtubule-associated protein), GAD (glutamic acid decarboxylase), CNPase (glial markers 2',3'-cyclic nucleotide 3'-phosphodiesterase), GFAP (glial fibrillary acidic protein) e, se estimulados com meio neurogênico, a expressão desses marcadores neurais é aumentada.[4,6]

O potencial de desenvolvimento neural foi estudado por meio da injeção das SHED em giro dentado do hipocampo de camundongos imunocomprometidos.[4] Tais células foram capazes de sobreviver por mais de 10 dias dentro do microambiente do cérebro do camundongo e expressavam marcadores neurais. As CTIPD também foram testadas quanto ao potencial para o tratamento de lesão medular induzida em modelo murino, previamente descrito por de Almeida *et al.* (2011).[23] Elas foram transplantadas em dois momentos distintos, a fim de comparar a recuperação entre uma lesão subaguda e uma crônica. O grupo lesão subaguda recebeu tratamento sete dias após a lesão, e o grupo lesão crônica, 28 dias após a lesão, ambos com a mesma concentração de células, o mesmo volume e o mesmo local de injeção no epicentro da lesão. As análises mostraram melhor conservação das áreas de matéria branca nos grupos que receberam as CTIPD em comparação aos grupos controles (uso do meio DMEM). A microscopia eletrônica dos animais que receberam DMEM revelou desorganização do tecido com várias cavidades e forte astrocitose. Tanto o grupo da lesão subaguda quanto o da crônica que receberam o transplante das CTIPD apresentaram melhor preservação dos tecidos, com grande número de fibras preservadas dentro da substância branca, e um número notável de macrófagos com muitas inclusões citoplasmáticas, restos de mielina e lipídios em seu interior. Também foram observadas ilhas regenerativas e alguns neurônios preservados; células de Schwann intactas e oligodendrócitos para a remielinização dos axônios. Alguns desses neurônios mostraram vários contatos de sinapses preservadas. A análise comportamental revelou que o grupo que recebeu CTIPD subaguda apresentou melhorias em comparação ao grupo que recebeu DMEM, e a melhoria na locomoção foi iniciada sete dias após o transplante das células e manteve-se ao longo das semanas seguintes do estudo. O grupo de animais da lesão crônica mostrou ligeira melhoria sete dias após o tratamento. Com 14 dias após o transplante das células, esses animais exibiram maior velocidade de locomoção. Em ambos os grupos que receberam o CTIPD, os animais não atingiram taxas normais, mas eles mostraram melhor padrão exploratório, andando muito mais e atravessando o campo aberto várias vezes durante o teste. A melhoria funcional mostrada por animais tratados com CTIPD também pode ser atribuída à libertação de fatores neurotróficos por essas células. Eles podem atuar estimulando o surgimento colateral, que pode ignorar a área da lesão e fazer novos contatos sinápticos, aumentando o resultado funcional.[30] Essa é uma explicação plausível porque muitos neurônios saudáveis com sinapses intactas e axônios preservados foram encontrados na análise ultraestrutural. Esse estudo demonstrou importante potencial terapêutico do transplante de CTIPD, aplicado tanto em estágios subagudos quanto crônicos.

Potencial de diferenciação das CTPD em clusters semelhantes às ilhotas pancreáticas e perspectivas terapêuticas para o diabetes

As células β-pancreáticas que são de origem da endoderme compartilham características comuns com os de neurônios que são de origem ectodérmica e da crista neural.[31-34] Estes dados sugerem que o tecido dentário pode ser uma possível fonte para a produção de células produtoras de insulina. Portanto, foi relatado que as CTPD de dentes decíduos, as quais foram obtidas usando a digestão enzimática, podem se diferenciar em células do pâncreas.[35] Esse trabalho levantou várias questões acerca da possibilidade do tratamento do diabetes com as CTPD. Alguns autores não aceitam a declaração sobre semelhanças entre células β-pancreáticas e neurônios devido às suas origens anatômicas distintas.[36] Em contradição a essa suposição, as CTPD podem ainda atuar por meio de múltiplos mecanismos parácrinos, contribuindo para recriar um nicho apropriado para as células β-pancreáticas, induzindo a proliferação de células intrínsecas e promovendo a diferenciação celular.

Potencial de diferenciação das CTPD em células semelhantes aos hepatócitos e perspectivas terapêuticas para doenças hepáticas

Recente estudo com CTPD de dentes decíduos e de terceiro molar isolou e expandiu células CD117 positivas e as submeteu para a diferenciação hepática. Ambas as culturas de células demonstraram células positivas para os marcadores hepáticos testados (AFP, ALB, Insulin-like growth factor-1, dentre outros) após a diferenciação. Também foi observado nesse estudo um aumento significativo na concentração de ureia no meio após a diferenciação e uma quantidade significativa de armazenamento de glicogênio citoplasmático nas células. Desse modo, essas células oferecem uma fonte para a diferenciação em hepatócitos com potencial terapêutico para doenças hepáticas.[37]

Potencial de diferenciação das CTPD em células semelhantes aos cardiomiócitos e perspectivas terapêuticas para doenças cardiovasculares

Em relação aos efeitos parácrinos das CTPD, vários estudos revelaram a expressão de certos fatores angiogênicos, como VEGF, FGF-2, PDGF, MMP-9, IGF-1 e TGF-β.[38-42] Além disso, as CTPD parecem ter um efeito pró-angiogênico parácrino em modelo *in vivo* de infarto do miocárdio.[8] Para examinar se essas células podem ter um potencial terapêutico na reparação de infarto do miocárdio, CTPD foram injetadas sete dias após a indução do infarto do miocárdio por ligadura da artéria coronária em camundongos nude. Após quatro semanas, os animais tratados com células mostraram melhora na função cardíaca, observado por redução no tamanho do infarto.[8] Tomados em conjunto, esses dados sugerem que as CTPD poderiam fornecer uma população de células alternativas não só para a reparação cardíaca, mas também para o tratamento de feridas crônicas, acidente vascular cerebral e outras doenças cardiovasculares.[43]

Outras possíveis aplicações biotecnológicas das CTPD

As CTPD podem ser utilizadas como suporte celular para o crescimento de outros tipos de células, como CTE, iPS e células hematopoiéticas. Os produtos metabólicos eliminados pelas CTPD, ou seja, o meio condicionado, também pode ser utilizado em outras aplicações biotecnológicas, como para o isolamento e a produção de moléculas bioativas. Um estudo em modelo murino demonstrou que a administração intracerebral de meio condicionado pelas CTPD reduziu significativamente a perda de tecido cerebral induzida por hipóxia, inibindo a apoptose e melhorando de modo significativo a função neurológica.[44]

REFERÊNCIAS BIBLIOGRÁFICAS

1. Tziafas D, Kodonas K. Differentiation potential of dental papilla, dental pulp, and apical papilla progenitor cells. J Endod. 2010;36(5):781–9.
2. Lumsdem, AG. Spatial organization of the epithelium and the role of neural crest cells in the initiation of the mammalian tooth germ. Development. 1988;103:155–69.
3. Gronthos S, Mankani M, Brahim J, Robey PG, Shi S. Postnatal human dental pulp stem cells (DPSCs) in vitro and in vivo. Proc Natl Acad Sci USA. 2000;97:13625–30.
4. Miura M, Gronthos S, Zhao M, Lu B, Fisher LW, et al. SHED: Stem cells from human exfoliated deciduous teeth. Proc Natl Acad Sci USA. 2003;100:5807–12.
5. Shi S, Gronthos S. Perivascular niche of postnatal mesenchymal stem cells in human bone marrow and dental pulp. J Bone Miner Res. 2003;18:696.
6. Kerkis I, Kerkis A, Dozortsev D, Stukart-Parsons GC, et al. Isolation and characterization of a population of immature dental pulp stem cells expressing OCT-4 and other embryonic stem cell markers. Cells Tissues Organs.2006;184:105–16.
7. Kerkis I, Lobo SE, Kerkis A. Dental pulp stem cells and perspectives of future application in cell therapy. In: Stem Cells. Basic and Applications. Ed. Deb KD & Totel SM. Tata McGraw Hill. 2009;426–38.
8. Gandia C, Armiñan A, García-Verdugo JM, Lledó E, Ruiz A, et al. Human dental pulp stem cells improve left ventricular function, induce angiogenesis and reduce infarct size in rats with acute myocardial infarction. Stem Cells. 2008;26:638–45.
9. Stevens A, Zuliani T, Olejnik C. Human dental pulp stem cells differentiate into neural crest-derived melanocytes and have label-retaining and sphere-forming abilities. Stem Cells Dev. 2008;17:1175–84.
10. Huang GT, Gronthos S, Shi S. Mesenchymal stem cells derived from dental tissues vs. those from other sources: their biology and role in regenerative medicine. J Dent Res. 2009;88:792–806.
11. Le Douarin NM, Dupin E. Multipotentiality of the neural crest. Curr Opin Genet Dev. 2003;13:529–36.
12. Le Douarin NM, Creuzet S, Dupin E. Neural crest cell plasticity and its limits. Development. 2004;131:4637–50.

13. Le Douarin NM, Calloni GW, Dupin E. The stem cells of the neural crest. Cell Cycle. 2008;7:1013–9.
14. Kerkis I, Caplan AI. Stem cells in dental pulp of deciduous teeth. Tissue Eng Part B Rev. 2012; Apr;18(2):129–38.
15. Gronthos S, Brahim J, Li W, Fisher LW, Cherman N, Boyde A, et al. Stem cell properties of human dental pulp stem cells. J Dent Res. 2002;Aug;81(8):531–5.
16. Jo YY, Lee HJ, Kook SY, Choung HW, Park JY, Chung JH, et al. Isolation and characterization of postnatal stem cells from human dental tissues. Tissue Eng. 2007 Apr;13(4):767–73.
17. Kerkis I, Ambrósio CE, Kerkis A, Martins DS, Zucconi E, Fonseca SAS, et al. Early transplantation of human immature dental pulp stem cells from baby teeth to golden retriever muscular dystrophy (GRMD) dogs: local or systemic? Journal of Translational Medicine. 2008;6:1–35.
18. Costa AM, Bueno DF, Martins MT, Kerkis I, Kerkis A, Fanganiello RD, et al. Reconstruction of large carnial defects in nonimmunosuppresed rats. Experimental desing with human dental pulp stem cells. Journal of Craniofacial Surgery. 2008;19:204–10.
19. Fonseca SAS, Abdelmassih S, Lavagnolli TMC, Serafim RC, Santos EJC, Mendes CM, et al. Human immature dental pulp stem cells' contribution to developing mouse embryos: production of woman/mouse preterm chimaeras. Cell Proliferation. 2009;42:132–40.
20. Monteiro BG, Serafim RC, Melo GB, Silva MCP, Lizier NF, Maranduba CMC, et al. Human immature dental pulp stem cells share key characteristic features with limbal stem cells. Cell Proliferation. 2009;42(5):587–94.
21. Gomes JAP, Monteiro BG, Melo GB, Smith RL, Silva MCP, Lizier NF, et al. Corneal reconstruction with tissue-engineered cell sheets composed of human immature dental pulp stem cells. Invest Ophthalmol Vis Sci. 2010;51(3):1408–14.
22. Harumi Miyagi SP, Kerkis I, da Costa Maranduba CM, Gomes CM, Martins MD, Marques MM. Expression of extracellular matrix proteins in human dental pulp stem cells depends on the donor tooth conditions. J Endod. 2010 May;36(5):826–31.
23. Almeida FM, Marques SA, Ramalho BD, Rodrigues RF, Cadilhe DV, Furtado DR, et al. Human dental pulp cells: a new source of cell therapy in a mouse model of compressive spinal cord injury. J Neurotrauma. 2011 Sep;28(9):1939–49.
24. Beltrão-Braga PC, Pignatari GC, Maiorka PC, Oliveira NA, Lizier NF, Wenceslau CV, et al. Feeder-free derivation of induced pluripotent stem cells from human immature dental pulp stem cells. Cell Transplant. 2011;20(11–12):1707–19.
25. About I, Bottero MJ, de Denato P, Camps J, Franquin JC, Mitsiadis TA. Human dentin production in vitro. Exp Cell Res. 2000 Jul;10;258(1):33–41.
26. Couble ML, Farges JC, Bleicher F, Perrat-Mabillon B, Boudeulle M, Magloire H. Odontoblast differentiation of human dental pulp cells in explant cultures. Calcif Tissue Int. 2000 Feb;66(2):129–38.
27. Laino G, d'Aquino R, Graziano A, Lanza V, Carinci F, et al. A new source of human adult dental pulp stem cells: a useful source of living autologous fibrous bone tissue. J Bone Miner Res. 2005 20:1394–402.
28. Zhang W, Walboomers XF, Shi H, Fan M, Jansen JA, et al. Multilineage differentiation of stem cells derived from human dental pulp after cryopreservation. Tissue Eng. 2006;12:2813–23.
29. D'Aquino R, Graziano A, Sampaolesi M, Laino G, Pirozzi G, De Rosa A, Papaccio G. Human postnatal dental pulp cells co-differentiate into osteoblasts and endotheliocytes: a pivotal synergy leading to adult bone tissue formation. Cell Death Differ. 2007;14:1162–71.

30. Cummings BJ, Uchida N, Tamaki SJ, Salazar DL, Hooshmand M, Summers R, et al. Human neural stem cells differentiate and promote locomotor recovery in spinal cord-injured mice. Proc Natl Acad Sci USA. 2005 Sep;27;102(39):14069–74.
31. Yang B, He B, Abdel-Halim SM, Tibell A, Brendel MD, Bretzel RG, et al. Molecular cloning of a full-length cDNA for human type 3 adenylyl cyclase and its expression in human islets. Biochem Biophys Res Commun. 1999 Jan;27;254(3):548–51.
32. Teitelman G, Lee JK. Cell lineage analysis of pancreatic islet development: glucagon and insulin cells arise from catecholaminergic precursors present in the pancreatic duct. Dev Biol. 1987 Jun;121(2):454–66.
33. Baekkeskov S, Aanstoot HJ, Christgau S, Reetz A, Solimena M, Cascalho M, et al. Identification of the 64K autoantigen in insulin-dependent diabetes as the GABA-synthesizing enzyme glutamic acid decarboxylase. Nature. 1990 Sep;13;347(6289):151–6. Erratum in: Nature. 1990 Oct;25;347(6295):782.
34. De Vroede MA, In' t Veld PA, Pipeleers DG. Deoxyribonucleic acid synthesis in cultured adult rat pancreatic B cells. Endocrinology. 1990 Sep;127(3):1510–6.
35. Govindasamy V, Ronald VS, Abdullah AN, Nathan KR, Ab Aziz ZA, Abdullah M, et al. Differentiation of dental pulp stem cells into islet-like aggregates. J Dent Res. 2011 May;90(5):646–52.
36. Hebrok M. Generating β cells from stem cells-the story so far. Cold Spring Harb Perspect Med. 2012 Jun;2(6):a007674.
37. Ishkitiev N, Yaegaki K, Imai T, Tanaka T, Nakahara T, Ishikawa H, et al. High-purity hepatic lineage differentiated from dental pulp stem cells in serum-free medium J Endod. 2012 Apr;38(4):475–80.
38. Matsushita K, Motani R, Sakuta T, Yamaguchi N, Koga T, et al. The role of vascular endothelial growth factor in human dental pulp cells: induction of chemotaxis, proliferation, and differentiation and activation of the AP -1-dependent signaling pathway. J Dent Res. 2000;79:1596–603.
39. Tran-Hung L, Mathieu S, About I. Role of human pulp fibroblasts in angiogenesis. J Dent Res. 2006;85:819–23.
40. Tran-Hung L, Laurent P, Camps J, About I. Quantification of angiogenic growth factors released by human dental cells after injury. Arch Oral Biol. 2006;53:9–13.
41. Aranha AM, Zhang Z, Neiva KG, Costa CA, Hebling J, et al. Hypoxia enhances the angiogenic potential of human dental pulp cells. J Endod. 2010;36:1633–7.
42. Nakashima M, Iohara K, Sugiyama M. Human dental pulp stem cells with highly angiogenic and neurogenic potential for possible use in pulp regeneration. Cytokine Growth Factor Rev. 2009;20:435–40.
43. Bronckaers A, Hilkens P, Fanton Y, Struys T, Gervois P, Politis C, et al. Angiogenic properties of human dental pulp stem cells. PLoS One. 2013 Aug;7;8(8):e71104.
44. Yamagata M, Yamamoto A, Kako E, Kaneko N, Matsubara K, Sakai K, et al. Human dental pulp-derived stem cells protect against hypoxic-ischemic brain injury in neonatal mice. Stroke. 2013 Feb;44(2):551–4.

capítulo 8

Células-tronco Mesenquimais: Propriedades Imunossupressoras e Imunomoduladoras

As populações de CTM isoladas das diferentes fontes podem conter os pericitos, que possuem a capacidade de produzir diversas moléculas bioativas que auxiliam na regeneração tecidual. Essas moléculas possuem efeito potencializador na recuperação do ambiente lesado e são importantes para a terapia celular, pois esse efeito é decorrente de:

- Ação imunomoduladora;
- Efeito anti-inflamatório e antiapoptótico;
- Liberação de fatores de crescimento que contribuem para o recrutamento e a migração de novas células-tronco intrínsecas para a área tecidual lesada;
- Aumento na vascularização local devido à formação de novos vasos sanguíneos;
- Fusão da célula recipiente lesionada com a célula-tronco doadora (saudável), restituindo sua função normal.

Desse modo, as CTM são consideradas hoje uma farmácia por produzirem moléculas medicinais importantes para a terapia celular e a medicina regenerativa. Portanto, essas células passaram a receber também a denominação CTM/pericitos por expressarem adicionalmente marcadores como CD140b (PDGF-Rβ) e CD146. As CTM apresentam apenas uma reatividade imune mínima, e também podem ter efeitos imunossupressores e imunomoduladores (Figura 8.1).[1] Ao se caracterizar as propriedades imunológicas das CTM, foi observado que essas células inibem a proliferação de esplenócitos em resposta à estimulação com concanavalina e a proliferação de células T estimuladas pela reação linfocitária mista de duas vias (RLM). No entanto, não inibem a proliferação dos esplenócitos e não estimulam a proliferação das células T em RLM de uma via.[2]

As CTM também expressam moléculas que implicam na modulação imune, como VEGF, IL-6, mas não expressam antígenos coestimuladores de superfície, como CD40, CD80 e CD86.[2] A análise comparativa recente das propriedades imunomoduladoras e do efeito imunossupressor das CTM derivadas dos tecidos humanos adultos, como medula óssea, tecido adiposo, sangue do cordão umbilical e geleia de Wharton, mostrou que não houve diferença significativa nos níveis de fatores secretados a partir de CTM não estimulada, bem como na proliferação das células T induzidas por fitoemaglutinina.[3]

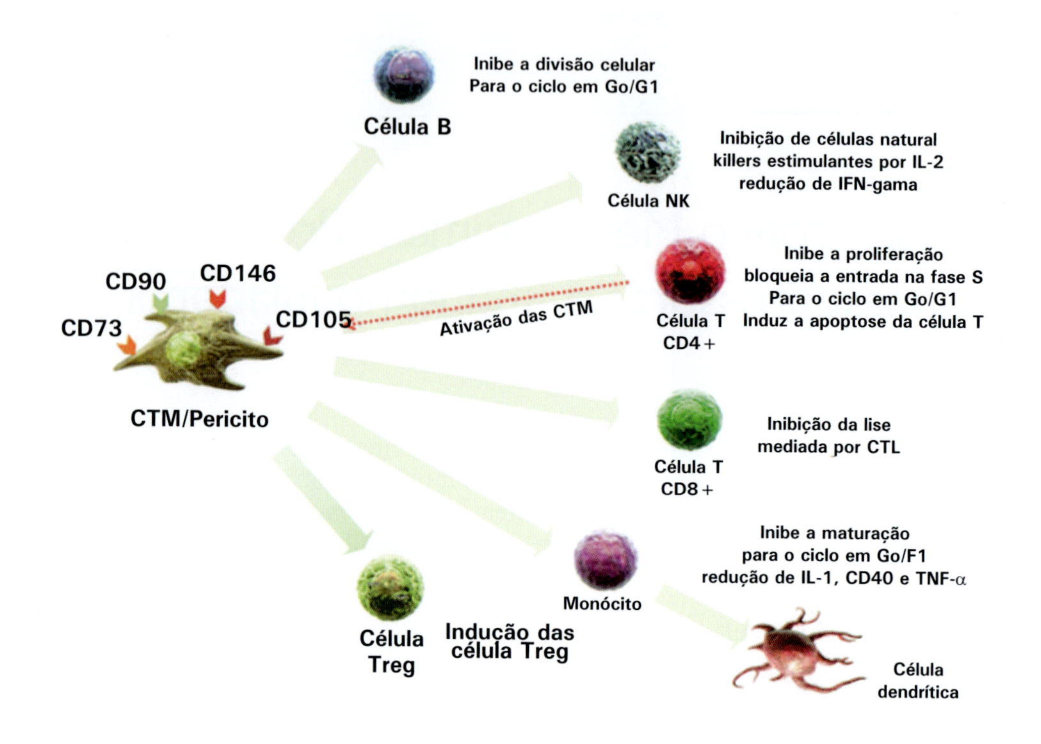

Figura 8.1 ▸ Potenciais mecanismos de interações das CTM/pericitos com as células do sistema imunológico. As CTM/pericitos podem inibir tanto a proliferação quanto a citotoxicidade das células *natural killer* (*NK*), assim como inibem a diferenciação de monócitos a células dendríticas. Além disso, as CTM/pericitos podem promover a inibição direta da função das células T-CD4$^+$ e inibir a ação citotóxica das células T-CD8$^+$, além de induzir a diferenciação das células T reguladoras mediadas diretamente pelas CTM. Ainda, a inibição da função das células B é guiada pelo contato célula-célula e parece depender de fatores solúveis.

A ação imunomoduladora das CTM torna possível a utilização dessas células alogênicas nas terapias celulares, auxiliando sobretudo nas doenças autoimunes e no transplante de órgãos. As CTM são naturalmente imunoprivilegiadas devido à baixa expressão de antígenos de leucócitos humanos (HLA) e de moléculas coestimulatórias em condições não estimuladas. Outra característica importante das CTM refere-se às ações imunossupressoras ativadas significativamente sob o estímulo inflamatório, na presença de interferon-γ, fator de necrose tumoral-α e interleucina-1β (IFN-γ, TNF-α e IL-1β). Estudos *in vivo* demonstraram que após a injeção de CTM ocorre a diferenciação de macrófagos (M2) que possuem ação anti-inflamatória e fagocitária.

O potencial imunossupressor *in vitro* e *in vivo* das CTM foi demonstrado em uma grande variedade de patologias, como, por exemplo, a doença do enxerto contra o hospedeiro (GvHD), doenças autoimunes e transplantes de órgãos (pele, córnea, fígado e rim). Esses estudos indicam que as CTM ativam mecanismos de tolerância no momento em que o sistema imunológico entra em contato com antígenos alogênicos do enxerto, a fim de produzir a sua aceitação. Algumas pesquisas que utilizaram modelos de coração ectópico, de aloenxerto de córnea em ratos e de transplante de pele em babuínos demonstraram aumento na sobrevivência do transplante no grupo tratado com CTM em virtude de sua ação anti-inflamatória.[4-11]

Uma vez que as estratégias clínicas de reparação celular podem envolver a injeção de células alógenas em regiões inflamadas de um tecido danificado ou doses repetidas dessas células para conseguir o benefício desejado, os resultados da imunogenicidade dessas células podem, portanto, ter implicações importantes para o sucesso e a melhoria funcional nos tecidos doentes.

REFERÊNCIAS BIBLIOGRÁFICAS

1. Nauta AJ, Fibbe WE. Immunomodulatory properties of mesenchymal stromal cells. Blood. 2007;110(10):3499–506.
2. Weiss ML, Anderson C, Medicetty S, et al. Immune properties of human umbilical cord Wharton's jelly-derived cells. Stem Cells. 2008;26(11):2865–74.
3. Yoo KH, Jang IK, Lee MW, et al. Comparison of immunomodulatory properties of mesenchymal stem cells derived from adult human tissues. Cellular Immunology. 2009;259(2):150–6.
4. Di Nicola M, Carlo-Stella C, Magni M, Milanesi M, Longoni PD, Matteucci P, et al. Human bone marrow stromal cells suppress T-lymphocyte proliferation induced by cellular or nonspecific mitogenic stimuli. Blood. 2002 May;15;99(10):3838–43.
5. Le Blanc K, Rasmusson I, Sundberg B, Götherström C, Hassan M, Uzunel M, Ringdén O. Treatment of severe acute graft-versus-host disease with third party haploidentical mesenchymal stem cells. Lancet. 2004 May;1;363(9419):1439–41.
6. Inoue S, Popp FC, Koehl GE, Piso P, Schlitt HJ, Geissler EK, Dahlke MH. Immunomodulatory effects of mesenchymal stem cells in a rat organ transplant model. Transplantation. 2006 Jun;15;81(11):1589–95.
7. Ren G, Zhang L, Zhao X, Xu G, Zhang Y, Roberts AI, et al. Mesenchymal stem cell-mediated immunosuppression occurs via concerted action of chemokines and nitric oxide. Cell Stem Cell. 2008 Feb;7;2(2):141–50.
8. Ren G, Su J, Zhang L, Zhao X, Ling W, L'huillie A, et al. Species variation in the mechanisms of mesenchymal stem cell-mediated immunosuppression. Stem Cells. 2009 Aug;27(8):1954–62.
9. Meirelles Lda S, Fontes AM, Covas DT, Caplan AI. Mechanisms involved in the therapeutic properties of mesenchymal stem cells. Cytokine Growth Factor Rev. 2009 Oct-Dec;20(5–6):419–27.
10. Caplan AI, Correa D. The MSC: an injury drugstore. Cell Stem Cell. 2011 Jul;8;9(1):11–5.
11. Shi Y, Su J, Roberts AI, Shou P, Rabson AB, Ren G. How mesenchymal stem cells interact with tissue immune responses. Trends Immunol. 2012 Mar;33(3):136–43.

capítulo 9

Obtenção de Células-tronco Mesenquimais Certificadas e em Condições de Boas Práticas Laboratoriais

Quantidades substanciais de CTM são necessárias para a produção de tecidos, transplantes, para a impressão de órgão completo ou de células para cicatrização de um ferimento diretamente no paciente, para imunossupressão em muitas doenças autoimunes, para transplante de órgãos, dentre outras. Todos esses procedimentos exigem grande quantidade de CTM padronizadas em relação às propriedades das células-tronco e ao número de passagens, ou seja, as células-tronco para fins terapêuticos têm que ser certificadas e isoladas do mesmo indivíduo, pois as propriedades das células podem ser diferentes devido à variação genética dos indivíduos.

As principais fontes de CTM utilizadas na medicina hoje são medula óssea e tecido adiposo. Entretanto, o isolamento de uma população pura de CTM e em grandes quantidades a partir dessas fontes é difícil, sendo necessárias fontes alternativas para o isolamento de células-tronco altamente multipotentes e homogêneas, em a relação à expressão dos marcadores de CTM, que poderão aumentar significativamente a eficiência do tratamento de várias doenças.

As terapias autólogas, por mais que sejam consideradas seguras, têm grande desvantagem: o envelhecimento/perda das propriedades das células-tronco concomitantemente ao envelhecimento e ao estado de saúde do organismo, e, caso haja necessidade de células-tronco para fins terapêuticos, estas podem estar comprometidas e podem não atender às necessidades do tratamento ou a cura de determinada patologia. Desse modo, cada vez mais as células-tronco alogênicas ganham mais atenção e utilidade, sobretudo pelo efeito imunossupressor e imunomodulador das CTM.

São conhecidos diversos processos para a obtenção e a manutenção de grandes quantidades de CTA a partir de diferentes tecidos, sem que a sua capacidade de diferenciação seja perdida, o que constitui valiosa fonte para a terapia celular regenerativa.[1] No entanto, as populações de células-tronco obtidas a partir dos métodos usuais não tornam possível a obtenção de culturas puras, que sejam constituídas unicamente por CTM. Por tais métodos para a obtenção de uma cultura pura de CTM, elas são isoladas a partir dos tecidos, utilizando métodos enzimáticos e uma abordagem de ensaio de formação de colônias. Posteriormente, as colônias formadas são subclonadas diversas vezes ou purificadas utilizando métodos de imunomarcação, pois as CTM representam apenas uma pequena porcentagem da população total de células isoladas. Portanto, as células-tronco obtidas a partir dos métodos conhecidos apresentam quase sempre capacidade de diferenciação limitada, apenas para um número restrito de tecidos ou tipos celulares específico para cada linhagem. Desse modo, CTM obtidas por meio dos processos conhecidos apresentam baixa plasticidade quando são obtidas em grandes quantidades.

Diversos métodos de isolamento de CTM foram desenvolvidos e patenteados, porém até hoje nenhum método pode garantir a obtenção ilimitada de células para responder a demanda crescente do mercado de células-tronco e seus derivados para terapias, bem como para a produção em alta escala de moléculas bioativas que possuem propriedades tróficas dos pericitos e que em muitas terapias poderão substituir até mesmo as células-tronco. Dessa maneira, é necessário o emprego de métodos que isolem, de modo eficiente, populações puras de células-tronco, altamente multipotentes e homogêneas em relação à expressão dos marcadores de CTM.

As CTM exibem *in vitro* alta capacidade de expansão que, no entanto, nem sempre compensa o grande número de CTM necessário para aplicações terapêuticas. Infelizmente, até hoje, uma abordagem uniforme e eficiente da cultura de CTM não está disponível.

Outra preocupação relacionada com a cultura/expansão das CTM é quanto à instabilidade genética e ao potencial de transformação maligna. Rubio *et al.* (2005)[2] avaliaram a estabilidade genética de culturas de CTM-TA mantidas por tempo prolongado. Após um período de expansão de quatro a cinco meses, todas as culturas estudadas apresentavam anormalidades cromossômicas generalizadas, como trissomia, tetraploidia e rearranjos cromossômicos, assim como mudanças morfológicas e fenotípicas. Quando essas CTM-TA foram injetadas em modelos animais imunodeficientes, tais células provocaram a formação de tumores em quase todos os órgãos dos animais. Desse modo, para a segura utilização das CTM na terapia celular, as CTM devem ser minimamente manipuladas em cultura por um período de seis a oito semanas para se minimizar a ocorrência de transformações danosas.

Além das barreiras supracitadas relacionadas com o isolamento, cultura/expansão, caracterização e certificação das CTM, e do tipo de terapia (autóloga × alogênica), uma nova barreira é necessária ser transposta, que é a realização da obtenção das CTM em boas práticas laboratoriais por Centros de Tecnologia Celular (CTC) regulamentados pela Anvisa (Figura 9.1).

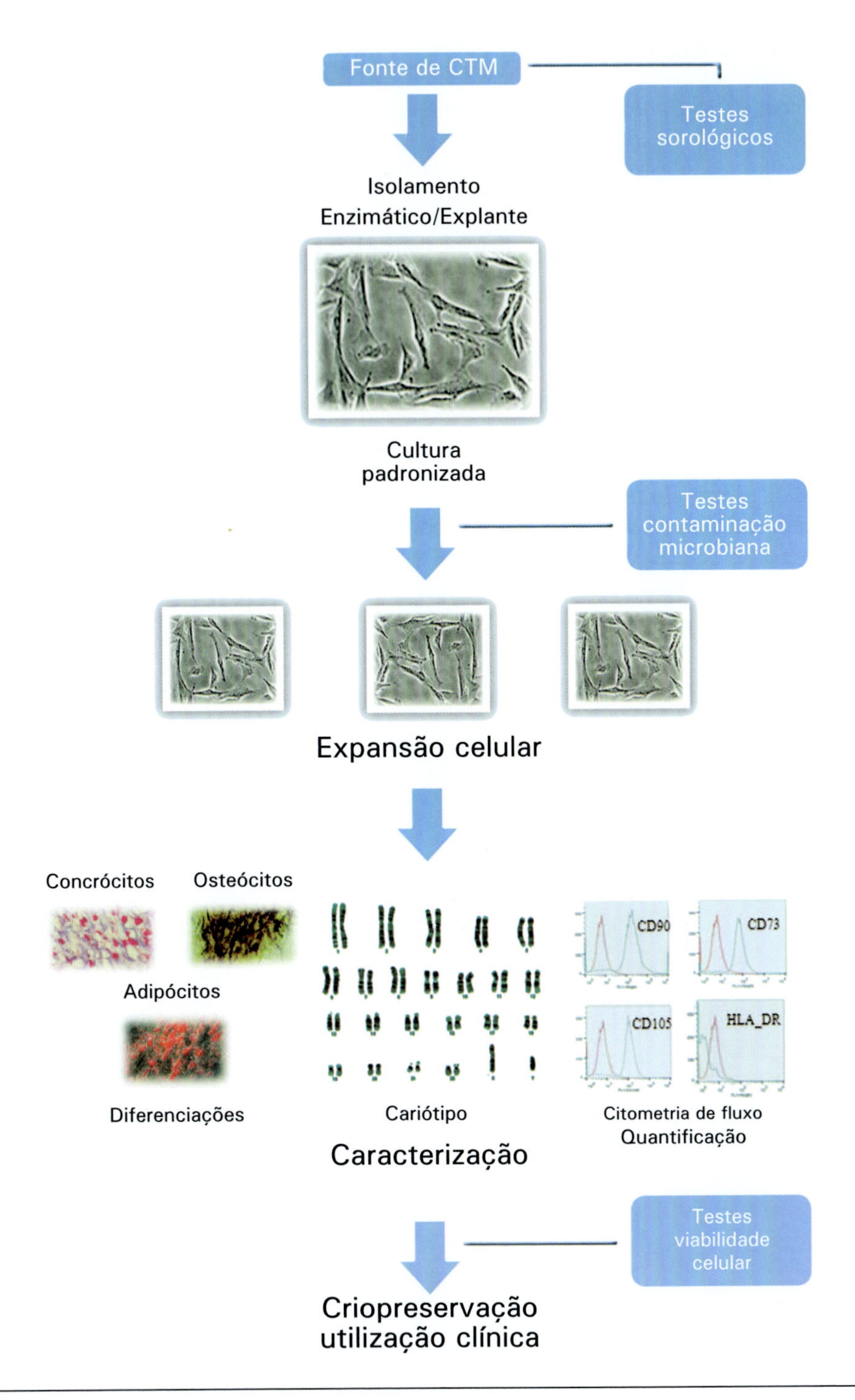

Figura 9.1 ▶ Funcionamento de um Centro de Tecnologia Celular – CTC. A utilização segura das CTM na clínica tem que ser validada por estudos *in vitro*, pré-clínicos e ensaios clínicos.

REFERÊNCIAS BIBLIOGRÁFICAS

1. Kuehle I, Goodell MA. "The therapeutic potential of stem cells from adults". B.M.J. 2002; 325, 372–376.
2. Rubio D, Garcia-Castro J, Martin MC, de la Fuente R, Cigudosa JC, Lloyd AC, et al. Spontaneous human adult stem cell transformation. Cancer Res. 2005; 65(8):3035–9.

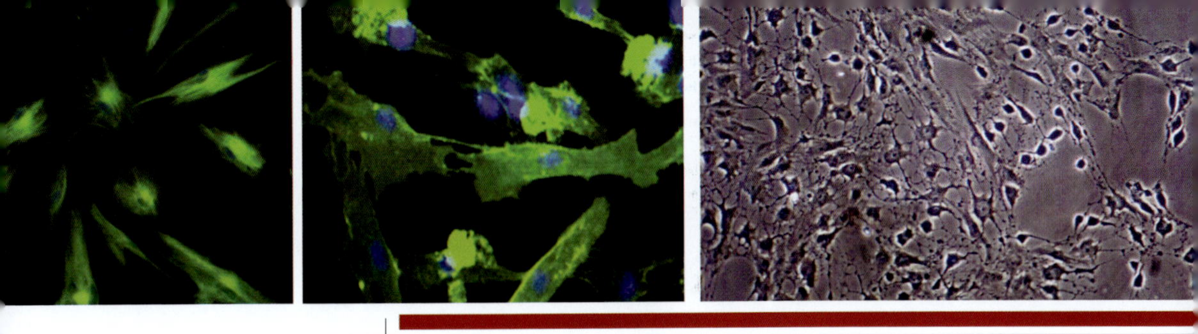

parte 2

Protocolos de Processamento de Células-tronco Mesenquimais

protocolo 1

Coleta de Medula Óssea por Punção das Cristas Ilíacas

Padronizar a coleta de medula óssea pelas cristas ilíacas para produção de células-tronco Mesenquimais..

PRELIMINARES

Antes de iniciar a coleta, sempre obtemos um consentimento informado do doador de medula óssea no ambulatório. Uma cópia do modelo do consentimento encontra-se na parte IV do livro.

Procedimento

1. Jovens e crianças, com idade inferior a 21 anos devem assinar o consentimento juntamente com um adulto reconhecido legalmente.
2. Até 1994, a conduta era de se coletar uma unidade de sangue autólogo do doador de medula óssea alogênico para evitar os riscos de transfusão de sangue. Posteriormente, com um controle mais rígido das funções hemodinâmicas pelo anestesista, deixamos de coletar a unidade autóloga.
3. Solicitar os exames pré-coleta de medula óssea que são realizados no ambulatório para se avaliar o estado clínico e possíveis doenças que possam aumentar os riscos anestésicos. Os exames solicitados são hemograma com plaquetas, coagulograma, ALT e AST, ureia e creatinina, sódio, potássio, sorologia para HIV-1 e 2, sorologia para HTLVI e hepatites B e C, sorologias para citomegalovírus (IgG e IgM), sorologia para toxoplasmose, doença de Chagas e sífilis.
4. O doador de medula óssea deverá geralmente ser admitido no hospital na noite anterior ao procedimento. Após a admissão e a checagem dos exames pré-operatórios, o doador é mantido em jejum para a coleta no centro cirúrgico.
5. Todo procedimento de coleta da medula óssea é realizado em centro cirúrgico. Antes da aspiração, as seringas são lavadas com uma solução contendo soro fisiológico

0,9% (cerca de 300 mL associado com heparina 10.000 UI). Duzentos mililitros da solução vão para um béquer de inox e o restante é utilizado para a lavagem prévia das agulhas (100 mL).

6. Aspirar 5-7 mL da região das cristas ilíacas, estando o paciente em decúbito ventral. A agulha é, em princípio, inserida na pele e posteriormente dentro do osso ilíaco. A seringa e a agulha contendo a medula óssea são retiradas ao mesmo tempo e dirigidas para o instrumentador, que verte a medula óssea dentro do béquer de inox e lava a seringa e a agulha cuidadosamente na solução contendo soro fisiológico com heparina para evitar a formação de espuma, e devolvida à mesa cirúrgica. A cada vez que a agulha é inserida na pele, ela é rodada para uma nova área a fim de não atingir o mesmo furo. Quatro a cinco perfurações na pele são realizadas acompanhando a curvatura das cristas ilíacas posteriores superior e inferior em ambos os lados com as agulhas. O volume final coletado é de cerca de 200 mL para um adulto de 70 kg.
7. Após a coleta do volume desejado, a medula óssea é filtrada em filtros de 200 µm e 100 µm, respectivamente. Amostras de medula óssea são obtidas para cultura e contagem de células. Após a filtragem, a medula óssea é transferida para bolsas plásticas descartáveis que devem ser identificadas com os seguintes dados do paciente: nome, registro e número da bolsa.
8. O volume final de medula óssea é obtido pelo volume final descontado da solução contendo soro fisiológico com heparina. O tempo médio do procedimento é de 2 horas no centro cirúrgico. A medula óssea coletada pode ser mantida em temperatura ambiente por no máximo 4 horas e estocada de 4-8 °C por, no máximo, 24 horas.

protocolo 2

Processamento de Medula Óssea (Método Manual)

OBJETIVO

Promover o processamento adequado para posterior cultura das células-tronco mesenquimais de medula óssea, visando obter maior número possível de células e garantindo sua viabilidade e integridade funcional.

Processamento da medula óssea

1. Todas as bolsas de transferência (600 mL) provenientes da coleta de medula óssea devem ser identificadas com os seguintes dados do paciente: nome, registro, número da bolsa e volume de medula óssea já descontado o peso da bolsa.
2. Fazer a contagem de células nucleadas na amostra obtida do total de medula óssea coletado do paciente. Essa amostra é retirada no centro cirúrgico pelos médicos que realizaram a coleta e encaminhada ao laboratório juntamente com as bolsas de medula óssea.
3. Selar todas as saídas das bolsas contendo a medula óssea. Enviar as bolsas para o laboratório de processamento.
4. Adaptar uma bolsa de transferência de 300 mL em cada bolsa colhida, verificar o volume de cada bolsa individualmente e adicionar solução de hidroxietilstarch (HES) a uma proporção de 1:9. Incubar em posição invertida por 90 min.*
5. Após a incubação, retirar lentamente a camada de hemácias pela bolsa de transferência e deixar cerca 2 a 3 cm de hemácias.*
6. Homogeneizar as bolsas e centrifugá-las a 400 g por 15 min.
7. Após a centrifugação, colocar a bolsa em um extrator de plasma. Adaptar uma nova bolsa de transferência para a retirada do plasma. Deixar dois dedos de plasma na bolsa agora contendo o *buffy-coat*.*
8. Selar a bolsa de plasma e separá-la da bolsa de *buffy-coat*.*

* Etapas realizadas em fluxo laminar.

9. Adaptar um *sampling site* na bolsa de plasma, retirar 4 mL e adicionar no frasco de hemocultura. Encaminhar a hemocultura para o laboratório de microbiologia.
10. Homogeneizar bem a bolsa de *buffy-coat* e retirar uma amostra para a contagem de células nucleadas.
11. Com o auxílio de uma seringa de 60 mL, verificar o volume de *buffy-coat* a ser processado por Ficoll-Paque™ PLUS.*
12. Transferir o produto sobre o Ficoll-Paque™ PLUS, previamente aliquotado em tubos cônicos de 50 mL na proporção de 1:1 em temperatura ambiente.*
13. Centrifugar a 400 g por 30 min em temperatura ambiente.
14. Observar a formação de duas camadas líquidas separadas por um anel denso composto pelas células mononucleadas. Com auxílio de uma pipeta, retirar e descartar a camada superior, tomando cuidado para não sugar o anel de células mononucleadas.*
15. Com auxílio de uma pipeta, recolher lentamente o anel formado na interface entre o ficoll e a medula e colocar em um tubo cônico de 50 mL.*
16. Acrescentar soro fisiológico para completar o volume do tubo. Centrifugar a 300 g por 15 min em temperatura ambiente. Após a centrifugação, descartar o sobrenadante e ressuspender o precipitado (*pellet*) em solução salina. Realizar esta etapa de lavagem mais 2 vezes.*
17. Após a última lavagem, ressuspender o precipitado em 10 mL de soro fisiológico. Retirar uma amostra para a contagem de células nucleadas (hemocitômetro utilizando azul de tripan – observar a viabilidade celular) e para células CD45, CD34, CD105, CD90, CD73 e HLA-DR (citometria de fluxo). Identificar a(s) amostra(s) com os dados do paciente, do processamento e código de barras.

OBSERVAÇÃO

O material está pronto para ser plaqueado em cultura, ser utilizado em terapia autóloga ou ser criopreservado.

* Etapas realizadas em fluxo laminar.

Processamento de Medula Óssea (Método Automático)

OBJETIVO

Processar bolsas de medula óssea coletadas dentro de normas preestabelecidas e testadas, utilizando o processador sanguíneo automático Sepax da Biosafe, para posterior cultura das células-tronco mesenquimais.

Procedimento

1. Antes da instalação do *kit*: ligar o equipamento Sepax;
2. Selecionar o protocolo: o indicado é o GVR – redução de volume;
3. Checar se os parâmetros estão corretos.

Preparação do produto e do *kit* do protocolo

1. Inspecionar o produto de medula óssea quanto a coágulos e hemólise.
2. Agitar bem o produto e retirar uma amostra (1 mL) para contagem de células iniciais.
3. Sob o fluxo laminar, conectar as respectivas bolsas: de medula óssea e do produto final.

Instalação do *kit* ao equipamento

1. Pendurar a bolsa de medula óssea no gancho da haste lateral;
2. Encaixar a câmara de sedimentação, pressionando-a para baixo até encontrar certa resistência;

OBSERVAÇÃO

Cuidado para não tocar na parte de cima onde sai a tubulação para o leitor óptico.

3. Colocar a tubulação no leitor óptico até encaixar no fundo, fazendo movimentos delicados, como se passasse um fio dental. Verificar se as válvulas encontram – se em "posição T";
4. Ajustar a distância da tubulação e encaixar as válvulas nos *rotary pins;*
5. Fechar a tampa da câmara de sedimentação/centrífuga cuidadosamente, até ouvir um *click* ao girar o pino;
6. Conectar o sensor de pressão ao local adequado;
7. Pendurar as bolsas de plasma e *BC Bag;*

OBSERVAÇÃO

Com o *kit* instalado, pressionar "Enter" para começar o processamento da medula óssea. O equipamento fará uma checagem indicando ao final que o "*kit* está OK". No *display* aparecerão os itens selecionados para se fazer a rastreabilidade.

8. Abrir a *roller clamp* conforme solicitado no *display* e pressionar "Enter";

OBSERVAÇÃO

Neste momento, o equipamento funcionará automaticamente. A princípio, será feito um *primming* seguido do enchimento da câmara. Começará o processo de sedimentação pela centrifugação vertical realizada. Após a sedimentação, será realizada a primeira extração do plasma o qual irá para *Input Bag*. Em seguida, será feita a primeira extração do *BC* (cerca de dois a três mL de plasma irão para *BC Bag*). Terminada a primeira extração do *BC*, o plasma retorna à câmara e ocorrerá nova sedimentação. Após o processo de sedimentação, será realizada a segunda extração do plasma, o qual irá para sua bolsa específica. Quando todo o plasma for retirado, inicia-se a segunda extração do *BC*. Terminado esse processo, de acordo com a função selecionada, será extraída (voltando para *Imput Bag*), ou não, as células vermelhas. O processo de separação e extração está concluído.

9. Final do processamento
   9.1 Seguir as mensagens do *display;*
   9.2 Colocar as bolsas para baixo;
   9.3 Desconectar o sensor de pressão e pressionar *enter;*

OBSERVAÇÃO

Por gravidade, as células vermelhas irão para *Input Bag* (pode-se ou não fazer o *strip* da linha). Pressionar "Enter";.

9.4 O *Buffy coat* irá descer por gravidade (as válvulas estão abertas);
ANTES DE PRESSIONAR "ENTER":
9.5 Fazer *strip* do *BC;*
9.6 Extrair o ar manualmente da *BC Bag* até o sangue chegar à bifurcação Y;

OBSERVAÇÃO

Recomenda-se fazer uma homogeneização da *BC Bag* apertando delicadamente a menor parte da bolsa;

9.7 Pressionar *enter* (as válvulas estarão fechadas, sem a necessidade de tocar em nenhuma *clamp* – o sangue não retornará);

9.8 Fechar todas as *clamps* conforme solicitado no *display*;

9.9 Fechar a *BC clamp* antes de selar a linha;

9.10 Selar a linha (2 cm após a bifurcação);

9.11 Retirar o *kit* e descartar;

9.12 Pressionar *enter* conforme solicitado no *display*;

OBSERVAÇÃO

O equipamento está pronto para realizar outro procedimento ou ser desligado.

Homogeneização e contagem de células (em fluxo laminar)

1. Com uma seringa de 5 mL, proceder várias vezes (cerca de três vezes) retirando 5 mL do *BC* e retornando-o novamente para *BC Bag* para homogeneização;
2. Retirar uma amostra para a contagem de células nucleadas (em um contador automático ou em hemocitômetro utilizando azul de tripan – observar a viabilidade celular) e calcular a recuperação celular pós-processamento;
3. Retirar uma amostra para células CD45, CD34, CD105, CD90, CD73 e HLA-DR (citometria de fluxo). Identificar a(s) amostra(s) com os dados do paciente, do processamento e do código de barras.

OBSERVAÇÃO

A *BC Bag* está pronta para ser plaqueada em cultura ou ser utilizado em terapia autóloga ou ser criopreservada.

protocolo 4

Cultura de Células-tronco Mesenquimais a partir de Células Mononucleadas da Medula Óssea

Realizar o cultivo de células-tronco mesenquimais obtidas por processamento manual (Ficoll-PaqueTM PLUS) ou automático (SEPAXR) ou pelo plaqueamento direto do aspirado de medula.

Procedimento

1. Realizar o plaqueamento das células mononucleadas obtidas a partir do processamento manual ou automático na densidade de 10^6 células/cm^2 em meio de cultura basal completo (meio suplementado com 15% de soro Hyclone® e 1% de penicilina e estreptomicina);
2. Realizar o plaqueamento direto de 1 mL do aspirado de medula para cada 25 cm^2 em meio de cultura basal completo (meio suplementado com 15% de soro Hyclone® e 1% de penicilina e estreptomicina).
   - 2.1 Cultivar as células em estufa a 37 °C com atmosfera úmida e 5% de CO_2.
   - 2.2 Após 5-7 dias recolher o meio de cultura que se encontra nos frascos e descartar.
   - 2.3 Lavar o frasco de cultura com solução salina (PBS) previamente aquecida em banho-maria a 37 °C.
   - 2.4 Colocar novo meio de cultura basal completo sobre as células aderidas.
   - 2.5 Realizar a troca do meio a cada 3-4 dias. As células devem ser acompanhadas diariamente.
   - 2.6 Retirar uma amostra do meio de cultura condicionado pelas células em crescimento e adicionar no frasco de hemocultura. Encaminhar a hemocultura para o laboratório de microbiologia.
   - 2.7. Quando a cultura de células atingir uma confluência de 70-90%, as células devem ser passadas por um processo de dissociação enzimática (Tripsina ou Tryple®) para serem então utilizadas em terapias, expandidas ou criopreservadas.

protocolo 5

Coleta de Tecido Adiposo por Lipoaspiração

Padronizar a coleta de tecido adiposo por lipoaspiração.

PRELIMINARES

Antes de iniciar a coleta, sempre obtemos um consentimento informado do doador de tecido adiposo no ambulatório.

Procedimento

1. Jovens e crianças com idade inferior a 21 anos devem assinar o consentimento juntamente com um adulto reconhecido legalmente.
2. Solicitar os exames pré-coleta de tecido adiposo que são realizados no ambulatório para se avaliar o estado clínico e possíveis doenças que possam aumentar os riscos anestésicos. Os exames solicitados são hemograma com plaquetas, coagulograma, ALT e AST, ureia e creatinina, sódio, potássio, sorologia para HIV-1 e 2, sorologia para HTLVI e hepatites B e C, sorologias para citomegalovírus (IgG e IgM), sorologia para toxoplasmose, doença de Chagas e sífilis. Para receptores com sorologia para hepatite B positiva, recomendamos solicitar a carga viral.
3. O doador de tecido adiposo geralmente deverá ser admitido na unidade de coleta na noite anterior ao procedimento. Após a admissão e a checagem dos exames pré-operatórios, o doador é mantido em jejum para a coleta no centro cirúrgico.
4. Antes da cirurgia, fazem-se marcações nas áreas que serão lipoaspiradas. Os locais mais comuns são abdome, flancos, culote e coxas.
5. Já no centro cirúrgico, o paciente é anestesiado. Dependendo da área que será aspirada, a anestesia pode ser local (para pequenas intervenções), local com sedação, peridural ou geral.
6. As incisões têm entre 5 e 7 mm e nos orifícios são inseridas as cânulas que atravessam as camadas da pele (epiderme) até atingir a camada profunda de gordura

(lanelar), que possui células mais moles e fáceis de aspirar. A cânula é ligada ao lipoaspirador, que exerce uma pressão negativa para sugar a gordura, que vai para um frasco coletor. O procedimento pode ser iniciado com uma cânula mais grossa (6 mm), para agilizar o processo, e finalizado com a mais fina (1,5 mm), quando há pouca gordura. Antes da aspiração, uma solução de soro fisiológico e adrenalina pode ser injetada pela cânula para produzir a vasoconstrição, que ameniza o sangramento.

7. O procedimento pode levar entre três e seis horas, dependendo do volume de gordura. É possível tirar, no máximo, de 3 a 7% do peso total para não correr o risco de desenvolver doenças como anemia e desidratação.
8. Após a finalização do processo de lipoaspiração, o concentrado de tecido adiposo do frasco coletor é transferido para bolsas plásticas descartáveis que devem ser identificadas com os seguintes dados do paciente: nome, registro e número da bolsa. O tecido adiposo coletado pode ser mantido em temperatura ambiente por, no máximo, 4 horas e estocado de 4-8 °C por, no máximo, 24 horas.

protocolo 6

Processamento de Tecido Adiposo (Método Manual)

Promover o processamento adequado para posterior cultura das células-tronco mesenquimais de tecido adiposo, visando obter maior número possível de células e garantindo sua viabilidade e integridade funcional.

Processamento do tecido adiposo

1. Todas as bolsas de transferência (600 mL) provenientes da coleta de tecido adiposo devem ser identificadas com os seguintes dados do paciente: nome, registro, número da bolsa e volume de tecido adiposo, já descontado o peso da bolsa.
2. Retirar uma amostra obtida do total de tecido adiposo coletado do paciente. Esta amostra é retirada no centro cirúrgico pelos médicos que realizaram a coleta e encaminhada ao laboratório juntamente com as bolsas de tecido adiposo.
3. Selar todas as saídas das bolsas contendo o tecido adiposo. Enviar as bolsas para o laboratório de processamento.
4. No laboratório de processamento, adicionar no frasco de hemocultura à amostra de tecido adiposo coletado e encaminhar a hemocultura para o laboratório de microbiologia.
5. Adaptar uma bolsa de transferência de 300 mL em cada bolsa colhida, verificar o volume de cada bolsa individualmente e adicionar solução de lavagem (soro fisiológico ou Ringer lactato) a uma proporção de 1:1. Homogeneizar a bolsa e incubar em posição invertida por 10-15 minutos.*
6. Após a incubação, retirar lentamente a camada de sangue e solução de lavagem através da bolsa de transferência e deixar cerca de 2 a 3 cm de solução de lavagem.* Repetir esse procedimento mais duas vezes.

* Etapas realizadas em fluxo laminar.

7. Remover a bolsa de transferência com solução de lavagem e deixar dois dedos de solução de lavagem na bolsa, agora contendo o "tecido adiposo lavado".*
8. Homogeneizar bem a bolsa de "tecido adiposo lavado".
9. Com o auxílio de uma seringa de 60 mL verificar o volume de "tecido adiposo lavado" a ser digerido enzimaticamente por solução de colagenase.
10. Adicionar a solução de digestão enzimática, que pode ser: colagenase tipo I (0,075%) ou tipo II (0,1%) ou tipo A (2 mg/mL) na proporção de 2(solução de colagenase):1 (tecido adiposo lavado).*
11. Incubar em banho-maria a 37 °C durante 30-90 min com homogeneização constante.
12. Após a digestão, incubar a bolsa em posição invertida por 10-15 min para separar a camada sobrenadante de óleo mais adipócitos e tecidos não digeridos da camada líquida que contém as células da fração vascular do estroma do tecido adiposo.*
13. Transferir o produto líquido para tubos cônicos de 50 mL.*
14. Centrifugar a 400 g por 5 min em temperatura ambiente.
15. Desprezar o sobrenadante e ressuspender o precipitado em 50 mL de meio de cultura basal completo (meio suplementado com 15% de Hyclone® e 1% de penicilina e estreptomicina).* Repetir esse procedimento mais uma vez.
16. Após a última centrifugação, ressuspender o precipitado em 10 mL de soro fisiológico. Retirar uma amostra para a contagem de células nucleadas (hemocitômetro utilizando azul de tripan – observar a viabilidade celular) e para células CD45, CD34, CD105, CD90, CD73 e HLA-DR (citometria de fluxo). Identificar a(s) amostra(s) com os dados do paciente, do processamento e código de barras.

OBSERVAÇÃO

O material está pronto para ser plaqueado em cultura, ser utilizado em terapia autóloga ou ser criopreservado.

protocolo 7

Processamento de Tecido Adiposo (Método Automático)

Processar bolsas de tecido adiposo coletadas dentro de normas preestabelecidas e testadas, utilizando o processador automático Sepax 2 da Biosafe, para posterior cultura das células-tronco mesenquimais.

Procedimento

1. Todas as bolsas de transferência (600 mL) provenientes da coleta de tecido adiposo devem ser identificadas com os seguintes dados do paciente: nome, registro, número da bolsa e volume de tecido adiposo, já descontado o peso da bolsa.
2. Retirar uma amostra obtida do total de tecido adiposo coletado do paciente. Essa amostra é retirada no centro cirúrgico pelos médicos que realizaram a coleta e encaminhada ao laboratório juntamente com as bolsas de tecido adiposo.
3. Selar todas as saídas das bolsas contendo o tecido adiposo. Enviar as bolsas para o laboratório de processamento.
4. No laboratório de processamento, adicionar no frasco de hemocultura a amostra de tecido adiposo coletado e encaminhar a hemocultura para o laboratório de microbiologia.
5. Adaptar uma bolsa de transferência de 300 mL em cada bolsa colhida, verificar o volume de cada bolsa individualmente e adicionar solução de lavagem (soro fisiológico ou Ringer lactato) a uma proporção de 1:1. Homogeneizar a bolsa e incubar em posição invertida por 10-15 min.*
6. Após a incubação, retirar lentamente a camada de sangue e solução de lavagem através da bolsa de transferência e deixar cerca de 2 a 3 cm de solução de lavagem.* Repetir esse procedimento mais duas vezes.

* Procedimento realizado em fluxo laminar.

7. Remover a bolsa de transferência com solução de lavagem e deixar dois dedos de solução de lavagem na bolsa agora contendo o "tecido adiposo lavado".*
8. Homogeneizar bem a bolsa de "tecido adiposo lavado".
9. Com o auxílio de uma seringa de 60 mL, verificar o volume de "tecido adiposo lavado" a ser digerido enzimaticamente por solução de colagenase.
10. Adicionar a solução de digestão enzimática, que pode ser: colagenase tipo I (0,075%) ou tipo II (0,1%) ou tipo A (2 mg/mL) na proporção de 2 (solução de colagenase): 1 (tecido adiposo lavado).*
11. Incubar em banho-maria a 37 °C durante 30-90 min com homogeneização constante.
12. Após a digestão, incubar a bolsa em posição invertida por 10-15 min para separar a camada sobrenadante de óleo mais adipócitos e tecidos não digeridos da camada líquida que contém as células da fração vascular do estroma do tecido adiposo.*
13. Transferir o produto líquido para a bolsa plástica descartável RCA-100 (Produto #4212).*

Preparação do produto e do *kit* do protocolo

1. Antes da instalação do *kit*: ligar o equipamento Sepax 2.
2. Selecionar o protocolo: o indicado é o *Adipose*.
3. Checar se os parâmetros estão corretos.
4. Inspecionar o produto de tecido adiposo digerido quanto a presença de fibras que devem ser filtradas pelo filtro (200 µm) que está integrado à bolsa RCA-100, pois as mesmas podem interromper o fluxo para o equipamento.
5. Agitar bem o produto e retirar uma amostra (1 mL) para contagem de células iniciais.
6. Sob o fluxo laminar, conectar as respectivas bolsas: de tecido adiposo digerido e do produto final do *kit* de processamento CS-900.2.

Instalação do *kit* ao equipamento

1. Pendurar a bolsa de tecido adiposo digerido no gancho da haste lateral.
2. Encaixar a câmara de sedimentação, pressionando-a para baixo até encontrar certa resistência.

OBSERVAÇÃO

Cuidado para não tocar na parte de cima onde sai a tubulação para o leitor óptico.

3. Colocar a tubulação no leitor óptico até encaixar no fundo, fazendo movimentos delicados, como se passasse um fio-dental; verificar se as válvulas encontram-se em "posição T".

* Procedimento realizado em fluxo laminar.

4. Ajustar a distância da tubulação e encaixar as válvulas nos *rotary pins*.
5. Fechar a tampa da câmara de sedimentação/centrífuga cuidadosamente, até ouvir um *click* ao girar o pino.
6. Conectar o sensor de pressão ao local adequado.
7. Pendurar as bolsas de lavagem (Ringer lactato ou soro fisiológico suplementado com albumina humana), a de produto final e a de resíduos descartados.

OBSERVAÇÃO

Com o *kit* instalado, pressionar "Enter" para começar o processamento do tecido adiposo. O equipamento fará uma checagem indicando ao final que o "*Kit* está OK". No *display* aparecerão os itens selecionados para se fazer a rastreabilidade.

8. Abrir a *roller clamp* conforme solicitado no *display* e pressionar "Enter".

OBSERVAÇÃO

Neste momento, o equipamento funcionará automaticamente. Em princípio, será feito um *primming* seguido do enchimento da câmara. Começará o processo de sedimentação por meio da centrifugação vertical realizada. Após o processo de sedimentação, será realizada a lavagem das células, que irá para sua bolsa específica. O processo de separação e extração está concluído.

9. Final do processamento
   - 9.1 Seguir as mensagens do *display*;
   - 9.2 Colocar as bolsas para baixo;
   - 9.3 Desconectar o sensor de pressão e pressionar "Enter";

Antes de pressionar "Enter":

- 9.4 Fazer *strip* dos conectores;
- 9.5 Extrair o ar manualmente da bolsa final até o produto chegar à bifurcação Y;

OBSERVAÇÃO

Recomenda-se fazer uma homogeneização da bolsa final apertando delicadamente a menor parte da bolsa.

- 9.6 Pressionar "Enter" (as válvulas estarão fechadas, sem a necessidade de tocar em nenhuma *clamp* – o produto final não retornará);
- 9.7 Fechar todas as *clamps* conforme solicitado no *display*;
- 9.8 Fechar a "BC *clamp*" antes de selar a linha;
- 9.9 Selar a linha (2 cm após a bifurcação);
- 9.10 Retirar o *kit* e descartar;
- 9.11 Pressionar "Enter" conforme solicitado no *display*.

OBSERVAÇÃO

O equipamento está pronto para realizar outro procedimento ou ser desligado.

Homogeneização e contagem de células (em fluxo laminar)

1. Com uma seringa de 5 mL, proceder várias vezes (cerca de três vezes) retirando 5 mL do produto final e retornando-o novamente para bolsa, para homogeneização.
2. Retirar uma amostra para a contagem de células nucleadas (em um contador automático ou em hemocitômetro utilizando azul de tripan – observar a viabilidade celular) e calcular a recuperação celular pós-processamento.
3. Retirar uma amostra para células CD45, CD34, CD105, CD90, CD73 e HLA-DR (citometria de fluxo). Identificar a(s) amostra(s) com os dados do paciente, do processamento e código de barras.

OBSERVAÇÃO

O produto final está pronto para ser plaqueada em cultura, ser utilizado em terapia autóloga ou ser criopreservado.

protocolo 8

Cultura de Células-tronco Mesenquimais a Partir de Tecido Adiposo

OBJETIVO

Realizar o cultivo de células-tronco mesenquimais obtidas através do processamento manual (digestão enzimática) ou automático (SEPAX 2®) ou pelo plaqueamento direto do lipoaspirado.

Procedimento

1. Realizar o plaqueamento das células obtidas a partir do processamento manual ou automático na densidade de 5×10^5 células/cm² em meio de cultura basal completo (meio suplementado com 15% de soro Hyclone® e 1% de penicilina e estreptomicina).
    1.1. Cultivar as células em estufa a 37 °C com atmosfera úmida e 5% de CO_2.
    1.2. Após 3-5 dias recolher o meio de cultura que se encontra nos frascos e descartar.
    1.3. Lavar o frasco de cultura com solução salina (PBS) previamente aquecida em banho-maria a 37 °C.
    1.4. Colocar novo meio de cultura basal completo sobre as células aderidas.
    1.5. Realizar a troca do meio a cada 3-4 dias. As células devem ser acompanhadas diariamente.
    1.6. Retirar uma amostra do meio de cultura condicionado pelas células em crescimento e adicionar no frasco de hemocultura. Encaminhar a hemocultura para o laboratório de microbiologia.
    1.7. Quando a cultura de células atingir uma confluência de 70-90%, as células devem ser passadas por um processo de dissociação enzimática (Tripsina ou Tryple®) para serem então utilizadas em terapias, expandidas ou criopreservadas.
2. Realizar o plaqueamento direto de 1 mL do lipoaspirado lavado para cada 25 cm² em meio de cultura basal completo (meio suplementado com 15% de soro Hyclone® e 1% de penicilina e estreptomicina).

2.1. Cultivar o lipoaspirado em estufa a 37 °C com atmosfera úmida e 5% de CO_2.

2.2. Após 3-4 dias recolher o meio de cultura que se encontra nos frascos e descartar. Colocar novo meio de cultura basal completo.

2.3. Realizar a troca do meio a cada 3-4 dias. O surgimento das células por migração do lipoaspirado deve ser acompanhado diariamente.

2.4. Retirar uma amostra do meio de cultura condicionado pelas células em crescimento e adicionar no frasco de hemocultura. Encaminhar a hemocultura para o laboratório de microbiologia.

2.5. Quando a cultura de células atingir uma confluência de 70%-90%, deve-se lavar o frasco de cultura com solução salina (PBS) previamente aquecida em banho-maria a 37 °C.

2.6. As células devem ser passadas por um processo de dissociação enzimática (Tripsina ou Tryple®) para serem então utilizadas em terapias, expandidas ou criopreservadas.

protocolo 9

Coleta de Tecido de Cordão Umbilical

Padronizar a coleta de tecido do cordão umbilical.

PRELIMINARES

Antes de iniciar a coleta sempre obtemos um consentimento informado do responsável do doador de tecido de cordão umbilical.

Procedimento

1. Solicitar da gestante os exames pré-coleta de tecido do cordão umbilical que são realizados no ambulatório para se avaliar o estado clínico e possíveis doenças que possam aumentar os riscos anestésicos. Os exames solicitados são hemograma com plaquetas, coagulograma, ALT e AST, ureia e creatinina, sódio, potássio, sorologia para HIV-1 e 2, sorologia para HTLVI e hepatites B e C, sorologias para citomegalovírus (IgG e IgM), sorologia para toxoplasmose, doença de Chagas e sífilis. Para receptores com sorologia para hepatite B positiva, recomendamos solicitar a carga viral.
2. Antes do parto, faz-se necessário ter um *kit* para a coleta do tecido de cordão. Este *kit* é composto de um recipiente estéril e vedado o qual deve ser utilizado para acomodar o cordão umbilical. Ele pode ou não ser preenchido com solução fisiológica ou meio de cultura acrescido de antibióticos.
3. Já no centro cirúrgico, após o parto e a coleta (ou não) do sangue do cordão umbilical, o tecido deve ser seccionado com bisturi estéril na extremidade mais próxima da placenta e transferido para o *kit* de coleta. Uma limpeza tópica pode ser realizada no cordão com gaze estéril seca. O tamanho do segmento de tecido de cordão a ser coletado está relacionado com o método utilizado para a extração das células-tronco mesenquimais, ou seja, métodos enzimáticos necessitam de um segmento maior de tecido do que o método de explante.

4. Após a coleta do tecido de cordão umbilical, a amostra deve ser identificada com os seguintes dados da paciente: nome, registro e número da amostra.
5. O tempo médio do procedimento é de 5-10 minutos no centro cirúrgico. O tecido de cordão umbilical coletado em *kit* contendo meio ou solução fisiológica pode ser mantido em temperatura ambiente por, no máximo, 4 horas e estocado de 4-8 °C por, no máximo, 72 horas. Enviar o *kit* para o laboratório de processamento.

protocolo 10

Processamento de Tecido do Cordão Umbilical (Métodos Enzimáticos)

Promover o processamento adequado para posterior cultura das células-tronco mesenquimais de tecido do cordão umbilical, visando obter maior número possível de células e garantindo sua viabilidade e integridade funcional.

Processamento do tecido do cordão umbilical

1. No laboratório de processamento proceder à retirada do segmento de cordão umbilical do *kit* e promover a lavagem interna dos vasos e externa do tecido com solução fisiológica ou salina (PBS).
2. Após a lavagem, o tecido pode ser processado de diversas maneiras:
   a) Os vasos (artérias ou veia ou artérias e veia) podem sem clampeados e preenchidos com solução de colagenase e/ou tripsina a 37 °C por 20-45 minutos.
   b) Todo o segmento do cordão pode ser triturado com bisturi ou tesoura para posterior digestão enzimática com solução de colagenase e/ou tripsina a 37 °C por 30-90 minutos.
   c) Os componentes do cordão umbilical (veia, artérias e geleia de Wharton) podem ser separados com auxílio de pinça e tesoura e triturados separadamente e digeridos enzimaticamente com solução de colagenase e/ou tripsina a 37 °C por 20-90 minutos

OBSERVAÇÃO

A solução de colagenase (tipos I, II, IV) em concentrações que variam de 1% a 0,075% e/ou tripsina, em concentrações que variam de 2,5% a 0,125% são as mais utilizadas. A variação do tempo de digestão enzimática é dependente da concentração das enzimas utilizadas, ou seja, quanto mais concentrada, menor o tempo, porém mais prejudicial à viabilidade celular.

3. Após a digestão enzimática, coletar o material digerido e diluir em pelo menos o dobro do volume de meio de cultura basal completo (meio suplementado com 15% de Hyclone® e 1% de penicilina e estreptomicina). Homogeneizar bem.*
4. Centrifugar a 500 g por 5 minutos à temperatura ambiente. Descartar o sobrenadante. Ressuspender o precipitado (*pellet*) em 50 mL de solução salina (PBS). Homogeneizar bem.* Repetir este procedimento mais duas vezes.
5. Após a última centrifugação, ressuspender o precipitado em 10 mL de soro fisiológico. Retirar uma amostra para a contagem de células nucleadas (hemocitômetro utilizando azul de tripan – observar a viabilidade celular) e para células CD45, CD34, CD105, CD90, CD73 e HLA-DR (citometria de fluxo). Identificar a(s) amostra(s) com os dados do paciente, do processamento e código de barras.

OBSERVAÇÃO

O material está pronto para ser plaqueado em cultura, ser utilizado em terapia autóloga ou ser criopreservado.

---

* Etapas realizadas em fluxo laminar.

protocolo 11

Processamento de Tecido do Cordão Umbilical (Método Não Enzimático ou Explante)

Promover o processamento adequado para posterior cultura das células-tronco mesenquimais de tecido do cordão umbilical, visando obter maior número possível de células e garantindo sua viabilidade e integridade funcional.

Processamento do tecido do cordão umbilical

1. No laboratório de processamento proceder à retirada do segmento de cordão umbilical do *kit* e promover a lavagem interna dos vasos e externa do tecido com solução fisiológica ou salina (PBS).
2. Após a lavagem, o tecido pode ser processado de diversas maneiras:
   a) Todo o segmento do cordão pode ser triturado com bisturi ou tesoura para posterior colocação dos fragmentos em cultura na forma de explante.
   b) Os componentes do cordão umbilical (veia, artérias e geleia de Wharton) podem ser separados com auxílio de pinça e tesoura, triturados para posterior colocação dos fragmentos em cultura na forma de explante.

Identificar a(s) amostra(s) com os dados do paciente, do processamento e código de barras.

...essamento de Tecido do ...dão Umbilical (Método Não ...zimático ou Explante)

protocolo 12

Cultura de Células-tronco Mesenquimais a partir do Tecido de Cordão Umbilical

Realizar o cultivo de células-tronco mesenquimais obtidas através do processamento por métodos enzimáticos ou por método não enzimático (explante).

Procedimento

1. Realizar o plaqueamento das células obtidas a partir do processamento por métodos enzimáticos na densidade de 5×10^5 células/cm^2 em meio de cultura basal completo (meio suplementado com 15% de soro Hyclone® e 1% de penicilina e estreptomicina) ou cerca de 10-20 cm de tecido de cordão digerido para cada 25 cm^2.
   - 1.1. Cultivar as células em estufa a 37 °C com atmosfera úmida e 5% de CO_2.
   - 1.2. Após 3-5 dias, recolher o meio de cultura que se encontra nos frascos e descartar.
   - 1.3. Lavar o frasco de cultura com solução salina (PBS) previamente aquecida em banho-maria a 37 °C.
   - 1.4. Colocar novo meio de cultura basal completo sobre as células aderidas.
   - 1.5. Realizar a troca do meio a cada 3-4 dias. As células devem ser acompanhadas diariamente.
   - 1.6. Retirar uma amostra do meio de cultura condicionado pelas células em crescimento e adicionar no frasco de hemocultura. Encaminhar a hemocultura para o laboratório de microbiologia.
   - 1.7. Quando a cultura de células atingir uma confluência de 70-90%, as células devem ser passadas por um processo de dissociação enzimática (Tripsina ou Tryple®) para serem então utilizadas em terapias, expandidas ou criopreservadas.

2. Realizar o plaqueamento dos fragmentos de tecidos obtido pelo método não enzimático em meio de cultura basal completo (meio suplementado com 15% de soro Hyclone® e 1% de penicilina e estreptomicina) na concentração de 10-20 fragmentos de 1 cm^3 para cada 25 cm^2.
   2.1. Cultivar os fragmentos em estufa a 37 °C com atmosfera úmida e 5% de CO_2.
   2.2. Após 3-4 dias, recolher o meio de cultura que se encontra nos frascos e descartar. Colocar novo meio de cultura basal completo sobre os fragmentos aderidos.
   2.3. Realizar a troca do meio a cada 3-4 dias. O surgimento das células por migração dos fragmentos de tecidos deve ser acompanhado diariamente.
   2.4. Retirar uma amostra do meio de cultura condicionado pelas células em crescimento e adicionar no frasco de hemocultura. Encaminhar a hemocultura para o laboratório de microbiologia.
   2.5. Quando a cultura (células mais os fragmentos aderidos) atingirem uma confluência de 70%-90%, deve-se lavar o frasco de cultura com solução salina (PBS) previamente aquecida em banho-maria a 37 °C.
   2.6. As células devem ser passadas por um processo de dissociação enzimática (Tripsina ou Tryple®) para serem então utilizadas em terapias ou expandidas ou criopreservadas. Identificar a(s) amostra(s) com os dados do paciente, do processamento e código de barras.

protocolo 13

Coleta da Polpa Dentária

Padronizar a coleta da polpa dentária.

PRELIMINARES

Antes de iniciar a coleta, sempre obtemos um consentimento informado do doador/responsável da polpa dentária.

Procedimento

1. Solicitar da gestante os exames pré-coleta da polpa dentária que são realizados no ambulatório para se avaliar o estado clínico do paciente doador. Os exames solicitados são sorologia para HIV-1 e 2, sorologia para HTLVI e hepatites B e C, sorologias para citomegalovírus (IgG e IgM), sorologia para toxoplasmose, doença de Chagas e sífilis.
2. Antes da coleta, faz-se necessário ter um *kit* para a coleta da polpa dentária. Este *kit* é composto de um recipiente estéril e vedado, o qual deve ser utilizado para acomodar o dente. Este *kit* pode ou não ser preenchido com solução fisiológica ou meio de cultura acrescido de antibióticos.
3. Já no consultório do dentista, após a profilaxia do dente a ser coletado (pode-se realizar uma desinfecção da porção coronária do dente com solução de clorexidina a 0,3%), ele deve ser extraído de acordo com o procedimento padrão, com ou sem anestesia local. Após a retirada do dente, transferi-lo diretamente para o *kit* de coleta; não realizar lavagem com soro fisiológico ou passar gaze no dente.
4. Após a coleta do dente, a amostra deve ser identificada com os seguintes dados da paciente: nome, registro e número da amostra.
5. O tempo médio do procedimento é de 20-30 minutos no consultório do dentista. O dente (polpa dentária) coletado em *kit* contendo meio ou solução fisiológica pode ser mantido em temperatura ambiente por, no máximo, 4 horas e estocado de 4-8 °C por, no máximo, 72 horas. Enviar o *kit* para o laboratório de processamento.

protocolo 14

Processamento da Polpa Dentária (Métodos Enzimáticos)

OBJETIVO

Promover o processamento adequado para posterior cultura das células-tronco mesenquimais de polpa dentária, visando obter maior número possível de células e garantindo sua viabilidade e integridade funcional.

Processamento da polpa dentária

1. No laboratório de processamento proceder à retirada do dente do *kit* e promover a lavagem com solução fisiológica ou salina (PBS).
2. Após a lavagem, o dente deve ter a sua polpa extirpada com auxílio de uma lima endodôntica. A seguir, a polpa pode ser processada de diversas maneiras:
   a) A polpa pode ser digerida com solução de colagenase tipo I (1-3 mg/mL) e dispase (2,4-4 mg/mL) a 37 °C, por 30-60 minutos.
   b) A polpa pode ser digerida com solução de tripsina (0,2%) a 37 °C por 5 minutos.
   c) A polpa pode ser digerida com solução de colagenase tipo I (3%) a 37 °C por 60 minutos.

OBSERVAÇÃO

A variação do tempo de digestão enzimática é dependente da concentração das enzimas utilizadas, ou seja, quanto mais concentrada, menor o tempo, porém mais prejudicial à viabilidade celular.

3. Após a digestão enzimática, coletar o material digerido e diluir em pelo menos o dobro do volume de meio de cultura basal completo (meio suplementado com 15% de Hyclone® e 1% de penicilina e estreptomicina). Homogeneizar bem.*
4 Centrifugar a 500 g por 5 minutos à temperatura ambiente. Descartar o sobrenadante. Ressuspender o precipitado (*pellet*) em 50 mL de solução salina (PBS). Homogeneizar bem.* Repetir este procedimento mais duas vezes.
5. Após a última centrifugação, ressuspender o precipitado em 1 mL de soro fisiológico. Retirar uma amostra para a contagem de células nucleadas (hemocitômetro utilizando azul de tripan – observar a viabilidade celular). Identificar a(s) amostra(s) com os dados do paciente, do processamento e código de barras.

OBSERVAÇÃO

O material está pronto para ser plaqueado em cultura ou ser criopreservado.

* Etapas realizadas em fluxo laminar.

protocolo 15

Processamento da Polpa Dentária (Método Não Enzimático ou Explante)

Promover o processamento adequado para posterior cultura das células-tronco mesenquimais de polpa dentária visando obter maior número possível de células e garantindo sua viabilidade e integridade funcional.

Processamento da polpa dentária

1. No laboratório de processamento, proceder à retirada do dente do *kit* e promover a lavagem com solução fisiológica ou salina (PBS).
2. Após a lavagem, o dente deve ter a sua polpa extirpada com auxílio de uma lima endodôntica. Com auxílio de pinça e tesoura, triturar a polpa dentária para posterior colocação dos fragmentos em cultura na forma de explante. Identificar a(s) amostra(s) com os dados do paciente, do processamento e código de barras.

protocolo 16

Cultura de Células-tronco Mesenquimais a partir da Polpa Dentária

OBJETIVO

Realizar o cultivo de células-tronco mesenquimais obtidas da polpa dentária através do processamento por métodos enzimáticos ou por método não enzimático (explante).

Procedimento

1. Realizar o plaqueamento das células obtidas a partir do processamento por métodos enzimáticos na densidade de 5×10^3 células/cm^2 em meio de cultura basal completo (meio suplementado com 15% de soro Hyclone® e 1% de penicilina e estreptomicina).
   1.1. Cultivar as células em estufa a 37 °C com atmosfera úmida e 5% de CO_2.
   1.2. Após 3-5 dias, recolher o meio de cultura que se encontra nos frascos e descartar.
   1.3. Lavar o frasco de cultura com solução salina (PBS) previamente aquecida em banho-maria a 37 °C.
   1.4. Colocar novo meio de cultura basal completo sobre as células aderidas.
   1.5. Realizar a troca do meio a cada 3-4 dias. As células devem ser acompanhadas diariamente.
   1.6. Retirar uma amostra do meio de cultura condicionado pelas células em crescimento e adicionar no frasco de hemocultura. Encaminhar a hemocultura para o laboratório de microbiologia.
   1.7. Quando a cultura de células atingir uma confluência de 70-90%, as células devem ser passadas por um processo de dissociação enzimática (Tripsina ou Tryple®) para serem então utilizadas em terapias ou expandidas ou criopreservadas. Uma amostra deve ser retirada para células CD45, CD34, CD105, CD90, CD73 e HLA-DR (citometria de fluxo). Identificar a(s) amostra(s) com os dados do paciente, do processamento e código de barras.

2. Realizar o plaqueamento dos fragmentos de tecidos obtido pelo método não enzimático em meio de cultura basal completo (meio suplementado com 15% de soro Hyclone® e 1% de penicilina e estreptomicina) na concentração de 3-5 fragmentos de 1 cm^3 para cada 25 cm^2.
   2.1. Cultivar os fragmentos em estufa a 37 °C com atmosfera úmida e 5% de CO_2.
   2.2. Após 3-4 dias, recolher o meio de cultura que se encontra nos frascos e descartar. Colocar novo meio de cultura basal completo sobre os fragmentos aderidos.
   2.3. Realizar a troca do meio a cada 3-4 dias. O surgimento das células por migração dos fragmentos de tecidos deve ser acompanhado diariamente.
   2.4. Retirar uma amostra do meio de cultura condicionado pelas células em crescimento e adicionar no frasco de hemocultura. Encaminhar a hemocultura para o laboratório de microbiologia.
   2.5. Quando a cultura (células mais os fragmentos aderidos) atingirem uma confluência de 70%-90%, deve-se lavar o frasco de cultura com solução salina (PBS) previamente aquecida em banho-maria a 37 °C.
   2.6. As células devem ser passadas por um processo de dissociação enzimática (Tripsina ou Tryple®) para serem então utilizadas em terapias ou expandidas ou criopreservadas. Uma amostra deve ser retirada para células CD45, CD34, CD105, CD90, CD73 e HLA-DR (citometria de fluxo). Identificar a(s) amostra(s) com os dados do paciente, do processamento e código de barras.

protocolo 17

Congelamento de Células-tronco Mesenquimais em Nitrogênio Líquido (–196 °C)

OBJETIVO

Promover o congelamento adequado das células-tronco mesenquimais, seja da medula óssea, tecido adiposo, tecido de cordão umbilical ou polpa dentária visando obter maior número possível de células e garantindo sua viabilidade e integridade funcional.

Procedimento

1. Preparo da solução criopreservante

   Preparar 1 mL de solução criopreservante, sendo 900 μL de plasmin + 10 μL de DMSO para cada 10^6 células a serem criopreservadas*.

2. Concentração das células a serem congeladas

   As células obtidas após os processos de isolamento ou do processo de dissociação enzimática devem ser quantificadas (retirar uma amostra para a contagem de células nucleadas em um contador automático ou em hemocitômetro utilizando azul de tripan – observar a viabilidade celular) e centrifugadas por 500 g por 5 minutos à temperatura ambiente. O precipitado deve então ser ressuspendido segundo a orientação de 1 mL de solução criopreservante para cada 10^6 células.

3. Colocar solução criopreservante com as células em criotubos ou bolsa de congelamento.

Congelamento

1. Cadastrar o material a ser congelado com etiquetas para o criotubo ou bolsa de congelamento.

---

* Etapas realizadas em fluxo laminar.

2. Deixar no arquivo do doador uma etiqueta com número da bolsa ou criotubo e seu código de barra, para sua futura localização.
3. Escrever manualmente no criotubo ou bolsa, com caneta apropriada para baixas temperaturas, nome, número da bolsa/tubo e data da coleta.
4. O(s) criotubo(s) ou a(s) bolsa(s) de criogenia devem ser levados rapidamente para o *freezer* a –80 °C.
5. Após 24 horas, o(s) criotubo(s) ou a(s) bolsa(s) de criogenia devem ser armazenados no *container* de nitrogênio líquido.
6. Registrar todos os dados do congelamento para o armazenamento correto de localização das amostras.

protocolo 18

Descongelamento de Células-tronco Mesenquimais (em banho-maria a 37 °C)

OBJETIVO

Promover o descongelamento adequado das células-tronco mesenquimais criopreservadas em *freezer* –80 °C ou nitrogênio líquido a –196 °C, visando obter maior número possível de células e garantindo sua viabilidade e integridade funcional.

Procedimento

1. Retirar o material a ser descongelado do *freezer* –80 °C ou nitrogênio líquido a –196 °C, fazendo uso de equipamentos de segurança, como luvas contra o frio e óculos de proteção.
2. No laboratório, fazer a limpeza externa da bolsa/tubo com solução de álcool a 70%.
3. Transferir o material para um banho-maria a 37 °C até o descongelamento completo do material.
4. Retirar o material do banho e fazer nova limpeza externa da bolsa/tubo com solução de álcool a 70%.
5. Transferir o material para tubo cônico, respeitando a proporção de que para cada 1 mL de amostra diluir em 5 mL de solução salina (PBS) ou meio de cultura ou soro fisiológico.
6. Centrifugar a 500 g por 5 minutos em temperatura ambiente.
7. Após a centrifugação, ressuspender o material em solução salina (PBS) ou soro fisiológico até completar o volume do tubo.
8. Centrifugar a 500 g por 5 minutos em temperatura ambiente.
9. Após a centrifugação, ressuspender o material em soro fisiológico até completar o volume do tubo.
10. Centrifugar a 500 g por 5 minutos em temperatura ambiente.

11. Após a centrifugação, ressuspender o precipitado no volume de solução necessária: para a aplicação em terapias (solução fisiológica) ou para o plaqueamento (meio de cultura basal completo). Retirar a amostra para teste de viabilidade pós-descongelamento. A amostra deverá estar previamente identificada com nome do paciente, data do congelamento e do descongelamento e especificação do conteúdo.

protocolo 19

Teste de Viabilidade Celular

Realizar o teste de viabilidade celular durante a cultura de células-tronco mesenquimais e também durante o pré-congelamento e o pós-descongelamento das células.

Procedimento

Preparo das amostras:

1. Preparar três tubos contendo: 1 com 1.950 µL de solução fisiológica 0,9%, 1 tubo seco e outro contendo 50 µL de solução de azul de Tripan a 25%.
2. Pipetar 50 µL da amostra das células-tronco mesenquimais para o tubo com 1.950 µL de solução fisiológica 0,9%.
3. Da amostra diluída, pipetar 50 µL para o tubo contendo 50 µL de solução de azul de Tripan a 25%.
4. Do tubo diluído, realizar a leitura das células inviáveis e viáveis em câmara de Neubauer. Lembrar que as células inviáveis adquirem coloração azul. Identificar a(s) amostra(s) com os dados do paciente, do processamento e código de barras.

protocolo 20

Expansão Celular

Promover a expansão adequada das células-tronco mesenquimais, seja da medula óssea, tecido adiposo, tecido de cordão umbilical ou polpa dentária visando obter maior número possível de células e garantindo sua viabilidade e integridade funcional.

Procedimento

1. Após o isolamento, dissociação enzimática ou descongelamento as células-tronco mesenquimais devem ser plaqueadas na proporção de 100-5.000 por cm^2. Esta variação está relacionada ao crescimento diferenciado entre as culturas das células e a fonte/forma de isolamento. As células-tronco mesenquimais de cordão umbilical e a polpa dentária apresentam taxa de crescimento mais elevada do que as células-tronco mesenquimais de tecido adiposo e medula óssea.
2. Cultivar as células em estufa a 37 °C com atmosfera úmida e 5% de CO_2.
3. Após 3-4 dias, recolher o meio de cultura que se encontra nos frascos e descartar. Colocar novo meio de cultura basal completo às células aderidas.
4. Realizar a troca do meio a cada 3-4 dias. A cultura das células deve ser acompanhada diariamente.
5. Retirar uma amostra do meio de cultura condicionado pelas células em crescimento e adicionar no frasco de hemocultura. Encaminhar a hemocultura para o laboratório de microbiologia.
6. Quando a cultura atingir uma confluência de 70%-90%, deve-se lavar o frasco de cultura com solução salina (PBS) previamente aquecida em banho-maria a 37 °C.
7. As células devem ser passadas por um processo de dissociação enzimática (Tripsina ou Tryple®) para serem então expandidas. Não realizar mais do que cinco passagens (cinco processos de dissociação enzimática) nas culturas, pois aumentam a chances de ocorrerem alterações no cariótipo e processo de senescência nas células. Identificar a(s) amostra(s) com os dados do paciente, do processamento e código de barras.

protocolo 21

Citometria de Fluxo

OBJETIVO

Promover a caracterização adequada das células-tronco mesenquimais, seja da medula óssea, tecido adiposo, tecido de cordão umbilical ou polpa dentária, visando quantificar e garantir o seu perfil fenotípico.

Procedimento

1. As células até a 5ª passagem devem ser dissociadas enzimaticamente e contadas para uma densidade de 10^6 céls./mL.
2. Separar o número de tubos correspondente à quantidade de anticorpos a serem utilizados (principais: CD34, CD45, CD90, CD73, CD105, HLA-DR). Para cada anticorpo primário mais dois tubos devem ser separados, 1 para o branco (que deve conter apenas células); e outro com células + anticorpo secundário.
3. Colocar em cada tubo 10^5 células e centrifugar a 800 g por 5 minutos. Para cada 10^5 células deve ser utilizado 1 µL de anticorpo primário ou anticorpo conjugado. Nos tubos com as células já centrifugadas, deve ser ressuspendido o *pellet* em 190 µL de PBS. A seguir, deve ser adicionado o anticorpo primário e incubado por 30 minutos na geladeira.
4. Após incubação, deve-se completar o volume para 1,5 mL com PBS e centrifugar por 5 minutos a 800 g. O *pellet* deve ser ressuspendido em 200 µL de PBS.
5. A seguir, deve-se adicionar aos tubos 0,5 µL de anticorpo secundário ou diluído na proporção de 1:1 com PBS. Incubar por 20 minutos na geladeira.
6. Após esse período, as células devem ser lavadas com PBS, centrifugadas por 5 minutos a 800 g e ressuspendidas em 200 mL de PBS para assim ser realizada a leitura no citômetro de fluxo. Identificar a(s) amostra(s) com os dados do paciente, do processamento e código de barras.

protocolo 22

Citogenética

Promover a citogenética adequada das células-tronco mesenquimais, seja da medula óssea, tecido adiposo, tecido de cordão umbilical ou polpa dentária, visando garantir o seu perfil genotípico.

Procedimento

O protocolo de citogenética foi dividido em três etapas. A primeira etapa baseia-se no preparo das células em cultura (obtenção de metáfases); a segunda é a fixação das células; e a terceira é a confecção de lâminas com avaliação das metáfases e procedimentos de colorações. O cariótipo deve ser realizado em culturas subconfluentes cultivadas até a 5ª passagem.

1. A primeira etapa é crucial; é necessário um grande número de metáfases. Portanto, a análise do tempo de divisão é muito importante e os fatores de crescimento que estimulam a proliferação celular e, consequentemente, o número de metáfases podem ser utilizados. O suplemento AMNIOMAX (Invitrogen) na concentração de 1% por 24 horas pode ser utilizado para estimular o crescimento celular.
2. Em seguida, utilizar Colcemid (Invitrogen) na concentração final 0,02 µg/mL por duas horas para interromper o ciclo celular.
3. Após esse período, iniciar a coleta das células em estágio de metáfase, com auxílio de tripsina 0,12%. Após 3 a 5 minutos, as células devem ser coletadas e centrifugadas a 89,6 g por 5 minutos.
4. Em seguida, as células devem ser incubadas por 30 minutos com solução hipotônica (KCl 0,075M) em estufa a 37 °C a fim de sensibilizar a membrana celular.
5. Após esse procedimento, a etapa de fixação das células deve ser iniciada com a utilização de metanol e ácido acético na proporção 3:1, adicionando 10 gotas desse fixador à suspensão celular.
6. Em seguida, as células devem ser incubadas por 20 minutos a 4 °C.
7. A suspensão deve ser centrifugada a 89,6 g, por 5 minutos, e o sobrenadante deve ser desprezado.

8. Adicionar 2 mL do mesmo fixador gelado e armazenar a –20 °C (o protocolo pode ser interrompido nessa etapa).
9. A próxima etapa do protocolo de citogenética é a confecção de lâminas para avaliar a qualidade dos cromossomos. A suspensão deve ser gotejada na lâmina (extremamente limpa) e então seca à temperatura ambiente. As lâminas secas com cromossomos metafásicos devem ser coradas com Giemsa por 5 minutos, a fim de facilitar a visualização dos cromossomos.
10. Em seguida, as metáfases devem ser fotodocumentadas com auxílio do microscópio de luz. Identificar a(s) amostra(s) com os dados do paciente, do processamento e código de barras.

protocolo 23

Diferenciação de Células-tronco Mesenquimais para a Linhagem Mesodermal

OBJETIVO

Para a completa caracterização das células-tronco mesenquimais, ensaios de diferenciação para as linhagens osteogênica, condrogênica e adipogênica devem ser realizados *in vitro*.

Procedimentos

1. Para a realização dessa metodologia, as células (até a 5ª passagem) devem ser plaqueadas a uma densidade de 10^3–10^4 células por cm^2 em triplicata. Identificar a(s) amostra(s) com os dados do paciente, a concentração de células contida e a data de início do processo de diferenciação.
2. O material deve ser incubado a 37 °C em atmosfera úmida contendo 5% de CO_2. A troca do meio de cultura basal por meio para indução da diferenciação deve ser realizada entre 24-72 horas após a dissociação enzimática.
3. Os meios indutores das diferenciações são:
   a) osteogênico: DMEM alta glicose, 0,1 µM dexametasona, 50 µM 2-fosfato ácido ascórbico e 2 mM β-glicerolfosfato
   b) adipogênico: DMEM alta glicose, 2% soro fetal bovino, 0,1 µM dexametasona, 100 µM endometacina, 500 µM IBMX e 20 µg/mL insulina.
   c) condrogênico: DMEM alta glicose, 1% ITS, 0,1 µM dexametasona, 1 µM piruvato de sódio e 0,1 µM 2-fosfato ácido ascórbico
4. Os ensaios duram cerca de 21 dias e o meio de diferenciação deve ser trocado a cada 3-4 dias.
5. As diferenciações podem ser evidenciadas por meio de técnicas de coloração, como:
   a) A coloração de von Kossa é utilizada para a visualização de acúmulo de cálcio. As células devem ser fixadas com solução de formaldeído 5% (Sigma-Aldrich) por 10 minutos à temperatura ambiente, lavadas duas vezes com etanol 70%

e uma vez com água Milliq® e coradas com solução de nitrato de prata 1% (Sigma-Aldrich) por 1 hora.

b) A coloração de Oil Red O é utilizada para a visualização de vacúolos ricos em lipídeos. As células devem ser fixadas com solução de formaldeído a 5% por 10 minutos à temperatura ambiente, lavadas duas vezes com etanol 70% e uma vez com água Milliq® e corada com solução de Oil Red O 0,5% (Sigma-Aldrich) por 1 hora.

c) A coloração com azul de toluidina é utilizada para demonstrar a matriz extracelular de mucopolissacarídeos. Os agregados celulares devem ser fixados com solução de formaldeído 10% por 1 hora à temperatura ambiente, desidratado em diluições seriadas de etanol e embebidos em blocos de parafina. Os cortes de parafina (4 µm de espessura) devem ser corados com solução de azul de toluidina (Sigma-Aldrich).

6. Em seguida, as diferenciações podem ser fotodocumentadas com auxílio do microscópio de luz.

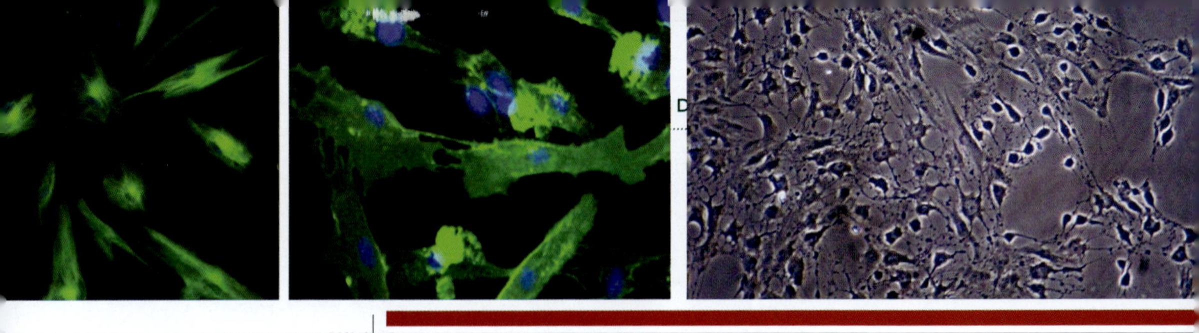

parte 3

Células-tronco Hematopoéticas: Coleta, Processamento e Criopreservação

capítulo 10

Bases Históricas da Criopreservação de Células-tronco

Desde o pioneirismo do trabalho de Thomas e cols., laureado pelo Nobel, com a realização do transplante de medula óssea nos idos de 1950,[1] o Transplante de Células-Tronco hematopoéticas (TCTH) é uma opção de tratamento que tem sido utilizada com sucesso a uma grande variedade de neoplasias[2] e síndromes da medula óssea. O TCTH utiliza doadores alogênicos, autólogos ou singênicos. Além da medula óssea, as células-tronco hematopoéticas coletadas do sangue periférico mobilizado e do sangue do cordão umbilical são amplamente utilizadas. Cada uma dessas populações tem as suas vantagens e desvantagens, tais como: maior rapidez em obtenção, maior facilidade de coleta, reduzido risco aos doadores, reduzido risco da doença enxerto-contra-hospedeiro, e menor exigência de compatibilidade do sistema HLA(Human Leukocyte Antigen).

O TCTH é empregado no tratamento de neoplasias hematológicas, síndromes de mau funcionamento da medula óssea, incluindo linfomas de Hodgkin, não Hodgkin, leucemias linfoides e mieloides, síndrome mielodisplásica, e certos tipos de tumores sólidos, amiloidose e anemia de Fanconi. Uma etapa importante no processo do transplante é a criopreservação (congelamento) das células-tronco (*stem cell*) hematopoéticas.

O armazenamento de longa duração é a solução sob vários aspectos logísticos, tais como: a obrigatoriedade de um intervalo de tempo necessário entre a coleta do produto de Células-tronco Hematopoéticas (CTH) do paciente, a terapia em altas doses, e a subsequente infusão do produto, nos casos do transplante autólogo, ou do transplante de sangue de cordão umbilical, em que é necessário realizar a tipagem HLA entre o produto (ao nascimento da criança) e o receptor (quando o paciente está pronto para receber o produto). A criopreservação é importante, também, para uma melhor caracterização das CTH e o controle de qualidade, resultando em uma melhor análise do HLA ou outros marcadores que possam impactar no sucesso do resultado do tratamento.

Desde os primeiros estudos em congelamento de CTH por Barnes e Loutit em 1955, muitos experimentos são realizados visando a otimizar a criopreservação para melhorar a recuperação e a capacidade funcional das CTH após o descongelamento para a posterior infusão das mesmas. A maioria dos protocolos de criopreservação aplicam os seguintes passos: após a coleta, as células são processadas e ressuspensas em uma solução salina basal suplementada com algum tipo proteína, que atuam protegendo as células dos efeitos lesivos das baixas temperaturas. Os mais utilizados foram o glicerol, o Dimetilsulfóxido (DMSO) e o Hidroxietilstarch (HES).

A preservação da viabilidade celular após a criopreservação e o seu posterior descongelamento tornou-se possível graças aos trabalhos pioneiros de Polge e cols.[3] (1949) empregando o glicerol como agente crioprotetor no congelamento de esperma de touro. Esses experimentos mostraram que a medula óssea também poderia ser congelada com glicerol e manteria a capacidade regenerativa (após o seu descongelamento) da hematopoese em camundongos previamente irradiados. Outra observação importante foi de que as células hematopoéticas poderiam sobreviver a baixas temperaturas caso fosse adicionado 15% de glicerol ao DMSO na solução criopreservante (Barnes e Loutit, 1955),[4] como foi mencionado.

O glicerol, por ser um agente crioprotetor coligativo, protege as células da excessiva desidratação, uma vez que a água é desviada para a formação de cristais de gelo no meio extracelular. Polge e Lovelock (1952)[5] desenvolveram o processo de congelamento programável, que é utilizado até hoje nos serviços de Criobiologia em todo o mundo. O método, semelhante ao utilizado atualmente, aumentou o tempo de estocagem do sêmen de touro empregado para inseminação artificial. Esses estudos definiram o mecanismo do dano celular, que ocorre durante a criopreservação e as técnicas utilizadas para minimizar os efeitos lesivos sobre a célula congelada.

Outro agente crioprotetor é o Dimetilsulfóxido (DMSO), que é um subproduto resultante do processamento da celulose. É um composto higroscópico polar, desenvolvido originalmente como solvente para inseticidas, fungicidas e herbicidas (David, 1972).[6] O DMSO é um solvente de metais pesados e de alguns compostos orgânicos e inorgânicos, sendo potencialmente tóxico. Por este motivo, o seu uso é recomendado na forma pura e livre de contaminação, como reagente na preparação da solução criopreservante.

Em 1959, Lovelock e Bishop[7] descreveram as propriedades crioprotetoras do DMSO, que mostrou maior eficácia que o glicerol no congelamento do esperma de touro. À procura de uma solução pura para uso como agente criostático de proteção em transplante de órgãos, Stanley Jacob e Robert Herschler[8] estudaram as propriedades químicas e terapêuticas do DMSO. Esses pesquisadores foram os primeiros a utilizar o DMSO através de uma membrana de perfusão da derme e de outras membranas intactas e observaram que o DMSO não causava danos irreversíveis aos mesmos.

O estudo pioneiro realizado por Jacob, Bischel e Herschler[9] revelou a capacidade de difusão do DMSO em ultrapassar as células da mucosa da bexiga de cachorros. Isso possibilitou que o DMSO viesse a ser o agente crioprotetor mais comumente usado na rotina da maioria dos laboratórios de criopreservação. O DMSO atua reduzindo o tamanho dos cristais de gelo, que se formam durante o processo de congelamento, e que leva à ruptura da membrana citoplasmática no momento do descongelamento rápido das células.

O Hidroxietilstarch (HES) é uma substância polimérica, que contém cadeias de diferentes pesos moleculares. Inicialmente foi investigado como crioprotetor das células vermelhas e também mostrou ser efetivo na criopreservação de células hematopoéticas de *hamsters*, mantendo a viabilidade de 75% dos progenitores após utilização de 10% HES e 10% soro fetal bovino (Ashwood Smith e cols., 1972).[10]

O foco de maior atenção na criopreservação da célula-tronco hematopoética utilizando crioprotetores extracelulares é o emprego combinado de crioprotetores penetrantes. A adição da Polivinilpirrolidona (PVP) ao glicerol ou ao DMSO melhorou a viabilidade de células de camundongos quando comparado ao uso do agente penetrante sozinho (Van Putten, 1968).[11]

Stiff e col. (1987)[12] congelaram células humanas com uma combinação de 5% de DMSO, 6% de HES e 4% de albumina humana e relataram uma melhora na viabilidade de células progenitoras analisando as unidades formadoras de colônias *in vitro* de medula óssea. A combinação foi empregada para criopreservar a medula óssea de sessenta pacientes submetidos a transplante de medula óssea. Nenhuma falha no enxerto foi verificada nesse grupo de pacientes, demonstrando que a mistura era eficaz e de fácil manipulação técnica.[13]

Posteriormente, o grupo japonês liderado por Takaue e cols.[14] mostraram a efetividade do congelamento rápido, isto é, sem o congelamento lento e gradativo. Foi utilizada uma solução contendo 6% de HES e 5% de DMSO como solução criopreservante no congelamento rápido. Essa técnica é empregada em vários centros. A desvantagem é o curto período de estocagem das células (geralmente de três anos), principalmente quando se necessita de uma criopreservação que dure várias décadas.

Por outro lado, o grupo chinês mostrou que a mistura de DMSO 7,5% com Polietilenoglicol (PEG) 2,5% e albumina 2% era comparável ao DMSO a 10% em termos de manutenção da viabilidade celular após o congelamento.

O sangue periférico é formado por uma variedade de células. Curiosamente todas essas células derivam de uma célula comum, denominada *stem cell (célula-tronco)*. Esta pode ser definida como a célula que pode se replicar continuamente e se diferenciar em vários tipos celulares. As *stem cells* aparecem inicialmente na vida embrionária no saco vitelino. Posteriormente elas migram para o fígado enquanto o feto se desenvolve. Após o nascimento o sangue será formado essencialmente pela medula óssea.

Nas últimas décadas, as células provenientes da placenta começaram a ser coletadas e congeladas para o posterior emprego no transplante de medula óssea. Em 1989 foi realizado o primeiro transplante de cordão umbilical. Certamente, o transplante de cordão umbilical mostra-se como uma grande promessa no tratamento de erros genéticos e outras doenças hematológicas[15] usando uma fonte de fácil obtenção, de baixo custo, e que tradicionalmente é descartada diariamente nos centros obstétricos. Outro destaque foi a observação do emprego de dois enxertos (dois cordões) ser superior ao uso isolado principalmente para adultos de maior peso e portadores de leucemias agudas.[16] Uma das explicações no momento é o papel das células-tronco mesenquimais presentes nas células do cordão umbilical e que ajudariam na imunomodulação.[17]

Em conjunto percebemos a evolução das técnicas de criopreservação ao longo dos anos, chegando aos dias atuais com a padronização das técnicas que estão descritas nos capítulos subsequentes. Além disso, as células-tronco mesenquimais vieram para revelar o seu papel na medicina regenerativa.

REFERÊNCIAS BIBLIOGRAFICAS

1. Kurnick NB, Montano A, Gerdes JC, and Feder BH. Preliminary observations on the treatment of post irradiation hematopoietic depression in man by the infusion of stored autologous bone marrow. Ann.Int.Med. 1958; 49(15): 973.
2. Hewitt HB & Wilson CW. Radiation survival curves for somatic cells: implications for radiotherapy. Br.J.Radiol. 1960;33:198.
3. Polge C, Smith AU & Parkes AS. Revival of spermatozoa after vitrification and dehydration at low temperatures. Nature. 1949;164(4172):666.
4. Barnes DWH & Loutit JF. Radiation recovery factor: Preservation by the Polge-Smith Parkes technique. J.Natl.Cancer Inst. 1955;15(4): 901–5.
5. Polge C and Lovelock JE. Preservation of bull serum at -79 °C. Vet.Rec. 1952; 64:396.
6. David NA. The pharmacology of dimethyl sulfoxide 6544. Ann. Rev. Pharmacol. 1972;12:353–374.
7. Lovelock JE, Bishop MWH. Prevention of freezing damage to living cells by dimethyl sulfoxide. Nature. 1959;183(4672): 1394–5.
8. Herschler RJ & Jacob SW. TAPPI (Tech. Assoc.Pulp Paper Inc.). 1965;48: 43–46.
9. Jacob SW, Bischel M, Herschler RJ. Dimethyl sulfoxide: Effects on the permeability of Byologic Membranes. Curr. Ther. Res.Clin.Exp.1964; 6:193–98.
10. Ashwood-Smith MJ, Warby C, Connor KW, Becker G. Low-temperature preservation of mammalian cells in tissue culture with polyvinylpyrrolidone (PVP), dextran and hydroxyethyl-starch(HES). Cryobiology. 1972;9:441.
11. Van Putten LM. Monkey and mouse bone marrow preservation and the choice of technique for human application. Bibl Haematol. 1968;29:797–801.
12. Stiff PJ, Murgo AJ, Zaroulis CG, DeRisi MF, Clarkson BD. Unfractionated human marrow cell cryopreservation using dimethylsulfoxide and hydroxyethyil starch. Cryobiology.1983;20(1):17.
13. Stiff PJ, Koester AR, Weidner MK, Dvorak K, Fisher RI. Autologous bone marrow transplantation using unfractionated cells cryopreserved in dimethylsulfoxide and hydroxyethyil starch without controlled-rate freezing. Blood. 1987;70(4):974–8.
14. Takaue Y, Abe T, Kawano Y, Suzue T, Saito S, Hiroo A, Sato J, et al. Comparative analysis of engraftment after cryopreservation of peripheral blood stem cell autografts by controlled--versus uncontrolled-rate methods. Bone Marrow Transplant. 1994;13(6): 801–804.
15. Cetrulo LC, Sbarra AJ, Cetrulo L.C.Jr. Collection and Criopreservation of Cord Blood for the Treatment of Hematopoietic Disorders: The obstetrician's overview. J. Hematother. 1996;5(2):149–51.
16. Petra S, Schwinger W, Lackner H et al. Short-term cryopreservation of allogeneic stem cell for optimization of transplant conditions in children. Haematologica. 2010;95(9):1616–1619.
17. Liu Y, Xu X, Ma X, Martin-Rendon E, Watts S, Cui Z. Cryopreservation of human bone marrow-derived mesenchymal stem cells with reduced dimethylsulfoxide and well-defined freezing solutions. Biotecnol. Prog. 2010; 26(6):1635–43.

capítulo 11

Bases Científicas do Congelamento

A coleta, o processamento, e o posterior armazenamento de células-tronco hematopoéticas está presente na rotina de muitos laboratórios de Criobiologia espalhados pelo mundo. O processo de congelamento das células-tronco envolve a passagem do estado líquido para o estado sólido.

A criopreservação tem como objetivo preservar o tecido vivo de maneira que, ao ser reconstituído, se recupere com alto grau de viabilidade e integridade funcional, sem induzir toxicidades ao organismo do receptor. Os agentes crioprotetores são utilizados para proteger a célula durante o congelamento. Eles atuam minimizando a formação de gelo intracelular e a desidratação celular, que ocorre durante o congelamento. Os agentes crioprotetores agem na inibição da formação de cristais de gelo ao diminuir o gradiente osmótico ou pelo aumento da formação de vidro no processo chamado de vitrificação. Nesse processo, os crioprotetores macromoleculares (*starch*) formam uma camada protetora em volta da célula impedindo a sua desidratação.

As primeiras tentativas de transplante de medula óssea autóloga (com medula congelada) foram realizados no período entre 1958 e 1965. O grupo liderado por McGovern (1954)[1] investigou os efeitos da medula óssea autóloga criopreservada com glicerol em três pacientes com leucemia aguda. Dois desses pacientes morreram. Os pesquisadores concluíram que mais investigações deveriam ser realizadas antes de estabelecer a validade do método terapêutico. Apesar do otimismo inicial, muitos anos de pesquisa foram necessários para a Criobiologia até atingir o estado da arte.

Em 1958, Kurnick *e* cols.[2] relataram dois pacientes com tumor sólido, cuja medula óssea fora coletada e congelada com glicerol. Os resultados não foram satisfatórios e os dois pacientes evoluíram para o óbito. O glicerol é um crioprotetor coligativo e muito utilizado na preservação de concentrado de hemácias. Entretanto, devido ao seu efeito tóxico no organismo, as células devem ser lavadas antes da sua utilização. Em se tratando de hemácias, não há problemas, pois elas são anucleadas, porém, no caso das células-tronco, existe uma perda considerável de células durante o processo de lavagem.

Em 1975 muitas instituições começaram a utilizar o tempo de recuperação hematopoética após o Transplante Autólogo de Medula Óssea (TAMO) como marcador da eficiência do congelamento. O estudo pré-clínico em cães, de Debelak e Epstein,[3] mostrou a capacidade das células criopreservadas em recuperar a hematopoese depois de um regime de condicionamento com bussulfano e ciclofosfamida. As duas drogas são mielotóxicas e destroem a medula original. O seguimento era feito pela contagem de leucócitos do sangue periférico e quando atingiam valores superiores a 500/mm^3 eram considerados como enxertamento duradouro e eficazes para a redução de infecções.

Em 1979 Goldman e cols.[4] analisaram a reconstituição hematológica das células criopreservadas através do congelamento lento em pacientes com leucemia mieloide crônica, sendo alguns esplenectomizados e outros não. Trata-se de um estudo pioneiro em que os autores confirmaram o papel das células-tronco na reconstituição hematopoética após altas doses de quimioterapia.

Em relação aos tipos de congelamento podemos verificar a existência de dois métodos: o congelamento programável (ou congelamento gradativo das células) e o não programável (rápido).

Takaue e cols.[5] não observaram diferenças quanto à recuperação hematológica no pós-transplante utilizando células-tronco periféricas criopreservadas com o método controlado e o não controlado de congelamento. Isso suscitou dúvidas quanto ao papel do congelamento programável, entretanto, é rotina na maioria dos serviços de criopreservação o emprego do congelamento programável.[6] Esse método é o recomendado pelas RDCs para serviços de transplante de células-tronco no Brasil. Entretanto, é um método mais trabalhoso e de alto custo operacional. A vantagem operacional do congelamento rápido é o de misturar partes iguais de medula óssea e a solução de criopreservação contendo *starch*, DMSO e albumina humana.[5]

A formação de cristais de gelo durante o processo de congelamento é a principal causa de morte celular.[7] Os cristais de gelo intracelulares, que muitas vezes promovem a ruptura mecânica das estruturas celulares, são formados durante o congelamento brusco das células. No congelamento gradativo a formação de cristais de gelo ocorre no espaço extracelular resultando no aumento da osmolalidade e a água livre é incorporada dentro dos cristais de gelo.

Essa perda de água livre resulta na concentração extracelular de solutos, (como os íons sódio que não penetram livremente na membrana celular), levando a uma hiperosmolalidade extrema e a danos por desidratação celular. Por exemplo, a molalidade do sódio em solução salina a –10 °C é em torno de 2,8 molal e a –20 °C é em torno de 5,6 molal.[8]

A formação de gelo intracelular pode ser limitada por meio do congelamento gradativo. Nesse tipo de congelamento a desidratação da célula ocorre progressivamente, permitindo que a água se mova para o espaço extracelular e seja incorporada dentro de cristais de gelo. O registro do congelamento gradativo fornece um gráfico denominado curva de congelamento (Figura 11.1), que pode ser dividido em três etapas:

- Fase inicial, na qual ocorre o decréscimo da temperatura à razão de –1 °C/min até –45 °C.
- Fase crítica, em que ocorre a liberação do calor de fusão pelas células. É nessa fase que se dá a transição da fase líquida para a sólida.
- Fase final, na qual há o decréscimo da temperatura à razão de –10 °C/min até –110 °C.

A adição de crioprotetores penetrantes como o DMSO diminui o volume de água retirada para a formação de cristais de gelo e, consequentemente, o grau de desidratação da célula. Isso resulta numa criopreservação efetiva das células viáveis.

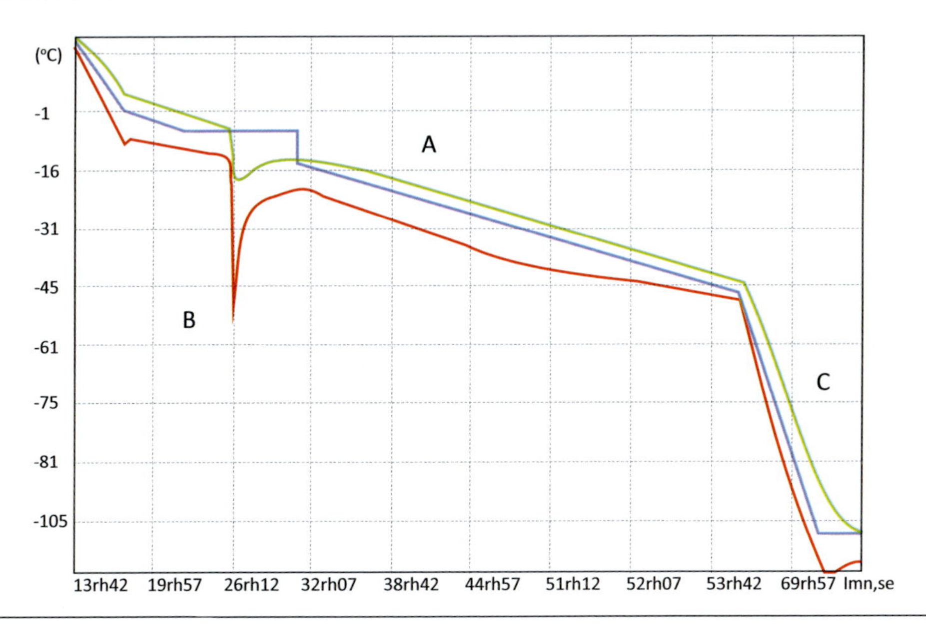

Figura 11.1 Curva de congelamento com as três fases: inicial, crítica e final.

Verde: curva da amostra.

Vermelho: curva da câmara de congelamento.

Azul: curva padrão do programa.

Os crioprotetores macromoleculares como o Hidroxietilstarch (HES) e a Polivinilpirrolidona (PVP) não penetram na membrana celular e, portanto, contribuem pouco para o efeito osmótico, mas previnem as células da perda excessiva de água e dos danos da desidratação, porque formam uma camada protetora ao redor da célula (vitrificação).

A tolerância das células ao congelamento depende da sua capacidade em resistir ao estresse osmótico. A resultante disso é a melhor viabilidade das células ao se empregar uma solução crioprotetora durante o processo de congelamento progressivo.

O produto obtido da coleta, seja da medula óssea seja do sangue periférico, é transferido para bolsas especiais de congelamento e acrescidos de igual volume de solução criopreservante contendo 20% de DMSO, 40% de meio de cultura e 40% de plasma autólogo. Pelo método simplificado a suspensão final de células-tronco apresenta 5% de DMSO, 6% de HES e 4% de albumina humana; seu congelamento é feito imergindo-se a bolsa diretamente no *freezer* sem decréscimo controlado da temperatura.

Para todos os métodos de criopreservação parece crítico que exista uma fonte de origem de proteína na solução criopreservante. Atualmente, alguns centros brasileiros utilizam a combinação de 5% de DMSO, 6% de HES e 4% de albumina humana, com bons resultados de recuperação de viabilidade.[9] Neste caso, a logística é mais fácil e os custos operacionais são reduzidos.

Outro aspecto importante refere-se à biossegurança dessas células, principalmente relacionada com a queda da energia no caso de *freezer* mecânico e a presença de alarmes no *freezer* alimentado por nitrogênio.[10,11] Recomendamos sempre utilizar dois sistemas de controle de temperatura e outro de vigilância, realizados por funcionários do laboratório de Criogenia. Além disso, é recomendado que se tenha contêineres de nitrogênio para transferência das bolsas criopreservadas para outro *freezer*, em caso de emergência.

Atualmente existe monitoramento com alarmes que se ligam automaticamente a determinados números (até 10) de telefone avisando da alteração de temperatura interna do *freezer* e disparando contato com aparelhos celulares para o pessoal do laboratório de Criogenia. Isso aumenta a segurança e a vigilância após o congelamento das células. O monitoramento pode ser feito em tempo real por *webcams* e serem visualizadas de qualquer lugar do planeta pela internet. Tudo isso com o objetivo de aumentar a biossegurança, lembrando que as células-tronco são únicas e insubstituíveis.

E, por fim, deve-se atentar para o momento do descongelamento das células-tronco hematopoéticas que incorrem em riscos celulares semelhantes aos do processo de congelamento. É discutível o papel tóxico do DMSO sobre os precursores hematopoéticos, sendo que o aumento da concentração de DMSO no produto leva ao aumento de agregados celulares. Um fenômeno interessante é que os neutrófilos não sobrevivem ao processo de congelamento.[12,13] Além disso, a infusão das células descongeladas acarreta o aparecimento de arritmias cardíacas, náuseas, vômitos e, em casos graves, choque, insuficiência renal e óbito. Portanto, ao se descongelar as células-tronco à beira do leito, o operador deve lembrar-se de que todos esses efeitos associam-se à cautela e monitorização do paciente. Recomendamos que todos os laboratórios de processamento de células-tronco utilizem procedimentos operacionais na rotina diária para evitar erros, mantendo um banco de dados com todas as informações sobre o produto. Existe uma informação ainda não confirmada de que, na infusão de dois cordões umbilicais, o primeiro cordão é o que sobrevive. Estudos adicionais irão responder a essa pergunta.

Um aspecto importante no processo é a concentração celular do produto. Enquanto nas células de cordão umbilical as células vermelhas são removidas no *stem cell* periférico, o número de células pode atingir 4×10^{10} células. Rowley e cols. analisaram em estudo que as células-tronco periféricas podem ser congeladas na concentração de 500×10^6 células/ml *versus* 50×10^6 células/ml para medula e cordão umbilical.[14] Entretanto, estudo não foi confirmado por outros grupos e se espera uma melhor definição quanto a este ponto.

Esse mesmo autor mostrou em estudo de Fase III[15] e comparou a criopreservação das células-tronco hematopoéticas congeladas usando o protocolo padrão com DMSO a 10% *versus* DMSO a 5% associado à hydroxyethylstarch a 6% (HES). Foram 294 pacientes aleatorizados e bem balanceados quanto ao diagnóstico, número de regimes prévios de quimioterapia e tratamento com radioterapia. Os pacientes que receberam *stem cell* periférico com duplo crioprotetor (DMSO/HES) tiveram a recuperação medular dos granulócitos mais rápida (um dia) em comparação com o grupo que utilizou DMSO isolado. Não foi notada diferença na recuperação das plaquetas. Fato interessante é que os pacientes que receberam filgrastina tiveram recuperação mais rápida de leucócitos, porém, mais lenta de plaquetas. Outro ponto importante desse trabalho foi que ao se variar a concentração de HES na presença de DMSO a 5% não houve diferença na recuperação das células CD34+. O autor concluiu que ambas as soluções são boas como crioprotetoras e que a redução da quantidade de DMSO (5%) pode reduzir os efeitos adversos do mesmo, principalmente em pacientes pediátricos. Além disso, aparentemente a combinação (DMSO/HES) foi mais eficiente para acelerar a recuperação dos granulócitos e, com isso, reduzir o tempo de permanência do paciente e do uso de antibióticos de largo espectro nessa população de pacientes.

Outro aspecto importante relaciona-se ao transporte e armazenamento das células-tronco durante o envio do produto por meio de *courrier*. Um trabalho interessante é o do grupo de Hubel e cols.,[16] que avaliaram o papel de uma solução de transporte adicionada à bolsa contendo células de cordão umbilical e enviaram as células para outro estado americano. Depois de 48 horas as células retornaram ao centro de pesquisa original para criopreservação. Os objetivos primários foram os de avaliar se a solução de transporte teria alguma influência sobre a recuperação após o descongelamento das células. Os pesquisadores observaram que, em condições de temperatura habituais, não houve diferenças entre o grupo que tinha a solução de transporte com o grupo solução convencional antes do congelamento. Entretanto, observou-se uma diferença a favor do grupo com a solução de transporte quando se avaliaram os parâmetros de recuperação celular, conteúdo de CD34+ e unidades formadoras de colônias após o descongelamento das células de cordão umbilical, principalmente quando o tempo de transporte atingia 24 horas e sem diferença para 48 horas e 72 horas. Portanto, a recomendação é tentar sempre o menor tempo possível de transporte do centro de coleta ao laboratório que irá realizar a criopreservação das células-tronco.

É importante que todos os procedimentos estejam documentados sob a forma dos protocolos operacionais que estão apresentados na Parte III deste livro.

REFERÊNCIAS BIBLIOGRÁFICAS

1. McGovern JJ, Russel SP, Atkins L, Webster EW. Treatment of terminal leukemic relapse by total body irradiation and intravenous infusion of stored autologous bone marrow obtained during remission. N. Engl. J.Med.1959;260(14):675–86.
2. Kurnick NB, Montano A, Gerdes JC, Feder BH. Preliminary observations on the treatment of post irradiation haematopoietic depression in man by the infusion of stored autogenous bone marrow. Ann. Intern.Medicine. 1958;49(5):973–86.
3. Debelak-Fehir KM, Epstein RB. Restoration of hematopoiesis in dogs by infusion of cryopreserved autologous peripheral white cells folowing busulfan-cyclosphosphamide treatment. Transplantation. 1975;20(1):63–67.
4. Goldman JM, Johnson SA, Islam A, Catovsky D, Galton DA. Haematological reconstitution after autografting for chronic granulocytic leukaemia in transformation: the influence of previous splenectomy. Brit J. Haematol. 1980;45(2): 223–231.
5. Takaue Y, Abe T, Kawano Y, Suzue T, Saito S, Hirao A et al. Comparative analysis of engraftment after cryopreservation of peripheral blood stem cell autografts by controlled-versus uncontrolled methods. Bone Marrow Transplant. 1994;13(6): 801–804.
6. Rowley SD. Hematopoietic stem cell cryopreservation: a review of current techniques. J. Hematother. 1992;1(3):233–50.
7. American Association of Blood Banks. Marrow transplantation: Practical and Technical Aspects of Stem Cell Reconstitution.1992.

8. Stiff PJ. Cryopreservation of Hematopoietic Stem Cells. In Marrow and Stem Cell Processing for Transplantation. 1995;69–82.
9. Clark J, Pati A, Mcarthy D. Successful cryopreservation of human bone marrow does not require a controlled rate freezer. Bone Marrow Transplant. 1991;7(2):121–5.
10. Karow AM Jr, Webb WR. Tissue freezing. A theory for injury and survival. Cryobiology. 1965;2(3):99–108.
11. Rowley SD & Byrne DV. Low-temperature storage of bone marrow in nitrogen vapor-phase refrigerators: decreased temperature gradients with an aluminum racking system. Transfusion. 1992;32(8):750–4.
12. Rowley SD. Recombinant human deoxyribonuclease for hematopoietic stem cell processing. J.Hematotherapy.1995;32:99–104
13. Gorlin J. Stem Cell Cruopreservation. Topic review. J. Inf.Chemotherapy. 1996;6(1):23–27.
14. Rowley SD, Besinger WI, Gooley T, et al. Effect of cell concentration on bone marrow and peripheral blood stem cell cryopreservation. Blood.1994;83:2731–6.
15. Rowley SD, Feng Z, Chen L, et al. A randomized phase III clinical trial of autologous stem cell transplantation comparing cryopreservation using dimethylsulfoxide vs dimethylsulfoxide with hydroxyethylstarch. Bone Marrow Transplant. 2003;31:1043–51.
16. Hubel A, Carlquist D, Clay M.,et al. Liquid storage, shipment, and cryopreservation of cord blood. Transfusion.2004;44:518–525.

capítulo 12

Células-tronco Hematopoéticas: Caracterização Imunofenotípica

Há muitos anos se conhece o papel da medula óssea como fonte de células-tronco hematopoéticas, responsáveis pelas funções vitais de geração e manutenção do sangue circulante. Experiências em animais na década de 1950 mostravam que a irradiação do baço em camundongos levava à morte do animal por aplasia. Esses mesmos animais poderiam permanecer vivos caso se protegesse o baço durante o processo de radiação ionizante.[1] Essas células são multipotentes e com capacidade de autorrenovação para todos os tipos celulares,[2] sendo bem caracterizadas pela seleção LKS (Lin- c-Kit+ Sca1). Essas células são caracterizadas pelo receptor de adesão CD34.

O antígeno CD34 é uma glicoproteína transmembrana de aproximadamente 110kD expressa nas células progenitoras hematopoéticas, nas células endoteliais dos vasos de pequeno calibre, e nos fibroblastos embrionários.[2] As células CD34 positivas representam de 1,5% a 3% das células mononucleares de baixa densidade da medula óssea normal e 0,1% a 0,5% das células mononucleares do sangue periférico. Em ensaios clonogênicos (cultura de progenitores) essas células são capazes de gerar todos os precursores das linhagens hematopoéticas.[3] O primeiro anticorpo anti-CD34, denominado My10, foi produzido a partir de um hibridoma de camundongo sensibilizado com as células KG1A.[4] Atualmente, sete anticorpos monoclonais foram agrupados no International Differentiation Workshop, recebendo a denominação de anti-CD34. Seis anticorpos, dentre eles o My10, o BI-3C5, o 12.8 e o 115.2, o ICH3 e o TUK3 foram produzidos a partir de linhagem KG1 e KG1a, enquanto o anticorpo QBEND foi produzido contra as células endoteliais da placenta humana.

Os anticorpos reconhecem sítios distintos da molécula de CD34. Atualmente, os anticorpos monoclonais são divididos em três classes, de acordo com a sensibilidade diferenciada à ação da neuroaminidase, glicoprotease derivada da *Pasteurella hemolytica* e quimopapaína.

Uma maneira para se avaliar a eficácia da criopreservação é o estudo da expressão celular de antígenos de superfície, o qual permite detectar células precursoras hematopoéticas e também identificar as principais linhagens celulares.

As células CD34+ compreendem todos os progenitores hematopoéticos que formam colônias de células granulomonocíticas (CFU-GM), eritroides (BFU-E), megacariocíticas (CFU-MK), multilinhagem (CFU-MIX) e blastos (CFU-blasto). As células progenitoras blásticas são capazes de se diferenciar para várias linhagens hematopoéticas, assim, o transplante autólogo de medula óssea, cujo produto de coleta é rico em células CD34+, pode recuperar a hematopoese normal.[5] O método de determinação de células CD34+ utiliza uma pequena amostra da camada leucocitária do paciente e é aferido por meio da citometria de fluxo. A detecção das células CD34+ se dá pela ligação das mesmas a um anticorpo monoclonal produzido em camundongo chamado anti-HPCA-2 (CD34) conjugado a um agente fluorescente, ficoeritrina (cor vermelha). Como controle negativo utiliza-se um anticorpo irrelevante (g1) também conjugado com ficoeritrina. Para minimizar a influência dos monócitos na análise, a amostra é também incubada com anticorpo monoclonal anti-CD14 conjugado com fluoresceína (cor verde). As células CD34+ são então caracterizadas por análise de multiparâmetros e 48 mil eventos são avaliados. Por meio do aplicativo estatístico[6] do *software* consegue-se determinar o número de eventos do controle e da amostra. A determinação do número de células CD34+ a partir do número de eventos fornecidos pelo software (Figura 12.1) é avaliado com base nas seguintes variantes:

$$\text{n}^{\underline{o}} \text{ de cél. CD34+/Kg} = \frac{(\text{n}^{\underline{o}} \text{ de eventos positivos} - \text{n}^{\underline{o}} \text{ de eventos controle})}{\text{n}^{\underline{o}} \text{ de eventos totais}} = W$$

$$\text{n}^{\underline{o}} \text{ de cél. CD34+/Kg} = W \text{ x cont. de cél. nucleadas/ml x vol. do produto da coleta}$$

Atualmente, as técnicas de coleta e criopreservação celular estão sendo incorporadas e difundidas em vários centros médicos, o que faz necessário o estabelecimento de um programa de controle de qualidade conjunto.

Apesar de a maioria dos laboratórios armazenar o produto criopreservado abaixo de –120 °C, a temperatura de armazenamento que garante a estabilidade das células-tronco periféricas ainda não foi definida, embora Rowley *et al.*[3] tenham relatado que a estabilidade das células criopreservadas está assegurada quando as células são armazenadas na fase de vapor do nitrogênio líquido (–196 °C).

A primeira tentativa de padronizar a enumeração das células CD34 foi de Millan/Mulhouse com base na avaliação com *low light scatter* (SSC) e *initial forward versus* SSC *live gating* excluindo os debris. Outro método utiliza duas plataformas e foi referendado pelo ISHAGE (International Society of Hematotherapy and Graft Engineering) utilizando quatro parâmetros de citometria de fluxo: CD45PerCP/CD34PE *staining, side and forward angle light scatter*. Importante que neste método é possível discriminar as células CD45+ (linfócitos e monócitos) que poderiam confundir a contagem das células CD34+. Outro método mais recente, também do ISHAGE sendo uma plataforma única e com o uso de *beads* fluorescentes na citometria de fluxo.[7]

Estudo realizado por Gajkowska e cols.[7] comparou as três metodologias em ensaio laboratorial para avaliar a superioridade de um método sobre o outro. O estudo foi realizado em amostras de 42 pacientes que tiveram a medula óssea mobilizada por quimioterapia e fatores de crescimento hematopoético. O resultado do estudo demonstrou que não houve diferenças na enumeração das células CD34 no produto coletado nos três métodos avaliados. A regressão linear para o método de Milan/Mulhouse e do ISHAGE foram r = 0,96 e r = 0,95, respectivamente. Todos os dados foram obtidos por exame realizado em duplicata. Os autores sugerem que cada indivíduo escolha o método com base nos custos, na simplicidade e na confidência do procedimento.

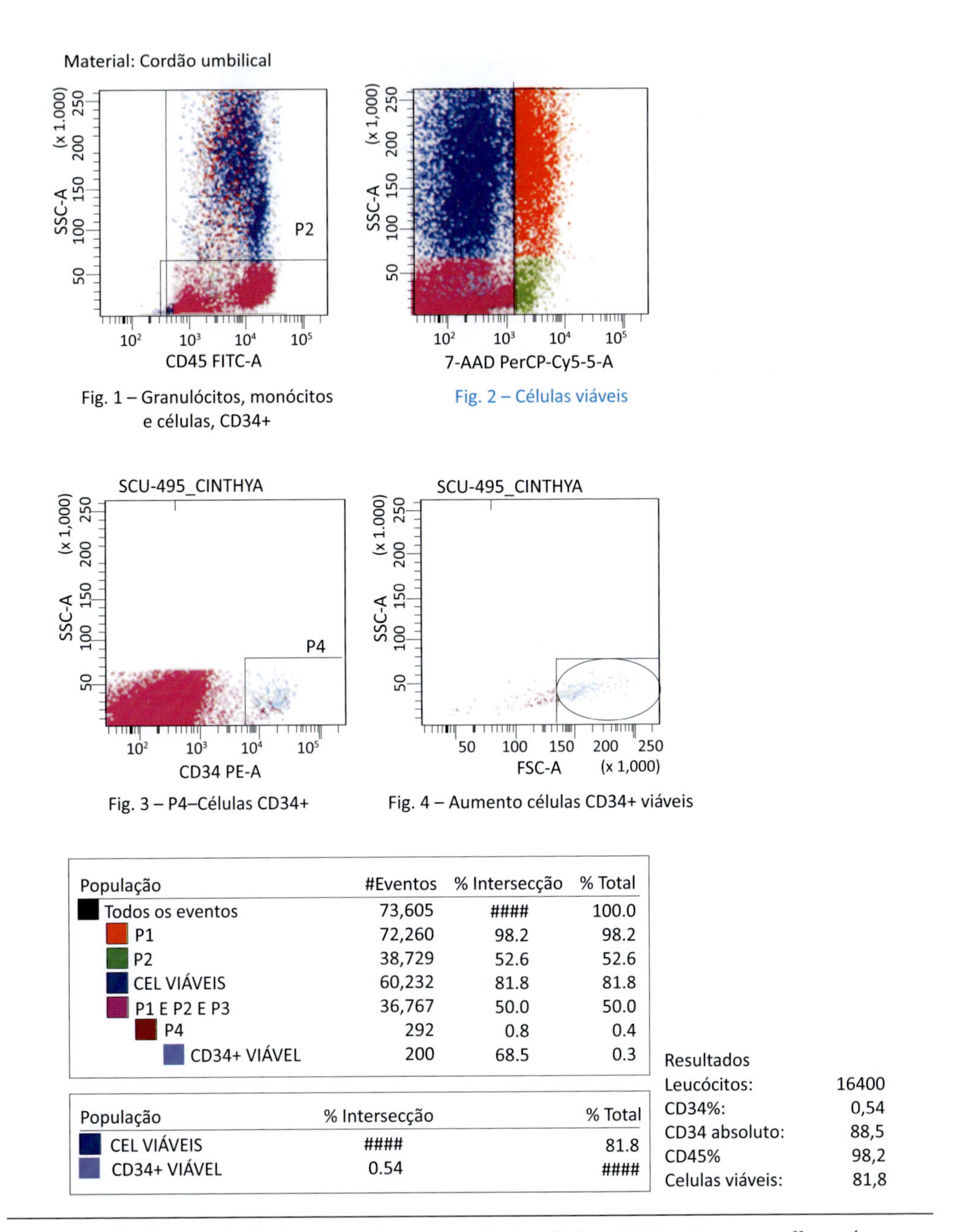

População	#Eventos	% Intersecção	% Total
Todos os eventos	73,605	####	100.0
P1	72,260	98.2	98.2
P2	38,729	52.6	52.6
CEL VIÁVEIS	60,232	81.8	81.8
P1 E P2 E P3	36,767	50.0	50.0
P4	292	0.8	0.4
CD34+ VIÁVEL	200	68.5	0.3

População	% Intersecção	% Total
CEL VIÁVEIS	####	81.8
CD34+ VIÁVEL	0.54	####

Resultados	
Leucócitos:	16400
CD34%:	0,54
CD34 absoluto:	88,5
CD45%	98,2
Celulas viáveis:	81,8

Figura 12.1 Citometria de fluxo na determinação de células CD34+. Em vermelho a área correspondente às células CD34+.

REFERÊNCIAS BIBLIOGRÁFICAS

1. Sousa B, Parreira R, Fonseca E et al. Human adult stem cell from diverse origins: An overview from multiparametric immunophenotying to clinical applications. Cytometry. 2014;85A:43–77, 2014.
2. Strauss LC, Rowley SD, La Russa VF, Dharkis SJ,Stuart RK, Civin CI. Antigenic analysis of hematopoiesis.V. Characterization of My-10 antigen expression by normal lymphohematopoietic progenitor cells. Exp. Hematol. 1986;14(9):878–886.
3. Rowley SD. Hematopoietic stem cell cryopreservation: a review of current techniques. J. Hematother. 1992;1(3):233–250.
4. Krause DS, Jo Fackler M, Civin CI, May WS. CD34: structure, biology and clinical utility. Blood. 1996;87(1):1–13.
5. Sienna S, Bregni M, Brando B, Ravagnani F, Bonadonna G, Gianni AM. Circulation of CD34+ hematopoietic stem cells in the peripheral blood of high-dose cyclophosphamide-treated patients: enhancement by intravenous recombinant human granulocyte-macrophage colony-stimulating factor. Blood. 1989; 74(6):1905–14.
6. Massumoto CM, Mizukami S, Campos MF et al. Determinação de células CD34 positivas no sangue periférico:otimização de método utilizando-se associadamente anticorpo monoclonal anti-CD14. Revista Brasileira de Análises Clínicas. 1997;29:89–92.
7. Gajkowska A, Oldak T, Jastrzewska M et al. Flow cytometry enumeration of CD34+ hematopoietic stem and progenitor cells in leukapheresis product and bone marrow for clinical transplantation: A comparison of three methods. Folia Histo et Cytobiologica. 2006;44(1):53–60.

capítulo 13

Aspectos da Mobilização das Células-tronco Hematopoéticas

A mobilização das Células Progenitoras Hematopoéticas (CPH) em humanos ocorre durante a recuperação hematopoética após uso de quimioterapia mielossupressiva.[1,2] O fenômeno de mobilização refere-se à habilidade de promover a circulação periférica das CPH, que encontram-se alojadas na medula óssea.

Apesar de representarem menos de 0,5% das células sanguíneas de um indivíduo em condições normais, um aumento significativo do número de células CD34+ pode ser alcançado utilizando-se vários esquemas de mobilização.

A maneira mais efetiva de se promover a mobilização das células CD34+ envolve o uso de agentes quimioterápicos e fatores de crescimento hematopoéticos. Essa associação produz um sinergismo, que resulta em melhor mobilização das células. Esse sinergismo foi observado em estudos com unidades formadoras de colônias, cujo incremento foi maior no grupo com quimioterapia e fator de crescimento hematopoético (G-CSF ou GM-CSF) comparado com o grupo que recebeu agentes isolados.

As células CD34+ mobilizadas para o sangue periférico são originárias da medula óssea. Sendo assim, uma série de eventos importantes deve ocorrer até que a célula CD34+ alcance a circulação periférica. Inicialmente ocorre a modulação da célula progenitora hematopoética da medula óssea com o microambiente medular, seguida da migração da célula em direção aos vasos sinusoides da Medula Óssea (MO) e, por fim, a passagem pela membrana basal e pela camada de células endoteliais, até alcançar a luz do vaso sanguíneo e atingir a circulação.[3]

Existem estruturas de adesão das CPH permitindo a sua ancoragem no interior da MO, e essas mesmas ligações deverão ser rompidas para que as células possam adquirir a propriedade de migrar para os sinusoides. Grande quantidade de moléculas de citoadesão está presente nas células hematopoéticas e são as chamadas CAM (*Cell Adhesion Molecules*). Seus respectivos ligantes encontram-se nas células do microambiente e da matriz celular.[4]

Uma mobilização eficiente não é alcançada após o estímulo inicial às moléculas de adesão; é necessário que haja uma sinalização cooperativa, gerada através do uso de fatores de crescimento (G-CSF e GM-CSF). Além disso, os fatores de crescimento atuam sinergisticamente levando a um aumento da proliferação celular.[5] A administração de

G-CSF ativa osteoclastos, que estão envolvidos no aumento da proliferação do estroma da medula óssea. Isso sugere que os osteoclastos estão envolvidos na reabsorção e na mobilização de células-tronco.[6]

Com o desenvolvimento dos fatores de crescimento, não houve mais a necessidade de utilizar a quimioterapia mielossupressiva sozinha para a mobilização, como ocorria anteriormente.[7]

Vários estudos sugerem que a utilização de fatores de crescimento tais como o G-CSF ou o GM-CSF, juntamente com a quimioterapia mielossupressiva, levam a uma melhor mobilização e a uma diminuição da mielotoxicidade. A dose de G-CSF usada juntamente com a quimioterapia varia de 3 a 12 ug/kg/dia, iniciada no dia seguinte ao término da quimioterapia de mobilização e mantida até o término da coleta das células progenitoras por leucoaférese. O GM-CSF foi a primeira citocina que mostrou aumento no número de células mobilizadas quando associada à quimioterapia, mas atualmente é menos utilizada na prática clínica devido a seus efeitos colaterais, que incluem febre, alteração da pressão arterial e dor óssea.

Após o regime de mobilização com quimioterapia, o paciente entra em um período de aplasia e, com o reinício do aumento dos leucócitos, monitora-se o momento certo para a nova coleta dos progenitores hematopoéticos, como será visto no capítulo seguinte. Utiliza-se o valor de 10 células CD34+/uL no sangue periférico como indicador para a coleta de células-tronco periféricas.

REFERÊNCIAS BIBLIOGRÁFICAS

1. Gianni AM, Siena S, Bregni M, Tarella C, Stern AC, Pileri A, Bonadonna G. Granulocyte--macrophage colony-stimulating factor to harvest circulating haemopoietic stem cells for autotransplantation. Lancet. 1989;2(8663):580–585.
2. Kessinger A, Armitage JO, Landmark JD, Smith DM, Weisenburguer DD. Autologous peripheral hematopoietic stem cell transplantation restores hematopoietic function following marrow ablative therapy. Blood. 1988;71(3):723–7.
3. Rowley SD. Hematopoietic stem cell cryopreservation: a review of current techniques. J.Hematother. 1992;1(3):233–250.
4. Pettengel R, Morgenstern GR, Woll PJ, Chang J, Rowlands M, Young R et al. Peripheral blood progenitor cell transplantation in lymphoma and leukemia using a single apheresis. Blood. 1993;82(12):3770–3777.
5. Brugger W, Bross KJ, Glatt H, Weber F, Mertelsmann R, Kanz L. Mobilization of tumor cells and hematopoietic progenitor cells into peripheral blood of patients with solid tumors. Blood. 1994;83(3):636–640.
6. Brouard N, Driessen R, Short B, Simmons PJ. G-CSF increases mesenchymal precursor cell numbers in the bone marrow via an indirect mechanism involving osteoclast-mediated bone resorption. Stem Cell Res. 2010; 5:65–75.
7. Besinger W, Singer J, Appelbaum F, Lilleby K, Longin K, Rowley S et al. Autologous transplantation with peripheral blood mononuclear cells collected after administration of recombinant granulocyte stimulating factor. Blood. 1993;81(11):3158–63.

capítulo 14

Emprego de Novos Fatores de Crescimento para a Mobilização

O fenômeno da mobilização de células-tronco para transplante autólogo de medula óssea é uma etapa importante para o sucesso do mesmo. Alguns pacientes não conseguem ter uma mobilização efetiva e não atingem um número adequado de células CD34+/kg coletadas no sangue periférico.[1] Nessa situação, alguns especialistas na área de transplante recomendam a coleta de medula óssea por punção das cristas ilíacas. Entretanto, uma parcela considerável desses pacientes vai terminar o procedimento com um número inadequado de células para o transplante de medula. O resultado disso é um aumento da morbidade e mortalidade do tratamento.

A droga-padrão para a mobilização continua sendo o G-CSF (filgrastina), entretanto, alguns pacientes são considerados mobilizadores pobres (*poor mobilizers*),[2] tais como pacientes com mielofibrose, doença de Hodgkin em recidiva, linfomas não Hodgkin intensamente tratados, e mieloma múltiplo. O critério estabelecido para mobilizadores pobres considera aqueles pacientes que não atingem um número mínimo de 15 células CD34+ no sangue periférico pré-aférese e/ou contagem inferior a 2 milhões de células CD34+ após cinco dias de aférese. Em trabalho de Wutcher e cols.[3] em 602 pacientes com mieloma múltiplo e 238 pacientes com linfoma não Hodgkin, que receberam quimioterapia de resgate/mobilização de células-tronco para transplante autólogo, eles encontraram uma incidência de 15,3% de mobilizadores pobres. Para esses pacientes uma alternativa é o emprego do plerixafor.

O plerixafor (AMD 3100)[4] é um inibidor do receptor CXCR4, que em conjunto com o G-CSF (*granulocyte colony-stimulating factor*) aumentam o número de células-tronco periféricas no sangue periférico.[1] A célula-tronco mantém-se ligada ao estroma medular através de um ligante, o fator derivado de célula estromal (SDF1α). O plerixafor liga-se ao CXCR4 que, ao impedir a interação com o SDF1α, libera a célula CD34 no sangue.[1] A droga é administrada no dia 4, em associação com a filgrastina, e potencializa a mobilização de células CD34. O plerixafor foi desenvolvido inicialmente para o tratamento do Vírus da Imunodeficiência Humana (HIV) e um dos efeitos adversos observado foi o incremento dos leucócitos. A partir desse evento, a droga começou a ser desenvolvida para o transplante autólogo de medula óssea. Um fato interessante, porém, sem uma validade clínica até o momento, é que o plerixafor mobiliza células B, T e NK (*natural killer*). Especula-se que a infusão de um enxerto rico em linfócitos possa promover a recuperação dos linfócitos e, com isso, reduziria o risco de infecções em receptores de transplante autólogo.

Em estudo, Worel e cols.[5] mostraram que 74% (20/27) dos pacientes que falharam a uma primeira tentativa de mobilização, conseguiram atingir a marca de 10×10^6 CD34 + /kg, resultando em 63% dos pacientes com níveis de 2×10^6 CD34+/kg. No transplante autólogo realizado a seguir, todos os pacientes conseguiram obter o enxertamento completo no d12 para os leucócitos, e d14 para as plaquetas. Os principais efeitos colaterais foram alterações gastrointestinais e dor no local da aplicação do medicamento.[6] Portanto, é possível realizar a remobilização em respondedores pobres e, ainda assim, obter contagens superiores a 2×10^6 CD34 + /kg.

Estudo de Fase III conduzido por DiPersio e cols.[7] comparou a combinação de plerixafor com G-CSF *versus* placebo+G-CSF em pacientes candidatos a transplante autólogo de medula óssea por linfoma não Hodgkin. O grupo com plerixafor obteve o rendimento de medula óssea de > 5 × 106 CD34 + /kg em 59,3% das vezes, comparado a 19,6% no grupo controle ($p < 0.001$). Isso se traduziu na realização do transplante em 90% do grupo plerixafor comparado a 55,4% ($p < 0.01$) do grupo controle. O estudo foi desenhado para identificar uma diferença de 20% de incremento no grupo plerixafor e o resultado mostrou uma diferença absoluta de 39,7% de efetividade. A conclusão do estudo revela que o plerixafor combinado com o G-CSF é bem tolerado e com poucos efeitos colaterais (náuseas e irritação no local de injeção), e foi capaz de mobilizar células CD34+ em uma proporção maior que o grupo controle, corroborando os vários estudos da literatura.[7]

A posologia do plerixafor é de 0,24 mg/kg/dia administrado após quatro dias de filgrastina por via subcutânea. Pode-se também calcular como volume em ml, sendo nesse caso 0,012 multiplicado pelo peso do paciente em quilos. A dose máxima diária não deve ultrapassar 40 mg.

Resultados semelhantes foram observados em outro estudo, em que o plerixafor foi empregado em pacientes com mieloma múltiplo. Trata-se de um estudo de Fase III, com 302 pacientes[8] randomizados para receber plerixafor associado a G-CSF *versus* placebo + G-CSF. No grupo plerixafor obteve-se em 71,6% uma coleta igual ou superior a 6×10^6 CD34 + /kg comparado a 34,4% no grupo controle ($p < 0.001$). Um dado interessante é que a mediana de aférese necessária para obter uma coleta superior a 6×10^6 CD34 + /kg no grupo plerixafor foi de uma, comparado a quatro coletas no grupo placebo ($p > 0.001$). Os autores recomendam o uso do plerixafor em pacientes com mieloma múltiplo, mas não indicam o seu uso a pacientes com leucemia aguda. Estudos adicionais devem responder a esta questão, uma vez que existe o risco teórico de mobilizar células leucêmicas para o sangue.

Embora pequena, a experiência em pacientes pediátricos[9] reproduz os dados em adultos, com 60% de sucesso na mobilização com o plerixafor.

Alguns dados sugerem que o plerixafor resulte em boa mobilização em pacientes com mieloma múltiplo previamente exposto a lenalidomida.[10] Isto é importante no momento atual, em que pacientes com mieloma múltiplo considerados de alto risco iniciam o tratamento com duas drogas, incluindo a lenalidomida.[9]

Um algoritmo interessante de ser lembrado é o de Costa e cols.[11] Nesse estudo os autores recomendam que, para se obter 3×10^6 CD34 + /kg é necessário que o paciente, após quatro dias de G-CSF, tenha contagem no sangue periférico de > 15 células/mm^3. Caso a contagem seja inferior a 15 células/mm^3, o plerixafor deveria ser adicionado ao esquema de mobilização ao G-CSF. Apesar do custo mais elevado da droga, sabe-se que um bom enxerto autólogo reduz os dias de internação e pode impactar no final com diminuição da morbidade.

Anteriormente a esta droga, a alternativa para os "mobilizadores pobres" era o emprego de nova quimioterapia (geralmente a ciclofosfamida) associada ao G-CSF (doses de 5 ug/kg a 10 ug/kg) na tentativa de se obter número de células CD34 necessárias para o transplante. Outra modalidade era coletar a medula óssea sem mobilização, através de múltiplas punções das cristas ilíacas com agulhas de Thomas. Normalmente o resultado era frustrante, com obtenção de um número inferior ao obtido na primeira tentativa de mobilização. Uma possível explicação associa a ciclofosfamida a um esgotamento das *stem cells* presentes no paciente após várias mobilizações.[12,13]

O melhor protocolo é aquele em que a equipe clínica do centro transplantador esteja mais familiarizada. Seja o emprego isolado de fator de crescimento ou associado a quimioterapia, é fundamental coletar um número adequado de células CD34+ para reduzir as toxicidades decorrentes da falha do enxertamento.

REFERÊNCIAS BIBLIOGRÁFICAS

1. Scriber J, Fauble V, Sproat LO, Briggs A. Plerixafor "just in time" for stem cell mobilization in a normal donor. Bone Marrow Transplant. 2010. Epub ahead of print. DOI 10.1038/bmt.2010.226.
2. Gertz MA. Current status of stem cell mobilization. Br.J. Haematol. 2010;150(6):647–662. DOI: 10.1111/j.1365–2141.2010.08313.x.
3. Wutcher P et al. Biol Blood Marrow Transplant. 2010;16:490–499.
4. Hübel K, Fresen MM, Salwender H, Basara N, Beier R et al. Plerixafor with and without chemotherapy in poor mobilizers. Results from the German compassionate use program. Bone Marrow Transplant. 2010.Epub ahead of print,.DOI: 10.1038/bmt.2010.249.
5. Worel N, Rosskopf K, Neumeister P, Kasparu H, Nachbaur D, Russ G et al. Plerixafor and granulocyte-colony-stimulating factor (G-CSF) in patients with lymphoma and multiple myeloma previously failing mobilization with G-CSF with or without chemotherapy for autologous hematopoietic stem cell mobilization: the Austrian experience on a named patient program. Transfusion. 2010. DOI: 10.1111/j.1537-2995.2010.02986.x.
6. Symeonidis A, Liga M, Triantafylloy E, Kouraklis A, Tiniakou M, Karakantza M et al. Successful mobilization with plerixafor and autologous hematopoietic stem cell transplantation in a patient with refractory Hodgkin's lymphoma and Gaucher disease. Bone Marrow Transplant. 2010. DOI: 10.1038/bmt.2010.263.
7. DiPersio J, Micallef I, Stiff P. Phase III prospective randomized double-blind placebo-controlled trial of plerixafor plus granulocye colony-stimulating factor compared with placebo plus granulocyte colony-stimulating factor for autologous stem-cell mobilization and trans-

plantation for patients with non-Hodgkin´s lymphoma. J Clin Oncol.2009;27(28):4767–72. DOI:10.1200/JCO.2008.20.7209

8. DiPersio J, Stadtmauer E, Nademanee A et al. Plerixafor and G-CSF versus placebo and G-CSF to mobilize hematopoietic stem cells for autologous stem cell transplantation in patients with multiple myeloma. Blood.2009;113(23):5720–5726.
9. Aabideen K, Anoop P, Ethell M, Potter MN. The feasibility of plerixafor as a second-line stem cell mobilizing agent in children. J Pediatr.Hematol.Oncol. 2011;33(1):65–67.
10. Micallef I, Ho AD, Klein LM, Marulkar S, Gandhi PJ, McSweeney PA. Plerixafor (Mozobil) for stem cell mobilization in patients with Multiple Myeloma previously treated with lenalidomide. Bone Marrow Transplant. 2010.DOI:10.1038/bmt.2010.263.
11. Costa LJ et al. Bone Marrow Transplant. 2010;1:6.
12. Mothy M, Duarte RF, Croockewit S, Hübel K, Kvalheim G, Russel N. The role of plerixafor in optimizing peripheral blood stem cell mobilization for autologous stem cell transplantation. Leukemia 2011;25(1):1-6.DOI:10.1038/leu.2010.224.
13. Basak GW, Urbanowska E, Boguradzki P, Torosian T, Halaburda K, Wiktor-Jedrzejczak W. Booster of plerixafor can be successfully used in addition to chemotherapy-based regimen to rescue stem cell mobilization failure. Ann. Transplant. 2010;15(4):61–7.

capítulo 15

Papel das Células CD34+ na Prática Clínica

A aplicação clínica de anticorpos monoclonais anti-CD34 e das células hematopoéticas CD34+ purificadas está em ampla e rápida expansão. O CD34 é usado tanto como um marcador para o diagnóstico da leucemia aguda, como um marcador para a quantificação das células-tronco progenitoras no sangue periférico e da medula. Além disso, pode ser alvo na seleção imunológica das células-tronco/progenitoras em transplante de medula óssea.

As análises por citometria de fluxo de preparações de medula marcadas imunologicamente com anticorpo CD34 podem auxiliar no controle de qualidade da medula óssea aspirada e na contagem morfológica diferencial.[1] A imunofenotipagem fornece informação laboratorial importante após processamento da medula óssea *ex vivo*, assegurando a determinação de um número suficiente de células progenitoras no produto a ser transplantado. As vantagens da contagem de células CD34+ sobre a contagem morfológica diferencial e o ensaio de cultura de células hematopoéticas são a sua objetividade, a precisão e o menor tempo (inferior a 24 horas) para a obtenção do resultado. A contagem de células CD34+ tornou-se progressivamente mais automatizada e menos onerosa ao longo dos anos.

A contagem de células CD34+ no sangue periférico[2] é largamente utilizada para se decidir quando obter células-tronco hematopoéticas mobilizadas do sangue periférico. No período estável, a concentração de células CD34+ no sangue periférico de um adulto normal é quase indetectável, após a mobilização com fatores de crescimento hematopoéticos, com ou sem o emprego de quimioterapia, a porcentagem de células CD34+ pode aumentar de 1% a 5%. A contagem de células CD34+ pode prever a recuperação de células progenitoras, que pode ser coletada por leucoaférese.

Mesmo com as dificuldades para a padronização da contagem de células CD34+ entre laboratórios, há uma discussão geral de que o valor mínimo varia de 0,5 a $2,5 \times 10^6$ células CD34+ mobilizadas no sangue periférico/kg de peso do paciente. Esse valor mínimo vai se tornar mais preciso com a disponibilidade de *kits* de reagentes de CD34 padronizados e específicos para a quantificação de células CD34+, como os já existentes para a contagem de células CD4+.

As células CD34+ se tornaram um importante marcador[3] na coleta de progenitores hematopoéticos para a realização do transplante autólogo de medula óssea. Aumentando-se o número de progenitores circulantes, aumenta-se o número que pode ser coletado por leucoaférese.

Apesar de as células-tronco periféricas poderem ser coletadas sem nenhuma tentativa de sua mobilização a partir da medula óssea, a baixa frequência das mesmas no sangue periférico levaria a múltiplas coletas, por vários dias, para se alcançar o número adequado de células para o transplante. Antes da disponibilidade de citocinas hematopoéticas, essa metodologia fora utilizada pela Universidade de Nebraska, em Omaha. Ao contrário da coleta durante o período estável, um grupo em Adelaide (Austrália)[4] coletou as células-tronco periféricas durante a subida de leucócitos após intensa quimioterapia, tirando vantagem do *overshoot* (rebote) transitório das células-tronco periféricas, já que a contagem dos leucócitos é a primeira a subir.

O método primeiramente utilizado não necessitava da administração de quimioterapia, mas havia dificuldade em se determinar o período ideal para a coleta das células; o último método (após quimioterapia) frequentemente fornecia grande número de precursores hematopoéticos com menor número de coletas.

A administração de citoquinas hematopoéticas durante a recuperação após uma dose intensa de quimioterapia aumentava ainda mais o número de progenitores hematopoéticos circulantes a níveis até mil vezes maiores do que as encontradas normalmente no sangue periférico. É possível obter número adequado de células CD34+ em uma coleta de aférese de pacientes tratados com quimioterapia seguida da administração de G-CSF. Nem todos os pacientes mobilizam adequadamente as células-tronco periféricas; além disso, parece que os ciclos subsequentes de mobilização não são tão efetivos quanto o primeiro. Pacientes com função medular alterada devido a um extenso envolvimento do tumor ou a um tratamento prévio com agentes tóxicos à medula óssea ou, ainda, o emprego de radioterapia na medula, são fatores determinantes para uma baixa mobilização de células-tronco periféricas. Um rápido aumento nas contagens do sangue periférico leva a uma mobilização bem-sucedida.

Números adequados de células-tronco periféricas podem ser coletados após a mobilização usando citoquinas. Dependendo da dose administrada, os progenitores hematopoéticos circulantes são aumentados em torno de dez vezes em três a cinco dias após o início do tratamento com citoquinas. Isso simplifica a coleta de progenitores hematopoéticos porque o dia da aférese poder ser marcado de acordo com a conveniência tanto do paciente quanto da equipe de coleta. A mobilização com citoquinas também permite a coleta de progenitores hematopoéticos de doadores alogênicos ou singênicos.

Atualmente, a maioria dos protocolos tem utilizado somente um tipo de citocinahematopoética, tal como o G-CSF ou GM-CSF. Combinações de citoquinas podem levar a um aumento ainda maior de progenitores hematopoéticos circulantes. A combinação de SCF (*Stem Cell Factor*) e G-CSF, por exemplo, tem sido estudada em modelos animais no Fred Hutchinson, em Seattle. Isso resultou num aumento de quatro a dez vezes ainda maior de progenitores circulantes comparado ao G-CSF administrado sozinho. A frequência de progenitores hematopoéticos no sangue dos animais estudados se aproxima dos valores encontrados na medula óssea dos mesmos. Esses estudos, se confirmados em humanos, poderão simplificar a coleta de progenitores hematopoéticos periféricos para o transplante e outras terapias celulares.[5]

A combinação de ifosfamida, carboplatina e etoposide seguida de G-CSF resultou em uma mobilização melhor do que a atingida com ciclofosfamida e G-CSF, ou pelo G-CSF sozinho. Como as células-tronco periféricas podem ser mobilizadas somente com citoquinas hematopoéticas, o racional para o uso de esquemas com quimioterapia é diminuir a carga tumoral no paciente em antecipação ao transplante. Pacientes com carga mínima de doença no momento do transplante são candidatos a manter remissões mais duradouras do que os pacientes com doença volumosa. Várias estratégias foram desenvolvidas para se diminuir a carga tumoral com a subsequente coleta de células-tronco periféricas durante o rebote. Existe o temor de que as células tumorais também possam ser mobilizadas. No entanto, até o momento, não há dados sugerindo que os componentes de células-tronco periféricas coletadas durante o rebote da quimioterapia contenham mais ou menos células tumorais do que os componentes coletados após a mobilização somente com o uso de citoquinas. Para pacientes que tiveram uma mobilização inadequada na primeira vez recomenda-se o emprego do plerixafor.[6]

Após esse esquema de mobilização, o paciente entra em um período de aplasia e, com a recuperação de leucócitos, monitora-se o momento certo para a nova coleta dos progenitores hematopoéticos. Anteriormente, a coleta era realizada quando a contagem dos leucócitos atingia um número em torno de 1.000 a 1.500/mm^3. Atualmente prefere-se a determinação do número de células CD34+. O antígeno CD34 é de particular importância, por ser um antígeno de superfície que se expressa em subgrupos de células incluindo a linhagem linfo-hematopoética e células progenitoras, ou seja, ele é o marcador das células-tronco. Verificou-se que existe uma correlação entre o número de células CD34+ no produto final de células-tronco periféricas colhido após leucoaférese e a recuperação hematopoética do paciente. Admite-se que um número de 2,5 × 10^6 cél. CD34+/kg do paciente seja necessário para se obter uma recuperação hematopoética eficaz e duradoura.

Em algumas situações, apesar da contagem de leucócitos estar em torno de 1.000 a 1.500/mm^3, o número de células CD34+ no produto final após a coleta por leucoaférese encontra-se baixo. Isso mostra que, apesar da contagem de leucócitos estar aumentando, o número de progenitores circulantes ainda se encontra baixo para o início da coleta. Existe uma correlação entre o número de células CD34+ no sangue periférico do paciente com o número de células CD34+ no produto final de células-tronco periféricas colhidas após leucoaférese. Portanto, a predeterminação das células CD34+ no sangue periférico é um fator determinante para o início da coleta de células pluripotentes. Concluiu-se que ao se atingir valor acima ou igual a 10 cél.CD34+/uL no sangue periférico era o momento adequado para a coleta das células. Após cada coleta de células pluripotentes é realizada uma nova determinação de células CD34+ na bolsa e as sessões de coleta são continuadas até que se atinja um mínimo de 2,5 × 10^6 cel. CD34+ /kg do paciente. Caso ocorra uma repentina diminuição do número de células CD34+ após uma sessão de leucoaférese, as coletas são interrompidas e, de acordo com cada paciente, são realizadas novas determinações de células CD34+ no sangue periférico, até que se atinja novamente o mínimo necessário de células para o reinício da leucoaférese. Geralmente são realizadas de duas a três coletas de células-tronco periféricas por paciente, uma a cada dia, até que se atinja um mínimo de 2,5 × 10^6 cel. CD34+/kg. Caso não se atinja esse número em três coletas, realizam-se mais coletas até que o número requerido de células seja atingido. Anteriormente, o índice utilizado para determinar a realização de um transplante era o número de células nucleadas totais, que deveria estar em torno de 2,5 × 10^8 cel/kg do paciente. Posteriormente verificou-se que não havia correlação direta entre o número de células nucleadas totais e o número de células CD34+. Como o número de células CD34+ funciona como referência para a coleta de células-tronco periféricas, este tornou-se um índice internacionalmente aceito como refletor do conteúdo hematopoético da medula óssea.

REFERÊNCIAS BIBLIOGRÁFICAS

1. Elliott C, Samson DM, Armitage S, Lyttelton MP, McGuigan D, et al. When to harvest peripheral blood stem cells after mobilization therapy: Prediction of CD34 positive cell yield by preceding day CD34 positive concentration in peripheral blood. J. Clin. Oncol. 1996;14(3):970–73.
2. Massumoto CM, Mendroni A, Carbonell AL, Mizukami S, et al. Mobilização e coleta de células-tronco hematopoéticas de sangue periférico. Rev. Hem. Hemot. 1996;2:24–27.
3. Zimmerman TM, Lee WJ, Bender JG, Mick R, Williams SF. Quantitative CD34 analysis may be used to guide peripheral blood stem cell harvest. Bone Marrow Transpl. 1995;15(3):439–444.
4. Malik S, Bolwell B, Rybicki L, Copelan O, Duong H, et al. Apheresis days required for harvesting CD34+ cells predicts hematopoietic recovery and survival following autologous transplantation. Bone Marrow Transplant. 2011.DOI:10.1038/bmt.2010.336.
5. Lysák D, Kořistek Z, Gašova Z, Skoumalová I, Jindra P. Efficacy and safety of peripheral blood stem cell collection in elderly donors: does age interfere? J. Clin. Apher 2011;26(1):9–16.DOI:10.1002/jca.202269.
6. Duarte RF, Shaw BE, Marin P, Kottaridis P, Ortiz M, Morante C, et al. Plerixafor plus granulocyte-colony-stimulating factor can mobilize hematopoietic stem cells from multiple myeloma and lymphoma patients failing previous mobilization attempts: EU compassionate use data. Bone Marrow Transplant. 2011;46:52–58.

capítulo 16

Coleta da Medula Óssea Através de Punção das Cristas Ilíacas

A medula óssea pode ser coletada a partir das cristas ilíacas com o emprego das agulhas de Thomas. Normalmente, o doador é posicionado em decúbito ventral, sob anestesia peridural ou geral, e, a seguir, faz-se múltiplas punções das cristas ilíacas. Aspira-se de 7 a 10 mL de medula óssea por quilograma do receptor ou 2×10^8 cels. totais nucleadas/kg do receptor. Em doador não aparentado recomenda-se coletar 5×10^8 células nucleadas/kg pela possibilidade de falha do enxerto. A medula óssea é misturada em soro fisiológico heparinizado e filtrado para remoção de espículas ósseas e gordura. O produto final fica pronto para a infusão no receptor. Devido à diferença existente entre o tamanho das células da medula óssea é possível realizar a centrifugação para a separação das células vermelhas e do plasma. A medula separada consiste de três frações, no topo: o plasma rico em plaquetas, na fração abaixo, encontra-se a camada leucoplaquetária (*buffy coat*), e na outra porção em contato direto com o *buffy coat* estão as células vermelhas sedimentadas.

A coleta da medula óssea leva a dor óssea no pós-operatório imediato, principalmente na asa do osso ilíaco. Recomendamos fazer um bloqueio anestésico na cauda equina dos pacientes que tenham menor tolerância à dor. A anemia é outro problema, principalmente quando existe desproporção entre o doador e o receptor. A anemia também é frequente em pacientes que foram submetidos a várias linhas de tratamento quimioterápico previamente (no caso de transplante autólogo).

De modo geral, não transfundimos o doador de medula óssea (doador voluntário). Prescrevemos sulfato ferroso, repouso e abstinência do trabalho por três dias para minimizar a anemia decorrente da coleta. Nos pacientes portadores de linfoma ou outra hemopatia maligna, que fora transfundido previamente, recomendamos a reposição volêmica com coloides e naqueles com hemoglobina inferior a 7 g/dL, a transfusão de concentrado de hemácias para corrigir a anemia. Outro evento adverso da coleta é a alergia que alguns pacientes experimentam, decorrente do uso do anestésico. Nesse caso, o uso de anti-histamínico resolve o problema. Raros pacientes ou doadores desenvolvem uma cicatriz tipo queloidiana no local das punções das cristas ilíacas.

Em jovens, recomendamos explicar que esse evento adverso pode ocorrer nos pós-operatório. Para reduzir a dor no local da punção temos utilizado o anestésico cloridrato de ropivacaína 1% (20 mL) frasco-ampola. O medicamento é utilizado após ser retirado do frasco, sem diluição, e injetado no periósteo no volume de 10 mL de cada lado das cristas ilíacas. Isso permite uma analgesia prolongada, algumas vezes chegando a 12 horas após o ato operatório. Não foi observado nenhum efeito adverso em dez pacientes submetidos a coleta de medula óssea pelas cristas ilíacas em doadores não aparentados do REDOME (dados em publicação).

Os critérios de dor, no dia seguinte à coleta, foram realizados por uma enfermeira do grupo de dor do hospital, e revelaram redução significativa dos fenômenos dolorosos pós-coleta (comunicação pessoal).

A utilização de *kits* comerciais disponíveis no mercado nacional permite menor risco de contaminação que os dispositivos abertos utilizados no passado. Outro problema com os *kits* anteriores era a dificuldade em esterilizar algumas partes de silicone e limpar adequadamente os béqueres de alumínio. Além disso, a régua que media o volume aproximado de medula não era tão precisa como as bolsas atuais, que têm uma marcação na sua parte externa.

No mercado nacional existem dois *kits* disponíveis para a coleta de medula óssea. Os dois permitem a coleta em sistema fechado, sendo que, em um deles, o filtro encontra-se dentro da primeira bolsa. Caso as agulhas e as seringas não estejam bem lavadas com a solução de heparina, existe o risco de desenvolver um grande coágulo no seu interior e uma grande quantidade de células ficar retida na malha do filtro. Esse problema é minimizado em outro *kit* comercial, em que os filtros foram alojados após a bolsa de coleta. Com isso, caso ocorra o aparecimento de um grande coágulo, é possível trocar o filtro rapidamente para que não ocorra a evolução para uma perda celular importante.

Além disso, esse outro *kit* permite a expansão da altura da bolsa mediante a conexão com outras hastes metálicas, o que facilita o serviço ao final da coleta, onde é necessária a filtragem das células.

Ao final do processo, a bolsa contendo as células da medula óssea deve ser analisada quanto ao risco microbiológico, com o envio de uma amostra para cultura bacteriana e fúngica, além da contagem de células CD34+ e células totais nucleadas. Muitas vezes a contagem das células, por motivos operacionais, fica pronta somente no final da tarde. Por isso, é importante realizar a coleta de medula óssea logo pela manhã para o caso de necessitar coletar mais células, eventualmente por meio de células-tronco periféricas.

No caso de medula óssea a ser encaminhada ao REDOME, o contato com o médico do centro transplantador deve ser comunicado previamente. No dia da coleta um *courrier* ou algum médico da equipe que atende o receptor da medula óssea se encarrega do transporte do material até o centro transplantador. A contagem de células CD34+ é feita posteriormente e deve ser encaminhada ao centro, bem como o resultado da cultura microbiana feita na bolsa de coleta de medula óssea.

No dia seguinte à coleta de medula óssea o doador não aparentado é liberado do hospital, recebe a prescrição com o sulfato ferroso para ser administrado por trinta dias e a informação de realizar um hemograma de controle um mês após a coleta de medula. Dois doadores se queixaram de dores na região da bacia, mesmo após um mês da coleta, portanto, recomendamos informar o doador sobre esse evento adverso que pode ocorrer nesse procedimento.

REFERÊNCIAS BIBLIOGRÁFICAS

1. Bacigalupo A, Tong J, Podesta M, Piaggio G, Figari O et al. Bone marrow harvest for marrow transplantation:effect of multiple small (2ml) or large (8ml) aspirates. Bone Marrow Transpl. 1992;9(6):467–470.
2. Buckner CD, Clift RA, Sanders JE, Stewart P, Besinger WI, et al. Marrow harvesting from normal donors. Blood. 1984;64(3):630–4.
3. Roukis TS, Hyer CF, Philbin TM, Berlet CG,Lee TH. Complications associated with autogenous bone marrow aspirate harvest from the lower extremity: an observational cohort study. J. Foot Ankle Surg. 2009;48(6):668–71.

capítulo 17

Joselito Bomfim Brandão

Coleta de Células Progenitoras Hematopoéticas Periféricas por Aférese

As separadoras celulares são utilizadas para coletar plaquetas e granulócitos, e também para coletar as células progenitoras hematopoéticas do sangue periférico.[1,2] Dentre as disponíveis comercialmente, pode-se citar a Fenwall CS3.000 (Baxter, HealthCare, Deerfield, IL, USA), a Haemonetics MCS plus (Haemonetics Corporation, Braintree, MA, USA) e a COBE SPECTRA (COBE Laboratories, Lablewood, CO, USA) e, mais recentemente, a Fresenius. Todas mostram-se efetivas na coleta de células progenitoras. Os equipamentos diferem quanto ao grau de automatização e à natureza do componente coletado, que pode variar no volume final, no conteúdo de células vermelhas e no conteúdo de granulócitos. Essas características podem ser ajustadas pelo operador, de acordo com o tipo de equipamento.[4-6]

O acesso venoso utilizado nos procedimentos de leucoaférese é feito através da veia periférica de grande calibre, principalmente a antecubital. Entretanto, como resultado da quimioterapia e da transfusão de hemocomponentes, grande parte dos pacientes apresenta esclerose desse vaso.

Acesso ao sangue periférico para coleta

Há várias opções para se acessar o sangue periférico do doador. Doadores autólogos normalmente possuem implantado um cateter de duplo ou triplo lúmen, chamado de cateter venoso central. O mesmo pode ser utilizado para a coleta das células-tronco bem como para a infusão do produto de volta ao paciente. Exemplos disponíveis no mercado: Mahurkar, Permcath, Hickman hemodiálise e plasmaférese etc.

Em doadores que tenham síndrome do pânico ou naqueles pacientes intensamente tratados (mais de três regimes prévios de quimioterapia) devem, necessariamente, ter instalado um acesso venoso temporário para a coleta das células progenitoras.

Em doadores não aparentados recomendamos não utilizar acessos venosos com cateteres instalados centralmente. Caso seja necessário deve-se instalar na manhã do dia da coleta e fazer todo o seguimento de acordo com as práticas de segurança do paciente.

Medida do sucesso da mobilização

Antes de iniciar a coleta de células progenitoras, uma pequena amostra de sangue do paciente deve ser testada para determinar se há células suficientes na circulação periférica. A célula progenitora apresenta em sua superfície uma porção específica (antígeno) identificada como CD34+. Ela é um marcador que permite que as células progenitoras sejam contadas por uma técnica denominada citometria de fluxo (Capítulo 12). Para doador autólogo mobilizado com fator de crescimento associado à quimioterapia, os testes iniciam-se após a contagem de glóbulos brancos que começam a recuperar, ou no dia 4 quando a mobilização é realizada apenas com fator de crescimento. Quando pela contagem de células CD34+ se detecta no sangue o número desejado de células progenitoras, normalmente as coletas são iniciadas no dia seguinte, pela manhã. Se a contagem de células progenitoras no sangue periférico não for adequada, o doador continua a receber o fator de crescimento hematopoético, e é monitorado até que se atinja o número suficiente de células.

Os doadores alogênicos têm resposta adequada à mobilização, e no dia programado é iniciada a coleta mesmo antes de se saber se o resultado da contagem de células-tronco no sangue periférico foi atingido, pois o resultado sai normalmente na hora do almoço, e a contagem final do produto ao final do dia (aproximadamente às 18 horas).

Procedimento e local para a coleta das células-tronco

As células progenitoras são coletadas por um procedimento chamado aférese, o qual utiliza um equipamento chamado separador celular (equipamento de aférese). A palavra aférese é derivada da palavra grega *aphairesis*, que significa "separar", remover, tirar a força. É o processo de remover componentes sanguíneos do sangue circulante. A coleta é realizada em ambulatório (*Day Clinic*) ou nas instalações do próprio Banco de Sangue. Tratando-se de doadores autólogos que estejam internados, o equipamento de coleta é transportado para o quarto do paciente, onde é feita a coleta. O procedimento de aférese é indolor, mas requer algumas horas. O doador pode comer e beber durante o procedimento, e algum membro da família pode estar presente. O doador pode assistir à televisão, ler ou até cochilar durante a coleta. Uma enfermeira acompanha e monitora o doador e o equipamento, e o procedimento é realizado sob supervisão de médico especialista.

Procedimento da aférese

A aférese funciona com a centrifugação do sangue do doador, separando seus componentes com base na diferença de suas densidades, de forma que o componente mais denso fica mais distante do eixo da centrífuga. Os componentes com densidade intermediária ficam na camada intermediária em relação ao eixo da centrífuga. Um conjunto plástico com peças, tubos estéreis e bolsas é instalado no equipamento, como na Figura 17.1, a cada início do procedimento. O sangue circula dentro do *kit* instalado no equipamento. O dispositivo permite instalar conexões para entrada e saída do sangue do doador.

O equipamento utiliza pequenas bombas para movimentar o sangue e fluidos dentro do *kit*. Uma bomba aspira o sangue de uma via do cateter e o direciona para a centrífuga onde ele é separado em camadas de glóbulos vermelhos, glóbulos brancos, plaquetas e plasma. A camada intermediária é a de glóbulos brancos, onde encontram-se as células progenitoras junto aos linfócitos e monócitos. Uma pequena quantidade de plasma e glóbulos vermelhos é desviada para uma bolsa de coleta. O resto do sangue, a camada mais densa e menos densa se juntam e retornam ao doador no outro braço ou na segunda via do cateter, ou seja, o sangue é aspirado, separado e retornado num processo contínuo.

O volume coletado de células-tronco varia de 150 mL a 300 mL. Se as células forem encaminhadas para o congelamento, colhe-se em bolsa separada o mesmo volume de plasma do doador. Durante o procedimento, uma pequena quantidade fica fora do corpo circulando no *kit* e não é problema para adultos ou crianças grandes. Essa quantidade de sangue extracorpóreo pode ser detrimental em uma criança com peso inferior a 19 quilos.

Nessa situação, utiliza-se uma unidade de concentrado de hemácias compatível com a criança doadora para preencher o espaço do *kit* (circuito extracorpóreo) antes de iniciar a coleta (*priming*). Existe um limite de volume de sangue no circuito extracorpóreo do doador, que é de no máximo 15% do volume sanguíneo do doador. O volume sanguíneo do doador é calculado pelo próprio equipamento de aférese, após introdução dos dados do doador, peso, altura, gênero e hematócrito.

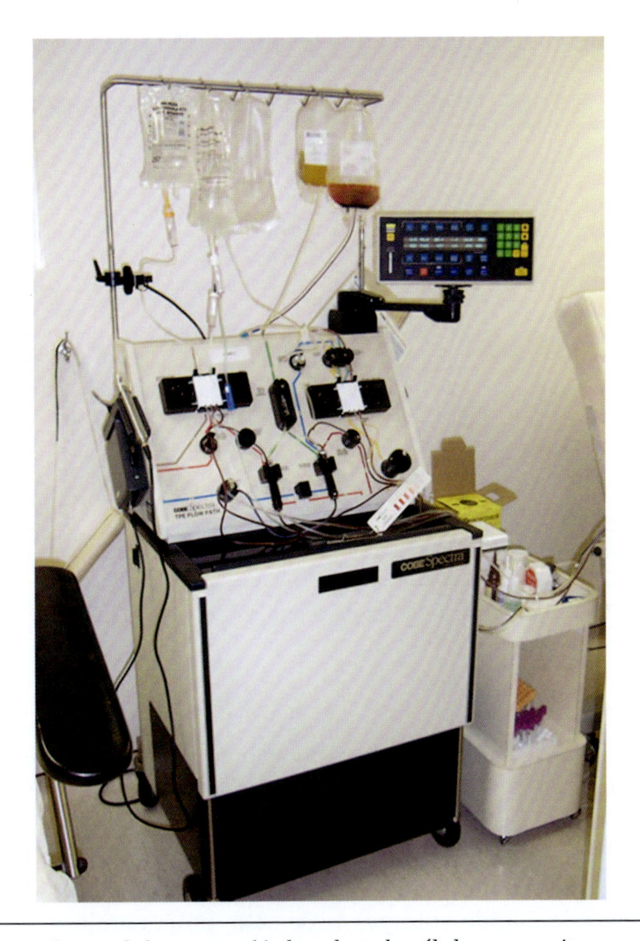

Figura 17.1 ▸ Processadora celular com o *kit* de coleta de células progenitoras.

Fluidos usados durante a aférese

Por segurança, antes do início da coleta, o *kit* é preenchido com o *priming* com soro fisiológico (salina normal), que seguirá todo o trajeto realizado pelo sangue dentro do *kit*, como forma de testar o circuito de tubos, a instalação nas bombas e válvulas, os sensores etc.

Se o doador for uma criança pequena, é feito um segundo *priming* para preencher o *kit* com glóbulos vermelhos. No final da coleta a salina é adicionada e novamente utilizada para "empurrar" o sangue residual do *kit* para o doador. Durante a coleta, uma solução anticoagulante de citrato de sódio é adicionada ao sangue do doador num fluxo controlado para prevenir a coagulação do sangue dentro do *kit*. O equipamento devolve o sangue anticoagulado para a circulação do doador, e o anticoagulante citrato de sódio é continuamente metabolizado (degradado) pelo fígado, de forma que, em poucas horas, ele é totalmente removido do organismo do doador (Figura 17.2). Para minimizar os efeitos colaterais do anticoagulante citrato de sódio, o sangue que retorna ao doador recebe um fluxo controlado de gluconato de cálcio, que age neutralizando a ação do anticoagulante no organismo do doador. Em algumas situações pode-se adicionar heparina à solução de citrato de sódio para reduzir os efeitos colaterais do citrato de sódio.

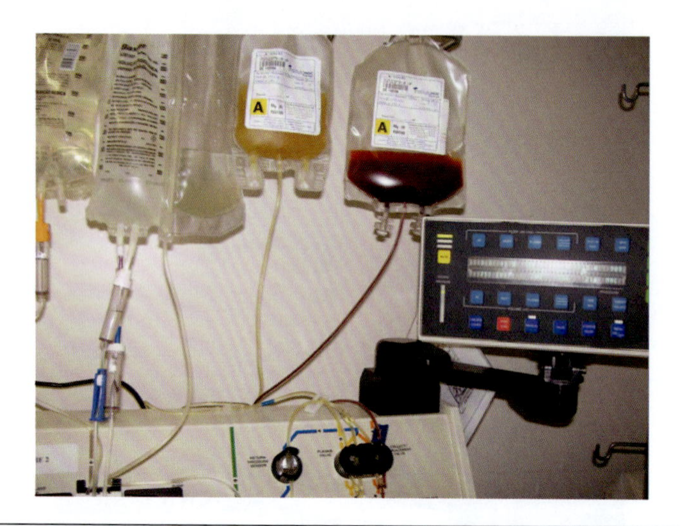

Figura 17.2 ▶ Coleta de células-tronco no kit de coleta. Observa-se a interface de glóbulos vermelhos e a camada leucoplaquetária.

Duração da coleta

O volume mínimo de sangue processado[7] é o equivalente a duas vezes o volume sanguíneo do doador, em média de 8 a 10 litros em um doador adulto e menor volume em crianças.

A coleta de células-tronco por aférese demora de três a quatro horas. Em alguns casos, com o objetivo de otimizar a coleta de células-tronco, pode ser realizado o chamado procedimento de grande volume, nesse caso, processando-se até quatro a cinco volumes sanguíneos do doador. Se for procedimento de grande volume, pode-se demorar até 6 horas. No processamento de três ou mais volumes sanguíneos, para minimizar a quantidade excessiva de anticoagulante citrato de sódio no organismo do doador e reduzir os sintomas desse anticoagulante, o doador recebe pela via de retorno do equipamento o gotejamento em bomba de infusão de solução contendo gluconato de cálcio a fim de repor a redução transitória do cálcio no organismo.

Para processar três ou quatro volumes sanguíneos pode-se adicionar, respectivamente, duas ou três ampolas de gluconato de cálcio a 10% diluídas em 250 mL de SF a 0,9% infundidas durante o tempo de duração do procedimento de aférese. Se houver necessidade de acelerar o processo de coleta pode-se adicionar heparina à bolsa de citrato de sódio, que permite diminuir a taxa de infusão de anticoagulante pela bomba, desde que o doador apresente baixa contagem de plaquetas. Os fatores que influenciam a quantidade de sangue processado são a contagem de células-tronco e demais células sanguíneas do doador, o peso do doador e a quantidade de células-tronco desejada.

Número de procedimentos necessários para a coleta de células progenitoras

Quando as células-tronco são coletadas de um doador alogênico sadio que recebe G-CSF (filgrastina), uma ou duas coletas geralmente são suficientes para se atingir o número ou a dose de células necessárias. O número de dias necessários para os doadores autólogos pode variar de um a três, e chegar a cinco. Se não atingir o número necessário de células, programa-se outro ciclo de mobilização com fatores de crescimento. Em raros casos, quando o doador não responde à mobilização, resta a opção de fazer a coleta de células diretamente da medula óssea em centro cirúrgico.

Eventos adversos relacionados à coleta de células progenitoras

Embora o procedimento de aférese seja relativamente seguro, ele não é isento de potenciais eventos. O sintoma mais comum apresentado pelo doador é a sensação de formigamento nos lábios e na boca.[8] São minúsculas contrações musculares causadas pelo anticoagulante, que age ligando-se ao cálcio ionizado no sangue, mas não é prejudicial. O formigamento pode evoluir para a contração dos músculos das mãos, dos pés, dos braços ou do abdome. Alguns doadores podem sentir apenas frio ou eventualmente sensação de desmaio, com queda da pressão arterial. Este último evento está relacionado à ansiedade, ao medo ou dor no local da punção venosa (mecanismo vasovagal). Esses efeitos desaparecem ao término da coleta.

Controle dos sintomas durante a coleta de células progenitoras

A sensação de formigamento ou os espasmos musculares podem ser controlados aumentando-se a taxa de infusão do gluconato de cálcio na via de retorno do sangue. A sensação de frio pode ser minimizada cobrindo-se o doador com cobertor ou aquecendo o ambiente ou, ainda, reduzindo o fluxo da bomba de coleta, e a queda da pressão arterial é controlada com infusão de soro fisiológico.

REFERÊNCIAS BIBLIOGRÁFICAS

1. Kessinger A, Schimit-Pokorny K, Smith D, Armitage J. Cryopreservation and infusion of autologous peripheral blood stem cells. Bone Marrow Transpl. 1995;5(suppl1):25–7.
2. Williams SF, Bitran JD,Richards JM, DeChristopher PJ,Barker E,et al. Peripheral blood-derived stem cells collections for use in autologous transplantation after high dose chemotherapy: An alternative approach. Bone Marrow Transpl. 1990;5(2):129–33.
3. Stiff PJ, Koester AR, Eagleton LE, Hindman T, Braud E, Weiner MK. Autologous stem cell transplantation using peripheral blood stem cells. Transplantation. 1987;44(4):585–8.
4. Craig JI, Anthony AS, Smith SM et al. Comparison of the COBE Spectra and Baxter CS3000 cell separators for the collection of peripheral blood stem cells from patients with haematological malignancies. Int. J. Cell Cloning. 1992;10(suppl):82–84.
5. Padley DJ,Strauss RG, Wieland M, Randels MJ. Concurrent comparison of the Cobe Spectra and Fenwall CS3000 for the collection of peripheral blood mononuclear cells for autologous peripheral blood stem cell transplantation. J. Clin. Apheresis. 1991:6(2):77–80.
6. Norol F,Scotto F, Beaujean F et al. Optimazation of peripheral blood stem cell (PBSC) collection procedure on a new apheresis device Spectra (COBE). Int. J. Cell Cloning. 1992;10(suppl 1):196.
7. Areman EM, Deeg HJ, Sacher RA. Bone marrow and stem cell processing: a manual of current techniques. FA Davis Company, Philadelphia, USA, 1992.
8. Besinger WI, Berenson RJ,Andrews RG,Kalamasz DF, Hill RS. Positive selection of hematopoietic progenitors from marrow and peripheral blood for transplantation. J. Clin. Aph. 1990;5(2):74–6

capítulo 18

Células-tronco do Cordão Umbilical

Nos últimos anos o sangue do cordão umbilical vem sendo utilizado como uma fonte alternativa de células progenitoras hematopoéticas.[1] O método de coleta de sangue do cordão umbilical é fácil e seguro, não acarretando nenhuma sequela para o recém-nascido ou para a mãe.[2] Além disso, existe um risco menor de infecções pelo citomegalovírus e permite maior disparidade da compatibilidade HLA devido à imaturidade das células presentes no cordão umbilical. E, por fim, o interesse dessas células como fonte de células para a medicina regenerativa.

Após o nascimento do neonato coleta-se o sangue do cordão umbilical de maneira estéril e deixa-se que o mesmo flua espontaneamente, por gravidade, para um recipiente apropriado.[3,4] Realiza-se a ordenha do cordão retirando o máximo possível de células e também várias punções nas veias da placenta. Todo o conteúdo obtido é transferido para uma bolsa estéril e encaminhado ao laboratório de Criobiologia.

São realizados controles antes do parto com os seguintes exames:[5] HIV1&2, HbsAg, HTLVI-II, HCV, citomegalovírus, sífilis, anti-HBC e vírus Epstein Barr. No produto de coleta de células do cordão são realizados a tipagem HLA (*Human Leukocyte Antigen*), teste de esterilidade, análise de células CD34+ e cultura de progenitores hematopoéticos.

O produto obtido na coleta do sangue de cordão umbilical é transferido para bolsas especiais de congelamento, e acrescidos de igual volume de solução criopreservante contendo aproximadamente 20% de dimetilsulfóxido e 20% de solução salina com eletrólitos. As células são congeladas em câmara de congelamento programável. No momento existem equipamentos que ajudam na separação de glóbulos vermelhos e na redução do volume, permitindo o congelamento em bolsas pequenas, facilitando o seu armazenamento. Isso é importante quando existem várias bolsas para serem congeladas ao mesmo tempo.

Dados de literatura sugerem que o transplante de sangue de cordão umbilical seja equivalente ao de um transplante de medula óssea HLA-compatível proveniente de um irmão. Rocha e cols.[6] compararam pacientes que receberam apenas uma unidade de cordão com 584 recipientes de medula óssea totalmente compatível, no período de 1998 a 2002. Havia uma tendência aos pacientes de cordão serem mais jovens, mais leves (menor peso) e terem uma leucemia mais avançada. A despeito disso, os resultados de sobrevida livre de leucemia foram semelhantes (33% para cordão *versus* 38% para a medula óssea). O estudo conclui que essa terapêutica é promissora como fonte hematopoética e comparável ao transplante convencional de medula óssea em termos de sobrevida global.[7]

Outra estratégia é o emprego de duplos cordões para aqueles pacientes que se apresentam com maior peso e com contagem celular baixa. Os estudos pioneiros provêm da Universidade de Minnesota. Nos relatos iniciais a recuperação medular ocorreu no dia 23 pós-transplante e a sobrevida livre de doença foi de 57% em 12 meses. Em estudos mais recentes a sobrevida foi de 54% em três anos.[8,9]

A escolha do melhor cordão seria a daquele com maior compatibilidade HLA (6/6) e com contagem celular > 3×10^7 células nucleadas/kg; a seguir, os cordões que sejam 5/6 compatíveis e com > 4×10^7 cels nucleadas/kg e, finalmente, os cordões 4/6 compatíveis e com > 5×10^7 cels nucleadas/kg, embora seja difícil para um adulto receber em apenas uma unidade de cordão com tal quantidade de células.[10]

Todos os aspectos técnicos de coleta, armazenamento e distribuição dos cordões umbilicais podem ser vistos na homepage do NetCord-FACT (http://www.factwebsite.org).

As recomendações atuais da seleção de doadores de cordões seriam: menos de duas disparidades HLA, número de células nucleadas >3×10^7/kg ou $\leq 2 \times 10^5$ CD34+/kg antes da criopreservação das células.[11] Caso uma unidade de cordão não preencha os requisitos anteriores, recomenda-se procurar um cordão adicional cuja soma de células nucleadas seja maior do que 3×10^7 células nucleadas/kg e não mais do que uma diferença no HLA entre as duas unidades de cordão e o paciente.[11] Além disso, com base em estudos retrospectivos e em meta-análise entre transplantes não aparentados compatíveis, transplante de medula óssea parcialmente compatível e transplante com cordão umbilical, que a procura de um doador para um paciente com neoplasia hematológica deva começar com a procura simultânea de um doador em um banco de medula internacional e no banco de cordão umbilical. Os resultados dos trabalhos demonstram que, embora exista mortalidade aumentada relacionada ao procedimento (cordão umbilical) em comparação com as outras fontes de células-tronco, a sobrevida global foi igual nos grupos analisados.[12]

Mais recentemente, um grande interesse envolve as células do cordão umbilical quanto à geração de células mesenquimais.

REFERÊNCIAS BIBLIOGRÁFICAS

1. Broxmeyer HD, Douglas GW, Hangoc C, Cooper S, Bard J, et al. Human umbilical cord blood as a potential source of transplantable hematopoietic stem/progenitor cells. Proc. Nat. Acad. Sci. 1989;86(10):3828–32.
2. Brassard Y, Van Nifterik J, DeLachaux V, Huchet J, Chavinie J, et al. Collection of placental blood for hematopoietic reconstitution. Nouv. Rev. Fr. Hematol. 1990;32(6):427–9.
3. Gluckman E, Broxmeyer HE, Auerbach AD, Friedman HS, Douglas GW, et al. Hematopoietic reconstitution in a patient with Fanconi's anemia by means of umbilical-cord blood from an HLA-identical sibling. N.Engl.J.Med. 1989;321(17):1174–8.
4. Broxmeyer E, Kurtzberg J, Gluckman E, Auerbach AD, Douglas G, et al Umbilical cord blood hematopoietic stem cell and repopulating cells in human clinical transplantation. Blood Cells. 1991;17(2):313–29.

5. Rubinstein P, Rosenfeld RE, Adamson JW et al. Stored placental blood for unrelated bone marrow reconstitution Blood. 1993;81:1679–90.
6. Rocha V, Labopin M, Sanz G et al. Transplants of umbilical-cord blood or bone marrow from unrelated donors in adults with acute leukemia. N. Engl. J. Med. 2004;351(22):2276–2285.
7. Ooi J, Takahashi S, Tomonari A, Tsukada N, Konumat T, et al. Unrelated Cord blood transplantation after myeloablative conditioning in adults with acute myelogenous leukemia. Bone Marrow Transplant. 2009;43(6):455–459.
8. Barker JN, Weisdorf DJ, DeFor TE, Blazar BR, McGlave PB, et al. Transplantation of 2 partially HLA-matched umbilical cord blood units to enhance engraftment in adults with hematologic malignancy. Blood. 2005;105(3):1343–1347.
9. Macmillan ML, Weisdorf DJ, Brunstein CG, Cao Q, DeFor TE, et al. Acute graft-versus-host disease after unrelated donor umbilical cord blood transplantation: analysis of risk factors. Blood. 2009;113(11):2410–2415.
10. Gluckman E, Rocha V. Donor selection for unrelated cord blood transplants. Curr. Opin. Immunol. 2006;18:565–570.
11. Gluckman E, Ruggeri A, Volt F, et al. Milestones in umbilical cord blood transplantation.Historic review. Brit J Haematol.2011;154:441-447. DOI 10.1111/j.1365-2141.2011.08598.x
12. Eapen M, Rocha V, Sanz G, et al. Effect of graft source on unrelated donor haematopoietic stem cell transplantation in adults with acute leukaemia:a retrospective analysis. Lancet Oncol.2010;16.

capítulo 19

Aspectos da Infusão das Células Criopreservadas

A infusão da medula óssea congelada ou das células-tronco periféricas criopreservadas segue a mesma rotina.[1] Ao iniciar o condicionamento para o transplante de medula óssea o laboratório de Criobiologia deve ser sempre avisado. É recomendado que se faça uma checagem prévia da localização das células dentro do *freezer* (canister) no dia anterior ao procedimento para não haver surpresas e demora na hora da abertura do *freezer*. As células devem ser acondicionadas em recipientes que suportem nitrogênio líquido. Diversos dispositivos de armazenamento encontram-se disponíveis no mercado. O nosso grupo utiliza um pequeno recipiente espelhado contendo nitrogênio líquido específico para o transporte de longa distância. Esse dispositivo mantém a temperatura por até 48 horas durante o transporte. Conseguimos enviar esse contêiner por transportadoras e o produto chegou sem danos em alguns estados brasileiros.

Doze horas antes da infusão o paciente deve receber uma hidratação[2] com aproximadamente 1,5 L/m^2 divididos em 750 mL/m^2 como SG a 5% e 750 mL/m^2 como SF a 0,9% acrescidos de 1 ampola de KCL 19,1% para cada litro de SF. Caso o paciente esteja recebendo NPP (Nutrição Parenteral Prolongada) esse volume pode ser descontado do total. Em adultos deve ser mantido um volume urinário de 100 mL/h, e em crianças o volume urinário deve ser de 3-4 mL/kg/h.

Os sinais vitais devem ser avaliados em intervalos de trinta minutos aproximadamente durante a infusão das células. Em crianças, o odor do DMSO (dimetilsulfóxido) liberado pela sudorese e a respiração tende a provocar náuseas e vômitos. Recomendamos uma pré-administração de antieméticos antes da infusão das células em pacientes pediátricos. Informar ao paciente e acompanhante sobre a ação hemolisante do DMSO, cuja urina do paciente adquire uma coloração avermelhada característica, prolongando-se por várias horas. Lembrar que o máximo de volume tolerado pelo paciente é de 10 mL/kg e, portanto, naquelas bolsas criopreservadas cujo volume total ultrapassa 10 mL/kg, é recomendada a infusão em dois dias consecutivos para minimizar os efeitos de sobrecarga de volume. A dose diária infundida de DMSO não deve ultrapassar 10 mL por kg de peso corpóreo.

As células criopreservadas após a reconstituição à temperatura de 37 °C podem provocar arritmias cardíacas em pacientes predispostos a essa condição. Alguns centros no Brasil recomendam monitorização cardíaca do paciente durante a infusão para notar o aparecimento dessas arritmias.

As células progenitoras hematopoéticas dentro da circulação irão ganhar a grande circulação e, depois, por um processo de tropismo (*homing*), ficarão acondicionadas dentro dos ossos. Esse processo é mediado por citocinas hematopoéticas.[4]

Recomendamos manter uma atitude positiva por parte da equipe da Criogenia junto ao paciente e família, pois a trajetória entre o seu diagnóstico e o transplante muitas vezes é longa e penosa. Alguns pacientes gostam de fazer uma festa, trazendo balões e colocando cartazes nas paredes, outros mais reservados preferem ficar em silêncio.

A infusão das células criopreservadas estão associadas a eventos adversos: náuseas, tremores, hipotensão, dispneia e arritmia cardíaca. As crianças apresentam mais reações devido à relação DMSO/kg de peso do receptor.[5] Portanto, tais crianças[6] têm mais reações adversas que adultos. A lavagem das células por centrifugação é recomendada para as células do cordão umbilical. O objetivo é tentar remover ou reduzir o volume de DMSO presente no produto celular. Entretanto, isso acarreta uma grande perda celular. Alguns autores acreditam que essa perda possa atingir até 30% de células nucleadas, mesmo utilizando métodos automáticos de lavagem. Recomendamos não fazer a remoção do DMSO, mas utilizar o fracionamento das bolsas em um a dois dias de infusão do produto final.

Em junho de 2009[7] um grupo de pesquisadores terminou o projeto **Eustite**, que tinha por objetivo relatar e fornecer diretrizes para os eventos adversos da infusão de produtos celulares e tecidos na Europa. Eles encontraram 34 efeitos adversos decorrentes do emprego do DMSO (dimetilsulfóxido). O estudo exploratório dos dados existentes na literatura mostrou que, além dos efeitos adversos vistos anteriormente, existem relatos de eventos mais sérios, tais como: amnésia, falência cardíaca, encefalopatia, convulsão, bloqueio cardíaco, hipotensão, insuficiência respiratória, choque e hipertensão transitória. Muitos desses casos-estudo relacionam a toxicidade do DMSO ao volume infundido e à velocidade em que foi administrado. O projeto Eustite visa a separar os eventos em dois:

1. reação adversa severa, que pode ser fatal, debilitante ou incapacitante, e que resulte em aumento de hospitalização ou morbidade;
2. evento adverso severo, que seria qualquer reação que pode levar à morte, incapacidade debilitante que poderia (eventual) levar a aumento de hospitalização ou morbidade. Isso resultou no projeto SOHO V&S (*Substances of Human Origin Vigilance and Surveillance*), que promoveria atrás de pesquisa *on-line* de se avaliar a vigilância e o seguimento dos produtos sanguíneos infundidos.

Esse projeto faz parte de uma cooperação entre as agências regulatórias europeias e outras sociedades, incluindo a Organização Mundial da Saúde e a FDA americana e canadense. O objetivo é coletar dados sobre vigilância e sistemas de segurança de seguimento dos eventos adversos.

Em nível global existe o projeto NOTIFY, que é um sistema de monitoração de células, tecidos e órgãos para benefício de todos os países.[7]

Em conclusão, é importante que a comunidade médica que lida com transplantes de medula óssea, bem como o corpo multidisciplinar, observem as boas práticas médicas e laboratoriais para a infusão de um produto celular com mínimos eventos adversos. Além disso, é importante a troca de informações entre os serviços com mais experiência e estejam conectados com as agências regulatórias.

REFERÊNCIAS BIBLIOGRÁFICAS

1. Davis J, Rowley SD, Braine HG, Piantadosi S, Santos GW. Clinical toxicity of cryopreserved bone marrow graft infusion.Blood. 1990;75(3):781–6.
2. Smith DM, Weisenburger DD, Bierman P et al. Acute renal failure associated with autologous bone marrow transplantation. Bone Marrow Transpl. 1987;2(2):195–201.
3. O'Donnel JR, Burnett AK, Sheehan T, Tansey P, McDonald GA. Safety of dimethylsulfoxide, Lancet. 1981;1(8218):498.
4. Hubel A, Norman J, Darr TB, et al. Cryobiophysical characteristics of genetically modified hematopoietic progenitor cells. Cryobiology.1999;38:140–153.
5. Rowley SD, Besinger WI, Gooley TA, et al. Effect of cell concentration on bone marrow and peripheral blood stem cell cryopreservation. Blood. 1994;83:2731–6.
6. Antonenas V, Bradstock K, Shaw P, et al. Effect of washing procedures on unrelated cord blood units for transplantation in children and adults. Cytotherapy.2002;4:16.
7. Cox MC, Kastrup J & Hrubisko M. Historical perspectives and the future of adverse reactions associated with haematopoietic stem cells cryopreserved with dimethyl sulfoxide. Cell Tissue Bank.2012;13:203-215. DOI 10.1007/s10561-011-9248-2

capítulo 20

Transplante de Medula Óssea: Conceitos e Diretrizes de Tratamento

O transplante de medula óssea é uma modalidade terapêutica que visa ao tratamento da doença onco-hematológica com o emprego de altas doses de agentes quimioterápicos associados ou não à radioterapia corporal. A reconstituição hematopoética do paciente é feita pela infusão de células-tronco viáveis da medula óssea, do sangue periférico ou do cordão umbilical.[1] Pode-se ainda associar células-tronco mesenquimais para reduzir a falha de enxertamento. Essas células marcam-se fenotipicamente como CD34+, têm alta capacidade proliferativa, e são transfundidas durante o transplante de medula.

Existem três tipos de transplante: o alogênico, o autólogo e o singênico. No transplante alogênico (aparentado e não aparentado) a medula óssea é retirada de um doador previamente selecionado por testes de histocompatibilidade, normalmente identificado entre os familiares ou em bancos de medula óssea ou de cordão umbilical.[2] No transplante autólogo a medula óssea ou as células-tronco periféricas são retiradas do próprio paciente, armazenadas e reinfundidas após o regime de condicionamento. O transplante de medula óssea entre gêmeos univitelinos é denominado singênico. No transplante alogênico a fonte celular provém de um irmão ou de um doador de banco de medula. Mais recentemente, o transplante com células do cordão umbilical vem sendo empregado e são conhecidos como não aparentados. Uma variedade do transplante alogênico com uma fonte alternativa, proveniente de um parente (geralmente a mãe), vem ganhando destaque na atualidade pela facilidade de se encontrar um doador entre os membros da família, mesmo não sendo totalmente compatível (haploidêntico).

Esses tipos de transplantes têm indicações nas doenças onco-hematológicas,[3] imunológicas, hematológicas, genéticas e oncológicas. Basicamente, o alogênico pode ser utilizado em todas essas condições, e o autoplástico ou autólogo nas onco-hematológicas e oncológicas.

A indicação do transplante depende, em geral, da fase da doença em que os pacientes se encontram. A realização do transplante consiste na retirada da medula óssea das cristas ilíacas posteriores, através de múltiplas aspirações por agulhas especiais para este procedimento ou pela coleta com máquinas de aférese, das células-tronco periféricas estimuladas (ver Capítulo 17). Essas células vão circular na corrente sanguínea e, após o *homing* se alojam na medula óssea iniciando a reconstituição hematopoética do paciente.

Durante duas a três semanas após a infusão da medula, o paciente permanece em aplasia medular intensa (fase em que os leucócitos, glóbulos vermelhos e plaquetas permanecem baixos), e ainda não ocorreu a enxertia. A neutropenia severa predispõe a infecções bacterianas, fúngicas, virais e de protozoários. Após esse período, os leucócitos começam a aparecer no sangue periférico, demonstrando a recuperação medular. Esse evento é conhecido no jargão médico como "pega" medular.[4]

No transplante alogênico, em decorrência do regime de condicionamento, pode ocorrer entre sete e dez dias uma situação denominada Síndrome de Obstrução Sinusoidal (SOS) hepática, que consiste na obliteração fibrosa de pequenas vênulas hepáticas e que pode ser de curso fatal. Outra complicação está relacionada à mucosite, que consiste na resposta inflamatória das mucosas orais e gastrointestinais à ação de drogas antineoplásicas. Em geral, ocorre de dois a dez dias após a administração de quimioterapia em altas doses ou radioterapia corporal total.

Outra complicação de alta mortalidade no transplante é a pneumonia intersticial, principalmente causada por Citomegalovírus (CMV). A utilização do teste de antigenemia para CMV reduziu de forma dramática a mortalidade por pneumonia associada ao CMV, anteriormente um problema sério em transplante de medula e, mais recentemente, o teste PCR (*Polymerase Chain Reaction*) quantitativo para citomegalovírus melhorou a acurácia do diagnóstico. Outros vírus ganham destaque durante episódios sazonais (geralmente no inverno) que são os vírus sinciciais respiratórios e o vírus Influenza, bem como o H1N1.

No transplante alogênico, em particular, existe uma situação clínica denominada reação do enxerto contra o hospedeiro, que consiste no reconhecimento de estruturas antigênicas do receptor como "não semelhantes", pelos linfócitos do doador e que leva ao desenvolvimento de icterícia, diarreia e alterações de pele, com o aparecimento de pápulas e bolhas. Dependendo do grau de acometimento do paciente, essa reação pode levar ao óbito, por propiciar maior frequência de infecções oportunistas e da destruição tecidual provocada pela inflamação de órgãos, tais como o gastrointestinal e respiratório.

Milhares de transplantes de medula óssea foram realizados nos últimos quinze anos, e a maior experiência se concentra nas leucemias linfoblásticas, mieloide aguda, mieloide crônica, anemia aplástica severa, e linfomas.

Regime de condicionamento

Representa a parte principal do transplante, podendo levar ao controle da doença onco-hematológica ou mesmo a cura. Visa a criar espaço para medula enxertada no receptor, bem como é necessária uma imunossupressão no receptor para aceitar as células novas. Por fim, e o mais importante, é a erradicação da doença com o conjunto das drogas. Devido aos acidentes nucleares, a radioterapia foi utilizada nas primeiras décadas do transplante. Porém, posteriormente, a irradiação foi associada à ciclofosfamida e, progressivamente, trocada por outras drogas citotóxicas.

O resultado foi uma gradação do regime de condicionamento em três categorias: padrão, dose intensificada e dose reduzida. Apesar de cada instituição ter o seu próprio protocolo, existem poucos estudos de Fase III que comparam os diversos tipos de condicionamento. O regime de ciclofosfamida associada à Radioterapia Corporal Total (RCT) foi comparada a bussulfano com ciclofosfamida (BU/Cy). Não foram observadas diferenças quanto à sobrevida a longo prazo, mas o grupo com BU/Cy teve mais síndrome de obstrução sinusoidal e mais alopecia. O que se conseguiu com esses regimes foi um grande controle da doença, mas à custa de muita toxicidade, principalmente na população mais velha.

O regime de doses reduzidas veio para preencher a lacuna de menor toxicidade a curto prazo, e maior efeito enxerto contra a neoplasia para erradicação da doença. O regime mais conhecido é com fludarabina associada a baixas doses de RCT (TBI).

O melhor regime de condicionamento depende do estadiamento da doença e da experiência prévia da equipe transplantadora.

Os resultados do TMO nas leucemias resumem-se em: para a leucemia linfoide aguda a sobrevida é de 51% em primeira remissão, e 40% em segunda remissão, com TMO alogênico.[5-7]

Na leucemia mieloide aguda os resultados dependem do estádio da doença. A sobrevida para a primeira remissão (56%) e segunda remissão (38%) é animadora.[8-10]

O transplante alogênico é a terapêutica de escolha para pacientes jovens com anemia aplástica severa. A sobrevida é melhor para pacientes com menos de 16 anos (73%) do que para pacientes com mais de 50 anos de idade (50%).[11]

O autotransplante para a doença de Hodgkin é a terapêutica recomendada nos 20-30% dos pacientes que falham à quimioterapia convencional.

Recentemente, uma nova modalidade de transplante vem ganhando espaço. O uso de condicionamento com doses não mieloablativas e a imunomodulação pós-transplante podem tornar os transplantes de medula óssea mais seguros e com melhores resultados.[12] Como sugestão recomendamos o site na internet (www.tmobr.com.br).

REFERÊNCIAS BIBLIOGRÁFICAS

1. Ooi J. Cord blood transplantation in adults. Bone Marrow Transpl. 2009; 44(10):661–666.
2. Haspel RL, Miller KB. Hematopoietic stem cells:source matters. Curr.Stem Cell.Res.Ther. 2008;3(4):229–36.
3. Brown RD, Ho PJ. Detection of malignant plasma cells in the bone marrow and peripheral blood of patients with multiple myeloma. Methods Mol. Biol. 2002;179:85–91.
4. Kasow KA, Sims-Poston L, Eldridge P, Hale GA. CD34(+) hematopoietic progenitor cell selection of bone marrow grafts for autologous transplantation in pediatric patients. Biol. Blood Marrow Transplant. 2007;13(5):608–14.
5. van den Berg H, de Groot-Kruseman HA, Damen-Korbjin CM, de Bont ES, Schouten-van Meeteren AY, Hoogerbrugge PM. Outcome after first relapse in children with acute lymphoblastic leukemia: A report based on the Dutch Childhood Oncology Group (DCOG) relapse all 98 protocol. Pediatr.Blood Cancer. 2011; Epub ahead of print. DOI:10.1002/pbc.22946.
6. Sweetenham JW. Treatment of lymphoblastic lymphoma in adults. Oncology. 2009;23(12):1015–20.
7. Jude V, Chan KW. Recent advantages in hematopoietic stem cell transplantation for childhood acute lymphoblastic leukemia. Curr.Hematol.Malig.Rep. 2010;5(3):129–34.

8. Bunin N, Johnston DA, Roberts WM, Ouspenskaia MV, Papusha VZ, Brandt MA, Zipf TF. Residual leukaemia after bone marrow transplant in children with acute lymphoblastic leukaemia after first haematological relapse or with poor initial presenting features. Br.J.Haematol. 2003;120(4):711–5.
9. Craddock C, LabopinM, Pillai S, Finke J, Bunjes D, Greinix H, Ehninger G, Factors predicting outcome after unrelated donor stem cell transplantation in primary refractory acute myeloid leukaemia. Leukemia. 2011. Epub ahead of print. DOI:
10. Ruggeri A, Ciceri F, Gluckman E, Labopin M, Rocha V. Eurocord and Acute Leukemia Working Party of the European Blood and Marrow Transplant Group. Alternative donors hematopoietic stem cells transplantation for adults with acute myeloid leukemia: Umbilical cord blood or haploidentical donors? Best.Pract.Res.Clin.Haematol. 2010;23(2):207–16.
11. Young NS, Bacigalupo A, Marsh JC. Aplastic anemia:pathophysiology and treatment. Biol. Blood Marrow Transplant. 2010;16 (suppl1):119–25.
12. Diaconescu R, Flowers CR, Storer B, et al. Morbidity and mortality with nonmyeloablative compared to myeloablative conditioning before hematopoietic cell transplantation from HLA matched related donors. Blood. 2004;104(5):1550–1558.

capítulo 21

Uso de Anticorpos Monoclonais no Tratamento da Medula Óssea

Os anticorpos monoclonais são utilizados na determinação de antígenos na superfície de células tumorais.[1] Com isso, é possível a identificação de células normais e das células malignas. O uso terapêutico *in vivo* dos anticorpos monoclonais é realizado para alguns tipos de linfomas B e T, e *in vitro* na depleção de células T e no tratamento da medula óssea.

Os estudos clínicos mostram que o tratamento *in vitro*[2] da medula óssea com anticorpos de camundongos antilinfócitos humanos associado a complemento tem pouco efeito sobre a recuperação da hematopoese. Por outro lado, é difícil avaliar o seu benefício. Existem algumas razões[3] para isso:

1. não existem testes para avaliar o efeito do tratamento sobre o número de progenitores malignos da medula;
2. incapacidade de determinar se a recidiva pós-transplante de medula óssea provém do enxerto ou do paciente, na ausência de marcadores moleculares. Os progenitores malignos podem sobreviver por alguns motivos:
   a) a expressão de alguns antígenos de superfície varia entre as células leucêmicas;
   b células com baixa expressão de antígenos podem permanecer viáveis após o tratamento da medula;
   c) variantes antígeno-negativo podem existir entre a população de células malignas de um paciente;
   d) progenitores leucêmicos podem ter fenótipo distinto daquela população predominante encontrada no sangue ou na medula, como ocorre em pacientes com leucemia mieloide crônica;
   e) progenitores leucêmicos podem mostrar resistência à lise mediada pelo complemento. Isso pode ocorrer se os progenitores tiverem um aumento da capacidade de reparação das membranas.

Além disso, certos antígenos podem estar distribuídos preferencialmente em regiões da membrana citoplasmática, que são relativamente resistentes ao ataque mediado pelo complemento.

O tratamento *in vitro* da medula óssea tem sido em grande parte baseado em estudos que otimizaram as condições para remover as células T de doadores normais de medula óssea para transplante alogênico. A eliminação de células T de doadores normais foi mais eficiente quando múltiplos anticorpos foram usados e quando o complemento foi adicionado a 37 °C. O intuito é o de reduzir a incidência e a severidade da Doença Enxerto Contra Hospedeiro (DECH), que ocorre nos transplantes alogênicos não aparentados. Dependendo da extensão e do comprometimento da imunidade dos pacientes, a DECH pode ser fatal. A redução das células T leva a uma menor incidência de DECH mas, por outro lado, aumenta a possibilidade de recidiva da doença onco-hematológica (perda do efeito enxerto-contra-tumor).

Os anticorpos monoclonais são utilizados na prática clínica para a redução do tumor e de um *purging in vivo* dos pacientes com alta carga tumoral ao diagnóstico. Os benefícios do rituximabe, um anticorpo quimérico dirigido para epitopo CD20, foi demonstrado em estudo randomizado do grupo francês GELA.[4] Em 399 pacientes com linfoma difuso de grandes células CD20+, com idade entre 60-80 anos, foram randomizados para receber CHOP clássico ou CHOP associado do rituximabe na dose de 375 mg/m^2 a cada 21 dias. O braço R-CHOP mostrou-se superior em termos de resposta completa (76% *versus* 63%, $p < 0,005$) e sobrevida global (70% *versus* 57%, $p < 0,007$). Resultados semelhantes[5] foram observados pelo grupo americano, entretanto, com um desenho diferente do original. Nesse estudo, 632 pacientes foram randomizados inicialmente para quimioterapia isolada ou poli-imunoquimioterapia com rituximabe. Havia, ainda, uma randomização posterior com rituximabe na manutenção. Uma nítida diferença na sobrevida livre de eventos (três anos) foi observada no grupo R-CHOP (53% *versus* 46%, $p = 0,04$). Posteriormente, o mesmo benefício foi visto em pacientes jovens com linfoma difuso de grandes células B (MInT trial)[6] e em trabalho retrospectivo canadense baseado em estudo populacional. Em conjunto, esses trabalhos demonstram que a redução da carga tumoral *in vivo* é importante para aumentar as taxas de resposta e a sobrevida desses pacientes.[7]

Outro grupo corresponde aos anticorpos conjugados com isótopos radioativos. Dois radionucleotídeos são usados: Ytrium (Y^{90}-ibritumomabe tiuxetan) e Iodo (^{131}I- tositumomabe). Ambos podem ser acoplados à molécula de antiCD20 e empregados na radioimunoterapia. As diferenças estão na energia emitida e no grau de penetração dos tecidos. Para ambas as moléculas o objetivo é o de liberar a dose de 75 cGy em todo o corpo, em pacientes cujas plaquetas sejam superiores a 150.000/mm^3. Em estudo de fase II,[8] 104 pacientes com linfoma recidivado CD20+ tiveram uma resposta de 44% ao se empregar o anticorpo antiCD20 conjugado ao ^{90}Ytrium. As respostas foram melhores em pacientes que não haviam recebido previamente o rituximabe. Nesse caso, trata-se de um *purging in vivo* empregando-se anticorpo monoclonal conjugado.

REFERÊNCIAS BIBLIOGRÁFICAS

1. Bast RC, Ritz J, Lipton JM, Feeney M, Sallam SE, et al. Elimination of leukaemic cells from human bone marrow using monoclonal antibody and complement. Cancer Res. 1983;43(3):1389–1394.
2. Kemshead JT, Goldman A, Fritschy J et al. The use of panels of monoclonal antibodies for the depletion od neuroblastoma cells from bone marrow. Experiences, improvements and observations. Br.J. Cancer 1986;54:771–778.
3. Gee, A. Bone marrow processing and purging. A practical guide. CRC Press. 1991;331.
4. Coiffier B, Lepage E, Briere J et al. CHOP chemotherapy plus rituximab compared with CHOP alone in elderly with diffuse large B-cell lymphoma. N. Engl. J. Med. 2006;346:235–242.
5. Habermann TM, Weller EA, Morrison VA et al. Phase III trial of rituximab-CHOP (R-CHOP) vs. CHOP with a second randomization to maintenance rituximab (MR) or observation in patients 60 years of age and older with diffuse large B-cell lymphoma (DLBCL). Blood. 2003;102:6a.
6. Pfreundschuh M, Trumper L, Gill D, et al. First analysis of the completed MabThera International (MInT) trial in young patients with low-risk diffuse large B-cell lymphoma (DLBCL): addition of rituximab to a CHOP-like regimen sigficantly improves outcome of all patients with the identification of a very favourable subgroup with IPI=0 and no bulky disease. Blood. 2004;104:48.
7. Sehn L, Donaldson J, Chhanabhai M et al. Introduction of combined CHOP plus rituximab therapy dramatically improved outcome of diffuse large-B cell lymphoma in British Columbia. J. Clin. Oncol. 2005;23:5027–5033.
8. Hernandez MC & Knox SJ. Radiobiology of radioimmunotherapy: targeting CD20 B-cell antigen in non-Hodgkin's lymphoma. Int. J. Radiat. Oncol. Biol. Phys. 2004;59:1274–1287.

capítulo 22

Métodos de Avaliação das Células Criopreservadas

Para se avaliar o potencial hematopoético das células, antes e após o congelamento, dispõem-se de alguns métodos, tanto *in vivo* como *in vitro*. No primeiro, rotineiramente, verifica-se a recuperação medular por meio da contagem de granulócitos e plaquetas após o transplante de medula óssea. Na avaliação da recuperação medular considera-se o número de dias para o paciente atingir uma contagem de granulócitos superior a $0,5 \times 10^9$ cél/L durante dois dias consecutivos, e contagem de plaquetas superior a 20×10^9 cél/L por uma semana sem transfusão de plaquetas. O dia da infusão das células descongeladas é considerado o dia 0 do transplante, e os dias subsequentes são contados como dias positivos (e, g.+1+2 etc.).

Dentre os vários testes *in vitro* citam-se a utilização de corante de exclusão (azul de tripan),[1] a cultura de progenitores, e a determinação das células CD34 positivas (CD34+).

Na técnica de determinação da viabilidade por corante de exclusão utiliza-se o azul de tripan. As células descongeladas são submetidas a diluições seriadas totalizando cinco etapas, onde dobra-se o volume da amostra com solução salina tamponada para a retirada do DMSO. O sedimento de células obtido após lavagens é ressuspenso com solução salina (200 µl) e corante azul de tripan (50 µl), o qual tem a propriedade de penetrar somente nas células com ruptura de membrana. Vistas ao microscópio, as células não viáveis mostram-se coradas de azul, enquanto as viáveis mantêm-se refringentes. A contagem de células viáveis e não viáveis é feita em câmara de Newbauer e permite a determinação da porcentagem de viabilidade no produto, como segue:

% de células viáveis = nº de células vivas × 100/nº de células vivas + nº de células mortas

Na técnica de cultura celular avalia-se a capacidade proliferativa das células-tronco hematopoéticas. Amostras de medula óssea ou células-tronco do sangue periférico são submetidas a centrifugação em gradiente de densidade utilizando-se o Ficoll-Hypaque (densidade 1,077) a 1.600 rpm, à temperatura ambiente por trinta minutos a fim de separar as células mononucleares. As células mononucleares do produto de leucoaférese na concentração de 5×10^4 cél/mL são cultivadas em meio contendo soro fetal bovino, metilcelulose e fatores de crescimento como interleucina-3 (50ηg/mL), eritropoetina (100 U/mL) e GM-CSF (30 U/mL). O teste é realizado em quadruplicatas e as células são incubadas por 14 dias a 37 °C em atmosfera com 100% de umidade e 5% de CO_2.

Após esse período, as células progenitoras hematopoéticas em cultura são quantificadas por leitura em microscópio invertido. Os clones progenitores de granulócitos-macrófagos (CFU-GM), eritrócitos (BFU-E) e mistos (CFU-MIX) são definidos com base na sua capacidade de produzir colônias, considerando como uma unidade formadora de colônia aquela contendo um mínimo de trinta células maduras. Após obter o número médio de colônias, expressa-se o número de CFU-GM/kg da seguinte forma:

$$\frac{\text{nº médio de colônias}}{\text{nº de células incubadas}} \times \text{nº total de células nucleadas/massa corporal do paciente.}$$

Winter e cols.[2] investigaram os efeitos da criopreservação em produtos de CTH armazenados por um longo período de tempo. Foram examinados 233 criotubos, com uma média de armazenamento entre 6 e 14 anos, representando aproximadamente 170 produtos. Os parâmetros analisados foram: células nucleadas totais, viabilidade celular, células CD34+ e cultura de progenitores hematopoéticos. Esse estudo mostrou que perdas significativas ocorreram no número de células nucleadas totais, na viabilidade celular, no número de células CD34+ e células formadoras de colônia. Entretanto, uma vez congeladas, essas recuperações não mudaram significativamente com o decorrer do tempo. O único item alterado foi a viabilidade celular realizada pela análise com azul de tripan. A viabilidade apresentou uma redução no valor, associada com o tempo que o produto ficou armazenado. De acordo com os autores, os produtos de CTH ficaram estáveis por um período de 14,6 anos a uma temperatura abaixo de 150 °C. A viabilidade celular pode ser avaliada por dois métodos: exclusão por azul de tripan, como explicado anteriormente, e o método de imunofenotipagem pelo 7-AAD (7-aminoactinomicina D). O 7-AAD é um corante de DNA e as células são incubadas com o respectivo anticorpo conjugado ao 7-AAD. As células são posteriormente analisadas em citômetro de fluxo. As análises mostram que o 7-AAD é mais sensível.

REFERÊNCIAS BIBLIOGRÁFICAS

1. Reeb BA. Dye exclusion test for bone marrow viability. In: Areman E; Deeg HJ;Sacher RA, et al. Bone marrow and stem cell processing: A manual of current techniques. FA Davis Company. 1st ed. 1992;403–404.
2. Winter JM; Jacobson,P;Bukkiughi, B;et al. Long-term effects of cryopreservation on clinically prepared hematopoietic progenitor cell products. Cytotherapy.2014;16:965–75.

capítulo 23

Sistema de Cultura Semi-sólido para Progenitores Hematopoéticos Clonogênicos

Existem dois tipos de procedimentos para se detectar as células hematopoéticas humanas primitivas *in vitro*. Uma é pela formação de colônias de blasto (culturas de curta duração), e a outra é a iniciação da hematopoese em culturas de longa duração.[1] As colônias de blasto são definidas como colônias que, quando examinadas, após um período de tempo suficiente, apresentam colônias de células sanguíneas diferenciadas a partir de células clonogênicas conhecidas. A formação de colônias de blasto revela a existência de células primitivas, tanto em medula óssea de camundongo como em humana, que pode ser estimulada *in vitro* por duas a três semanas, para se gerar células-filhas clonogênicas. A análise do número e dos tipos de progenitores clonogênicos gerados nas colônias primárias fornece informação importante sobre a heterogeneidade do potencial proliferativo e diferenciativo expresso pelos progenitores individuais multipotentes, estimulados aparentemente sob condições idênticas.

As culturas de longa duração (LTC ou culturas de Dexter)[2] representam um sistema cuja hematopoese pode ser mantida por várias semanas, devido à associação de progenitores hematopoéticos primitivos a uma camada de células aderentes do estroma, que requerem a necessidade de adicionar, de forma exógena, fatores de crescimento. Essa camada de estroma de apoio pode ser gerada num período de duas a três semanas a partir de células não hematopoéticas[3] presentes num aspirado de medula óssea normal. A única distinção do sistema de cultura de longa duração sobre a análise clonogênica padrão (de curta duração) é que ela suporta a manutenção e a proliferação da célula hematopoética, que é distinta e mais primitiva do que a maioria, se não de todas, das células detectadas no ensaio da célula clonogênica padrão.

Existem três tipos básicos de agentes solidificantes que são usados nas culturas de células hematopoéticas: a fibrina, o ágar e a metilcelulose.[4] O ágar foi o primeiro meio a ser usado, mas tem a desvantagem de não permitir o desenvolvimento de colônias eritroides. As culturas com fibrina são difíceis de se manter em bom estado para contagem após duas semanas de incubação, e a cultura em metilcelulose parece ser mais adaptável para todas as linhagens. No entanto, é difícil de converter a cultura em metilcelulose em preparados permanentes, como é facilmente realizado nos outros dois sistemas. Por outro lado, a metilcelulose por ser um meio viscoso e não um emaranhado ou material sólido, as colônias individuais podem ser facilmente removidas com uma micropipeta para coloração ou análise citogenética.[5]

O DMSO é amplamente usado como agente crioprotetor, mesmo considerando seu potencial efeito tóxico para a célula-tronco. Em vários estudos não se observou perda da viabilidade de CFU-GM ou BFU-E após exposição ao DMSO na concentração de 10% da solução final. Esses dados foram confirmados pelo enxertamento mantido após infusão de células criopreservadas em transplante de medula óssea.

O número de células progenitoras granulomonocíticas ou CFU-GM tem relativa influência na rápida recuperação da hematopoese (ver recuperação hematopoética). Essa variação de informações quanto ao número mínimo de CFU-GM necessário para garantir a recuperação hematopoética é devido ao uso de diferentes metodologias de cultura de progenitores nos centros de transplante. Assim, o número de CFU-GM necessário para garantir a recuperação hematopoética é estabelecido separadamente para cada centro.

Existe uma correlação direta entre o número de colônias CFU-GM obtidas no ensaio de cultura e o número de células CD34+ obtido por citometria de fluxo, a qual pode dar uma aproximação do número de células pluripotentes hematopoéticas transplantadas. O número de células CD34+ é bastante útil na análise do controle de qualidade dos diferentes produtos transplantados, contudo seu valor direto na recuperação medular pós-transplante permanece em estudo.

Finalmente, a utilização de técnicas padronizadas para a coleta, o processamento e a criopreservação de células-tronco hematopoéticas auxiliariam na comparação e reprodutibilidade de resultados obtidos nos diferentes centros de transplante, garantindo, desta forma, o estabelecimento de um programa de controle de qualidade internacional.

REFERÊNCIAS BIBLIOGRÁFICAS

1. Sutherland DR, Eaves AC, Eaves CJ et al. Quantitative assay for human hematopoietic progenitor cells. In: Gee, AP. Bone marrow Processing and purgingg: a practical guide. CRC Press, Inc. 1991; 155–171.
2. Dexter TM, Moore MS, Sheridan APC. Maintenance of hematopoietic stem cells and production of differentiated progeny in allogeneic and semiallogeneic bone marrow chimeras in vitro. J. Exp. Med. 1997;145(6):1612–1616.
3. Bradley TR, Metcalf D. The growth of mouse bone marrow cells in vitro. J. Exp. Biol. Med. Sci. 1964;44:287–300.
4. Pluznik DH, Sachs L. The cloning of normal "mast cells in tissue culture". J Cell Comp. Physiol. 1965;66(3):319–324.
5. Wood M, Pirsch G. Colony-forming unit assay-agar method. In: Areman E; Deeg HJ, Sacher RA Eds. Bone marrow and Stem cell processing: A manual of current techniques. FA Davis Company. 1st ed. 1992; 413–415.

capítulo 24

Recuperação Hematopoética Pós-transplante

No transplante autólogo de medula óssea, após a quimioterapia em altas doses, a medula óssea ou as células-tronco periféricas do paciente são descongeladas[1] e infundidas[2] no paciente. Entre a infusão das células-tronco até a recuperação hematopoética[3] segue-se um período de neutropenia, que é um período crítico ao paciente, cuja baixa defesa imunológica leva a perigo por complicações infecciosas. Considera-se como dia zero (0) o dia em que o paciente recebe as células-tronco e geralmente a recuperação ocorre entre os dias +8 a +15 após a infusão, para as células do cordão a mediana é de 27 dias. Considera-se que o paciente obteve a recuperação hematopoética quando, após a avaliação diária do número de granulócitos, ele atingir uma contagem igual ou superior a 500 granulócitos/µL por dois dias consecutivos.[4,5] A recuperação do número de plaquetas é mais demorada e é considerada satisfatória quando o paciente atinge um número igual ou superior a 20.000 plaquetas/µL sem necessidade de transfusão por uma semana. Quanto mais precoce a recuperação hematopoética, menor a possibilidade de complicações infecciosas.[6-9]

Entre os índices que podem ser utilizados para a avaliação da recuperação hematopoética temos a cultura de progenitores hematopoéticos, havendo vários estudos sobre a correlação do número de CFU-GM, BFU-E e CFU-Mix com os dias de recuperação de granulócitos e plaquetas.[10-13]

Sptizer e cols.[14] investigaram o potencial do CFU-GM em predizer a recuperação hematopoética após a quimioterapia em altas doses e observaram uma correlação entre o número mínimo de progenitores hematopoéticos infundidos durante o transplante autólogo e a rapidez da recuperação hematopoética. Douay e cols.[15] também observaram que o número de CFU-GM tinha correlação com a recuperação hematopoética após o transplante autólogo de medula óssea. No entanto, existe uma certa controvérsia, pois outros investigadores acharam pouca ou nenhuma correlação entre o número de CFU-GM infundidos e a recuperação hematopoética. Roodman e cols.[16] relataram a utilidade do ensaio de CFU-GEMM ou CFU-Mix em predizer a recuperação hematopoética em pacientes com tumores sólidos tratados com altas doses de melfalano e com resgate de medula óssea autóloga criopreservada. Spitzer e cols.[14] relataram que era necessário um mínimo de 1 a 2 × 10^4 CFU-GM/kg para garantir uma recuperação hematopoética efetiva. Douay e cols. observaram que pacientes que recebessem doses superiores a 1 × 10^3 CFU-GM/kg teriam uma recuperação mais rápida do que aqueles que recebessem doses menores a esse valor. Kessinger e cols.[17] demonstraram que o número de CFU-GM requerido para o produto de células-tronco periféricas era similar aos números requeridos para a medula óssea, sendo um mínimo de 1×10^4 CFU-GM/kg necessário para uma recuperação efetiva. Reiffers e cols.[18] recomendam um número mínimo de 10×10^4 CFU-GM/kg como necessário para uma recuperação hematopoética eficaz. To e cols.[19] relataram que a infusão de 50×10^4 CFU-GM/kg produziria uma recuperação garantida. Essa é uma área de debate, que merece estudo cooperativo multicêntrico para responder qual o mínimo necessário de unidades formadoras de colônias que permita um enxertamento adequado.

Na prática, sabemos que enxertos contendo acima de 5×10^6 CD34+/kg do receptor tem uma recuperação hematopoética eficaz. Porém, alguns tipos de transplante, como os haploidentico, requerem megadoses de células CD34+ (12×10^6 CD34+/kg). Portanto, uma maneira de reduzir a falha do enxerto é a utilização de megadoses de células CD34+.

REFERÊNCIAS BIBLIOGRÁFICAS

1. Adrian P.Gee. Bone marrow processing and purging. A practical guide, CRC press. 1991; 331.
2. Ashwood-Smith MJ. Prevention of mouse bone marrow at -79oC with DMSO. Nature. 1965; 205:503.
3. Areman EM, Deeg HJ, Sacher RA. Bone marrrow and stem cell processing: a manual of current techniques. F. A. Davis Company, Philadelphia, U.S.A. 1992.
4. Bensinger WI, Berenson RJ, Andrews RG, Kalamasz DF, Hill RS, et al. Positive selection of hematopoietic progenitors from marrow and peripheral blood for transplantation. J. Clin. Aph 1990;5(2):74.
5. Clark J, Pati A, McCarthy D. Succesfull cryopreservation of human bone marrow does not require a controlled rate freezer. Bone Marrow Transplant. 1991;7(2):121–5.
6. Karow AM, Webb WR. Tissue freezing. A theory for injury and survival. Cryobiology. 1965:2(3):99–108.
7. Kessinger A. Autologous transplantation with peripheral blood cellls: A review of clinical results. J. Clin.Aph. 1990;5(2):97–9.
8. Krause DS, Fackler MJ, Civin CI, May W.S. CD34: Structure, Biology and Clinical Utility. Blood. 1996;87(1): 1–13.
9. Lovelock JE & Bishop MW. Prevention of freezing damage to living cells by Dimethylsulfoxide. Nature. 1959;183(4672):1394.
10. Reiffers J, Bernard P, David B, Vezon G, Sarrat A. Successful autologous transplantation with peripheral blood hemopoietic cells in a patient with acute leukemia. Experimental Hematology. 1986;14(4):312–5.
11. Rowley SD, Byrne DV. Low-temperature storage of bone marrow in nitrogen vapor-phase refrigerators: decreased temperature gradients with an aluminum racking system. Transfusion 1992;32(8):750–4.
12. Rowley S.D. Hematopoietic stem cell cryopreservation. A review of current techniques. J. Hematother. 1992;1(3):233–50.

13. Sienna S, Bregni M, Brando B, Ravagni F, Bonadonna G, Gianni AM. Circulation of CD34+ hematopoietic stem cells in the peripheral blood of high-dose cyclophosphamide-treated patients: enhancement by intravenous recombinant human granulocyte-macrophage colony--stimulating factor. Blood. 1989;74(6):1905.
14. Spitzer G, Verma DS, Fisher R, Zander A, Vellekoop L, et al. The myeloid progenitors cell--its value predicting hematopoietic recovery after autologus bone marrow transplantation. Blood 1980;55(2):317–23.
15. Douay L, Gorin N, Mary J, Lemarie E, Lopez M, et al. Recovery of CFU-GM from cryopreserved marrow and in vivo evaluation after autologous bone marrow transplantation are predictive of engraftment. Exp. Hematol. 1986;14(5):359–65.
16. Roodman GD, Le Maistre CF, Clark GM, Page CP, Newcomb TF, et al. CFU-GEMM correlate with neutrophil and platelet recovery in patients receiving autologous marrow transplantation after high dose melphalan chemotherapy. Bone Marrow Transplant. 1987;2(2):165–173.
17. Kessinger A, Armitage JO, Landmark JD, Smith DM, Weisenburguer DD. Autologous peripheral hematopoietic stem cell transplantation restores hematopoietic function following marrow ablative therapy. Blood. 1988;71(3):723–7.
18. Reiffers J, Castaigne S, Tilly H et al. Hematopoietic reconstitution after autologous blood stem cell transplantation: a report of 46 cases. Plasma-Ther. Transf.Technol. 1987;8:360–365.
19. To LB, Dyson PG, Juttner CA. Cell dose effect in circulating stem cell autografting. Lancet. 1986; 2(8503):404–405.

capítulo 25

Sedimentação de Células Vermelhas

Durante o procedimento pré-transplante alogênico de medula óssea devem ser levadas em consideração as diferenças do sistema ABO.[1] Na incompatibilidade ABO maior o receptor pode possuir isoaglutininas ABO contra as células vermelhas do doador, e na incompatibilidade menor o doador pode possuir isoaglutininas contra as células vermelhas do receptor.

As complicações na incompatibilidade maior incluem a hemólise de células vermelhas contidas na medula transfundida, rejeição ao enxerto ou recuperação hematopoética tardia.

A técnica de separação de eritrócitos é utilizada para prevenir a reação hemolítica da transfusão envolvida com os eritrócitos contidos na medula inoculada.

As técnicas mais comumente utilizadas para a separação de eritrócitos são as de centrifugação das células vermelhas e a adição do HES (Hidroxietil Starch).

Ritchey e col.[2] e Braine e col.[3] relataram os seus resultados utilizando a centrífuga Haemonetics (modelo 30) para a remoção das células vermelhas incompatíveis através da centrifugação diferencial.

A técnica que utiliza o HES para separação dos eritrócitos da medula óssea é simples, rápida, econômica, e expõe o receptor a menor morbidade. O princípio básico está na sedimentação das células por gravidade, depois da adição do hidroxietil-starch. Essa técnica baseia-se na tendência de as células vermelhas do sangue agregarem-se e sedimentar-se quando expostas ao HES. Durante a década de 1980 muitos trabalhos foram realizados utilizando o HES. Storb e col.[1] relataram o fato da ocorrência de perda celular, durante o processo de sedimentação das células vermelhas, não ser um problema significativo para pacientes leucêmicos. Observaram que pacientes ao receberem menos de 1×10^8 células nucleadas/kg obtiveram a recuperação hematopoética.

Dinsmore e cols.[4] relataram a técnica utilizando 6% HES e o aspirado de medula diluído na proporção de 1:8. A medula foi sedimentada durante um período que variava de 90 a 180 minutos, sendo que o componente rico em plasma foi transferido para outra bolsa. A média de recuperação foi de 76% (variação de 55 – 100%) para células nucleadas após sedimentação com HES.

Lasky e cols.[5] relataram os estudos de pacientes com anemia aplástica severa, que tinham incompatibilidade ABO maior em doenças hematológicas. Os glóbulos vermelhos de quatro pacientes com anemia aplástica foram depletados pela sedimentação com HES e obtiveram uma mediana de recuperação de células nucleadas de 90% (variação de 81-97%), com uma mediana de $3,7 \times 10^8$ cél./kg transplantadas. Todos os pacientes tiveram a recuperação hematopóetica, sendo que três dos pacientes tiveram Doença do Enxerto Contra o Hospedeiro (DECH) aguda.

Ho e cols.[6] relataram o estudo em 23 (vinte e três) pacientes que realizaram transplante e apresentavam incompatibilidade ABO maior, no período compreendido entre janeiro de 1979 e janeiro de 1983, cujos eritrócitos foram removidos pela técnica de sedimentação utilizando o HES (razão de 1:8) por um período de 30-45 minutos. A mediana de recuperação de células nucleadas foi de 70%, e de células nucleadas transfundidas foi de $2,4 \times 10^8$ cél./kg (variação de 1,2 – 6,9 10^8 cél./kg).

Na maioria dos laboratórios de criobiologia utiliza-se a técnica de sedimentação de glóbulos vermelhos com o HES.

O HES é empregado na concentração de 6%, e o aspirado de medula diluído na proporção de 1:8. A medula é sedimentada durante um período de 90 minutos dentro da câmara com fluxo laminar.

A maior limitação dessa técnica é que sempre ocorre uma perda de 20-30% de células nucleadas da medula na fração de células vermelhas sedimentadas.

Uma vantagem da utilização do HES é de que nenhum efeito tóxico a curto ou longo prazo tem sido relatado, porém o coloide residual pode ser detectado no sangue por até 17 semanas após a doação.

A utilização de técnicas assépticas, durante o procedimento da coleta da medula e na subsequente sedimentação utilizando o HES, diminui o potencial para a contaminação bacteriana devido à manipulação do produto em sistema aberto.

Recentemente, o grupo austríaco[7] relatou a experiência da imunoadsorção com o therasorb para remoção de iso-hemaglutininas nos pacientes que recebem medula óssea ABO incompatível. O principal problema acontece em 16% dos pacientes, que recebem tais medulas com o aparecimento de aplasia da série vermelha com necessidade transfusional aumentada. Nesse estudo, cinco pacientes com idade variando de 29 a 50 anos e submetidos a transplante alogênico de irmão HLA-idêntico e ABO incompatível. A terapêutica foi iniciada quando os pacientes tinham hemoglobina inferior a 7,5 g/dL e mediana de reticulócitos inferior a 8×10^9/L e dependente de transfusão de concentrado de hemácias correspondente a 130 dias após o transplante. Após 17 tratamentos, as iso-hemaglutininas puderam ser removidas e os pacientes ficaram independentes de transfusão. Trata-se de estudo com limitado número de pacientes, mas enseja um estudo maior com a mesma corte de pacientes.

O emprego do anticorpo monoclonal antiCD20 (rituximabe) como bloqueador do linfócito B parece interessante pela baixa toxicidade no período pós-transplante. Os principais eventos adversos incluem taquicardia, tremores, febre, calafrios, quadro alérgico na pele e, raras vezes, hipotensão. Porém, somente um estudo foi reportado até o momento,[8] dificultando uma interpretação quanto ao uso do medicamento nessa situação.

REFERÊNCIAS BIBLIOGRÁFICAS

1. Storb R, Prentice R.L. and Thomas E.D. Marrow transplantation for treatment of aplastic anemia. N.Engl.J.Med. 1977;296(2):61–66.
2. Ritchey BE, Petz LD, Spruce WE, Blume RG and Henry S. A new technique using differential centrifugation of bone marrow for ABO incompatible transplants. Transfusion. 1980;21:604.
3. Braine HG, Sensenbrenner LL, Wright SK, Tutschka PJ, Saral B. Bone marrow transplantation with major ABO incompatible using erythrocyte depletion of marrow prior to infusion. Blood. 1982;60(2):420–425.
4. Dinsmore RE, Reich LM, Kapoor N, Gulati S, Kirkpatrick D, et al. ABH incompatible bone marrow transplantation removal of erythrocytes by starch sedimentation. Brit.J. Haematol. 1983;54(3) :441–449.
5. Lasky LC, Warkentin PI, Kersey JH, Ramsay NK, McGlave PB,McCullough J. Hemotherapy in patients undergoing blood group incompatible bone marrow transplantation. Transfusion. 1983;23(4):277–285.
6. Ho GW, Champlin RE, Feig SA, Gale RP. Transplantation of ABH incompatible bone marrow: gravity sedimentation of donor marrow. Brit.J.Haematol. 1984;57(1):155–62.
7. Rabitsch W, Knöbl P, Prinz E, et al. Prolonged red cell aplasia after major ABO-incompatible allogeneic hematopoietic stem cell transplantation: removal of persisting isohemagglutinins with Ig-Therasorb® immunoadsorption. Bone Marrow Transplant. 2003;32:1015–1019.
8. Maschan AA, Skorobogatova EV, Balashov DN, et al. Successful treatment of pure cell aplasia with a single dose of rituximab in a child after major ABO incompatible peripheral blood allogeneic stem cell transplantation for acquired aplastic anemia. Bone Marrow Transplant. 2002;30:405–407.

capítulo 26

Células-tronco Mesenquimais no Transplante de Medula Óssea

Células-tronco mesenquimais humanas são progenitoras raras (<0,1%), presentes na medula óssea, e têm a capacidade de diferenciar-se em uma variedade de tecidos, incluindo ossos, cartilagens, tendões, gorduras e músculos.[1] Descritas inicialmente por Friedenstein[2] como células aderentes e parecidas com os fibroblastos, elas são capazes de regenerar a medula *in vivo* e suportar a hematopoese. Além disso, as células mesenquimais podem regular o sistema imune e controlar a inflamação. O mecanismo envolvido parece ser a inibição da proliferação de células T após estimulação com aloantígenos.[3] As células mesenquimais são parte do estroma da medula óssea e são co-passageiras na infusão do enxerto. Essa etapa é crucial no desenvolvimento da doença do Enxerto Contra o Hospedeiro Humano (DECH). A DECH crônica é a segunda causa de morte em transplante alogênico de medula óssea. O termo MSC (*Mesenchymal Stem Cell*) é amplo e as preparações parecem conter um grupo heterogêneo de progenitores, que não preenchem critérios de diferenciação multilinhagem e autorrenovação a partir de uma única célula, por isso o melhor termo seria Células Mesenquimais do Estroma Multipotente (MSC).[3] As MSC rapidamente penetram nos pulmões após entrar na circulação sanguínea e podem migrar para os tecidos lesados (inflamados) pela doença do enxerto contra hospedeiro. Jang e cols. demonstraram que a infusão de 10^6 MSC pode inibir a secreção de interferon γ, TNFα e IL-12 de linfócitos T alorreativos e capazes de suprimir a DECH em murinos.[4]

O primeiro trabalho com sucesso foi descrito por LeBlanc[5] em uma criança com leucemia linfoblástica aguda, em terceira remissão, que recebeu *stem cell* periférico de um doador não aparentado HLA compatível. Ele desenvolveu DECH aguda severa em fígado e intestino, e não estava respondendo a qualquer tratamento imunossupressor. Células mesenquimais da mãe foram preparadas e injetadas duas vezes na criança, com desaparecimento quase que completo da DECH.[7] Esse estudo pioneiro motivou outros autores a empregarem células mesenquimais no tratamento da DECH.[6,7]

Weng e cols.[8] empregaram as células mesenquimais provenientes de doadores de medula óssea. Aproximadamente 20 mL de medula óssea era obtido, e após separação em Ficoll-Hypaque, as células mononucleares eram coletadas e ressuspensas em meio MSC. As células aderentes eram colocadas em cultura com o meio nutriente, sendo substituído a cada três dias. Quando as células encontrassem confluentes em aglomerados de 70-80%, as mesmas eram coletadas para infusão no paciente. O critério de resposta foi do consenso do NIH para GVHD crônico. Setenta e três por cento dos pacientes foram classificados como severos. Quatorze pacientes sobreviveram, sendo resposta completa (4), resposta parcial (7), remissão parcial (4), resposta mínima (2) e a maioria foi capaz de reduzir ou parar a imunossupressão. Os autores concluem que o emprego de MSC é seguro, entretanto número e dosagem celular ainda requerem estudos mais detalhados.

Protocolo conduzido pelo National Institute of Health (NIH) (clinicaltrials.com identificação número NCT01633229)[9,10] testou a dose de 2×10^6 MSC/kg em três infusões semanais em pacientes com DECH refratária a corticoide e com doença hepática e gastrointestinal. Oito pacientes foram avaliados para resposta em quatro semanas após a última infusão. Observou-se queda dos marcadores relevantes para DECH (Reg3α, CK18, e Elafin). Um fato interessante: os pacientes com DECH que responderam viveram mais que os não respondedores (300 dias *versus* 33 dias). Observou-se o mesmo resultado naqueles com maior quantidade de linfócitos e contagem mais elevada de CD4/CD8 e não houve diferença nos Tregs. Além disso, a avaliação de citoquinas foi favorável ao grupo respondedor. Outro fato apontado foi o de as células mesenquimais não promoverem aloimunização. Pelo estudo pode-se concluir que as MSC são efetivas no controle de DECH com contagem adequada de linfócitos, e ineficaz nos casos de DECH severa. Os autores consideram que, apesar das respostas observadas, o estudo necessita de maiores confirmações por parte de outros grupos de pesquisa.

As MSC parecem ainda ajudar no enxertamento da medula óssea, principalmente em pacientes com alto risco de falência de pega medular, como aqueles em segunda ou terceira recidiva de doença hematológica e nos pacientes com aplasia de medula,[11] E, por fim, as MSC parecem ter um papel na regeneração tecidual em pacientes com DECH severa,[12] principalmente em pacientes com cistite hemorrágica e colite perfurada. Deve ser lembrado que são estudos preliminares, mas muito animadores em pacientes com alta taxa de mortalidade.

REFERÊNCIAS BIBLIOGRÁFICAS

1. Pittenger MF, Mackay AM, Beck SC, et al. Multilineage potential od adult human mesenchymal stem cells. Science.1999;284:143–147.
2. Friedenstein AJ, Petrakova KV, Kurolesova I, et al. Heterotopic of bone marrow. Analysis of precursor cells for osteogenic and hematopoietic tissues. Transplantation. 1968;6:230.
3. Sato K, Ozaki K, Mori M, et al. Mesenchymal Stromal Cells for graft-versus host disease: Basic aspects and clinical outcomes. J Clin Exp Hemopathol.2010;50(2):79–89.
4. Aggarwal S, Pittenger MF. Human mesenchymal stem cells modulate allogeneic immune cell responses. Blood. 2005;105(4):1815–1822.
5. LeBlanc K, Rasmusson I, Sundberg B, Götherström C, Hassam M, et al. Treatment of severe acute graft-versus-host disease with third party haploidentical mesenchymal stem cells. Lancet. 2004;363(9419):1439–1441.
6. Ringdén O, Uzunel M, Rasmusson I, Remberger M, Sundberg B, et al. Mesenchymal stem cells for treatment of therapy-resistant graft-versus-host disease. Transplantation. 2006;81(10):1390–1397.

7. LeBlanc K, Ringdén O. Immunomodulation by mesenchymal stem cells and clinical experience. J. Intern. Med. 2007;262(5):509–525.
8. Weng JY, Du X, Geng SX, Peng YW, Wang Z, et al. Mesenchymal stem cell as salvage treatment for refractory chronic GVHD. Bone Marrow Transplant. 2010;45(12):1732–40.
9. Battiwala M & Barrett J. Bone Marrow Mesenchymal Stromal Cells to treat complications following Allogeneic Stem Cell Transplantation. Tissue Engineering. 2014;20(3):211–217.
10. Sabatino M, Ren J, Dafovid-Ocampo V., et al. The establishment of a bank of stored clinical bone marrow stromal cell products. J Transl. Med.2013;10:23.
11. Zhang X, Li JY, Cao K, et al. Cotransplantation of HLA-identical mesenchymal stem cells and hematopoietic stem cells in Chinese patients with hematologic diseases. Int J Lab Hematol. 2010;32:256–264.
12. Zhou H, Guo M, Bian C, et al. Efficacy of bone marrow-derived mesenchymal stem cells in the treatment for sclerodermatous chronic graft-versus-host disease: a clinical report of four patients. Biol Blood Marrow Transplant.2010;16:403–412.

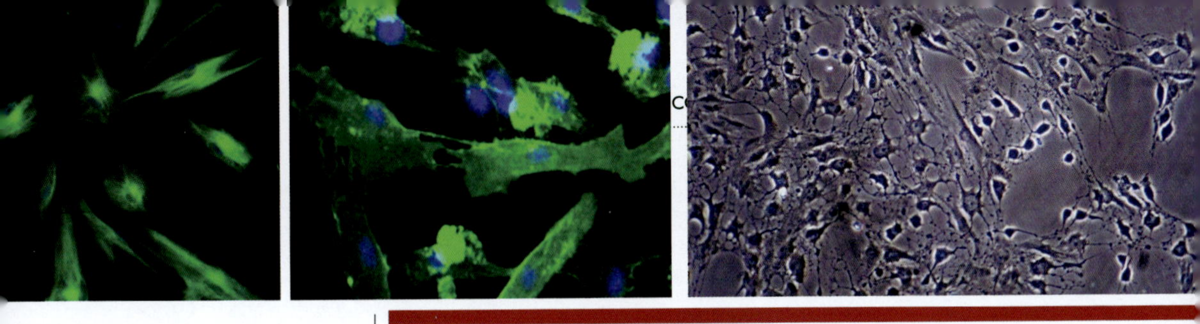

parte 4

Protocolos de Processamento de Células-tronco Hematopoéticas

protocolo 1

Padronização da Coleta de Células-tronco Hematopoéticas do Sangue Periférico

Padronizar a coleta de Células Progenitoras Hematopoéticas de Sangue Periférico

PRELIMINARES

Em contato inicial com novo paciente de protocolo de Transplante de Medula Óssea (TMO) o(a) médico(a) do Serviço de Hemoterapia (SH) deve apresentar-se ao paciente (e/ou acompanhante) para fornecer-lhe informações gerais sobre as fases do protocolo de TMO.

Certificar-se da programação para início da monitorização e iniciar a rotina técnica (lembrar que a validade da amostra sorológica é de dez dias):

1. Conhecer as condições gerais do(a) paciente. Se internado, acompanhar o médico do Serviço de Hemoterapia (SH) em visita ao paciente. Caso não esteja internado, após o médico conversar com o paciente no SH, um funcionário do setor de aférese deve reforçar que no dia da coleta não há necessidade de jejum, da importância da vestimenta ser confortável, e que quando receber a informação de que o número de células é o suficiente para a coleta, agilizar para estar no SH o mais breve possível.
2. Esclarecer as dúvidas do paciente/familiar sobre os procedimentos de mobilização, monitorização, coleta, criopreservação e infusão de CPHSP. Se houver dúvidas mais complexas, consultar ou solicitar equipe médica do SH.
3. Verificar exames clínicos, o(s) acesso(s) venoso(s) ou cateter. Sempre dar preferência para realizar o procedimento em cateter venoso central, devido à duração, e por não sabermos quantas coletas serão necessárias.
4. Fornecer informações aos mesmos sobre o suporte hemoterápico durante o tratamento.

5. Coletar as amostras de sangue do paciente para a determinação ABO/Rh, hemograma completo, PAI (Pesquisa de Anticorpos Irregulares), fenotipagem eritrocitária (caso o paciente não tenha recebido transfusão nos últimos noventa dias), e exames sorológicos. Colar a etiqueta da amostra dos exames sorológicos em campo próprio ao abrir a ficha de TMO. Se o paciente estiver internado, dar preferência para a rotina da coleta simultânea com o laboratório clínico. Contatar a enfermeira da unidade de internação para verificar se há exames laboratoriais para serem coletados. Normalmente, a coleta do laboratório clínico é às 6 horas, e neste caso deixar orientado no SH (plantão noturno). Solicitar à enfermeira da seção para que quando houver solicitação de exames que comuniquem os dois serviços e coletem juntos as amostras, poupando o paciente de punções desnecessárias. Caso não esteja internado, coletar as amostras na visita médica realizada no SH.
6. São necessários dois tubos (EDTA-tampa roxa de 4 ml e gel - tampa amarela de 4 ml) para o setor de imuno-hemato (Tipagem + PAI: Pesquisa de Anticorpos Irregulares).
7. Para os exames sorológicos: 3 tubos gel tampa amarela de 6ml, 1 tubo EDTA - tampa roxa de 6 ml e 1 tubo EDTA tampa roxa de 4 ml.
8. Se for coletar o tubo para contagem de células CD34+, utilizar 1 tubo EDTA - tampa roxa de 4 ml (identificar com nome completo do paciente, SAME, data, nome do coletor (etiqueta verde do setor de imuno-hemato). Esse tubo deve ser mantido em temperatura ambiente e não armazenar no refrigerador.
9. As amostras devem ter as etiquetas com o número nos tubos como na rotina de doação de Sangue Total, etiqueta numérica com código de barras, impressa na rotina. Anotar data e confeccionar as etiquetas para serem fixadas nos tubos. Uma das etiquetas com o número da amostra deverá ser entregue ao médico de plantão para ser colada no prontuário do paciente.
10. No impresso de encaminhamento de amostras informar: TMO autólogo.
11. Se o paciente estiver internado, para que não precise vir até o Serviço de Hemoterapia, o colaborador do serviço de hemoterapia do setor de aférese deve ir até o quarto do paciente e preencher o impresso para o cadastro, na sequência, realizar o cadastro e a triagem no sistema com os dados fornecidos pelo paciente.
12. No serviço de hemoterapia, realizar o cadastro do paciente, a triagem de doador autólogo, o início e o término da coleta das amostras.
13. Abrir ficha de receptor/doador e imprimir e colar a etiqueta de identificação do paciente na ficha.
14. Abrir impresso próprio de controle laboratorial e transfusão.
15. O setor administrativo deve fornecer informações pertinentes ao paciente e/ ou familiar sobre o procedimento.
16. Fornecer à recepção do SH o nome do paciente para que se faça avaliação e se deem orientações aos doadores de sangue para futura doação de plaquetas por aférese.

17. Se o paciente *não* estiver internado, fazer contato com a enfermeira responsável pelo TMO para ciência do caso.
18. Verificar estoque ou providenciar *kits* para coleta de células-tronco.
19. Se o paciente estiver internado, encaminhar a ficha própria para ser preenchida pelo(a) médico(a) do(a) paciente.
20. Verificar se a ficha do item anterior já esta preenchida e assinada.

Procedimentos

A coleta de células-tronco periféricas de paciente tradicionalmente iniciava-se quando, após a mobilização, a leucometria atingia valores de $1.000/mm^3$. Hoje se dispõe de marcador específico, que é a contagem de células CD34+ no sangue periférico. Em geral, inicia-se a coleta quando essa contagem ultrapassa o valor de 10 céls. $CD34+/mm^3$.

Após o(a) paciente atingir a leucometria de $1.000/mm^3$, em comum acordo com o(a) médico(a) do(a) paciente, iniciar sua monitorização através de contagem de células CD34+ em sangue periférico.

Para paciente com amostra colhida na instituição:

1. Avisar por telefone o Setor de Criobiologia sobre o encaminhamento da amostra de sangue para contagem de céls. CD34+ em sangue periférico (setor médico).
2. Agendar e avisar o posto de enfermagem para coleta da amostra de sangue para contagem de céls. CD34+ em sangue periférico.
3. Imprimir a solicitação padrão de contagem de céls. CD34+ em sangue periférico (setor médico).
4. Colher uma amostra de sangue em tubo com EDTA (tampa roxa) e mantê-la em temperatura ambiente. Essa coleta poderá ser feita pela plantonista logo no início do plantão diurno ou no final do plantão noturno.
5. Encaminhar ao Setor de Criobiologia até as 8 horas a amostra identificada e acompanhada da respectiva requisição.
6. Aguardar o resultado via e-mail ou, na contingência, via fax, da contagem de céls. CD34+ (setor médico). O médico do SH informará à equipe técnica do SH se haverá ou não a coleta. Dependendo da contagem e da hora, iniciar ou de preferência discutir com a equipe clínica sobre o início ou não da coleta caso o resultado seja muito próximo de 10 céls. $CD34+/mm^3$.

Coleta de células-tronco periféricas

1. Avisar por telefone o Setor de Criobiologia sobre o encaminhamento do(a) paciente no dia seguinte para a coleta de amostra e contagem de céls. CD34+ em sangue periférico.
2. Fazer no computador a solicitação padrão de contagem de céls. CD34+ em sangue periférico para amostra a ser colhida no hospital.
3. Entregar a solicitação à(ao) paciente/acompanhante, orientando-o(a) a comparecer até as 8 horas para coleta de amostra de sangue e que fique de sobreaviso para uma eventual convocação para coleta de células-tronco periféricas no mesmo dia.

4. Se não for possível entregar previamente a solicitação ao paciente, encaminhar fax da solicitação, ligar em seguida para confirmar recebimento e encaminhar a solicitação original na primeira oportunidade.
5. Idem ao item 6.

Figura 1.1 ▸ Esquema de funcionamento do processador sanguíneo junto ao doador ou paciente.

protocolo 2

Coleta de Células-tronco Hematopoéticas do Sangue Periférico Autólogo

Anteriormente à contagem de células CD34+ a maioria dos protocolos considerava como mínimo ideal a coleta total de células mononucleares de $5{,}0 \times 10^{6}$/kg de peso do paciente.

Atualmente a maioria dos protocolos considera como mínimo ideal a coleta total de $2{,}5 \times 10^{6}$cels. CD34+/kg de peso do(a) paciente. Sempre que possível, é interessante que se mantenha essa mesma quantidade mínima de células em criopreservação como *backup* para a eventualidade de um segundo transplante.

1. Tratando-se de TMO autoplástico, analisar os dados hematimétricos do(a) paciente a fim de se verificar a necessidade ou não de transfusão prévia de hemocomponente.
2. Tratando-se de TMO autoplástico, avaliar se o(a) paciente apresenta ou não condições de fazer a coleta no próprio banco de sangue.
3. Se for paciente internado, avisar a enfermagem da seção sobre o horário e local agendado. Se a programação para coleta for no SH (via ambulatorial) pedir ao(à) médico(a) do(a) paciente a solicitação de internação no *Day Clinic* para fins de coleta de células-tronco periféricas.
4. Avisar, por telefone, o Setor de Criobiologia sobre a coleta, informando o nome, a patologia e o peso do(a) paciente, e dados do doador, se TMO alogênico.
5. Verificar se já está disponível para encaminhamento a ficha própria, devidamente preenchida e assinada.
6. Na ocasião da coleta:
   - Verificar se a sorologia foi realizada, e o resultado, lembrando que deve ter sido realizada até dez dias antes da coleta.
   - Se o paciente estiver internado, avisar o setor de internação para encaminhá-lo ao Serviço de Hemoterapia.
   - Preparar o equipamento (*Cobe – spectra*), instalar o *kit* para o procedimento.
   - Preparar uma bandeja com 3 seringas de 10 mL, 1 pacote de compressas de gazes estéreis, 1 par de luvas, 1 torneirinha, álcool 70% e tubos para os exames laboratoriais (sorologia, se ainda não foi realizada ou se já venceu os dez

dias de coleta, e as dosagens de cálcio e magnésio que devem ser realizadas em todo procedimento de coleta de CPHSP.

- Preparar a solução que será administrada durante a coleta na via de retorno: gluconato de cálcio (1 ampola) + solução fisiológica (250ml), volume total de 260 ml ou de acordo com a prescrição médica. Utilizar equipo próprio para administrar através da bomba de infusão.
- Adaptar a torneirinha na extremidade do equipo. Fazer o *prime* do equipo, instalar na bomba de infusão e programá-la de acordo com o tempo programado no equipamento de aférese (o fluxograma na bomba de infusão está localizado no próprio equipamento).
- Preparar a cadeira de coleta em que o paciente ficará acomodado, os travesseiros, cobertores e lençol descartável.
- Fazer cadastro de doador/paciente na recepção, assim que ele chegar. É importante tirar a foto para o seu cadastro no sistema de informática. Realizar a triagem e verificar os sinais vitais.
- Se a amostra sorológica desse paciente já foi coletada e enviada dentro do prazo de dez dias, alterar no sistema SBS na atividade da triagem, o item referente a: Opção Resp. Triagem do número 3 (doação de bolsa utilizável em transfusão) para a opção de número 4 Coleta de bolsa sem amostra.
- Se a amostra não foi coletada e enviada ou se excedeu o prazo de dez dias, na triagem deve-se informar: o número 3 (doação de bolsa utilizável em transfusão).
- Nas Doações Autólogas o paciente não faz o voto de autoexclusão.
- Acomodar o paciente oferecendo-lhe conforto, e orientá-lo do procedimento.
- Solicitar ao paciente para assinar termo de consentimento. Deverá assinar também uma testemunha e o médico do banco de sangue.
- Seguir as orientações do protocolo referente à antissepsia e manipulação do cateter venoso central.
- Aspirar cerca de 3 ml da linha do cateter que será utilizada para o retorno, para remoção da solução de heparina.
- Coletar amostra para sorologia (se necessário) e amostra para hemograma ou apenas Hb, Ht e plaquetas (no SH) caso não se tenha esses dados, colher amostra para dosagens dos íons Ca++ e Mg++ e encaminhar para o laboratório clínico e, se for o caso, para a contagem de CD34+ periférico. Adaptar a torneirinha do equipo da bomba nesta via do cateter e a via de retorno do *kit* (azul) de aférese na torneirinha.
- Aspirar cerca de 3 mL da outra via do cateter e adaptar a outra via do *kit* (verde), a via de aspiração.
- Iniciar a coleta, apertando o painel do equipamento (*pause/continue*).
- Avisar por telefone o Setor de Criobiologia sobre a previsão do tempo para término da coleta.

7. Anotar na folha de registro individual de coleta de CPHSP:
   a) Nome do doador, peso, altura. Data e TBV (*Total Body Volume*) estipulado pela máquina.
   b) Validade da solução fisiológica e do anticoagulante, fabricante usado no procedimento, data de validade e lote do *kit*.
   c) Vias de acesso e retorno com rubrica da funcionária responsável pela função.
   d) Sinais vitais e horário de início.
   e) Anotar na folha: hora do *quick start*.
8. Programar o gotejamento do anticoagulante para (1:13), caso a programação da coleta for mais de duas volemias (1:14). Normalmente são três ou quatro volemias.
9. Programar a coleta do plasma conforme estabelecido: o volume de plasma deve ser semelhante ao do produto que será coletado.
10. Anotar no livro de registro de aférese: nome completo do doador/paciente, braço puncionado ou cateter, ABO Rh, nome do paciente, nome da funcionária responsável. No final do procedimento anotar o volume do produto coletado.
11. Assistir o paciente continuamente e estar atento a reações adversas.
12. Ao terminar a coleta:
    - Lavar e heparinizar o cateter, conforme protocolo de assepsia.
    - Verificar sinais vitais e anotar na folha de registro.
    - Fazer evolução de enfermagem no prontuário e solicitar ao médico para fazer evolução médica.
    - Ligar para o setor de internação para buscar o paciente.
    - Se o paciente for externo, orientá-lo sobre reações adversas caso ocorram, e encaminhá-lo para a sala de lanche.
    - Encaminhar o prontuário para o *Day Clinic*, e avisar a enfermeira sobre a alta do paciente.
13. Selar a bolsa de células-tronco periféricas e de plasma, deixando um segmento de 20 centímetros.
14. Fixar etiqueta nas bolsas de *stem cell* e plasma:
    - NÚMERO da doação.
    - Nome do doador (etiqueta de identificação, recortar o nome).
    - Etiqueta informando produto e volume coletado das células-tronco periféricas e plasma (se for o caso).
    - Etiqueta de sorologia (contingência ou se coletada e enviada na data da coleta, anotar: encaminhada XX/XX/XX).
15. Anotar no livro de registro de aférese os valores finais.
16. Encaminhar as bolsas com o pedido e a amostra para contagem de células CD34 periféricas caso necessário.
17. Anotar o procedimento na ficha do paciente.

18. Aguardar e-mail ou fax (contingência) do resultado da contagem e registrar na ficha própria de TMO.
19. Imprimir e-mail ou encaminhar para a recepcionista fazer cópia do referido fax.
20. Anexar ao protocolo de células-tronco periféricas do(a) paciente o resultado fornecido.
21. Ao decidir, de comum acordo com o(a) médico(a) do(a) paciente, encerrar as coletas, fazer contanto para informá-los dessa decisão.
22. Aguardar o envio dos resultados de todas as contagens.
23. De posse de todos os resultados individualizados, juntá-los e encaminhá-los ao(à) médico(a) do(a) paciente. Se paciente internado(a), encaminhar para o Setor de Enfermagem da Seção.
24. Aguardar o envio do relatório único de todas as coletas de células-tronco periféricas criopreservadas.
25. Tirar cópia desse relatório único e arquivá-la no protocolo de células-tronco periféricas do(a) paciente.
26. Encaminhar ao médico do paciente o original do referido relatório.
27. Acompanhar o envio dos resultados de culturas das bolsas coletadas.
28. Registrar e arquivar os resultados de cultura na ficha própria de TMO. No caso de cultura positiva, discutir resultado com o Setor de Criobiologia e com o(a) médico(a) do(a) paciente.

protocolo 3

Coleta de Células-tronco Periféricas de Doador Alogênico

OBJETIVO

Padronizar a coleta de *Stem Cell* Alogênico (Células Progenitoras de Sangue Periférico - CPHSP).

PRELIMINARES

O(A) médico(a) do Serviço de Hemoterapia, ao ser informado(a) da existência de um(a) paciente no programa de Transplante de Medula Óssea (TMO), se este estiver internado ou se vier ao Serviço com solicitação médica para TMO – Alogênico deverá:

1. Conhecer as condições gerais do(a) paciente e do(a) doador(a). Para isso, conversar com o paciente (médico e enfermeira), apresentar-se, esclarecer a rotina de mobilização, monitorização, coleta de células, criopreservação, condicionamento, descongelamento e infusão, e entregar-lhe o impresso próprio com essas informações. Esclarecer sobre o suporte hemoterápico, realizar o recrutamento de doadores de sangue e de plaquetas por aférese. Entregar os folhetos de orientações.
2. O médico plantonista, ao conversar com o paciente e/ou familiar, e de acordo com a solicitação do médico do paciente, programará a provável data para a coleta de amostra para contagem de CD34 e exames sorológicos, cadastro e triagem do candidato. Deve ser aberta a ficha própria de TMO (CPH – *Stem Cell*).
3. Coletar as amostras de sangue do receptor para a determinação dos testes ABO/Rh, PAI (Pesquisa de Anticorpos Irregulares) e AUTOCONTROLE. Se o paciente estiver internado, dar preferência para a rotina da coleta simultânea com o Laboratório Clínico. Neste caso, deixar orientado no Serviço de Hemoterapia e solicitar à seção para que quando houver solicitação de exames de laboratório, eles comuniquem os dois serviços para coletarem juntos, poupando assim o paciente de punções desnecessárias. Normalmente, a coleta do laboratório clínico é as 6 horas. Confirmar com o setor de internação e plantão noturno. Caso não esteja internado, coletar as amostras na visita médica realizada no Serviço de Hemoterapia.

4. Se o paciente e o doador estiverem internados, para que não precisem vir até o Serviço de Hemoterapia, o colaborador do serviço de hemoterapia deve ir até o quarto do doador e preencher o impresso para o cadastro na sequência e realizar a triagem. Coletar as amostras para os exames sorológicos, T+ PAI. Abrir ficha de receptor/doador.
5. Imprimir e colar as etiquetas de identificação nas fichas. As amostras devem ter as etiquetas com o número da amostra nos tubos, como na rotina de doação de Sangue Total. Uma etiqueta deverá ser entregue ao médico de plantão para ser colocada no prontuário do paciente.

   Lembrar que a sorologia tem a validade máxima de dez dias. Se as amostras e a bolsa não forem coletadas juntas, na triagem informar coleta de amostra. Realizar a rotina de amostra prévia.
6. Verificar o acesso venoso do doador. Dar preferência para a passagem de Cateter Venoso Central, devido ao tempo necessário para o procedimento.
7. Fornecer ao(à) paciente/família todas as informações e, se possível, mostrar o setor de aférese e o equipamento de coleta utilizado para o procedimento. Orientá-lo(la) a vir no dia da coleta com roupas confortáveis e alimentado(a).
8. Verificar o estoque de insumos e providenciar *kits* para coleta de CPHSP.

   Se o doador não estiver internado, é necessário fazer a internação no *Day Clinic*. Para isso, terá de apresentar a requisição do médico do paciente solicitando o procedimento.

Monitorização

Em geral, inicia-se a coleta de amostra para contagem de CD34 no quinto dia do uso do medicamento FILGRASTIN e a coleta de CPHSP quando esta contagem em sangue periférico atingir ou ultrapassar o valor de 10 cel. CD34+/mm^3.

Para o doador com amostras colhidas no Serviço de Hemoterapia

1. Um dia antes da coleta, avisar por telefone o setor de Criobiologia sobre o encaminhamento da amostra de sangue para contagem de células CD34+ em sangue periférico.
2. Agendar no próprio Serviço de Hemoterapia e com o doador a realização da coleta de amostra de sangue para a realização da contagem de células CD34+ em sangue periférico, às 7 horas.
3. Preparar impresso próprio de solicitação padrão de contagem de células CD34+ em sangue periférico, para o serviço de criobiologia.
4. Colher duas amostras de sangue do tubo com EDTA (tampa roxa), uma para o CD34+ (manter essa amostra em temperatura ambiente) e a outra para teste de leucócitos, Hb, Ht e plaquetas. Essa coleta poderá ser efetuada pelo plantonista, logo no início do plantão diurno, às 7 horas, ou no final do plantão noturno às 6 horas, caso o doador esteja no quarto do paciente. Se não estiver internado, a coleta deve ser encaminhada ao Setor de Criobiologia até às 8 horas, com a amostra identificada e acompanhada da respectiva requisição.

5. Aguardar o resultado via e-mail/fax da contagem de células CD34+ e, dependendo da contagem e da hora, iniciar a coleta ou discutir com a equipe clínica sobre o início ou não da coleta caso o resultado seja muito próximo de dez células CD34+/mm³. Normalmente o resultado fica pronto três horas após o encaminhamento da amostra.

Para doador com amostra a ser colhida na instituição:

1. Na véspera da coleta da amostra, avisar por telefone o setor de Criobiologia sobre o encaminhamento da amostra para contagem de células CD34+ em sangue periférico.
2. Preparar impresso próprio de solicitação de contagem de células CD34+ em sangue periférico para amostra a ser colhida.
3. Entregar a solicitação ao(à) doador(a)/acompanhante, orientando-o(a) a comparecer até às 8 horas para coleta de amostra de sangue e que fique de sobreaviso para uma eventual convocação para coleta de CPHSP no mesmo dia.
4. Aguardar o resultado via fax ou e-mail da contagem de células CD34+ e, dependendo da contagem e da hora, iniciar coleta ou discutir com a equipe clínica sobre o início ou não da coleta caso o resultado seja muito próximo de dez células CD34+/mm³.

Coleta de CPHSP

Atualmente, a maioria dos protocolos considera como mínimo ideal a coleta total de $2,5 \times 10^6$ células CD34+/kg de peso do(a) receptor(a). Sempre que possível, é interessante que se mantenha essa mesma quantidade mínima de células em criopreservação como *backup* para a eventualidade de um segundo transplante.

1. O doador deve estar com o pedido médico, solicitando a contagem de células CD34+ e a coleta de CPHSP do doador. Esse pedido deve conter o nome do doador e o nome do receptor para viabilizar a internação na *Day Clinic*.
2. O médico do Serviço de Hemoterapia deve avisar por telefone o Setor de Criobiologia sobre a coleta, informando o nome e os dados do(da) doador(a).
3. No dia da coleta, tão logo o doador se apresente ao Serviço de Hemoterapia, a colaboradora da recepção confirmará o seu comparecimento e providenciará o cadastro do doador. Após, será encaminhado para a triagem.
4. Verificar se a sorologia foi realizada, e o resultado, lembrando que deve ter sido realizada até dez dias antes da coleta.
5. Realizar a triagem de doação normal se a amostra sorológica desse doador já foi coletada e enviada dentro do prazo de 10 dias; alterar no sistema SBS na atividade da triagem o item referente à: Opção Resp. Triagem de número 3 (doação de bolsa utilizável em transfusão) para a opção de número 4 Coleta de bolsa sem amostra (rotina de amostra prévia).

   Se a amostra não foi coletada e enviada ou se excedeu o prazo de dez dias, na triagem deve-se informar: o número 3 (doação de bolsa utilizável em transfusão). Neste procedimento selecionar "NÃO" realizar o voto de autoexclusão. Caso o doador não tenha se alimentado de forma adequada, oferecer um lanche, e, neste caso, a doação deve ser iniciada trinta minutos após a ingestão do lanche. Durante esse tempo, realizar a montagem do *kit* no equipamento. Orientar o doador sobre o uso do sanitário antes do início da coleta.

6. Preparar o equipamento (*Cobe Spectra*), instalar o *kit* para o procedimento.Preparar uma bandeja com 1 pacote de compressas de gazes estéreis, 1 par de luvas, 1 torneirinha, álcool 70%, e tubos para os exames laboratoriais (Hemograma ou Hb, Ht e plaquetas, dosagens de cálcio e magnésio, que deve ser realizado em todo procedimento de coleta de CPHSP.
7. Preparar a solução que será administrada durante a coleta na via de retorno: gluconato de cálcio (1 ampola) + solução fisiológica (250ml), volume total de 260 ml ou de acordo com a prescrição médica. Utilizar equipo próprio para administrar através da bomba de infusão. Adaptar uma torneirinha de três vias na extremidade do equipo. Fazer o *prime* do equipo, instalar na bomba de infusão e programá-la de acordo com o tempo programado no equipamento de aférese (o fluxograma na bomba de infusão está localizado no próprio equipamento).
8. Preparar a cadeira de coleta em que o doador ficará acomodado, os travesseiros, cobertores e lençol descartável.
9. Selecionar as veias para acesso e retorno. Nesta via, colher amostra para sorologia (se necessário), T+PAI e PAI, Hb, Ht e plaquetas, que deverá ser encaminhada para o setor de processamento. Caso não se tenha esses dados, solicitar do laboratório clínico dosagens dos íons Ca^{++} e Mg^{++}, e encaminhar para o laboratório as amostras. Se for o caso, colher amostra para a contagem de CD34+ periférico. Adaptar a torneirinha do equipo da bomba de infusão na via de retorno quando for processar até três volemias do doador, ou duas ampolas para mais volemias (conforme protocolo de procedimento).
10. Se for utilizar Cateter Venoso Central, neste caso, proceder à técnica padronizada, dar preferência para aspirar na via vermelha e retornar na via azul.
11. Iniciar a coleta, apertando o painel do equipamento (*pause/continue*).
12. Se a infusão for realizada no mesmo dia, sem congelamento, não coletar plasma. Caso haja congelamento do produto, coletar plasma durante a coleta de CPHSP. Consultar a equipe médica.
13. Avisar por telefone o Setor de Criobiologia sobre a previsão do tempo para o término da coleta.
14. Anotar na folha de registro individual de *Stem Cell*:
    a) Nome do doador, peso, altura. Data e TBV estipulado pela máquina.
    b) Fabricante e validade da solução fisiológica e do anticoagulante usados no procedimento, fabricante e data da validade do kit utilizado.
    c) Vias de acesso e retorno com rubrica da funcionária responsável pela punção.
15. Anotar na folha: hora do *QUICK START*.
16. Programar o gotejamento do anticoagulante para (1:13), caso a programação da coleta seja mais de duas volemias (1:14).

17. Anotar no livro de registro de aférese: nome completo do doador, nº de amostra e bolsa.
18. Assistir o(a) doador(a) continuamente, mantê-lo aquecido com cobertores e aquecedor elétrico, e estar atento às reações adversas.
19. Verificar, durante a coleta, a necessidade de o(a) doador(a) urinar, oferecer o papagaio/comadre, e proporcionar ambiente privativo.
20. Ao término da coleta:
    a) Realizar cuidados de lavagem e heparinização do cateter segundo protocolo.
    b) Fazer curativo compressivo na punção da flebotomia.
    c) Verificar sinais vitais e anotar na folha de registro.
    d) Orientar o(a) doador(a) sobre reações adversas e, se estiver bem, encaminhá-lo (a) para a sala de lanche.
21. Fixar etiquetas nas bolsas de CPHSP e plasma contendo:
    a) Nº da doação.
    b) Nome do doador.
    c) Identificação do produto.
    d) Volume do produto.
    e) Etiqueta de sorologia.
22. Selar a bolsa de CPHSP e a de plasma, deixando um segmento de aproximadamente 20 centímetros.
23. Encaminhar as bolsas com o pedido e a amostra para contagem de CD34+ periférico caso necessário.
24. Anotar o procedimento na ficha do paciente e no prontuário, e encaminhar prontuário para o *Day Clinic*, não esquecer de registrar no prontuário com quem o doador saiu no Serviço de Hemoterapia.
25. Aguardar fax do resultado da contagem e registrar na ficha própria de TMO.
26. Encaminhar para recepcionista para fazer cópia do fax acima referido. De posse das cópias do fax de todos os resultados, anexá-las ao protocolo de CPHSP do(a) doador(a).
27. Ao decidir, de comum acordo com o(a) médico(a) do(a) paciente, encerrar as coletas, deve-se fazer contato com o setor de Criobiologia.
28. Aguardar o envio dos resultados individualizados (folha colorida) de todas as contagens.
29. De posse de todos os resultados individualizados, juntá-los e encaminhá-los ao(à) médico(a) do(a) paciente. Se o(a) paciente estiver internado(a), encaminhar para o Setor de Enfermagem da Seção.
30. Aguardar o envio do relatório único de todas as coletas de CPHSP criopreservadas.
31. Tirar cópia desse relatório único e arquivá-la no protocolo de CPHSP do(a) paciente.
32. Encaminhar original do referido relatório ao médico do(da) paciente.

33. Acompanhar o envio dos resultados de cultura das bolsas coletadas.
34. Registrar e arquivar os resultados de cultura das bolsas de TMO. No caso de cultura positiva, discutir resultado com o Setor de Criobiologia e com o(a) médico(a) do(a) paciente.
35. A infusão do produto deve ser realizada com equipo comum, sem filtro (macrogotas).
36. Fazer cópia desse relatório único e arquivá-la no protocolo de *Stem Cell* do (a) paciente.
37. Encaminhar ao médico do(a) paciente o original do referido relatório. Acompanhar o envio dos resultados de culturas das bolsas coletadas.
38. Registrar e arquivar os resultados de cultura na ficha própria de TMO. No caso de cultura positiva, discutir o resultado com o Setor de Criobiologia e com o(a) médico(a) do(a) paciente.
39. Anotar na folha de registro individual de células-tronco periféricas:
    a) Nome do doador, peso, altura. Data e TBV estipulado pela máquina.
    b) Fabricante e validade da solução fisiológica e do anticoagulante usados no procedimento, fabricante e data da validade do *kit* utilizado.
    c) Vias de acesso e retorno com rubrica da funcionária responsável pela punção.
40. Anotar na folha: hora do *Quick Start*.
41. Programar o gotejamento do anticoagulante para (1:13), caso a programação da coleta seja mais de duas volemias (1:14).
42. Se a infusão for realizada no mesmo dia, sem congelamento, não coletar plasma. Caso haja congelamento do produto, coletar plasma durante a coleta de CPHSP.
43. Anotar no livro de registro de aférese: nome completo do doador, nº de amostra e bolsa.
44. Assistir o(a) doador(a) continuamente, mantê-lo aquecido, com cobertores e aquecedor elétrico, e estar atento a reações adversas.

    Verificar, durante a coleta, a necessidade de o(a) doador(a) urinar, oferecer o papagaio/comadre, e proporcionar ambiente privativo.
45. Ao término da coleta:
    - Realizar cuidados de lavagem e heparinização do cateter segundo protocolo, ou.
    - Fazer curativo compressivo na punção da flebotomia.
    - Verificar sinais vitais e anotar na folha de registro.
    - Orientar o(a) doador(a) sobre reações adversas e, se estiver bem, encaminhá-lo (a) para a sala de lanche.
46. Fixar etiquetas nas bolsas de CPHSP e plasma contendo:
    - Nº da doação.
    - Nome do doador.

- Identificação do produto.
- Volume do produto.
- Etiqueta de sorologia.

47. Selar a bolsa de CPHSP e a de plasma, deixando um segmento de aproximadamente 20 centímetros.
48. Encaminhar as bolsas com o pedido e a amostra para contagem de CD34+ periférico caso necessário.
49. Anotar o procedimento na ficha do(a) paciente e no prontuário, e encaminhar o prontuário para o *Day Clinic.* Não esquecer de registrar no prontuário com quem o doador saiu do Serviço de Hemoterapia.
50. Aguardar fax do resultado da contagem e registrar na ficha própria de TMO do HOC.
51. Encaminhar para recepcionista para fazer cópia do fax acima referido.
52. De posse das cópias do fax de todos os resultados, anexá-las ao protocolo de CPHSP do(a) doador(a).
53. Ao se decidir, em comum acordo com o(a) medico(a) do(a) paciente, por encerrar as coletas deve-se fazer contato para informá-los desta decisão.
54. Aguardar o envio dos resultados individualizados (folha colorida) de todas as contagens.
55. De posse de todos os resultados individualizados, juntá-los e encaminhá-los ao(à) médico(a) do(a) paciente. Se o(a) paciente estiver internado(a), encaminhar para o Setor de Enfermagem da Seção.
56. Aguardar o envio do relatório único de todas as coletas de CPHSP criopreservadas.
57. Tirar cópia desse relatório único e arquivá-la no protocolo de CPHSP do(a) paciente.
58. Encaminhar original do referido relatório ao médico do(a) paciente.
59. Acompanhar o envio dos resultados de cultura das bolsas coletadas.
60. Registrar e arquivar os resultados de cultura das bolsas de TMO. No caso de cultura positiva, discutir resultado com o Setor de Criobiologia e com o(a) médico(a) do(a) paciente.
61. A infusão do produto deve ser realizada com equipo comum, sem filtro (macrogotas).

protocolo 4

Processamento de Células-tronco de Sangue Periférico

OBJETIVO

Promover o processamento adequado para posterior congelamento das células progenitoras hematopoéticas, visando a obter o maior número possível de células, garantindo sua viabilidade e integridade funcional.

Processamento de células-tronco periféricas

1. Receber a bolsa colhida por aférese, solicitar ao coletador a informação do volume colhido.
2. Adaptar à bolsa um *sampling site*, homogeneizar bem a bolsa, retirar 1 mL de amostra e adicionar a um tubo com EDTA e encaminhar para o laboratório específico para ser feita a contagem de células CD34+.*
3. Homogeneizar novamente, retirar 0,5 ml e adicionar em outro tubo com EDTA; este servirá para contagem do total de células nucleadas.*
4. Transferir todo o volume para uma bolsa de transferência de 300 ml, selar o segmento e centrifugar por 15 minutos a 3000 rpm.*
5. Retirar a bolsa com cuidado, colocá-la no extrator e encaminhar ao fluxo laminar.
6. Adaptar uma nova bolsa de transferência para a retirada do plasma. Deixar dois dedos de plasma na bolsa, agora contendo o *buffy-coat*.*
7. Selar a bolsa de plasma e separá-la da bolsa de *buffy-coat*.*
8. Adaptar um *sampling site* na bolsa de plasma, retirar 4 ml e adicionar no frasco de hemocultura. Encaminhar a hemocultura para o laboratório de microbiologia.
9. Com o auxílio de uma seringa de 60 mL, verificar agora o volume do produto a ser congelado.*

---

* Etapas realizadas em fluxo laminar.

10. Transferir o produto para a bolsa de congelamento, sendo no máximo 30 mL por bolsa. Utilizar mais de uma bolsa se for necessário.
11. Identificar a(s) bolsa(s) com os dados do paciente, do processamento e o código de barras.

Preparo da solução criopreservante

1. Se o volume a ser congelado for igual ou inferior a 50 ml, preparar 50 ml de solução criopreservante, sendo 20 mL de plasma autólogo + 20 mL de plasmin + 10 mL de DMSO.*
2. Se o volume a ser congelado for superior a 50 mL e inferior a 100 ml, preparar 100 mL de solução criopreservante, sendo 40 mL de plasma autólogo + 40 mL de plasmin + 20 mL de DMSO.*
3. Selar o segmento de uma nova bolsa de transferência e adaptar um *sampling site*.*
4. Adicionar o plasma e o plasmin nessa bolsa (de acordo com os volumes descritos nos itens 4.1 e 4.2. Ainda não adicionar o DMSO.
5. Colocar essa bolsa em banho frio (colocá-la entre dois gelox). Deixá-la por aproximadamente 10 minutos.
6. Em seguida, realizar o congelamento das células, seguindo o respectivo protocolo.

protocolo 5

Coleta de Medula Óssea por Punção das Cristas Ilíacas

Padronizar a coleta de medula pelas cristas ilíacas.

PRELIMINARES

Antes de iniciar a coleta sempre obtemos um consentimento informado do doador de medula óssea no ambulatório de transplante de medula óssea. Uma cópia do modelo do consentimento encontra-se a seguir.

Equipamento

- 10 a 12 agulhas largas de aspiração (agulhas de Thomas)
- 2 béqueres de vidro 2.000 mL
- 2 béqueres de vidro de 1.000 mL
- 1 cuba-rim
- 1 bacia de inox
- 1 caixa com agulhas
- 1 caixa com peneiras
- 1 pacote com filtro e régua de inox
- 2 cúpulas de inox
- 1 tampo de mesa de acrílico
- 1 pacote com pés da mesa
- 1 béquer de 1.000 mL de inox

Procedimento

1. Jovens e crianças com idade inferior a 21 anos devem assinar o consentimento juntamente com um adulto reconhecido legalmente.
2. Até 1994, a conduta era de se coletar uma unidade de sangue autólogo do doador de medula óssea alogênico para evitar os riscos de transfusão de sangue. Posteriormente, com um controle mais rígido das funções hemodinâmicas pelo anestesista, deixamos de coletar a unidade autóloga.
3. Solicitar os exames pré-coleta de medula óssea que são realizados no ambulatório para se avaliar o estado clínico e possíveis doenças que possam aumentar os riscos anestésicos. Os exames solicitados são: hemograma com plaquetas, coagulograma, ALT e AST, ureia e creatinina, sódio, potássio, sorologia para HIV 1 e 2, sorologia para HTLVI e hepatites B e C, sorologias para citomegalovírus (IgG e IgM), sorologia para toxoplasmose, doença de Chagas e sífilis. Para receptores com sorologia para hepatite B positiva, recomendamos solicitar a carga viral.
4. O doador de medula óssea geralmente deverá ser admitido na unidade de transplante de medula óssea na noite anterior ao procedimento. Após a admissão e a checagem do exames pré-operatórios, o doador é mantido em jejum para a coleta no centro cirúrgico.
5. Todo procedimento de coleta da medula óssea é realizado em centro cirúrgico. Antes da aspiração as seringas são lavadas com uma solução contendo soro fisiológico 0.9% (aproximadamente 300 mL, associado com heparina 10.000 UI); 200 ml da solução vai para um béquer de inox, e o restante é utilizado para a lavagem prévia das agulhas (100 mL). Anteriormente, utilizávamos o meio TC-199 em lugar do soro fisiológico.
6. Aspirar 5-7 mL da região das cristas ilíacas, com o paciente em decúbito ventral. A agulha é inserida inicialmente na pele, e posteriormente dentro do osso ilíaco. A seringa e a agulha contendo a medula óssea são retiradas ao mesmo tempo, e dirigidas para o instrumentador, que verte a medula óssea dentro do béquer de inox e lava a seringa e a agulha cuidadosamente na solução contendo soro fisiológico com heparina para evitar a formação de espuma, e é devolvida à mesa cirúrgica. Cada vez que a agulha é inserida na pele, esta é rodada para uma nova área a fim de não atingir o mesmo furo. São realizadas de quatro a cinco perfurações na pele, acompanhando a curvatura das cristas ilíacas posteriores, superior e inferior, em ambos os lados, com as agulhas. No interior das cristas ilíacas, abaixo da pele, são realizadas aproximadamente cem punções. O cálculo aproximado de volume a ser coletado é de 10-15 mL/kg de medula óssea do doador ou um mínimo de 2.0×10^8 cel/kg do receptor.
7. Em casos de tratamento *ex vivo* da medula óssea é imperativo que se colha um número mínimo de células. Nesse caso, faz-se uma contagem da medula óssea (número de leucócitos) para se avaliar o número aproximado de células coletadas até aquele momento, e fazendo uma projeção ao término da coleta da medula óssea.

8. Após a coleta do volume desejado (10-15 mL/kg), a medula óssea é filtrada em filtros de 0,22 µ e 0,33 µ de diâmetro, respectivamente. Amostras de medula óssea são obtidas para cultura e contagem de células. Após a filtragem a medula óssea é transferida para bolsas de sangue descartáveis.
9. O volume final de medula óssea é obtido pelo volume final, descontado da solução contendo soro fisiológico com heparina. O médico assistente envia a medula óssea imediatamente para o quarto do receptor e é administrada intravenosamente pelo cateter de longa permanência tipo Hickman. O tempo médio do procedimento é de duas horas, no centro cirúrgico.

protocolo 6

Processamento de Medula Óssea (Método Manual)

Promover o processamento adequado para posterior congelamento das células progenitoras hematopoéticas de medula óssea, visando a obter o maior número possível de células, garantindo sua viabilidade e integridade funcional.

Processamento da medula óssea

1. Todas as bolsas de transferência (600 mL) provenientes da coleta de medula óssea devem ser identificadas com os seguintes dados do paciente: nome, registro, número da bolsa e volume de medula óssea, já descontado o peso da bolsa.
2. Fazer a contagem de células nucleadas na amostra obtida do total de medula óssea coletado do paciente. Essa amostra é retirada no centro cirúrgico, pelos médicos que realizaram a coleta, e encaminhada ao laboratório juntamente com as bolsas de medula óssea.
3. Selar todas as saídas das bolsas que contêm a medula óssea.
4. Adaptar uma bolsa de transferência de 300 mL em cada bolsa colhida, verificar o volume de cada bolsa individualmente e adicionar solução de Hidroxietilstarch (HES) a uma proporção de 1:9. Incubar em posição invertida por 90 minutos.*
5. Após a incubação, retirar lentamente a camada de hemácias através da bolsa de transferência e deixar aproximadamente 2 a 3 cm de hemácias.*
6. Homogeneizar as bolsas e centrifugá-las a 3.000 rpm, por 15 minutos.
7. Após a centrifugação colocar a bolsa em um extrator de plasma. Adaptar uma nova bolsa de transferência para a retirada do plasma. Deixar dois dedos de plasma na bolsa, agora contendo o *buffy-coat*.*

   Selar a bolsa de plasma e separá-la da bolsa de *buffy-coat*.*

---

* Etapas realizadas em fluxo laminar.

8. Adaptar um *sampling site* na bolsa de plasma, retirar 4 ml e adicionar ao frasco de hemocultura. Encaminhar a hemocultura para o laboratório de microbiologia.
9. Homogeneizar bem a bolsa de *buffy-coat* e retirar uma amostra para a contagem de células nucleadas e células CD34+.
10. Com o auxílio de uma seringa de 60 ml, verificar o volume de *buffy-coat* a ser congelado.*
11. Transferir o produto para a bolsa de congelamento, sendo no máximo 30 ml por bolsa. Utilizar mais de uma bolsa se for necessário.*
12. Identificar a(s) bolsa(s) com os dados do paciente, do processamento, e o código de barras.

---

* Etapas realizadas em fluxo laminar.

protocolo 7

Processamento de Medula Óssea (Método Automático)

OBJETIVO

Processar as bolsas de medula óssea coletadas dentro das normas preestabelecidas e testadas, utilizando o processador sanguíneo automático Sepax da Biosafe, para armazenamento em contêiner com nitrogênio líquido para criopreservação por tempo indeterminado.

Procedimento

1. Antes da instalação do *kit*: ligar o equipamento Sepax.
2. Selecionar o protocolo: o indicado é o GVR – redução de volume.
3. Checar se os parâmetros estão corretos.

Preparação do produto e do *kit* do protocolo

1. Inspecionar o produto de medula óssea quanto a coágulos e hemólise.
2. Agitar bem o produto e retirar uma amostra (1 mL) para contagem de células iniciais.
3. Sob o fluxo laminar, conectar as respectivas bolsas: de medula óssea e do produto final.

Instalação do *kit* ao equipamento

1. Pendurar a bolsa de medula óssea no gancho da haste lateral.
2. Encaixar a câmara de sedimentação, pressionando-a para baixo até encontrar certa resistência.

OBSERVAÇÃO

Cuidado para não tocar na parte de cima, onde sai a tubulação para o leitor óptico.

3. Colocar a tubulação no leitor óptico até encaixar no fundo, fazendo movimentos delicados, como se passasse um fio dental.

   Verificar se as válvulas encontram-se em "posição T".
4. Ajustar a distância da tubulação e encaixar as válvulas nos *rotary pins*.
5. Fechar a tampa da câmara de sedimentação/centrífuga cuidadosamente, até ouvir um *click* ao girar o pino.
6. Conectar o sensor de pressão ao local adequado.
7. Pendurar as bolsas de plasma e *BC Bag*.

OBSERVAÇÃO

Com o *kit* instalado, pressionar "Enter" para começar o processamento da medula óssea. O equipamento fará uma checagem, indicando ao final que o "*Kit* está ok". No *display* aparecerão os itens selecionados para se fazer a rastreabilidade.

8. Abrir a *roller clamp* conforme solicitado no *display* e pressionar "Enter";

OBSERVAÇÃO

Nesse momento o equipamento funcionará automaticamente. De início será feito um *primming*, seguido do enchimento da câmara. Começará o processo de sedimentação através da centrifugação vertical realizada. Após a sedimentação será realizada a primeira extração do plasma, o qual irá para *Input Bag*. Em seguida será feita a primeira extração do *BC* (cerca de 2 a 3 mL de plasma irão para *BC Bag*). Terminada a primeira extração do *BC*, o plasma retorna para a câmara e ocorrerá nova sedimentação. Após o processo de sedimentação será realizada a segunda extração do plasma, o qual irá para sua bolsa específica. Quando todo o plasma for retirado, inicia-se a segunda extração do *BC*. Terminado esse processo, de acordo com a função selecionada, será extraída (voltando para *Input Bag*) ou não, as células vermelhas. O processo de separação e extração está concluído.

9. Final do processamento
   9.1. Seguir as mensagens do *display*.
   9.2. Colocar as bolsas para baixo.
   9.3. Desconectar o sensor de pressão e pressionar "Enter".

OBSERVAÇÃO

Por gravidade, as células vermelhas irão para *Input Bag* (pode-se ou não fazer o *strip* da linha). Pressionar "Enter".

   9.4. O *Buffy coat* irá descer por gravidade (as válvulas estão abertas).

Antes de pressionar "Enter":

   9.5. Fazer *strip* do *BC*;

9.6. Extrair o ar manualmente da *BC Bag* até o sangue chegar à bifurcação Y.

OBSERVAÇÃO

Recomenda-se fazer uma homogeneização da *BC Bag* apertando delicadamente a menor parte da bolsa.

9.7. Pressionar "Enter" (as válvulas estarão fechadas, sem a necessidade de tocar em nenhuma *clamp* – o sangue não retornará).

9.8. Fechar todas as *clamps* conforme solicitado no *display*.

9.9. Fechar a "BC *clamp*" antes de selar a linha.

9.10. Selar a linha (2 cm após a bifurcação).

9.11. Retirar o *kit* e descartar.

9.12. Pressionar "Enter" conforme solicitado no display.

OBSERVAÇÃO

O equipamento está pronto para realizar outro procedimento ou para ser desligado.

Homogeneização e contagem de células (preferencialmente em fluxo laminar):

1. Com uma seringa de 5 mL, proceder várias vezes (cerca de três vezes) retirando 5 mL do *BC* e retornando-o novamente para *BC Bag*, para homogeneização.
2. Retirar uma alíquota (cerca de 1 mL) para contagem final de células calculando-se a recuperação.
3. Fazer a contagem em um contador automático.

OBSERVAÇÃO

A *BC Bag* está pronta para receber o DMSO e ser criopreservada.

protocolo 8

Congelamento de Células-tronco de Sangue Periférico e Medula Óssea em Nitrogênio Líquido (-196 °C)

OBJETIVO

Promover o congelamento adequado das células progenitoras hematopoéticas, seja do sangue periférico ou da medula óssea visando a obter o maior número possível de células, e garantindo sua viabilidade e integridade funcional.

Preparo da solução criopreservante

1. Se o volume a ser congelado for igual ou inferior a 50 mL, preparar 50 ml de solução criopreservante, sendo 20 ml de plasma autólogo + 20 mL de plasmin + 10 mL de DMSO.*
2. Se o volume a ser congelado for superior a 50 mL e inferior a 100 mL, preparar 100 mL de solução criopreservante, sendo 40 ml de plasma autólogo + 40 mL de plasmin + 20 mL de DMSO.*
3. Selar o segmento de uma nova bolsa de transferência e adaptar um *sampling site*.*
4. Adicionar o plasma e o plasmin nessa bolsa (de acordo com os volumes descritos nos itens 1 e 2. Ainda não adicionar o DMSO.*
5. Colocar essa bolsa em banho frio (colocá-la entre dois gelox). Deixá-la por aproximadamente 10 minutos.*

Congelamento

1. Cadastrar no sistema e emitir as etiquetas para o protetor metálico (canister), bolsa de congelamento.

* Etapas realizadas em fluxo laminar.

2. Deixar no arquivo do doador uma etiqueta com o número da bolsa e seu código de barras, para sua futura localização.
3. Escrever manualmente no protetor metálico, com caneta apropriada para baixas temperaturas, nome, número da bolsa e data da coleta.
4. Colocar a solução crioprotetora, a bolsa contendo o *stem cell* periférico ou *buffy-coat*, a bolsa de congelamento vazia e o canister na geladeira, por no mínimo 15 minutos antes de iniciar o congelamento.
5. Transferir a solução crioprotetora lentamente para a bolsa de congelamento com o PBSC, sob constante homogeneização manual.
6. Retirar o ar, homogeneizar, selar o seguimento rente à bolsa e também a aproximadamente 3 ou 4 cm acima, sem desconectar.
7. A(s) bolsa(s) de criogenia devem ser levadas rapidamente para a congeladora em maleta térmica contendo refricell (gelo).
8. Ligar a impressora, colocar o canister com a bolsa dentro da congeladora de células programável. Colocar o sensor em 1 canister, sem contato direto com a bolsa.
9. O congelador programável já deve estar ligado, aguardando a ordem de "inserir produto" no aparelho. Ao término, analisar o gráfico impresso, datar, assinar e arquivar no prontuário do doador.
10. Remover o canister da congeladora e armazená-lo no contêiner de nitrogênio líquido.

protocolo 9

Congelamento de Células-tronco do Sangue Periférico Utilizando Hidroxietilstarch (para *Freezer* a -85 °C)

OBJETIVO

Promover o congelamento adequado das células progenitoras hematopoéticas, visando a obter o maior número possível de células, garantindo sua viabilidade e integridade funcional para armazenamento por, no máximo, dois anos.

Procedimento

1. Selar e pesar a bolsa de *stem cell* descontando o peso da bolsa.
2. Retirar amostras para contagem de células, análise de células CD34 positivas, cultura de progenitores, e teste de esterilidade.
3. Transferir o material para uma bolsa de transferência e selar todas as saídas.
4. Centrifugar a 3.000 rpm por 15 minutos, em temperatura ambiente.
5. Após a centrifugação, acomodar a bolsa em um extrator de plasma e acoplar uma bolsa de transferência com o segmento fechado por uma pinça hemostática.
6. Abrir a pinça permitindo que o plasma passe livremente para a bolsa de transferência. Por volta de 2 centímetros da camada de células, fechar a pinça. Limpar o segmento, selar e pesar as bolsas (plasma e *buffy coat*).
7. Acoplar um *sampling site* a uma das saídas da bolsa de *buffy coat*, e com o auxílio de uma seringa de 60 ml, transferir as células para uma bolsa especial de congelamento. A bolsa deverá estar previamente identificada com o nome do paciente, o tipo de procedimento, a data do congelamento e a especificação do conteúdo.
8. Em uma bolsa específica contendo a solução crioprotetora (normosol + HES + dextrose) adicionar 20 ml e albumina humana, e 5 mL de Dimetilsulfóxido (DMSO).

9. A solução crioprotetora deve ser imediatamente misturada à bolsa de congelamento, na razão de 1:1, com o produto de células, através de uma seringa de 60 mL. A bolsa contendo as células deverá estar previamente gelada.
10. Selar a bolsa de congelamento, acomodá-la no "canister" apropriado para armazenamento.
11. Armazenar as bolsas em *freezer* a –85 °C.

protocolo 10

Descongelamento e Infusão de Células-tronco de Sangue Periférico e Medula Óssea

OBJETIVO

Existe toxicidade associada com infusões de medula óssea e células-tronco periféricas criopreservadas, devido à infusão do crioprotetor DMSO. Atenção deve ser dada ao tempo de infusão do produto, ao volume a ser infundido, e a possíveis reações do paciente.

Procedimento

1. Separar o material, que será levado até o leito do paciente, no recipiente adequado para transporte de bolsas criogênicas.
2. Preparar seringas com 100 UI de heparina como precaução, caso haja aparecimento de coágulos durante o descongelamento.
3. Identificar as seringas com o número da bolsa correspondente.
4. Encher o recipiente com nitrogênio líquido até aproximadamente metade da capacidade.
5. Retirar a(s) bolsa(s) do *freezer*, e colocá-la(s) imediatamente no recipiente adequado.
6. Ao chegar no quarto do paciente, encher o banho-maria com água fria e estabilizar a temperatura para 37 °C a 40 °C.
7. Retirar a primeira bolsa do nitrogênio líquido, colocar dentro do saco plástico tipo *ziploc* e mergulhar no banho, massageando até o total descongelamento. O descongelamento deve ser feito rapidamente (4 a 5 min).
8. Quando o produto estiver descongelado, retirar a bolsa do banho e secar com papel toalha.
9. Adaptar o *sampling site* na saída da bolsa de congelamento e retirar uma amostra para esterilidade e viabilidade.
10. Entregar a bolsa ao médico para ser infundida.

11. Descongelar as bolsas restantes, caso haja, da mesma forma que a primeira.
12. Ver protocolo de infusão das células-tronco hematopoéticas periféricas.

Infusão das células-tronco hematopoéticas periféricas

Após o(a) médico(a) do(a) paciente comunicar o laboratório de Criobiologia sobre a data da infusão, as seguintes providências deverão ser tomadas:

1. Avisar o Setor de Enfermagem da Seção sobre data e horário agendados. Aproveitar a ocasião para confirmar se o(a) médico(a) do(a) paciente deixou ou deixará a prescrição da medicação pré-infusão de células progenitoras de sangue periférico.
2. O setor de Criobiologia deve ter preenchido a solicitação de infusão de células progenitoras de sangue periférico, onde constará o número de unidades a serem infundidas. Se os resultados de cultura das bolsas que serão infundidas não estiverem prontos, encaminhar também a ficha padrão: assinada pelos(as) médicos(as) do(a) paciente para retirada de Células Progenitoras de Sangue Periférico.
3. Preencher a ficha própria das unidades a serem infundidas.
4. No dia da infusão checar com a enfermagem da seção se o banho-maria está preparado, confirmar o horário exato da infusão, e ao se dirigir para infusão, levar os seguintes equipamentos:

    - Caneta azul.
    - Termômetro de banho-maria.
    - Três equipos macrogotas específicos para infusão de *Stem Cell*.
    - Gaze estéril e não estéril.
    - Luvas de procedimento.
    - Álcool Swab.
    - Pinça hemostática.
    - Pinça metálica grande.
    - Micropore.
    - Saco plástico tipo *ziplock*.
    - Termômetro e estetoscópio.
    - Tesoura.
    - Seringas.
    - Adaptador.
    - Fita de arame para vedação.
    - Frascos para a coleta de cultura.

5. Tirar uma cópia do relatório que especifica as unidades de *stem cell* que serão infundidas e as que permanecerão criopreservadas, para posteriormente ser arquivada na pasta de *Stem Cell* e levar o original do referido relatório para ser anexado ao prontuário.

6. Proceder à infusão das células-tronco periféricas ou de medula óssea conforme protocolo:

    - Lavar as mãos.
    - Conferir a identificação do paciente.
    - Orientar sobre o procedimento e possíveis intercorrências.
    - Preparar o material.
    - Conferir a temperatura do banho-maria, que deverá estar entre 37 °C a 40 °C.
    - Verificar materiais (ex.: luva estéril, compressa estéril e frascos para cultura).
    - Posicionar a caixa térmica próxima ao banho-maria.
    - Aguardar: Sinais vitais verificados pela enfermeira do setor.
    - Colocar máscara.
    - Lavar as mãos novamente.
    - Abrir as embalagens: das luvas estéreis, do equipo e torneirinha.
    - Calçar luvas.
    - Após o descongelamento da bolsa pelo médico, conferir a identificação da bolsa: nome, data de coleta, SAME etc.
    - Após o médico tirar o lacre da bolsa, conectar o equipo na primeira bolsa, com cuidado para não contaminar.
    - Fazer o *prime* do equipo e conectar uma torneirinha estéril na extremidade do equipo.
    - Coletar a amostra para cultura antes de conectar o equipo no Cateter Venoso Central.
    - Adaptar uma seringa na torneirinha e aspirar 2 ml do produto para cultura, adaptar uma agulha estéril na seringa após a coleta para proteger o produto na seringa. Adaptar a torneirinha no cateter do paciente. A enfermeira do setor é quem coleta o produto para cultura e conecta o equipo no Cateter Venoso Central.
    - Controlar o gotejamento, inicialmente 60 gotas/minuto; após, passar para aproximadamente 100 gotas/minuto.
    - A amostra do produto para cultura deve ser de apenas de uma das bolsas, de cada dia de coleta. A distribuição dos 2 ml do produto nos três frascos de cultura para teste de anaeróbios, aeróbios e fungos é de aproximadamente 0,6 ml do produto para cada frasco.
    - Cada bolsa não deve passar de 15 minutos entre descongelamento e infusão. Assim sendo, o tempo de infusão deve ser de aproximadamente 10 minutos.
    - Pode-se usar o mesmo equipo para todas as bolsas de uma mesma coleta (mesma data de coleta). Trocar o equipo se houver bolsas de outro dia de coleta. Nesse caso, é necessário outra torneirinha, e coletar outra amostra de cultura, conforme a técnica já descrita. Trocar o equipo em qualquer momento que houver suspeita de contaminação durante a manipulação.

Se entrar ar no equipo, retirá-lo com a pinça hemostática, com movimentos ascendentes.

- Ao término da infusão, após a última bolsa, infundir 100 ml de soro fisiológico para lavar o cateter.

7. Registrar no prontuário do(a) paciente o procedimento efetuado, especificando o número de unidades e quantidade de células CD34+ infundidas, o número e a quantidade de unidades de células CD34+ mantidas em criopreservação.
8. Registrar na ficha de receptor do SH o procedimento de infusão do *stem cell*.
9. Anotar na ficha de TMO: data da infusão e intercorrências durante a infusão, se houver.
10. Acompanhar os exames na Folha de Controle Laboratorial para verificar o dia de pega da medula, registrando essa data na ficha de TMO.

protocolo 11

Coleta e Infusão de Linfócitos Alogênicos

OBJETIVO

Padronizar coleta de linfócitos por aférese.

PRELIMINARES

1. O doador de linfócitos será escolhido pelo(a) médico(a) do paciente, com base na compatibilidade dos antígenos HLA.
2. O candidato será encaminhado ao Banco de Sangue para:
   - Cadastrá-lo como candidato à doação.
   - Pré-triagem para doação de sangue total.
   - Avaliação da rede venosa periférica com fins de doação de produtos por aférese. Caso não tenha condição de veia periférica adequada para o processo, comunicar ao médico do Banco de Sangue e ao paciente.
   - Coleta de amostra para sorologia completa.
   - Colher 1 tubo com EDTA a mais, e solicitar hemograma com contagem de plaquetas e encaminhar para Laboratório Clínico.
   - Orientar o candidato sobre o procedimento.
   - Entregar folheto de orientações gerais sobre doação.
   - De acordo com a solicitação do médico, do paciente e do Banco de Sangue, agendar data da coleta.
3. Se o paciente estiver presente:
   - Colher amostra para tipagem sanguínea e PAI – Pesquisa de Anticorpos Irregulares.
   - Preencher ficha de receptor/paciente.
   - Encaminhar para o setor administrativo para que seja informado sobre cobertura do convênio, e custos.

Procedimento

Coleta de linfócitos em cobe spectra®

No dia da coleta

1. Tão logo o doador se apresente ao Serviço de Hemoterapia, a colaboradora da recepção confirmará seu agendamento e providenciará cadastro de sua ficha no sistema.
2. O colaborador da triagem deverá dar seguimento à entrevista e à realização dos Sinais Vitais e teste de hemoglobina. Todos os critérios de aptidão devem seguir os mesmos critérios da doação de sangue total. O doador deverá assinar o termo de consentimento, que deve ser simplificado, explicando o procedimento de coleta, as complicações e os riscos ao doador.
3. Caso não tenha se alimentado de forma adequada, oferecer um lanche. Orientar que a doação deve ser realizada 30 minutos após. Preencher esse tempo com a montagem do equipamento.
4. Acomodar o doador na cadeira, oferecendo-lhe o máximo de conforto.
5. O doador deverá receber informações gerais sobre o procedimento de coleta, as vias da punção venosa, o tempo de duração aproximado, os movimentos que poderão ser realizados enquanto estiver puncionado.
6. Lembrar o doador que devido à demora do procedimento, deverá usar o banheiro.
7. A coleta de linfócitos só poderá ser realizada por funcionária devidamente treinada em aférese e Supervisão Médica.
8. No equipamento COBE Spectra® procede-se à coleta utilizando *kit* e prato de WBC (*White Blood Cells*). Programar para coleta de WBC (coleta de células-tronco) opção MNC.
9. Selecionar veias de acesso e retorno, conectar na veia de retorno uma torneirinha de três vias para administração de medicação. Caso seja necessário, colher dois tubos de amostra com EDTA, sendo um para hemograma completo e um para prova de compatibilidade. Se houver necessidade, montar a bomba de infusão de acordo com a técnica padronizada.
10. A relação anticoagulante com a quantidade de sangue aspirado é de 1:13 em caso de três volemias 1:14.
11. Adaptar o colorgrama da linha de coleta, controlar a cor mais clara, entre 1% MNC e 0,5%.
12. Durante toda a coleta o doador deve ser acompanhado pelo colaborador da aférese ou médico do Serviço de Hemoterapia.
13. Após ter iniciado as manobras no equipamento, estando o doador seguro e adaptado, o colaborador responsável pelo procedimento deverá dar continuidade ao preenchimento da documentação necessária. Preencher o impresso próprio de procedimento de aférese.
14. Colar na folha individual de registro de coleta de WBC, etiqueta correspondente ao número de doação, e na parte inferior direita, lote do *kit*, data de valida-

de, data, nome do doador, peso, altura, sexo, TBV, fabricante do lote e data de validade do anticoagulante e do soro fisiológico. Veias de acesso e retorno com rubrica iniciais da funcionária responsável pela venopunção.

15. Realizar o início do procedimento no SBS.
16. O volume sanguíneo extracorpóreo não deverá superar 15% da volemia do doador.
17. Afixar etiqueta de doação específica acima do rótulo de doação, identificando o nome do beneficiário.
18. Ao término do procedimento, retirar a via de acesso e fazer curativo compressivo. Posteriormente, no final do *rinseback*, retirar a via de retorno e proceder o curativo da mesma forma.
19. Retirar o produto coletado, pesar a bolsa, dividir por 1,04 para calcular o volume líquido e conferir com o volume informado pelo equipamento de aférese.
20. Orientar o doador sobre os cuidados após a doação, verificar os Sinais Vitais e, após certificar-se de que esteja bem, entregar protocolo de doação e encaminhá-lo à sala de lanche. A validade do produto é de 24 horas.
21. Anotar na folha de WBC os dados finais do procedimento e arquivar em pasta específica.
22. Para coletar amostra do produto, homogeneizar bem a bolsa, ordenhar o seguimento quatro vezes, selar o segmento da bolsa no espaço de aproximadamente um palmo (entre 20 e 25 cm) cerca de 2 mL, transferir para um tubo de EDTA, encaminhar para o Banco de Sangue para contagem de células CD3.
23. Aguardar o resultado da contagem de células CD3+. A dose mínima é de $1{,}0 \times 10^8$ células CD3/kg do peso do paciente.
24. Realizar prova de compatibilidade entre doador e receptor.

Infusão de linfócitos alogênicos

Objetivo

Padronizar infusão de linfócitos

1. Verificar se o(a) paciente já possui tipagem e FICHA DE RECEPTOR. Caso não possua, colher amostra para tipagem, preencher a ficha de receptor, cadastrá-lo, e prova de compatibilidade.
2. Confirmar se o paciente recebeu medicação pré-transfusional (Benadryl).
3. Avisar o serviço de enfermagem do setor onde o paciente está internado.
4. Se houver incompatibilidade ABO, o paciente deve estar recebendo hidratação há 24 horas.
5. Equipar a bolsa de linfócitos com equipo comum de transfusão.
6. Proceder à infusão com acompanhamento do médico do Banco de Sangue.

OBSERVAÇÃO

O produto não pode ser deleucotizado nem irradiado.

protocolo 12

Coleta de Células-tronco Hematopoéticas de Sangue de Cordão Umbilical e Placentário (SCUP)

São realizados dois tipos de coleta: o intra e o extraútero.

COLETA INTRAÚTERO

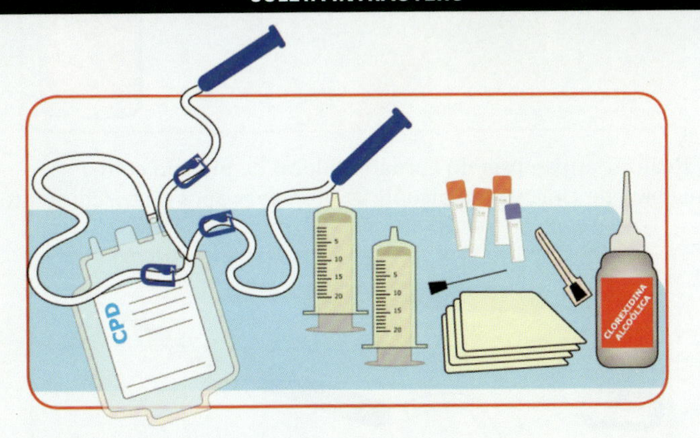

Abrir os materiais do *kit* de coleta na mesa, com campo estéril.

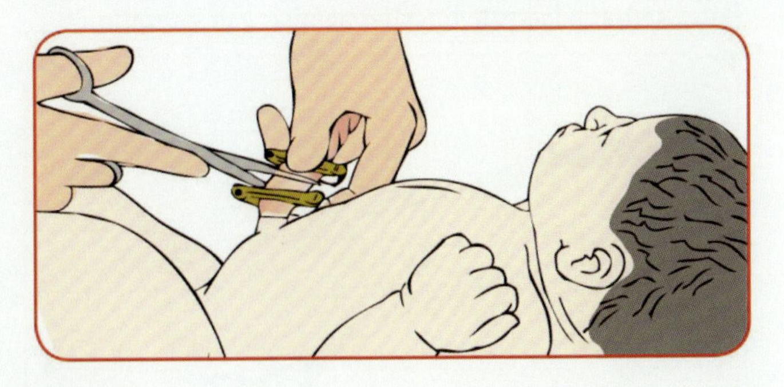

Após o nascimento, cortar o cordão umbilical próximo ao bebê (mais ou menos 5 cm).

COLETA INTRAÚTERO

Verificar se todas as pinças estão devidamente abertas.

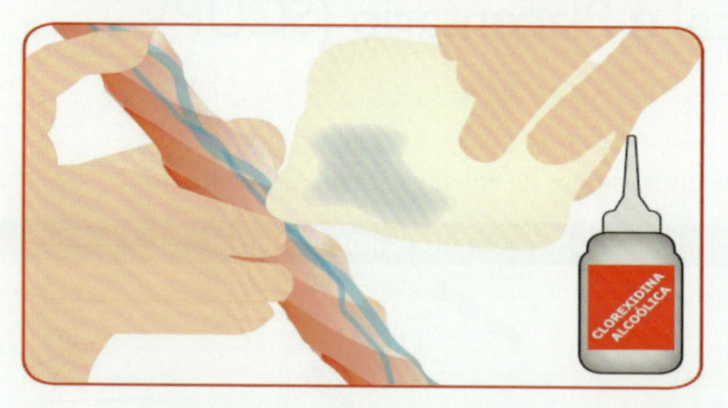

Realizar antissepsia do cordão no local da punção com a gaze embebida de clorexidina alcoólica. Desprezar após o procedimento.

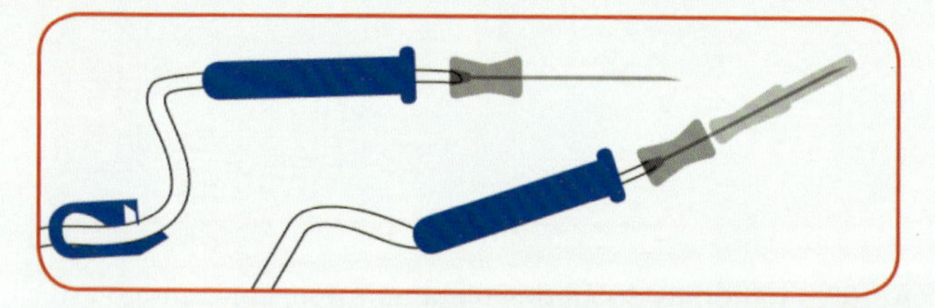

Retirar o lacre de uma das agulhas e desprezá-lo.

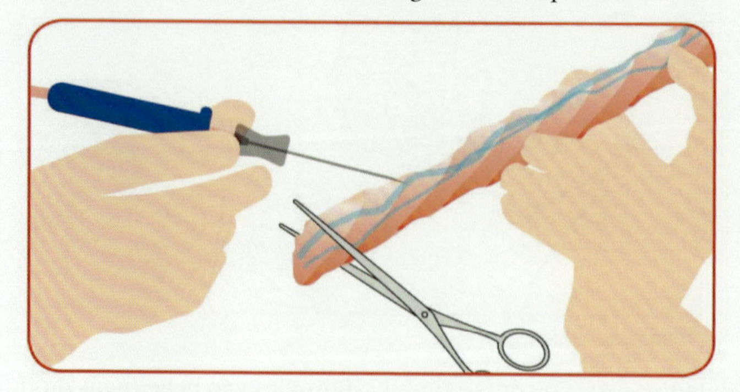

Puncione a veia umbilical mais calibrosa e próxima da pinça, e deixe o sangue drenar para a bolsa de coleta.

COLETA INTRAÚTERO

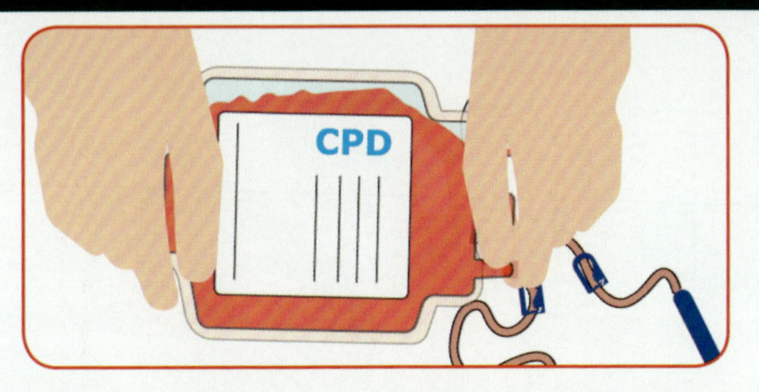

Realizar, diversas vezes, a homogeneização da bolsa para evitar coágulos.

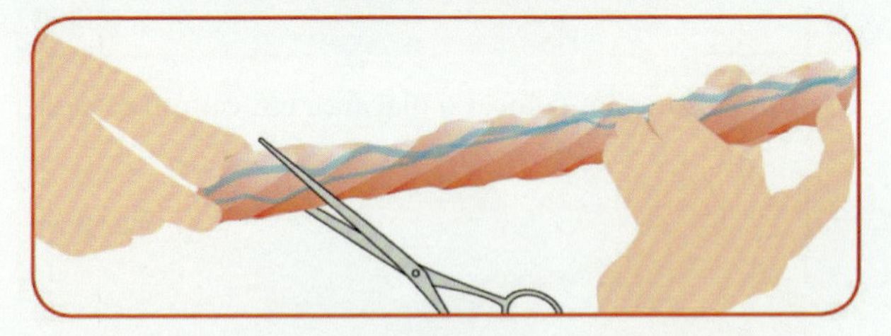

Ordenhar o cordão umbilical (coleta mais rápida).

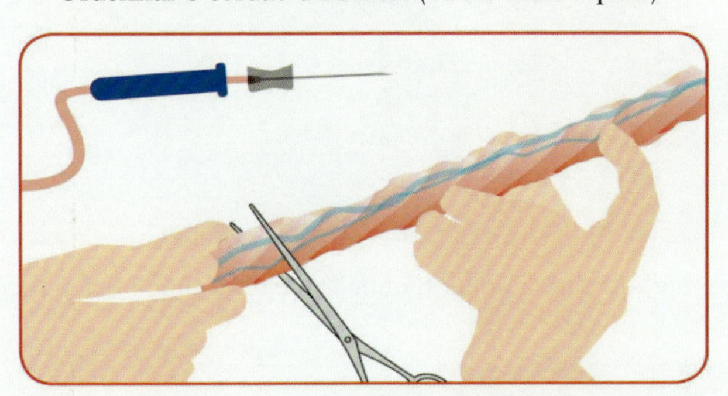

Retirar a agulha da veia umbilical caso o sangue pare de drenar. Realizar outra punção no cordão, se necessário.

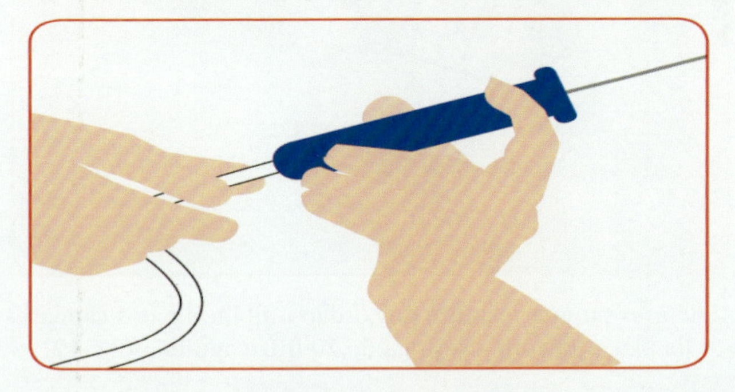

Drenar todo o sangue para a bolsa, deixando a extensão sem sangue. Travar as agulhas (puxar o protetor azul para cima até travar), e fechar as três pinças.

COLETA EXTRA-ÚTERO

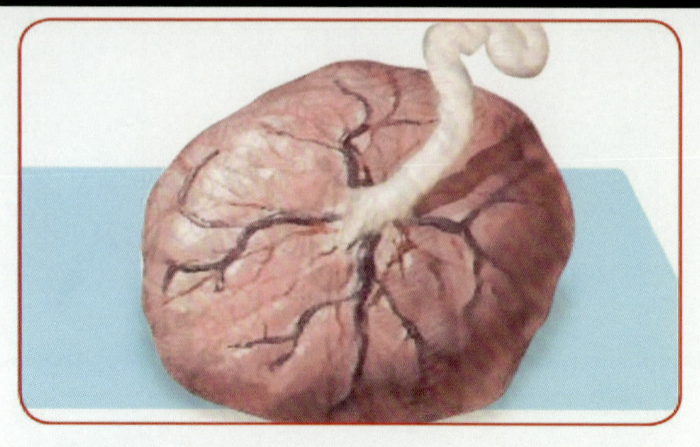

Após a dequitação, colocar a placenta em campo estéril.

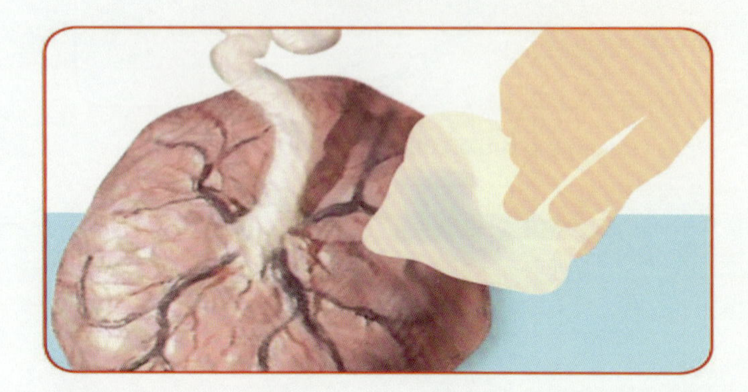

Realizar antissepsia do local onde for realizar uma nova punção.

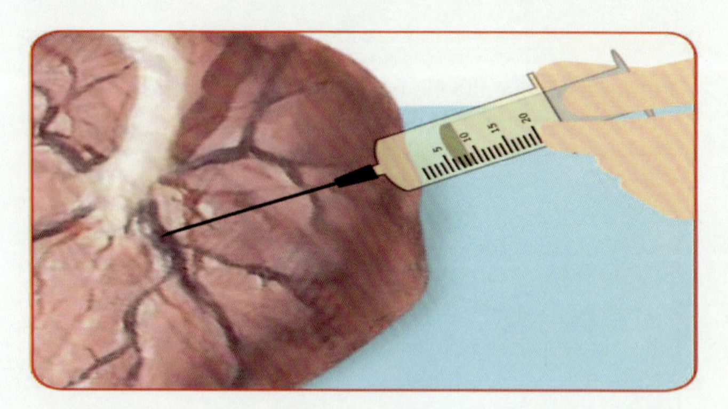

Coletar o sangue restante do cordão umbilical e dos capilares da placenta com a seringa de 20 mL e agulha 40 × 12.

COLETA EXTRA-ÚTERO

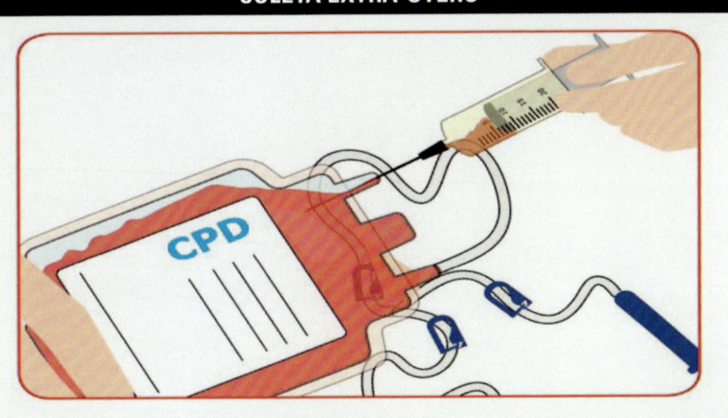

Colocar o sangue coletado na Bolsa de Coleta através do bico *sampling*.

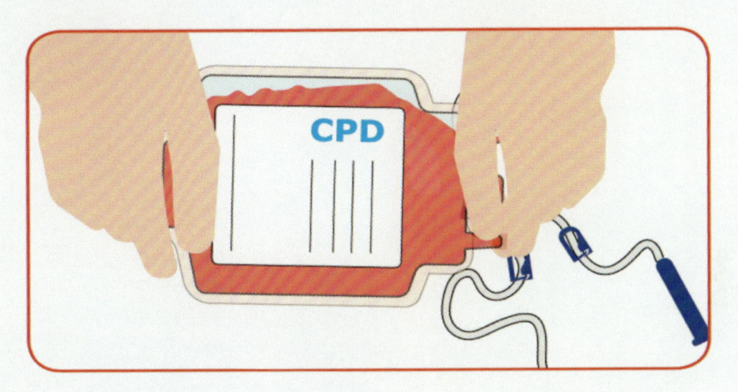

Realizar a homogeneização efetiva da bolsa de sangue.

protocolo 13

Critérios para Seleção de Gestantes para Coleta de Sangue de Cordão Umbilical

Definir os critérios de seleção de doadoras para coleta de SCUP, conforme legislação RDC 56 de 16 de dezembro de 2010.

Critérios para seleção

São candidatas ao congelamento de SCUP as gestantes que satisfaçam pelo menos as seguintes condições:

1. Idade materna acima de 18 anos e que tenha se submetido, no mínimo, a duas consultas pré-natal documentadas.
2. Idade gestacional igual ou superior a 35 semanas.
3. Bolsa rota há menos de 18 horas, trabalho de parto sem anormalidade.
4. Ausência de processos infecciosos durante a gestação ou doenças que possam interferir na vitalidade placentária.

protocolo 14

Critérios para Exclusão de Gestantes

OBJETIVO

Definir os critérios de exclusão de gestantes para coleta de SCUP, conforme legislação RDC 56 de 16 de dezembro de 2010.

Critérios para exclusão

São critérios de exclusão as seguintes condições:

1. Sofrimento fetal grave.
2. Feto com anormalidade congênita.
3. Infecção durante o trabalho de parto.
4. Temperatura materna superior a 38 °C durante o trabalho de parto.
5. Gestante com situação de risco acrescido para transmissão de doença infecciosa transmissível pelo sangue.
6. Presença de doenças que possam interferir com a vitalidade placentária.
7. Gestante em uso de hormônios ou drogas que se depositam nos tecidos.
8. Gestante com história pessoal de doença sistêmica autoimune ou de neoplasia. Ou
9. Gestante e seus familiares, pais biológicos e seus familiares ou irmãos biológicos do recém-nascido com história de doenças hereditárias do sistema hematopoético, tais como: talassemia, deficiências enzimáticas, esferocitose, eliptocitose, anemia de Fanconi, porfiria, plaquetopatias, neutropenia crônica ou outras doenças de neutrófilos, bem como história de doença granulomatosa crônica. Imunodeficiência, doenças metabólicas ou outras doenças genéticas.
10. Gestante incluída nos demais critérios de exclusão visando à proteção do receptor, descritos nas normas técnicas vigentes para doação de sangue.

protocolo 15

Processamento da Bolsa de Sangue de Cordão Umbilical e Placentário (SCUP) – Método Manual

OBJETIVO

Processar as bolsas de SCU coletadas dentro das normas preestabelecidas e testadas para armazenamento em contêiner com nitrogênio líquido, para criopreservação por tempo indeterminado.

Processamento

1. Receber e checar os dados da amostra coletada.
2. Conectar a bolsa de coleta com o SCU à bolsa de transferência de 150 ou 300 mL e transferir todo o volume.
3. Calcular o volume de plasmin a ser utilizado: 1/5 do volume do SCU já descontado o volume da amostra retirada para análise.
4. Adicionar plasmin à bolsa de coleta para remover o resíduo de SCU. Homogeneizar e passar para a bolsa de transferência.

NOTA

Nesse método as unidades de SCU serão submetidas à redução de volume por centrifugação.

5. Identificar a bolsa de transferência.
6. Colocar a bolsa invertida dentro da centrífuga refrigerada por um período de 15 minutos a 30 minutos, para ocorrer sedimentação.
7. Centrifugar a 1.000 rpm, + 4 °C por 7 minutos, sem breque.
8. Colocar a bolsa com o SCU em fluxo laminar e retirar 1/3 das hemácias através de decantação. Não desconectar as bolsas de coleta e transferência.
9. Centrifugar as bolsas a 1.500 rpm, + 4 °C por 14 minutos, com breque.

10. Colocar a bolsa com as células no extrator de plasma, retirar aproximadamente 5 mL de plasma, armazenar 1 batoque identificado com nome, número e data de coleta, além do título: PLASMA RN. Armazenar em *freezer* a – 80 °C para testes laboratoriais futuros. Colocar 2 mL de plasma no frasco de Hemocultura BD Bac-Tec.

    Transferir o restante do plasma para a bolsa de coleta, deixando cerca de 2 cm de plasma na bolsa de transferência. Pinçar o seguimento da bolsa.
11. Selar em duas partes o equipo das bolsas e separá-las. Retirar 1 ml do concentrado para análise.
12. Enviar a amostra de 1,0 mL para contagem de leucócitos com diferencial e células CD34+ em tubo identificado com o número do sangue de cordão ao laboratório.
13. Realizar o teste de viabilidade celular através do teste de exclusão com azul de tripan.
14. Anotar os resultados na folha de trabalho. Verificar se o rendimento celular foi acima de 80%; caso não, repetir todo o procedimento de processamento do SCU.
15. Os batoques a seguir deverão ser congelados junto com as bolsas:
    - 1 batoque com soro da mãe;
    - 2 batoques com células congeladas de SCU.
16. Realizar análise crítica. Destino da bolsa:

Congelar	Para volumes coletados > 5.0×10^8

17. As bolsas desprezadas deverão ser colocadas em descarpax para incineração.

protocolo 16

Processamento da Bolsa de Sangue de Cordão Umbilical e Placentário (SCUP) – Método Automático

OBJETIVO

Processar as bolsas de SCU coletadas dentro das normas preestabelecidas e testadas, utilizando o processador sanguíneo automático Sepax da Biosafe, para armazenamento em contêiner com nitrogênio líquido, para criopreservação por tempo indeterminado.

Processamento

1. Antes da instalação do *kit*:
   1.1. Ligar os equipamentos (Sepax, leitor óptico e impressora).
   1.2. Selecionar o protocolo (Ex.: UCB – HES).
   1.3. Selecionar os parâmetros, determinando: o volume de *Buffy Coat* a ser coletado, a porcentagem de HES administrada e a extração ou não das células vermelhas.
   1.4. Selecionar a rastreabilidade indicando os itens a serem registrados (identificação do processo, operador, *kit* etc.).

OBSERVAÇÃO

O equipamento está pronto para começar o processamento.

2. Retirada de alíquota para contagem inicial (em fluxo laminar):
   2.1. Retirar uma alíquota (cerca de 1 mL) para contagem das células iniciais.

OBSERVAÇÃO

Esse procedimento deverá ser realizado homogeneizando o sangue antes da retirada da alíquota.

2.2. Fazer a contagem em um contador automático.

3. Administração do plasmin (em fluxo laminar):
   3.1. Adicionar o volume calculado de plasmin à bolsa de sangue de cordão, homogeneizando ao mesmo tempo.
   3.2. Colocar a bolsa contendo plasmin para ser agitado por 10 minutos no agitador orbital Kline.

OBSERVAÇÃO

Verificar se não há coágulos no sangue. Se houver coágulos grandes, recomenda-se isolá-los na parte superior da bolsa.

4. Conexão da bolsa de sangue ao *kit* (em fluxo laminar):
   4.1. Verificar se o *kit* está de acordo, sem nenhum defeito aparente.

OBSERVAÇÃO

Se houver qualquer problema no *kit*, não utilizá-lo, e enviá-lo para assistência técnica – Grupo Vida©/Biosafe).

   4.2. Fechar a *roller clamp* e *DMSO clamp*. As demais *clamps* devem estar abertas.
   4.3. Conectar a *Input Bag* ao *kit*, fazendo a assepsia necessária.

OBSERVAÇÃO

O sistema está totalmente fechado, podendo ser utilizado fora do fluxo laminar.

5. Instalação do *kit* ao equipamento:
   5.1. Pendurar a *Input Bag* no gancho da haste lateral.
   5.2. Encaixar a câmara de sedimentação, pressionando-a para baixo até encontrar certa resistência.

OBSERVAÇÃO

Cuidado para não tocar na parte de cima, onde sai a tubulação para o leitor óptico.

   5.3. Colocar a tubulação no leitor óptico até encaixar no fundo, fazendo movimentos delicados, como se passasse um fio dental.
   Verificar se as válvulas encontram-se em "posição T".
   5.4. Ajustar a distância da tubulação e encaixar as válvulas nos *rotary pins*.
   5.5. Fechar a tampa da câmara de sedimentação/centrífuga cuidadosamente, até ouvir um *click* ao girar o pino.
   5.6. Conectar o sensor de pressão ao local adequado.
   5.7. Pendurar as bolsas de plasma e *BC Bag*.

OBSERVAÇÃO

Com o *kit* instalado, pressionar "Enter" para começar o processamento do sangue de cordão. O equipamento fará uma checagem indicando ao final que o "*kit* está ok". No *display* aparecerão os itens selecionados para se fazer a rastreabilidade.

6. Fazer a leitura de cada código de barra para rastreabilidade com o leitor óptico.

OBSERVAÇÃO

Nesse momento o equipamento funcionará automaticamente. De início será feito um *primming*, seguido do enchimento da câmara. Começará o processo de sedimentação através da centrifugação vertical realizada. Após a sedimentação será realizada a primeira extração do plasma, o qual irá para *Input Bag*. Em seguida será feita a primeira extração do *BC* (cerca de 2 a 3 mL de plasma irão para *BC Bag*). Terminada a primeira extração do *BC*, o plasma retorna para a câmara e ocorrerá nova sedimentação. Após o processo de sedimentação será realizada a segunda extração do plasma, o qual irá para a sua bolsa específica. Quando todo o plasma for retirado, inicia-se a segunda extração do *BC*. Terminado esse processo, de acordo com a função selecionada, será extraída (voltando para *Input Bag*) ou não as células vermelhas. O processo de separação e extração está concluído.

7. Abrir a *roller clamp* conforme solicitado no *display* e pressionar "Enter".
8. Final do processamento:
   - 8.1. Seguir as mensagens do *display*.
   - 8.2. Colocar as bolsas para baixo.
   - 8.3. Desconectar o sensor de pressão e pressionar "Enter".

OBSERVAÇÃO

Por gravidade, as células vermelhas irão para *Input Bag* (pode-se ou não fazer o *strip* da linha). Pressionar "Enter".

   - 8.4. O *Buffy coat* irá descer por gravidade (as válvulas estão abertas).

Antes de pressionar "Enter":

   - 8.5. Fazer *strip* do *BC*.
   - 8.6. Extrair o ar manualmente da *BC Bag* até o sangue chegar à bifurcação Y.

OBSERVAÇÃO

Recomenda-se fazer uma homogeneização da *BC Bag* apertando delicadamente a menor parte da bolsa.

   - 8.7. Pressionar "Enter" (as válvulas estarão fechadas, sem a necessidade de tocar em nenhuma *clamp* – o sangue não retornará).

8.8. Fechar todas as *clamps* conforme solicitado no *display*.
8.9. Fechar a "BC *clamp*" antes de selar a linha.
8.10. Selar a linha (2 cm após a bifurcação).
8.11. Retirar o *kit* e descartar.
8.12. Pressionar "Enter" conforme solicitado no *display*.

OBSERVAÇÃO

O equipamento está pronto para realizar outro procedimento ou para ser desligado (Figura 16.1).

Homogeneização e contagem de células (preferencialmente em fluxo laminar):

1. Com uma seringa de 5 mL, proceder várias vezes (cerca de três vezes) retirando 5 mL do *BC* e retornando-o novamente para " BC Bag", para homogeneização.
2. Retirar uma alíquota (cerca de 1 mL) para contagem final de células calculando-se sua recuperação.
3. Fazer a contagem em um contador automático.

OBSERVAÇÃO

A *BC Bag* está pronta para receber o DMSO e ser criopreservada.

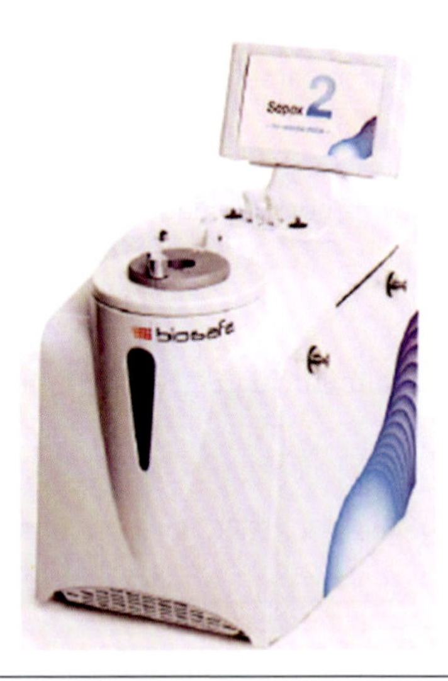

Figura 16.1 ▶ Processador sanguíneo automático.

protocolo 17

Critérios para Liberação de Sangue de Cordão Umbilical para Uso Clínico

Definir os critérios de liberação de amostras para congelamento de SCUP, conforme legislação RDC 56 de 16 de dezembro de 2010.

Para liberação da amostra de SCUP:

1. As amostras serão liberadas após a realização dos seguintes exames:
   - Testes sorológicos de alta sensibilidade para detecção de marcadores de infecções transmissíveis pelo sangue.
   - Testes microbiológicos.
   - Contagem do número total de células nucleadas.
   - Teste de viabilidade celular.
   - Fenotipagem celular, quantificando células com marcador CD34 positivas.
   - Caracterização molecular definida como a identificação da histocompatibilidade por meio da determinação de Antígenos Leucocitários Humanos (HLA), quando indicado.
2. A solicitação da unidade de sangue de cordão umbilical e placentário, para utilização em transplante, deve ocorrer mediante documento escrito, com nome legível, assinatura e número de registro em Conselho de Classe profissional de um dos médicos da equipe responsável pelo paciente.
3. Devem ser fornecidos ao profissional responsável pelo paciente os valores das contagens celulares e da viabilidade celular, bem como as demais informações necessárias sobre a unidade do SCUP.
4. Após confirmação da identidade, o SCUP deve ser transportado o mais rápido possível até o serviço solicitado, em contêiner específico contendo nitrogênio líquido. Esse contêiner mantém a temperatura por 48 horas ou mais.
5. Um dia antes da liberação do produto, checar a localização do SCUP, deixá-lo separado no *freezer* e, no dia da infusão, colocá-lo no contêiner. Preencher o formulário de liberação de SCUP e deixar uma cópia com o serviço solicitado.

17

Critérios para Liberação de Sangue de Cordão Umbilical para Uso Clínico

protocolo 18

Descongelamento e Infusão de Sangue de Cordão Umbilical e Placentário (SCUP)

Princípio

As Células do Cordão Umbilical (CCU) nos fornecem um produto rico em células progenitoras e, por isso, são capazes de reconstituir a hematopoese após altas doses de quimioterapia. Essas células são utilizadas no tratamento de diversas doenças e visa ao prolongamento da sobrevida e/ou cura do paciente.

Procedimento

1. Preparo do material necessário

    a) Um dia antes da infusão, checar a localização da(s) bolsa(s) no contêiner e colocá-las na parte de cima do mesmo. Verificar no prontuário do respectivo produto o número de células a serem infundidas, e o número de bolsas a serem descongeladas.

    b) Preparar uma mala térmica contendo: seringas de 20 mL, um frasco de heparina de 100 UI, gazes estéreis, luvas, um frasco BACTEC de hemocultura, um *sampling-site*. Levar, também, um aparelho de banho-maria.

    c) No dia da infusão preparar o contêiner próprio para transporte das bolsas adicionando uma pequena quantidade de nitrogênio líquido. As bolsas não precisam estar totalmente mergulhadas no líquido.

2. Descongelamento das bolsas

    a) Preparar o banho-maria ao lado do leito do paciente, a uma temperatura média entre 37 °C e 40 °C.

    b) Remover uma bolsa congelada por vez de dentro do contêiner de transporte com nitrogênio líquido.

    c) Colocar a bolsa congelada dentro de um saco plástico *ziploc*, fechar e submergi-la em banho-maria entre 37 °C e 40 °C.

    d) Para acelerar o descongelamento, massagear cuidadosamente a bolsa.

    e) Após o descongelamento, secar a bolsa, conectar um *sampling-site* e retirar uma amostra para teste de hemocultura (injetá-la no frasco BACTEC).

f) Em seguida, colocar o equipo de transfusão e entregar a bolsa ao(à) médico(a) ou enfermeira responsável pela infusão. Cada bolsa leva em média 10 a 15 minutos para ser reinfundida. Proceder igualmente com as demais bolsas congeladas.

g) Terminada a infusão, anotar se houve efeitos colaterais ou não com o paciente reinfundido.

OBSERVAÇÃO

Observar no capítulo da infusão sobre a hidratação prévia requerida ao paciente.

protocolo 19

Teste de Viabilidade Celular

Realizar o teste de viabilidade celular pré e pós-congelamento do SCU.

Procedimento

1. Preparo das amostras:

- Preparar três tubos contendo: 1 com 1.950 µL de solução fisiológica 0,9%; 1 tubo seco; e 1 tubo contendo 50 µL de solução de azul de tripan a 25%.
- Os segmentos congelados de cada amostra de SCU criopreservados são mantidos a –85 °C. Retirar as amostras que serão analisadas no dia e colocá-las em uma caixa de isopor contendo nitrogênio líquido para não ocorrer o descongelamento.
- Retirar um segmento por vez, anotar os dados do segmento: identificação, número do SCU e data da coleta.
- Colocar o segmento em um béquer com água para descongelar e colocar o conteúdo do mesmo no respectivo tubo seco.
- Pipetar 50 µL da amostra de SCU para o tubo com 1.950 µL de solução fisiológica 0,9%.
- Da amostra diluída, pipetar 50 µL para o tubo contendo 50 µL de solução de azul de tripan a 25%.
- Do tubo diluído, realizar a leitura das células inviáveis e viáveis em câmara de Neubauer. Lembrar que as células inviáveis adquirem coloração azul.
- O cálculo da porcentagem de células viáveis deve ser realizado segundo descrito no Capítulo 22.

protocolo 20

Determinação de Células CD34+

Princípio

O antígeno CD34 está presente em uma pequena população de células, que inclui as células-tronco hematopoéticas. O número absoluto de células CD34+ presente nos produtos de células está sendo relacionado com o tempo de reconstituição da medula óssea em pacientes submetidos ao transplante de medula óssea.

Procedimento

1. Ligar a centrífuga e ajustar a temperatura em 5 °C.
2. Identificar dois tubos especiais para FACS, com os seguintes dados: nome do paciente, data, produto e anotar em um deles CD34 pós e outro CD34 neg.
3. Adicionar 2 ml de tampão hemolítico em cada tubo.
4. Executar a contagem de células a partir do produto, a fim de determinar o volume de produto necessário para obter 1×10^6 células.
5. Adicionar 1×10^6 células em cada tubo. Agitar levemente e deixar em repouso até que as células vermelhas tenham sido lisadas (não deverá exceder 5 minutos).
6. Adicionar aproximadamente 2 mL de tampão de lavagem, agitar e centrifugar o tubo a 1.600 rpm por 3 minutos.
7. O botão de células deve ser visível. Decantar o sobrenadante. Adicionar 2 ml de tampão de lavagem, agitar e centrifugar 1.600 rpm por 3 minutos (se as células vermelhas estiverem visíveis, deverá ser repetida a etapa de adição de tampão hemolítico).
8. Repetir a lavagem e a centrifugação mais uma vez.
9. Ao final da centrifugação decantar o sobrenadante. Colocar 20 ul de CD34/PE e 10 ul de CD45/FITC no tubo identificado com CD34 pós e colocar 20 ul de IgG1/PE e 10 ul de CD45/FITC no tubo CD34 neg.
10. Incubar os tubos no gelo, protegidos da luz, por 25 minutos.
11. Após 25 minutos, adicionar 2 mL de tampão de lavagem em cada tubo e centrifugar por 3 minutos a 1.600 rpm.
12. Repetir a lavagem por mais duas vezes.

13. Se não for possível analisar as amostras dentro de duas horas, as células devem ser conservadas em 1 ml de paraformaldeído a 1%. Manter a temperatura de 4 °C até o momento da análise.

protocolo 21

Cultura de Células Progenitoras Hematopoéticas

Princípio

Células progenitoras hematopoéticas, que dão origem às células eritroides (BFU-E), células granulocíticas-macrofágicas (CFU-GM), ou mistura de ambos (CFU-GEMM), podem ser cultivadas a partir de amostras de sangue periférico, medula óssea e sangue de cordão umbilical. Em algumas circunstâncias, a quantificação desses progenitores pode ser avaliada para prever a reconstituição da hemopoese após o transplante, ou para controle de qualidade das técnicas de processamento da medula óssea.

Procedimento

1. Proceder à separação das células mononucleares utilizando Ficoll-Hypaque e usando não mais que 8×10^7 células por tubo. Diluir as células em alpha MEM, quantidade suficiente para 16 ml em um tubo de 50 ml. Colocar 6 ml de Ficoll abaixo do volume de células. Centrifugar por 30 min a 1.600rpm. Coletar a interface de Ficoll que contém as células mononucleares e lavar três vezes usando alpha MEM. Fazer a contagem das células, calculando o número total de células, e a recuperação.
2. Em um tubo de 50 ml adicionar 4,45 mL de meio metilcelulose contendo 50 uL de cada fator de crescimento.
3. Retirar uma amostra da suspensão de células após a lavagem e determinar o volume de células que corresponde a uma concentração de 5×10^4 cél/mL. Adicionar as células ao tubo contendo a metilcelulose e os fatores de crescimento. Agitar gentilmente o tubo, devido à importância das células encontrarem-se em suspensão.
4. Colocar 1 ml do meio de cultura contendo as células em uma placa com grade. Montar quatro placas de 35×10 mm para cada paciente. Para cada duas placas colocadas no suporte deve haver uma placa com água, mantida aberta para umidificação.
5. As placas devem ser identificadas com o nome do paciente, a concentração de células contida, o dia correspondente à data, e leitura da placa.
6. As colônias de células deverão ser quantificadas após 14 dias de incubação em estufa a 37 °C e 5% de CO_2. As colônias que devem ser contadas, em microscópio invertido, são: BFU-E, CFU-GM e CFU-Mix.

7. A determinação do número de células tem a seguinte formulação:

$$\frac{\text{n}^{\text{o}} \text{ de colônias progenitoras}}{\text{n}^{\text{o}} \text{ de células plaqueadas}} \times \text{contagem das células/mL} \times \text{volume da coleta}$$

Sedimentação de Glóbulos Vermelhos

Princípio

Nesse procedimento as células vermelhas do sangue são sedimentadas e removidas da medula óssea. O HES (Hidroxietilstarch) acelera a sedimentação das células vermelhas.

É realizado para pacientes que possuem incompatibilidade ABO maior, e se não for realizado pode resultar numa reação hemolítica de transfusão.

Procedimento

1. Pesar e selar as bolsas de MO provenientes do centro cirúrgico.
2. Conectar o *sampling-site* nas bolsas para retirada, com seringas de 3 mL, de amostras para contagem de células e determinação do hematócrito.
3. Calcular o volume necessário para a adição do HES (proporção de 1:8).
4. Conectar o *spike* da bolsa de 600 ou 300 mL (dependendo do volume inicial de MO) à bolsa contendo MO e pinçar para fechar o segmento das bolsas.
5. Através do *sampling-site,* com seringa de 60 mL, adicionar a quantidade correta de HES em cada bolsa.
6. Esperar por aproximadamente 90 minutos para que ocorra a sedimentação das células vermelhas.
7. Passado esse período, abrir as pinças das bolsas para que ocorra a transferência das células vermelhas para as bolsas de transferência.
8. Deixar mais ou menos 2 cm de células vermelhas e pinçar novamente para fechar o segmento das bolsas.
9. Retirar amostras para esterilidade, para contagem das células na pós-depleção e para determinação do hematócrito da bolsa que será infundida (que contém os leucócitos).
10. O hematócrito deve ser menor que 10%.
11. Se tudo estiver correto, selar as bolsas, identificá-las e encaminhá-las ao médico responsável para a realização do transplante.

protocolo 23

Depleção de Plasma

Princípio

Quando o transplante de medula envolve uma incompatibilidade ABO menor, as isoaglutininas devem estar presentes no sobrenadante da medula óssea. A transfusão de um grande volume de plasma incompatível – ABO – pode causar hemólise de eritrócitos no receptor e é por este motivo que se deve remover o plasma da medula óssea para a realização do transplante.

Procedimento

1. Selar e pesar as bolsas provenientes do centro cirúrgico.
2. Conectar o *sampling-site* na bolsa de MO para retirada de amostras para contagem.
3. Transferir o produto para a bolsa de transferência de 300 ou 600 mL (dependendo do volume inicial).
4. Selar e balancear as bolsas.
5. Centrifugar a bolsa com o produto, por 15 min, 3.000 rpm a 20 °C.
6. Após a centrifugação, colocar a bolsa em extrator de plasma e acoplar uma bolsa de transferência de 600 mL (com o segmento fechado por pinça), na saída central da bolsa contendo o produto.
7. Abrir a pinça da bolsa de transferência e remover o plasma de maneira a não alterar a interface criada, até 2 cm da camada de células brancas.
8. Conectar o *sampling-site* na bolsa de MO para retirada de amostras para contagem e esterilidade.
9. Limpar e selar o segmento da bolsa.
10. Encaminhar as bolsas previamente identificadas ao médico responsável para a realização do transplante.

23

Depleção de Plasma

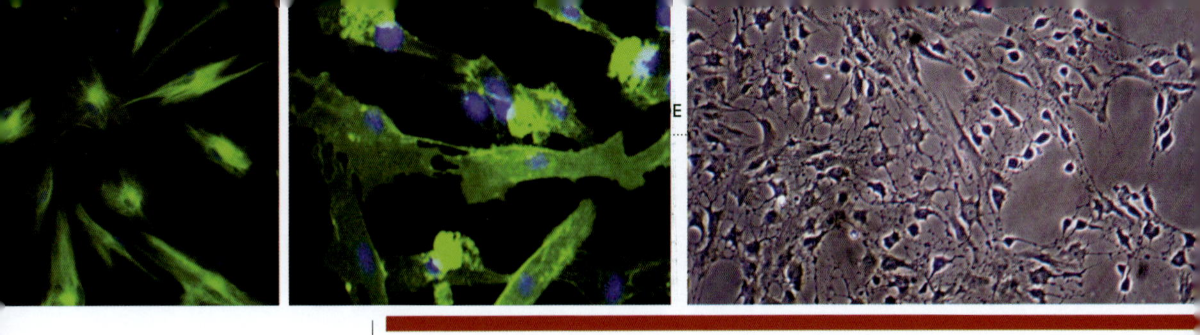

parte 5

Normas e Consentimentos

capítulo 27

Normas para Acreditação de Banco de Células-tronco do Sangue do Cordão Umbilical

Processo de acreditação pela Organização Nacional de Acreditação – (ONA)

Os laboratórios com o objetivo de atingir os mais elevados padrões de qualidade adotam iniciativas voltadas a obtenção de acreditação, impondo novas exigências aos profissionais, além da melhoria permanente e contínua do atendimento prestado.

A acreditação é uma metodologia de avaliação externa, voltada aos serviços e sistemas de saúde, e baseia-se em manuais elaborados pelas Agências Acreditadoras registradas na ONA. Um estabelecimento de saúde para ser acreditado, precisa adequar-se aos padrões de acreditação propostos no Manual Brasileiro de Acreditação. O processo de acreditação conduz a elevação progressiva do grau de qualidade organizacional. A finalidade dessa avaliação é a medição do desempenho. É um processo construído de forma crescente com a organização.

A ONA é uma organização nacional privada, sem fins lucrativos, com o objetivo de promover a implementação de um processo permanente de avaliação e de certificação da qualidade dos serviços de saúde. O aprimoramento contínuo da atenção à saúde, visa garantir a qualidade na assistência aos cidadãos brasileiros, em todas as organizações prestadoras de serviços de saúde do país.

O Manual Brasileiro de Acreditação é o instrumento de avaliação da qualidade, sendo composto de seções e subseções. Nas subseções existem os padrões definidos segundo três níveis, do mais simples ao mais complexo, do inicial ao mais desenvolvido. Para cada nível são definidos itens de verificação que orientam a visita e preparação do laboratório para a acreditação.

Padrões

Os padrões devem ser elaborados com base na existência de três níveis. O padrão enuncia as expectativas que devem ser cumpridas para fins de acreditação.

Níveis:

- **Nível 1:** As exigências deste nível abordam o atendimento aos requisitos básicos da qualidade na assistência prestada ao cliente, nas especialidades e serviços do laboratório; qualificação adequada (habilitação) dos profissionais e de um responsável técnico com habilitação correspondente para as áreas de atuação institucional.
- **Nível 2:** Planejamento na organização do laboratório, referentes à documentação, corpo funcional, treinamento, controle, estatísticas básicas para a tomada de decisão clínica e gerencial e práticas de auditoria interna.
- **Nível 3:** Políticas institucionais de melhoria contínua em termos de estrutura, novas tecnologias, atualização técnico-profissional, ações assistenciais e procedimentos laboratoriais. Evidências objetivas de utilização da tecnologia da informação, disseminação global e sistêmica de rotinas padronizadas e avaliadas com foco na busca de excelência.

O princípio do Nível 1 é a SEGURANÇA, do Nível 2 a GESTÃO INTEGRADA e do Nível 3 a EXCELÊNCIA EM GESTÃO.

O laboratório ou serviço de saúde que busca a acreditação deverá se basear nos três conceitos da metodologia do Sistema Brasileiro de Acreditação: estrutura, processos e resultados e definir nove fundamentos reconhecidos internacionalmente:

1. **Visão Sistêmica:** Relação de interdependência entre os diversos componentes da organização bem como entre a organização e o ambiente externo.
2. **Liderança:** Atuar de forma aberta, participativa, inovadora e motivadora das pessoas para a realização de um objetivo comum.
3. **Orientação por processos:** Organização gerenciada por um conjunto de atividades segmentadas e inter-relacionada, que visa a tomada de decisões e execução de ações, baseando-se na medição e análise do desempenho.
4. **Desenvolvimento de pessoas:** Criação de condições que promovam a realização profissional e as relações humanas, através do comprometimento, do trabalho em equipe, do desenvolvimento de competências e da educação continuada, potencializando o desempenho pessoal organizacional.
5. **Foco no paciente:** Geração de valor para o atendimento às expectativas dos clientes externos e internos.
6. **Foco na segurança:** Capacidade da organização de se antecipar às situações desejáveis e indesejáveis, as mudanças previstas e não previstas, às necessidades dos clientes e de outras partes interessadas. Promover um ambiente seguro que implemente melhorias para reduzir ou impedir a ocorrência de eventos adversos.

   Promover um ambiente seguro que implemente melhorias para reduzir ou impedir a ocorrência de eventos adversos.
7. **Responsabilidade socioambiental:** Minimização dos impactos negativos potenciais de suas atividade na sociedade.

8. **Cultura de inovação:** Promover um ambiente favorável à criatividade, experimentação e implementação de nova ideias e tecnologias; que possam gerar um diferencial competitivo para a organização.
9. **Melhoria contínua:** Promover um ambiente favorável à análise crítica e de melhorias com base em dados e informações, que possam colocar a organização em patamares superiores de desempenho.

Etapas necessárias para implantar a acreditação

1. Mapear os processos de cada setor da organização:

   Um processo é um conjunto de atividades inter-relacionadas, que transforma insumos em produtos ou serviços. Esse mapeamento é o documento que identifica em cada setor as suas principais atividades. É o ponto inicial para se conhecer toda a rotina do setor e suas interações com outros setores.

   Dica: O funcionamento de um determinado setor interfere em todo o conjunto e nos resultados. A estrutura, os processos e os resultados da organização devem estar interligados.

2. Elaboração de Procedimentos Operacionais Padrão – POP:

   O Procedimento Operacional Padrão – POP é um documento que descreve detalhadamente o fluxo de cada tarefa que compõem uma atividade. Tem por objetivo minimizar a ocorrência de desvios na execução de tarefas fundamentais para qualidade. Com isso padronizam-se as atividades, facilitando o entendimento dos processos e sua melhor execução. Para facilidade do leitor, deixamos todos os protocolos em formato POP.

3. Registros de todas as Não Conformidades – NC:

   Não conformidade é toda atividade ou tarefa realizada fora dos padrões estabelecidos e previstos e que levem a um resultado não esperado. Essas NCs devem ser relatadas em um documento chamado Registro de Não Conformidades para que seja possível corrigir as falhas e melhorar os processos. Nas visitas de auditorias elas serão analisadas.

4. Definir indicadores a partir do desenvolvimento de metas:

   Indicadores são informações utilizadas para melhorar a qualidade, serviço ou processo e são instrumentos de monitoramento da gestão laboratorial. Os indicadores possibilitam o desenvolvimento de metas e as diversas ações para que elas sejam executadas.

   Se o laboratório tem como meta diminuir o número de descartes de bolsas de sangue após a coleta, deverá criar indicadores que permitam mensurar o desempenho dentro do setor de coleta.

   Exemplos de indicadores:

   - Percentual de coletas de sangue realizadas;
   - Percentual de coletas descartadas por falhas operacionais.

   Os indicadores são fundamentais para que o laboratório compreenda, controle e identifique as necessidades de melhoria.

Dica: Indicadores mais importantes para a melhoria contínua em banco de células-tronco do sangue de cordão umbilical:

- Indicador de volume coletado e desempenhos dos coletores;
- Indicador de resultado de celularidade;
- Indicador de viabilidade celular;
- Indicador de recuperação celular.

5. Análise crítica dos indicadores de desempenho:

   É a avaliação dos resultados dos indicadores identificando os problemas e buscando as soluções para melhoria contínua dos processos. Para cada indicador de qualidade deve-se realizar a análise crítica, visando seus resultados: Meta alcançada ou meta não alcançada. Após essa análise é possível conhecer a causa que permitiu o alcance da meta ou quando não alcançada diminuir seu impacto negativo.

   Por exemplo, após a análise crítica dos percentuais de coleta descartadas, deve-se obter o conhecimento da causa da raiz desses descartes e executar um plano de ação para minimizar esses ocorridos; nesse caso podendo ser através de educação continuada e novos treinamentos. Deve-se, então, estipular um período para que os indicadores sejam mensurados novamente e assim verificar a eficácia do plano de ação realizado

6. Mapeamento e gerenciamento de riscos:

   É a implantação de um documento onde constam os riscos que possam existir em todos os processos e atividades e a forma de evitar que eles ocorram. Esses riscos devem ser reconhecidos, listados e gerenciados.

7. Auditoria interna: É uma atividade que independe da acreditação e do dia da visita de avaliação. O objetivo é melhorar o desempenho da organização e é destinada a observar, indagar, questionar, checar e propor alterações e melhorias. Trata-se de um controle interno, cuja função é avaliar a eficiência e eficácia da estrutura, dos processos e dos resultados da organização.

   Existe uma máxima e esta deve ser seguida: "Não basta pensar em fazer as coisas corretamente, tem de agir corretamente". Isso está relacionado a eficiência e eficácia. A eficácia é a comparação dos resultados em relação as metas e a eficiência é a capacidade de produção de melhorias.

   O avaliador interno deve contar com alguns atributos como: ética, estar disposto a considerar idéias diferentes das dele, ser observador e principalmente saber orientar.

   Dica: Orientar é diferente de obrigar ou de dar ordem. A Auditoria interna também deve analisar os pontos fortes da organização e seus resultados. Isto motivará a equipe de trabalho.

Processo de avaliação e visita para acreditação

Os itens de verificação serão as fontes onde os avaliadores podem procurar as provas, ou o que o laboratório puder apresentar para indicar que cumpre com um determinado padrão dentro do seu nível.

A etapa de avaliação e visita é composta por duas etapas:

1. Pré-visita
2. Visita de avaliação

A primeira está relacionada com a preparação do laboratório para o processo de acreditação, na qual o mesmo tomará conhecimento deste processo e o prepara para solicitar a visita dos avaliadores. Este processo deverá estar associado a um programa de capacitação de avaliadores internos, que liderarão no laboratório as atividades de preparação para a visita e auditoria. E após os processos serem mapeados, documentos e registros devidamente realizados, os indicadores estarem definidos, riscos gerenciados e monitorados, auditorias internas realizadas e não conformidades corrigidas, o laboratório solicitará a visita da instituição acreditadora. O instrumento utilizado para o processo de visita é o Manual Brasileiro de Acreditação em vigor na data da visita.

Na visita de avaliação, todos os setores serão observados dentro de uma programação definida, junto aos responsáveis pelo laboratório.

A avaliação é realizada por uma equipe com um avaliador – líder podendo incluir especialistas, avaliadores em treinamento e/ou observadores. Avaliador é um profissional qualificado para efetuar as avaliações do processo de acreditação. Avaliador líder é o responsável, perante a Instituição Acreditadora, por todas as fases do processo de avaliação.

Dica: Prepare uma apresentação para o dia da avaliação. Com essa apresentação os avaliadores poderão entender e conhecer melhor a estrutura da organização e poderá facilitar a visita. Essa apresentação deve conter: os objetivos da organização, explicar os produtos ou serviços oferecidos, a missão, visão, valores, política de qualidade, análise swot, organograma, os principais diferenciais, dados estatisticos, indicadores utilizados (é importante simplificar os indicadores, durante a visita tudo será analisado individualmente, mas é relevante falar como foi escolhida a meta, se está dentro do que foi estipulado e caso não esteja, explicar as ações desenvolvidas para melhorar os índices).

Pontos do processo de avaliação

- **Evidências Objetivas:** São informações comprovadas com base em fatos e/ou dados obtidos através da observação, documentação, medição ou outros meios. São as evidências que estabelecem a conformidade com os requisitos definidos no instrumento de avaliação específico.
- **Não conformidades:** Consiste em não atender ao princípio do padrão, comprometendo assim a coerência e o funcionamento do sistema constatada durante a avaliação. Por exemplo, a ausência de políticas e metodologias seguras para alguma atividade ou setor do laboratório ou a ausência de documentos que comprovem a existência dos mesmos são denominadas nas auditorias como não conformidades.

- **Observações:** Considera-se observação uma falha localizada, comprovadamente não generalizada, falha esta que não possui uma relevância e impacto sobre a atividade avaliada. A falha deve ser monitorada para não se transformar em uma não conformidade.

Diagnóstico e o término do processo de avaliação

O Diagnóstico Organizacional apresentado após a visita aponta os elementos fundamentais de conformidade, não conformidades e observações, visando a avaliação futura. O diagnóstico é a base para propor adequações, correções e mudanças necessárias para busca da acreditação.

O processo de avaliação é considerado encerrado após a aprovação do relatório de avaliação pela Instituição Acreditadora, emissão do seu parecer final sobre o processo de avalição, entrega deste ao laboratório avaliado e dos documentos correspondentes à Organização Nacional de Acreditação.

Quanto aos resultados, o laboratório poderá apresentar-se como:

- Não acreditado – não atendimento aos padrões e níveis mínimos exigidos;
- Acreditado – acreditação no nível 1;
- Acreditado pleno – acreditação no nível 2;
- Acreditado com excelência – acreditação no nível 3.

Dica: A busca pela melhoria contínua resulta no sucesso da acreditação. As organizações não devem ter como objetivo alcançar resultados positivos somente para apresentar em visitas para a acreditação. O principal e único foco deve ser a segurança do paciente. Para isso é importante ter uma equipe de trabalho envolvida, integrada e treinada e que principalmente se comprometa em se tornar excelente no dia a dia.

Título:	Resolução RDC nº 56, 16 de dezembro de 2010
Ementa:	Dispõe sobre o regulamento técnico para o funcionamento dos laboratórios de processamento de células progenitoras hematopoéticas (CPH) provenientes de medula óssea e sangue periférico e bancos de sangue de cordão umbilical e placentário, para finalidade de transplante convencional e dá outras providências.
Publicação:	D.O.U. – Diário Oficial da União; Poder Executivo, de 17 de dezembro de 2010
Órgão emissor:	ANVISA – Agência Nacional de Vigilância Sanitária
Alcance do ato:	Federal – Brasil
Área de atuação:	Sangue, outros Tecidos, Células e Órgãos

Resolução - RDC nº 56, de 16 de dezembro de 2010

Dispõe sobre o regulamento técnico para o funcionamento dos laboratórios de processamento de células progenitoras hematopoéticas (CPH) provenientes de medula óssea e sangue periférico e bancos de sangue de cordão umbilical e placentário, para finalidade de transplante convencional e dá outras providências.

A Diretoria Colegiada da Agência Nacional de Vigilância Sanitária, no uso da atribuição que lhe confere o inciso IV do art. 11 do Regulamento aprovado pelo Decreto nº 3.029, de 16 de abril de 1999, e tendo em vista o disposto no inciso II e nos §§ 1º e 3º do art. 54 do Regimento Interno aprovado nos termos do Anexo I da Portaria nº 354 da Anvisa, de 11 de agosto de 2006, republicada no DOU de 21 de agosto de 2006, em reunião realizada em 13 de dezembro 2010,

Adota a seguinte Resolução de Diretoria Colegiada e eu, Diretor-Presidente, determino a sua publicação:

Art. 1º Fica aprovado o Regulamento Técnico que estabelece requisitos mínimos para o funcionamento de laboratórios de processamento de células progenitoras hematopoéticas (CPH) provenientes de medula óssea e sangue periférico e bancos de sangue de cordão umbilical e placentário, para finalidade de transplante convencional, nos termos desta Resolução.

CAPÍTULO I
DAS DISPOSIÇÕES INICIAIS

Seção I
Objetivo

Art. 2º Este Regulamento possui o objetivo de estabelecer requisitos técnico-sanitários mínimos para o funcionamento de laboratórios de processamento de células progenitoras hematopoéticas provenientes de medula óssea e sangue periférico e bancos de sangue de cordão umbilical e placentário, visando a segurança e qualidade das CPH disponibilizadas para transplante convencional.

Seção II
Abrangência

Art. 3º Este Regulamento se aplica a todos os estabelecimentos, públicos ou privados, que realizem atividades de coleta, processamento, criopreservação, armazenamento, controle de qualidade, testagem laboratorial e transporte de células progenitoras hematopoéticas provenientes de medula óssea, sangue periférico e/ou sangue de cordão umbilical e placentário, para finalidade de transplante convencional.

Seção III
Definições

Art. 4º Para efeito deste Regulamento Técnico são adotadas as seguintes definições:

I – Acondicionamento - procedimento de embalagem do material biológico com a finalidade de transporte, visando à proteção do material, das pessoas e do ambiente durante todas as etapas do transporte até o seu destino final.

II – Ambiente - espaço fisicamente determinado e especializado para o desenvolvimento de determinada(s) atividade(s), caracterizado por dimensões e instalações diferenciadas. Um ambiente pode se constituir de uma sala ou de uma área.

III– Área - ambiente aberto, sem paredes em uma ou mais de uma das faces. Para efeito desta norma o ambiente da cabine de segurança biológica, classe II tipo A (classificadas como ISO 5) é considerado área.

IV – Banco de sangue de cordão umbilical e placentário: serviço que coleta, testa, processa, armazena, libera e transporta células progenitoras hematopoéticas obtidas de sangue de cordão umbilical e placentário para uso autólogo e alogênico, aparentado ou não.

V – Biossegurança: condição de segurança alcançada por um conjunto de ações destinadas a prevenir, controlar, reduzir ou eliminar riscos inerentes às atividades que possam comprometer a saúde humana, animal e do meio ambiente.

VI – Células Progenitoras Hematopoéticas (CPH): células multipotentes com capacidade de auto-renovação e diferenciação, capazes de promover a reconstituição hematopoética, podendo ser obtidas da medula óssea, do sangue periférico (quando estas são mobilizadas da medula óssea por meio de medicamentos) ou do sangue de cordão umbilical e placentário.

VII – Condicionamento: terapia administrada previamente à infusão de células progenitoras hematopoéticas, com o objetivo de causar mieloablação, erradicação de tumor ou imunossupressão.

VIII – Controle de qualidade: técnicas e atividades operacionais utilizadas para monitorar o cumprimento dos requisitos da qualidade especificados.

IX – Evento adverso: qualquer ocorrência adversa associada com a coleta, processamento, testagem laboratorial, armazenamento, controle de qualidade, registros, transporte e liberação das unidades de Células Progenitoras Hematopoéticas, bem como demais atividades realizadas pelo serviço, que possa resultar em má qualidade da unidade de células progenitoras hematopoéticas, transmissão de infecções, óbito ou risco à vida, deficiência ou condições de incapacitação, necessidade de intervenção médica ou cirúrgica, hospitalização prolongada ou morbidade, dentre outras.

X – Fenotipagem celular: identificação molecular, percentual, que indica a homogeneidade ou heterogeneidade das amostras de células a serem disponibilizadas.

XI – Garantia da Qualidade: conjunto de atividades planejadas, sistematizadas e implementadas com o objetivo de cumprir os requisitos da qualidade especificados.

XII – Licença sanitária, alvará sanitário ou licença de funcionamento: documento expedido pelo órgão de vigilância sanitária competente estadual, municipal ou do Distrito Federal, que libera o funcionamento dos estabelecimentos que exerçam atividades sob regime de vigilância sanitária.

XIII – Materiais passíveis de processamento: produtos para a saúde fabricados a partir de matéria-primas e com conformação estrutural que permitem um conjunto de ações relacionadas à limpeza, secagem, desinfecção ou esterilização e armazenamento, entre outras, e que não perdem a sua eficácia e funcionalidade após usos múltiplos.

XIV – Produto para a saúde: produto que se enquadra em pelo menos uma das duas categorias descritas a seguir:

a) produto médico – produto para a saúde, tal como equipamento, aparelho, material, artigo ou sistema de uso ou aplicação médica ou laboratorial, destinado à prevenção, diagnóstico, tratamento, reabilitação e que não utiliza meio farmacológico, imunológico ou metabólico para realizar sua principal função em seres humanos, podendo, entretanto, ser auxiliado em suas funções por tais meios;

b) produto para diagnóstico de uso *in vitro* – reagentes, padrões, calibradores, controles, materiais, artigos e instrumentos, junto com as instruções para seu uso, que contribuem para realizar uma determinação qualitativa, quantitativa ou semi-quantitativa de uma amostra proveniente do corpo humano e que não estejam destinados a cumprir alguma função anatômica, física ou terapêutica, que não sejam ingeridos, injetados ou inoculados em seres humanos e que são utilizados unicamente para prover informação sobre amostras obtidas do organismo humano.

XV – Profissional legalmente habilitado: profissional com formação superior inscrito no respectivo Conselho de Classe, com suas competências atribuídas por Lei.

XVI – Queixa técnica: qualquer alteração ou irregularidade de um produto para a saúde relacionada a aspectos técnicos ou legais, que poderá ou não causar dano à saúde individual ou coletiva.

XVII – Rastreabilidade: capacidade de recuperação do histórico, desde a seleção do doador e coleta até a liberação para uso daquilo que está sendo considerado, por meio de identificações e registros.

XVIII – Reação adversa: uma resposta não intencional no doador ou no receptor, associada à coleta de unidade de células progenitoras hematopoéticas ou a sua utilização em transplante, que resulte em transmissão de infecções, óbito ou risco à vida, deficiência ou condições de incapacitação, necessidade de intervenção médica ou cirúrgica, hospitalização prolongada ou morbidade, dentre outras. Reação adversa é um tipo de evento adverso.

XIX – Responsável Técnico: profissional legalmente habilitado que assume perante a Vigilância Sanitária a responsabilidade técnica pelo laboratório de processamento de Células Progenitoras Hematopoéticas de medula óssea e sangue periférico e pelo banco de sangue de cordão umbilical e placentário.

XX – Risco: combinação da probabilidade de ocorrência de dano e da gravidade deste dano. XXI – Sala: ambiente envolto por paredes em todo o seu perímetro e uma porta.

XXII – Sangue de cordão umbilical e placentário (SCUP): porção do sangue, rica em Células Progenitoras Hematopoéticas, que permanece nas veias da placenta e na veia umbilical após o parto.

XXIII – Termo de Consentimento Livre e Esclarecido (TCLE): anuência do doador/receptor e ou de seu representante legal, livre de vícios (simulação, fraude ou erro), dependência, subordinação ou intimidação, após explicação completa e pormenorizada sobre a natureza de determinado procedimento, seus objetivos, métodos, benefícios previstos, potenciais riscos e o incômodo que este possa acarretar, formulada em um termo de consentimento, autorizando sua participação voluntária.

XXIV – Teste funcional: visa verificar e garantir a presença da capacidade funcional e ou proliferativa das células progenitoras hematopoéticas.

XXV – Teste microbiológico: teste realizado visando à detecção de agentes microbiológicos a partir de uma alíquota da unidade a ser disponibilizada.

XXVI – Transplante convencional de células progenitoras hematopoéticas: tipo de terapia celular que se utiliza da infusão de CPH, com o objetivo de obter enxerto transitório ou permanente para correção de defeito quantitativo ou qualitativo da medula óssea, ou ainda restaurar a hematopoese após quimioterapia mieloablativa para tratamento de diversas doenças. Recebe esta denominação em substituição à expressão "transplante de medula óssea".

XXVII – Unidade de Células Progenitoras Hematopoéticas (CPH): são as células progenitoras hematopoéticas isoladas após o processamento do tecido obtido da medula óssea, do sangue periférico (quando estas são mobilizadas da medula óssea por meio de medicamentos) ou do sangue de cordão umbilical e placentário.

XXVIII – Uso Autólogo: quando as células utilizadas provêm do próprio indivíduo a ser transplantado (paciente).

XXIX – Uso Alogênico: quando as células utilizadas provêm de outro indivíduo (doador), aparentado ou não.

XXX – Validação: procedimento que fornece evidências de que um processo ou sistema apresenta desempenho dentro das especificações da qualidade, de maneira a fornecer resultados válidos.

CAPÍTULO II
DAS DISPOSIÇÕES TÉCNICAS GERAIS

Seção I
Normas Gerais

Art. 5º Os laboratórios de processamento de CPH de medula óssea e sangue periférico e os bancos de sangue de cordão umbilical e placentário são os estabelecimentos que realizam atividades de coleta, processamento, criopreservação, testagem laboratorial, armazenamento, controle de qualidade e transporte, voltadas à utilização de CPH em transplante convencional.

Art. 6º O laboratório de processamento de CPH de medula óssea e sangue periférico e o banco de sangue de cordão umbilical e placentário devem contar com instalações físicas, recursos humanos, equipamentos e instrumentos, materiais, reagentes e produtos para diagnóstico de uso *in vitro*, bem como metodologias, necessários às atividades desenvolvidas.

Art. 7º Os bancos de sangue de cordão umbilical e placentário podem apresentar as seguintes finalidades e naturezas:

I – coleta, transporte, testagem, processamento, criopreservação, armazenamento e liberação de CPH obtidas de sangue de cordão umbilical e placentário, para uso alogênico não- aparentado (BSCUP), de natureza pública; ou

II – coleta, transporte, testagem, processamento, criopreservação, armazenamento e liberação de CPH obtidas de sangue de cordão umbilical e placentário, para uso autólogo (BSCUPA), de natureza privada.

Art. 8º A coleta, a testagem, o processamento, a criopreservação, o armazenamento e a liberação de unidade de CPH de sangue de cordão umbilical e placentário, para uso alogênico aparentado, podem ser realizados por BSCUP ou laboratório de processamento de CPH vinculado a serviço de hemoterapia ou centro de transplante de CPH, licenciados e autorizados segundo as determinações das legislações vigentes.

Art. 9º O laboratório de processamento de CPH de medula óssea e sangue periférico e o banco de sangue de cordão umbilical e placentário são os responsáveis por todos os procedimentos relacionados ao preparo das CPH para o uso em transplante convencional, incluindo coleta, processamento, acondicionamento, criopreservação, armazenamento, os testes de triagem laboratorial do doador/paciente e demais testes de controle de qualidade e segurança, descarte, liberação para uso e transporte.

§1º O laboratório de processamento de CPH de medula óssea e sangue periférico e o banco de sangue de cordão umbilical e placentário não podem terceirizar as atividades de processamento, acondicionamento, criopreservação, armazenamento e liberação para uso e descarte.

§2º Cabe ao laboratório de processamento de CPH e banco de sangue de cordão umbilical e placentário que terceiriza atividades, estabelecer, por meio de contrato, convênio ou termo de compromisso, o cumprimento da legislação vigente pelos serviços para os quais as respectivas atividades foram terceirizadas.

Art. 10 O laboratório de processamento de CPH de medula óssea e sangue periférico e o banco de sangue de cordão umbilical e placentário devem apresentar licença de funcionamento, licença sanitária ou alvará sanitário, atualizada(o) e emitida(o) pelo órgão de vigilância sanitária competente, de acordo com o disposto no parágrafo único do artigo 10 da Lei n. 6.437, de 20 de agosto de 1977, salvo disposições legais estaduais ou municipais complementares.

Parágrafo único. O serviço de hemoterapia ou centro de transplante que incluir em suas instalações um laboratório de processamento de CPH de medula óssea e sangue periférico e ou um banco de sangue de cordão umbilical e placentário, pode solicitar a inclusão da descrição desta(s) atividade(s) na licença sanitária do respectivo serviço, cabendo ao órgão de vigilância sanitária competente a deliberação sobre esta solicitação.

Art. 11 Caso o laboratório de processamento de CPH de medula óssea e sangue periférico ou o banco de sangue de cordão umbilical e placentário encerre suas atividades, o responsável técnico pelo serviço deverá informar à autoridade sanitária e responsabilizar-se pelo destino final das unidades de células criopreservadas, bem como pelo destino das alíquotas correspondentes e manutenção dos respectivos registros, pelo período de tempo necessário conforme previsto neste Regulamento.

Parágrafo único. O responsável técnico pelo serviço deve convocar todos os pacientes, ou seus representantes legais, com unidades de CPH criopreservadas, para ciência e assinatura de um Termo de Consentimento Livre e Esclarecido (TCLE) específico, prevendo o destino do material.

Seção II
Regimento Interno

Art. 12 O laboratório de CPH de medula óssea e sangue periférico e o banco de sangue de cordão umbilical e placentário devem possuir um regimento interno no qual constem:

I – finalidade;

II – organograma descrevendo a estrutura administrativa e técnico-científica, com definição do representante legal e do responsável técnico do serviço; e

III – relação nominal, acompanhada da correspondente assinatura de todo o pessoal administrativo e técnico-científico, indicando a qualificação, as funções e responsabilidades dos profissionais do serviço.

Parágrafo único. As funções de representante legal e de responsável técnico do serviço poderão ser exercidas pelo mesmo profissional.

Seção III
Manual Técnico Operacional

Art. 13 O laboratório de processamento de CPH de medula óssea e sangue periférico e o banco de sangue de cordão umbilical e placentário devem possuir Manual Técnico

Operacional que defina, em detalhes, todos os procedimentos relacionados à seleção de doador, coleta, processamento, acondicionamento, armazenamento, liberação para uso, transporte, descarte de unidades de CPH e gerenciamento de resíduos, bem como as demais atividades desenvolvidas pelo serviço, sob a forma de instruções escritas e atualizadas.

§1º O Manual Técnico Operacional deve ser acessível, a qualquer momento, a todos os funcionários e estar sempre disponível nas formas impressa e eletrônica, nos respectivos setores do serviço.

§ 2º Caso o serviço utilize a forma eletrônica, deve existir pelo menos uma cópia impressa do Manual Técnico Operacional disponível no serviço.

§ 3º O Manual Técnico Operacional deve ainda:

I - conter todas as instruções escritas e atualizadas;

II - ser assinado e datado pelo responsável técnico do serviço; III - indicar o profissional responsável por cada procedimento;

IV - conter as condutas frente às não-conformidades; e

V- descrever as normas de biossegurança a serem seguidas por todos os funcionários.

§ 4º O Manual Técnico Operacional deve ser revisado anualmente e atualizado sempre que houver alguma alteração de procedimento.

Seção IV

Recursos Humanos - Estrutura Administrativa e Técnico-Científica

Art. 14 O laboratório de processamento de CPH de medula óssea e sangue periférico e o banco de sangue de cordão umbilical e placentário devem possuir equipe profissional em quantidade suficiente e com formação e capacitação compatível com as atividades executadas.

§1º O serviço deve promover um processo contínuo de capacitação, compatível com as funções desempenhadas pelo profissional, e manter disponíveis os respectivos registros.

§2º Para fins de comprovação de qualificação e capacitação poderão ser apresentados diplomas, declarações, cartas de recomendação, atestados, cartas oficiais, dentre outros congêneres.

§3º Ações de capacitação realizadas no próprio laboratório também poderão ser apresentadas, desde que estejam devidamente documentadas.

Art. 15 A responsabilidade técnica pelo laboratório de processamento de CPH de medula óssea e sangue periférico e pelo banco de sangue de cordão umbilical e placentário deve ficar a cargo de um médico especialista em hematologia ou hemoterapia, ou de um profissional médico com capacitação comprovada na área, e com registro no respectivo Conselho de Classe.

Seção V
Garantia da Qualidade

Art. 16 O laboratório de processamento de CPH de medula óssea e sangue periférico e o banco de sangue de cordão umbilical e placentário devem implantar e implementar um sistema da garantia da qualidade de seus processos, o qual deverá incluir:

I – a equipe técnica e os recursos necessários para o desempenho de suas atribuições;
II – a proteção das informações confidenciais;

III – a supervisão do pessoal técnico por profissional de nível superior legalmente habilitado durante todo o período de funcionamento do serviço;

IV – os equipamentos, instrumentos, materiais, reagentes e produtos para diagnóstico de uso *in vitro* utilizados, bem como sua qualificação e verificação antes de serem colocados em uso;

V – a utilização de técnicas conforme recomendações do fabricante (equipamentos e produtos) ou, quando couber, conforme validação realizada pelo serviço;

VI – a realização de procedimentos, com base em protocolos definidos e, quando couber,validados;

VII – procedimentos para detecção, registro, correção e prevenção de erros e não conformidades, incluindo a realização de controle de qualidade interno do laboratório e controle de qualidade da unidade de CPH; e

VIII – a rastreabilidade de todos os seus processos.

Parágrafo único. Na hipótese prevista no inciso VII deste artigo, os resultados devem ser analisados e, quando estiverem fora dos critérios predefinidos, devem ser realizadas ações para corrigir o problema e evitar resultados incorretos, mantendo-se os registros dos erros, não-conformidades e medidas adotadas.

Art. 17 O laboratório de processamento de CPH de medula óssea e sangue periférico e o banco de sangue de cordão umbilical e placentário devem manter registros de:

I – queixas técnicas dos equipamentos, instrumentos, materiais, reagentes e produtos para diagnóstico de uso *in vitro* utilizados;

II – eventos adversos associados à coleta, processamento, criopreservação, testes de triagem laboratorial do doador/paciente, armazenamento, controle de qualidade, registros, transporte e liberação das unidades de CPH, bem como demais atividades realizadas pelo serviço; e

III – reações adversas associadas à coleta de unidades de CPH e a sua utilização em transplante.

Parágrafo único. O serviço de coleta e ou transplante deve manter política de notificação ao laboratório de processamento das CPH ou banco de sangue de cordão umbilical e placentário sobre a ocorrência de eventos e reações adversos relacionados às unidades liberadas para uso.

Art. 18 O serviço deve notificar a ANVISA, bem como a empresa detentora de registro de produto para a saúde, sobre a ocorrência de queixas técnicas dos equipamentos, instrumentos, materiais, reagentes e produtos para diagnóstico de uso *in vitro* utilizados em suas dependências, segundo o estabelecido na Portaria MS nº 1.660, de 22 de julho de 2009, que instituiu o Sistema de Notificação e Investigação em Vigilância Sanitária – VIGIPÓS, ou a que vier a substituí-la, e demais normas específicas vigentes.

Art. 19 O serviço deve ter um ou mais profissionais, formalmente designados, com a responsabilidade de avaliar as queixas técnicas, os eventos adversos e as reações adversas observados em suas dependências, bem como aqueles notificados pelo(s) serviço(s) onde as unidades de CPH foram coletadas e utilizadas.

§ 1º Devem ser adotadas e documentadas as ações corretivas e preventivas cabíveis, sendo mantidos os respectivos registros das ações implementadas.

§ 2º Relatórios de avaliação contendo as ações corretivas e preventivas adotadas devem ser emitidos.

Seção VI
Biossegurança

Art. 20 Todo material biológico humano, por ser potencialmente infeccioso, deve ser manipulado adotando-se as regras de biossegurança necessárias.

Art. 21 O laboratório de processamento de CPH de medula óssea e sangue periférico e o banco de sangue de cordão umbilical e placentário devem manter atualizados e disponibilizar, a todos os funcionários, instruções escritas de biossegurança e treinamentos periódicos, contemplando, no mínimo, as seguintes informações:

I – normas e condutas de segurança biológica, química, física, ocupacional e ambiental;

II – instruções de uso para os equipamentos de proteção individual (EPI) e de proteção coletiva (EPC);

III – procedimentos em caso de acidentes; e

IV – manuseio e transporte de material e amostra biológica.

Seção VII
Materiais, Reagentes e Produtos para Diagnóstico de uso *in vitro*

Art. 22 Os materiais, reagentes e produtos para diagnóstico de uso *in vitro* utilizados para coleta, processamento, testagem laboratorial e preservação de CPH devem estar regularizados junto a ANVISA, de acordo com a legislação específica vigente.

Art. 23 Os materiais e reagentes utilizados na coleta das unidades de medula óssea, sangue periférico e sangue de cordão umbilical e placentário, que entrem em contato com as células, devem ser estéreis, apirogênicos e, quando couber, descartáveis.

Parágrafo único. Os materiais passíveis de processamento devem seguir o disposto em legislação específica vigente.

Art. 24 Os materiais e reagentes utilizados no processamento de unidades de CPH de medula óssea, sangue periférico e sangue de cordão umbilical e placentário, que entrem em contato com as células, devem ser estéreis, apirogênicos e descartáveis.

Art. 25 O laboratório de processamento de CPH e o banco de sangue de cordão umbilical e placentário devem manter registros da origem, validade e número do lote de todos os materiais, reagentes e produtos para diagnóstico de uso *in vitro* utilizados, a fim de garantir a rastreabilidade.

Art. 26 O reagente preparado ou aliquotado pelo próprio laboratório ou banco deve ser identificado com rótulo e ou etiqueta contendo nome, concentração, número de lote (quando aplicável), data de preparação, identificação de quem preparou ou aliquotou, data de validade, condições de armazenamento, além de informações referentes a riscos potenciais.

§ 1º Devem ser mantidos registros dos processos de preparo, do controle da qualidade e de validação dos reagentes preparados e ou aliquotados.

§ 2º Os processos, citados no *caput* deste Artigo, devem ser validados, de forma a apresentar evidências documentadas de atendimento às especificações e características de qualidade predeterminadas.

Art. 27 A utilização de materiais, reagentes e produtos para diagnóstico de uso *in vitro* deve respeitar as recomendações de uso do fabricante, condições de preservação, armazenamento e os prazos de validade, não sendo permitida a sua revalidação depois de expirada a validade.

Seção VIII
Equipamentos

Art. 28 O laboratório de processamento de CPH de medula óssea e sangue periférico e o banco de sangue de cordão umbilical e placentário devem cumprir os seguintes requisitos relativos aos equipamentos:

I – possuir os equipamentos e instrumentos específicos e em quantidade necessária ao atendimento de sua demanda;

II – manter instruções escritas referentes ao uso dos equipamentos disponíveis aos funcionários do setor, as quais devem ser complementadas por manuais do fabricante em língua portuguesa;

III – manter e implementar um programa de manutenção preventiva e corretiva, onde conste um cronograma de intervenção;

IV – manter os equipamentos de medição calibrados e os respectivos registros; e

V – manter registros da origem e série dos equipamentos utilizados a fim de garantir a rastreabilidade.

Parágrafo único. Na hipótese descrita no inciso III deste artigo, todas as intervenções realizadas nos equipamentos devem ser registradas sistematicamente, informando dia, responsável pela intervenção, descrição da intervenção e, em caso de substituição de peças, lista das peças substituídas.

Art. 29 As planilhas de controle das rotinas de uso e manutenção dos equipamentos e instrumentos devem ficar disponíveis para consulta.

Art. 30 Os equipamentos que necessitem funcionar com temperatura controlada devem possuir registro da verificação da mesma, de forma periódica e definida pelo serviço em manual técnico operacional.

Art. 31 Os congeladores e ultra-congeladores devem possuir sistema de alarme sonoro e visual para sinalizar condições de temperatura fora dos limites especificados.

Seção IX
Infra-estrutura física mínima

Art. 32 A infra-estrutura física do laboratório de processamento de CPH de medula óssea e sangue periférico e do banco de sangue de cordão umbilical e placentário deve, no que couber, atender ao disposto no regulamento técnico para planejamento, programação, aprovado pela RDC ANVISA nº 50, de 21 de fevereiro de 2002, ou a que vier a substituí-la, bem como às exigências específicas contidas nesta Resolução e demais normas vigentes.

Art. 33 A infra-estrutura física deve ser constituída, no mínimo, pelos seguintes ambientes: I – salas ou áreas administrativas;

II – sala de processamento; e

III – sala ou área de criopreservação e armazenamento.

Parágrafo único. Os ambientes devem estar em uma disposição que permita a circulação de pessoas, com fluxos independentes de materiais, reagentes, produtos para diagnóstico de uso *in vitro*, material biológico e resíduos, permitindo a limpeza e a manutenção com a finalidade de garantir a qualidade das unidades de CPH em todas as fases do processo.

Art. 34 O laboratório de processamento de CPH de medula óssea e sangue periférico e o banco de sangue de cordão umbilical e placentário, se estiver vinculado ou associado a um serviço de hemoterapia ou centro de transplante, pode utilizar a infra-estrutura geral deste serviço.

Art. 35 Se o serviço possuir sistema de armazenamento de unidades de CPH, em temperatura igual ou inferior a 150 °C negativos, em tanques de nitrogênio líquido, ou se houver um sistema de segurança de nitrogênio para congelador mecânico, a sala de criopreservação e de armazenamento deve contar com:

I – visualização externa do seu interior;

II – sistema de exaustão mecânica, para diluição dos traços residuais de nitrogênio, que promova a exaustão forçada de todo o ar da sala de criopreservação e armazenamento, com descarga para o ambiente externo do prédio;

III – sensor do nível de oxigênio ambiental com alarmes sonoro e visual, interno e externo à sala de criopreservação e armazenamento;

IV – alarmes sonoro e visual, interno e externo à sala de criopreservação e armazenamento, que alertem para possíveis falhas no suprimento de nitrogênio líquido e/ou do equipamento de armazenamento; e

V – termômetro para monitoramento de temperatura ambiental, que indique valores máximo e mínimo.

§ 1° O sistema de exaustão mecânica deve manter uma vazão mínima de ar total de 75 $(m^3/h)/m^2$.

§ 2º O ar de reposição deve ser proveniente dos ambientes vizinhos ou suprido por insuflação de ar exterior, com filtragem mínima com filtro classe G1.

§ 3º As grelhas de captação do sistema de exaustão mecânica devem ser instaladas próximas ao piso.

§ 4º Se utilizado congelador mecânico com temperatura igual ou inferior a 135 °C negativos, a sala de criopreservação e armazenamento deve contar com um sensor de temperatura ambiental com alarme.

Art. 36 O laboratório de processamento de CPH de medula óssea e sangue periférico e o banco de sangue de cordão umbilical e placentário deve possuir sistema emergencial de energia elétrica, de acordo com o regulamento técnico para planejamento, programação, aprovado pela RDC ANVISA nº 50, de 21 de fevereiro de 2002, ou a que vier a substituí-la.

Parágrafo único. O serviço deve observar as instruções do fabricante dos equipamentos com relação a exigências de uso de *no-breaks*.

Seção X
Seleção do doador

Art. 37 A doação de CPH de medula óssea, sangue periférico ou sangue de cordão umbilical e placentário para uso em transplante convencional deve obedecer à legislação específica vigente e respeitar os preceitos éticos sobre o assunto, ficando garantidos o sigilo, a gratuidade, a publicidade e o consentimento livre e esclarecido.

Art. 38 O serviço deve prover ao doador todas as informações relativas ao processo de doação, riscos envolvidos, testes laboratoriais, entre outras necessárias para compreensão e assinatura do TCLE, o qual deve ser redigido em linguagem clara e compreensível para o leigo e deve conter, no mínimo, e quando couber:

I – informações sobre os riscos ao doador e benefícios ao receptor da doação;

II – os testes que serão realizados para a qualificação do doador e a garantia de que os resultados lhe serão informados;

III – autorização para a coleta de amostras necessárias para os testes de importância para o transplante de CPH;

IV – autorização para acesso aos prontuários médicos do doador para obtenção de dados clínicos e história médica de familiares com importância potencial para o procedimento de transplante;

V – autorização para transferir os dados sobre o material para centros de transplante e registros de unidades disponíveis para transplante, garantido o anonimato;

VI – autorização para transferir, fisicamente, a unidade de CPH para centros de transplante, sendo garantido o anonimato;

VII – autorização para armazenar amostras de células, plasma, soro e DNA do doador para testes que se fizerem necessários no futuro;

VIII – autorização para eventual coleta com a placenta *in utero* nos bancos de sangue de cordão umbilical e placentário que assim procedem; e

IX – autorização para descartar as unidades que não atenderem aos critérios para armazenamento ou seu uso posterior para transplantes.

§ 1º O doador tem o direito de desistir da doação de CPH nas diversas fases do processo, entretanto, deve ser conscientizado de que esta desistência deve ocorrer antes do condicionamento do receptor.

§ 2º O doador deve ser informado que após o condicionamento do receptor, a desistência da doação pode implicar em provável morte do receptor.

§ 3º No caso de doador aparentado com idade inferior a 18 anos ou mentalmente incapacitado, o TCLE deve ser obtido dos pais ou do seu representante legal.

Art. 39 Para a seleção e qualificação do candidato à doação de CPH de medula óssea, sangue periférico e sangue de cordão umbilical e placentário o serviço deve ter informações sobre a história clínica do doador e realizar os testes de triagem laboratorial do doador/paciente, de acordo com este Regulamento e demais normas específicas vigentes.

§ 1º Os critérios de seleção devem assegurar proteção ao doador e a segurança do receptor.

§ 2º A detecção de marcadores para infecções transmissíveis pelo sangue, realizada durante a triagem sorológica, deve ser efetivada por meio de testes de alta sensibilidade, devendo ser seguidos os mesmos algoritmos para a triagem sorológica para doação de sangue.

Art. 40 Resultados laboratoriais ou outros achados anormais nos testes de seleção devem ser reportados ao respectivo doador, com o devido encaminhamento a um serviço de assistência especializado, para que sejam tomadas as medidas cabíveis.

Parágrafo único. O contato com o doador, conforme especificado no *caput* deste artigo, bem como o seu devido encaminhamento, deve ser documentado, mantendo-se os respectivos registros.

Art. 41 O uso de CPH em transplante alogênico-aparentado ou autólogo, que não preencha integralmente os critérios de qualificação, exige uma avaliação considerando a relação risco- benefício do procedimento, em decisão conjunta entre a equipe médica do serviço onde serão feitas a coleta e o transplante, e o receptor ou seus responsáveis legais.

Seção XI
Coleta

Art. 42 A coleta de medula óssea, sangue periférico e sangue de cordão umbilical e placentário deve seguir os critérios estabelecidos por este Regulamento e demais normas específicas vigentes, e assegurar proteção ao doador.

Art. 43 Os procedimentos de coleta devem estar descritos no Manual Técnico Operacional, em instruções escritas e atualizadas.

Art. 44 A coleta de medula óssea deve ser realizada por profissional médico devidamente qualificado.

Art. 45 A coleta de sangue periférico e sangue de cordão umbilical e placentário deve ser realizada por profissional de nível superior da área de saúde habilitado, capacitado e treinado.

§1º A responsabilidade pela coleta de sangue periférico é do responsável técnico pelo serviço que realiza este procedimento.

§2º A responsabilidade pela coleta de sangue de cordão umbilical e placentário é do responsável técnico do banco de sangue de cordão umbilical e placentário ou do serviço para o qual a unidade coletada será encaminhada para processamento.

Art. 46 A coleta deve ser realizada em estabelecimentos de saúde que atendam as exigências da legislação vigente, devendo ser mantidas as condições de assepsia necessárias, de forma a minimizar o risco de contaminação microbiana.

§1º A coleta de medula óssea deve ser realizada em centro cirúrgico.

§2º O sangue de cordão umbilical e placentário deve ser coletado em sistema fechado próprio para coleta deste tipo de material e em hospital ou maternidade regularizados junto ao órgão de vigilância sanitária competente.

Art. 47 Amostras de sangue do doador e ou da mãe, no caso de doação de sangue de cordão umbilical e placentário, deverão ser coletadas de acordo com os critérios determinados neste Regulamento e demais normas específicas vigentes, para realização dos testes laboratoriais necessários.

Parágrafo único. Os procedimentos de coleta de amostras laboratoriais devem ser executados de forma a evitar riscos de contaminação microbiana e troca de amostras.

Seção XII
Processamento

Art. 48 O laboratório de processamento de CPH de medula óssea e sangue periférico e o banco de sangue de cordão umbilical e placentário devem manter registro dos serviços e dos profissionais dos quais recebam unidades de CPH para processamento.

Art. 49 Todas as etapas do processamento devem estar descritas no Manual Técnico Operacional, em instruções escritas e atualizadas, com protocolos definidos e validados.

Art. 50 Os protocolos de processamento devem estabelecer medidas para prevenção de contaminação cruzada e a troca de material.

Parágrafo único. Não é permitido o processamento simultâneo de CPH de mais de um doador em uma mesma área.

Art. 51 O tempo entre o término da coleta de medula óssea, sangue periférico e sangue de cordão umbilical e placentário e o início da criopreservação ou da infusão a fresco da respectiva unidade de CPH não deve exceder 48 horas.

Parágrafo único. Durante o período estabelecido no *caput* deste artigo, recomenda-se que o material permaneça à temperatura de 4 °C (mais ou menos 2 ºC), excetuando-se quando o material estiver em transporte, devendo ser obedecidas as condições específicas para tal.

Art. 52 As etapas do processamento de unidades de CPH, as quais exijam abertura do sistema, devem ser realizadas em cabine de segurança biológica, classe II tipo A (ambiente classificado como ISO 5).

Art. 53 As unidades de CPH de medula óssea, sangue periférico e sangue de cordão umbilical e placentário devem ser acondicionadas em bolsa plástica própria para cada tipo de unidade de CPH.

Seção XIII
Rotulagem e Armazenamento

Art. 54 A rotulagem das bolsas deve atender ao disposto neste Regulamento, para garantir a rastreabilidade da unidade de CPH.

Art. 55 As bolsas contendo unidades de CPH devem ser armazenadas em um local fixo e pré-determinado que permita sua localização com facilidade, rapidez e segurança e de acordo com as temperaturas necessárias.

Parágrafo único. O armazenamento de unidades de CPH não liberadas para uso e de unidades liberadas para uso terapêutico deve ser de forma ordenada e em áreas segregadas.

Art. 56 Devem ser armazenadas alíquotas de células das unidades de CPH e soro/plasma do doador/paciente, em quantidade e conformidade com as condições exigidas neste Regulamento e demais normas específicas vigentes.

Parágrafo único. As alíquotas para a realização de testes laboratoriais devem ser acondicionadas, identificadas e armazenadas em temperaturas específicas controladas e segundo procedimentos documentados visando prevenir quaisquer trocas de amostras.

Art. 57 As unidades de CPH de medula óssea e sangue periférico que necessitarem de criopreservação, devem ser armazenadas a temperatura igual ou inferior a 80 °C negativos, sendo aceitável uma variação de até 4 °C acima dessa temperatura.

Art. 58 As unidades de CPH de sangue de cordão umbilical e placentário devem ser mantidas em temperatura igual ou inferior a 150 °C negativos.

Art. 59 As alíquotas de plasma e soro devem ser mantidas em temperatura igual ou inferior a igual ou inferior a 70 °C negativos.

Art. 60 As bolsas contendo unidades de CPH criopreservadas devem ser acondicionadas em estojos para garantir a proteção durante os processos de criopreservação e armazenamento.

Art. 61 As unidades de CPH com testes microbiológicos positivos ou com resultado reagente em pelo menos um dos marcadores para infecções transmissíveis pelo sangue devem ser armazenadas, preferencialmente, em congelador ou tanque específico, separado das demais unidades com testes negativos.

Parágrafo único. Se acondicionadas no mesmo equipamento, em fase líquida de nitrogênio, as unidades com testes microbiológicos positivos ou com resultado reagente em pelo menos um dos marcadores para infecções transmissíveis, devem estar envoltas por um sistema de embalagem externa ou equipamento que garanta a proteção das demais bolsas criopreservadas.

Art. 62 O serviço deve realizar registro periódico da temperatura dos frízeres, congeladores mecânicos e do nível de nitrogênio dos tanques de armazenamento.

Seção XIV
Liberação e Distribuição para uso

Art. 63 As unidades de CPH de medula óssea, sangue periférico e sangue de cordão umbilical e placentário, só podem ser liberadas para uso terapêutico depois de satisfeitos todos os requisitos obrigatórios para a manutenção da qualidade das células e segurança do receptor.

Art. 64 Devem ser seguidos os requisitos de qualidade e segurança, dispostos neste Regulamento bem como em demais normas específicas vigentes, incluindo, no mínimo:

I – testes sorológicos de alta sensibilidade para detecção de marcadores para infecções transmissíveis pelo sangue;

II – testes microbiológicos;

III – contagem do número total de células nucleadas e de eritroblastos, quando couber;
IV – teste de viabilidade celular;

V – fenotipagem celular, quantificando células com marcador CD34 positivas, quando couber;

VI – teste funcional, quando couber; e

VII – caracterização molecular, definida como a identificação da histocompatibilidade por meio da determinação de Antígenos Leucocitários Humanos (HLA), quando couber.

Parágrafo único. A determinação de antígenos HLA deve ser realizada por laboratório licenciado pelo órgão de vigilância sanitária competente e autorizado pelo Ministério da Saúde, conforme legislações específicas vigentes.

Art. 65 Os testes laboratoriais a serem realizados no receptor de CPH devem seguir o determinado neste Regulamento e demais normas específicas vigentes.

Art. 66 A solicitação de unidade de CPH de medula óssea, sangue periférico e sangue de cordão umbilical e placentário, para utilização em transplante, deve ocorrer mediante documento escrito com nome legível, assinatura e número de registro em Conselho de Classe de um dos médicos da equipe responsável pelo paciente.

Parágrafo único. Devem ser fornecidos ao profissional responsável pelo paciente os valores das contagens celulares e da viabilidade celular, bem como as demais informações necessárias, sobre a unidade de CPH, incluindo as intercorrências no processo de criopreservação e de armazenamento, cabendo ao médico do paciente a responsabilidade pela sua utilização.

Art. 67 A distribuição de unidade de CPH para outros serviços deve estar estabelecida mediante contrato, convênio ou termo de compromisso, definidas as responsabilidades entre as partes.

Art. 68 Se a unidade de CPH de medula óssea, sangue periférico ou sangue de cordão umbilical e placentário for solicitada para utilização em projetos de pesquisa, deverão ser seguidas as regulamentações vigentes relacionadas à ética em pesquisa no Brasil.

Seção XV Acondicionamento e Transporte

Subseção I Disposições Gerais

Art. 69 As condições de acondicionamento e transporte da unidade de medula óssea, sangue periférico e sangue de cordão umbilical e placentário pré-processamento, bem como de unidades de CPH, devem atender às normas de biossegurança e às exigências técnicas relacionadas à sua conservação de forma a garantir a estabilidade e integridade do material, assim como a segurança das pessoas e do ambiente, conforme disposições deste Regulamento e demais normas específicas vigentes.

Art. 70 O acondicionamento e transporte do local de coleta até o laboratório de processamento/banco, ou após o processamento e distribuição até o local de utilização, devem estar padronizados e descritos em instruções escritas e atualizadas.

Art. 71 Todas as operações do processo de transporte devem ser validadas e padronizadas por meio de instruções escritas e atualizadas.

Parágrafo único. As condições da embalagem e quantidade de material refrigerante ou criopreservante, transferência do material, armazenamento temporário, limpeza e manutenção dos equipamentos e veículos devem ser devidamente registradas pelo laboratório de processamento de CPH e banco de sangue de cordão umbilical.

Art. 72 As unidades de medula óssea, sangue periférico e sangue de cordão umbilical e placentário pré-processamento, e as unidades de CPH, devem ser acondicionadas e transportadas por profissional devidamente instruído.

Art. 73 O acondicionamento e transporte implicam em responsabilidades para o remetente, o destinatário e o transportador/empresa transportadora.

Parágrafo único. As responsabilidades pelo material transportado devem ser definidas em contrato ou instrumento congênere.

Art. 74 Durante o transporte das unidades de CPH para infusão, a embalagem externa deve ser identificada com etiqueta contendo, no mínimo, as seguintes informações:

I – identificação das instituições remetente e destinatária, contendo nome, endereço e telefone;

II – data e hora do acondicionamento;

III – identificação do responsável pelo transporte;

IV – a seguinte advertência: "MATERIAL BIOLÓGICO HUMANO PARA TRANSPLANTE. NÃO SUBMETER À IRRADIAÇÃO (RAIO X)"; e

V – sinalização específica para a embalagem que contenha gelo seco, nitrogênio líquido, líquido criogênico, gás não-inflamável ou outro material de conservação e preservação que ofereça riscos durante o processo de transporte, de acordo com as normas nacionais e internacionais para transporte de produtos perigosos.

Parágrafo único. Nos casos de transporte internacional, a embalagem externa deve conter as mesmas advertências em inglês.

Art. 75 O transporte das unidades de CPH para infusão deve ser acompanhado pela documentação necessária, de acordo com o determinado neste Regulamento e normas vigentes.

Parágrafo único. O documento que acompanha o transporte das unidades de CPH para infusão deve conter, no mínimo, os seguintes dados:

I – nome, endereço e telefone de contato do serviço remetente;

II – nome, endereço e telefone de contato do serviço de destino do material biológico;

III – relação das unidades enviadas, com a respectiva identificação; IV – condições de conservação;

V – data e hora do acondicionamento; VI – data e hora da saída;

VII – identificação do responsável pelo transporte; e

VIII – código de identificação do paciente receptor, quando pertinente.

Art. 76 O transporte da unidade de CPH para infusão deve ser realizado em embalagem secundária exclusiva.

Art. 77 A irradiação do material é expressamente proibida, inclusive em aeroportos.

Art. 78 A temperatura interna do recipiente deve ser monitorada durante todo o período de transporte, de modo contínuo, por dispositivo que possibilite a verificação de variações de temperatura fora do limite estabelecido.

Parágrafo único. O registro da temperatura de saída deve acompanhar a carga até o destino final, onde deve ser arquivado, juntamente com o registro da temperatura de chegada.

Subseção II
Disposições específicas

Art. 79 Para fins de transporte interestadual de unidades de medula óssea, sangue periférico e sangue de cordão umbilical e placentário do local de coleta até o processamento, o laboratório de processamento de células progenitoras hematopoéticas ou o banco de sangue de cordão umbilical e placentário deve possuir autorização concedida pela ANVISA, válida pelo período de um ano a partir da sua emissão.

Parágrafo único. A autorização para realização da atividade de transporte de unidades de medula óssea, sangue periférico e sangue de cordão umbilical e placentário será concedida mediante os trâmites detalhados nos Anexos I e II a este Regulamento.

Art. 80 Cópia do documento de autorização concedida pela autoridade sanitária federal deve acompanhar a carga por todo o período do transporte.

Art. 81 Caso o laboratório de processamento de CPH de medula óssea e sangue periférico ou o banco de sangue de cordão umbilical e placentário terceirize a atividade de transporte, a empresa transportadora deve possuir:

I – representante legal;

II – autorização de funcionamento de empresa; e

III – licença sanitária.

Art. 82 A terceirização do transporte não exime o laboratório de processamento de CPH de medula óssea e sangue periférico e o banco de sangue de cordão umbilical e placentário de cumprir o disposto no Artigo 79 deste regulamento.

Art. 83 Para fins de transporte interestadual de unidades de CPH do local de processamento e armazenamento até o centro de transplante onde ocorrerá o procedimento terapêutico, o serviço deve requerer, caso a caso, manifestação expressa e favorável ao transporte na forma de parecer técnico da Gerência Geral de Sangue, outros Tecidos, Células e Órgãos – GGSTO – da ANVISA, em sua sede, no âmbito de suas competências, emitido após recebimento e avaliação das exigências constantes desta Seção em análise documental.

Art. 84 O parecer técnico deverá ser instruído por solicitação para transporte de unidades de CPH para fins de transplante com as seguintes informações:

I – quanto aos dados relacionados ao receptor do material:

a) nome e número no Registro Brasileiro de Receptores de Medula Óssea (REREME);

b) relatório médico justificando a necessidade do procedimento; e

c) autorização assinada pelo receptor para a realização do procedimento terapêutico, ou autorização assinada pelos pais ou por representante legal, quando o receptor for juridicamente incapaz.

d) cópia de documento de identidade da pessoa que assinou a autorização para a realização do procedimento terapêutico.

II – quanto aos dados relacionados ao material transportado:

a) nome e endereço da instituição fornecedora do material;

b) resultados de testes sorológicos do doador, para marcadores de infecções transmissíveis pelo sangue, exigidos neste Regulamento e demais normas vigentes;

c) resultado dos testes de histocompatibilidade, quando couber;

d) contagem do número total de células nucleadas e de eritroblastos;

e) resultados dos testes de viabilidade celular;

f) contagem de células com marcador CD34 positivas, quando couber;

g) resultados dos testes de contaminação bacteriana, aeróbica e anaeróbica, e fúngica, quando couber;

h) data da coleta, condições de armazenamento e acondicionamento, e recomendações complementares relacionadas à sua qualidade e integridade;

i) nome e endereço da instituição transplantadora a qual se destina o material; e

j) identificação do transportador e dados do transporte com local e data prevista para sua saída e chegada.

§ 1º Na hipótese de transporte de unidade de CPH de sangue de cordão umbilical e placentário, deverão ser informados os resultados dos testes sorológicos da genitora e/ou os resultados dos exames realizados na unidade de sangue de cordão umbilical e placentário coletada.

§ 2º A autoridade sanitária competente deve analisar o perfil epidemiológico das patologias transmissíveis pelo sangue existentes no país, podendo exigir a informação ou realização de outros testes na unidade de CPH.

Subseção III
Condições de transporte

Art. 85 Durante o transporte das unidades de medula óssea, sangue periférico e sangue de cordão umbilical e placentário ou unidades de CPH entre serviços de saúde, as seguintes condições devem ser mantidas:

I – quando se tratar de unidades para infusão a fresco:

a) temperatura entre 2 °C (dois graus Celsius) e 24 °C (vinte e quatro graus Celsius) positivos, em embalagem com componente isotérmico; e

b) uma vez que o prazo entre o término da coleta e o início da infusão da respectiva unidade de CPH não deve exceder 48 (quarenta e oito) horas, o tempo de transporte deve respeitar este limite de tempo.

Parágrafo único. Durante o período estabelecido no *caput* deste artigo, recomenda-se que o material permaneça à temperatura de 4 °C (mais ou menos 2 °C), excetuando-se quando o material estiver em transporte, devendo ser obedecidas as condições específicas para tal.

II – quando se tratar de unidades criopreservadas a 70 °C negativos:

a) o transporte deve se dar em sistema validado para manutenção de temperatura igual ou inferior a 65 °C (sessenta e cinco graus Celsius) negativos pelo prazo de 24 (vinte e quatro) horas.

III – quando se tratar de unidades criopreservadas a 150 °C (cento e cinquenta graus Celsius) negativos ou inferior:

a) acondicionamento em temperatura igual ou inferior a 135 °C (cento e trinta e cinco graus Celsius) negativos;

b) o transporte deve se dar em contêiner apropriado para transporte a seco – tipo dry-shipper, mantido em embalagem protetora específica; e

c) o volume de nitrogênio líquido deve ser suficiente para manutenção da temperatura por um prazo mínimo de 48 (quarenta e oito) horas além do horário estimado para sua chegada ao estabelecimento de destino.

Art. 86 Ao receber a expedição/carga, o serviço de destino deve verificar, registrar e enviar as seguintes informações ao serviço remetente:

I – se a temperatura permaneceu dentro dos limites especificados, durante o transporte; e

II – o peso do contêiner, caso o acondicionamento tenha sido em nitrogênio líquido.

Seção XVI
Registros

Art. 87 O laboratório de processamento de CPH de medula óssea e sangue periférico e o banco de sangue de cordão umbilical e placentário devem possuir sistema de registro e arquivos que permitam a rastreabilidade das células, desde a sua obtenção até o seu destino final.

Parágrafo único. Todos os registros e arquivos devem ser mantidos durante o período de armazenamento da unidade de CPH e por período mínimo de 10 anos após o descarte ou a utilização terapêutica.

Art. 88 Os registros podem ser manuais ou informatizados.

§ 1º Os registros, quando informatizados, devem possuir cópias de segurança e garantia de inviolabilidade.

§ 2º Caso haja necessidade de alteração em algum registro, manual ou informatizado, deve haver a identificação do profissional que realizou a alteração.

Art. 89 Conforme determinado neste Regulamento e demais normas específicas vigentes, o laboratório de processamento de CPH de medula óssea e sangue periférico e o banco de sangue de cordão umbilical e placentário devem manter, no mínimo, arquivos com os seguintes registros e, quando couber, os respectivos documentos:

I – registros e documentos referentes ao doador:

a) nome completo;

b) número e órgão expedidor do documento de identificação; c) código de identificação do doador no serviço ou hospital; d) sexo, peso e estatura;

e) data de nascimento;

f) nacionalidade e naturalidade;

g) filiação;

h) ocupação;

i) endereço e telefone para contato;

j) histórico de vacinação;

k) histórico de viagens;

l) histórico de transfusões de sangue; e

m) questões para identificar situações que impliquem alto risco para contaminação de doenças transmissíveis pelo sangue.

II – registros e documentos referentes à triagem clínica e laboratorial:

a) data da realização e resultado dos testes para infecções transmissíveis pelo sangue;

b) data da realização e resultado da tipagem ABO e RhD e pesquisa de anticorpos irregulares; e

c) data e resultado do teste de gravidez na doadora em idade fértil. III – registros e documentos referentes à coleta:

a) esquema de mobilização das CPH; e b) data(s) da(s) coleta(s).

IV – registros e documentos referentes ao processamento, criopreservação, armazenamento:

a) identificação da amostra;

b) data e hora do início e término do processamento;

c) parâmetros qualitativos iniciais e finais;

d) método de processamento; e

e) identificação do executor.

V – data e motivo do descarte das amostras e unidades;

VI – requisição das unidades de CPH para fins de transplante, datada e assinada pelo médico responsável pelo procedimento terapêutico, e contendo nome legível do médico e seu respectivo registro em Conselho de Classe;

VII – registros e documentos referentes ao paciente receptor:

a) nome e código de identificação; e b) patologia.

VIII – nome e endereço completo do estabelecimento de saúde ao qual se destina o material; IX – procedimentos de transporte;

X – garantia da qualidade, incluindo erros, não conformidades, queixas técnicas e eventos adversos; e

XI – Termos de Consentimento Livre e Esclarecido.

Art. 90 O laboratório de processamento de CPH de medula óssea e sangue periférico e o banco de sangue de cordão umbilical e placentário devem produzir relatórios mensais e encaminhá-los semestralmente à Gerência Geral de Sangue, outros Tecidos, Células e Órgãos – GGSTO da ANVISA, preferencialmente por meio eletrônico, no endereço ggsto@anvisa.gov.br, contendo informações sobre:

I – número de unidades coletadas;

II – número de unidades processadas; III – número de unidades armazenadas;

IV – número de unidades descartadas e o(s) motivo(s) do descarte; e

V – número de unidades distribuídas para transplante e nome e local dos serviços para os quais as unidades foram fornecidas.

§1º Caso o laboratório de processamento de CPH de medula óssea e sangue periférico ou o banco de sangue de cordão umbilical e placentário realize coleta de unidades de CPH em outros Estados ou no Distrito Federal, além do Estado ou Distrito Federal no qual se encontra instalado, sendo necessário o transporte interestadual de unidades do local de coleta até o laboratório ou banco de sangue de cordão umbilical e placentário, devem constar do relatório de produção, também, os seguintes dados:

I – número de unidades coletadas por Estado ou no Distrito Federal; e

II – tipo de modal de transporte utilizado.

§2º As informações contidas nos incisos I a V do *caput* deste artigo e nos incisos I e II do parágrafo anterior devem ser informadas por tipo de fonte de CPH – medula óssea, sangue periférico ou sangue de cordão umbilical e placentário, quando couber.

Seção XVII
Descarte de Material Biológico

Art. 91 O descarte de resíduos do laboratório de processamento de CPH de medula óssea e sangue periférico e do banco de sangue de cordão umbilical e placentário deve estar de acordo com o Plano de Gerenciamento de Resíduos de Serviços de Saúde (PGRSS), atendendo aos requisitos dispostos em normas específicas vigentes.

Seção XVIII
Requisitos específicos para qualificação de doador, processamento e uso de Células Progenitoras Hematopoéticas provenientes de medula óssea (CPH-MO) e sangue periférico (CPH-SP)

Art. 92 O laboratório de processamento de CPH-MO e CPH-SP deve seguir os critérios técnico-sanitários descritos nas Seções I a XVII do Capítulo II deste Regulamento bem como o disposto nesta Seção específica.

Subseção I

Critérios referentes ao uso alogênico aparentado e não-aparentado

Art. 93 A seleção, quanto à histocompatibilidade, do doador aparentado e não-aparentado deve ser realizada de acordo com os critérios definidos neste Regulamento e demais normas específicas vigentes.

Art. 94 A qualificação do doador deve seguir critérios definidos previamente em protocolo específico contendo, no mínimo, história clínica incluindo antecedentes de vacinação, viagem ao exterior e transfusão de sangue, questões relacionadas à identificação de risco aumentado de transmissão de doenças infecciosas pelo sangue e exame físico.

Art. 95 Os seguintes testes laboratoriais devem ser realizados para a qualificação do doador de CPH-MO e CPH-SP aparentado e não-aparentado:

I – testes para detecção de infecções transmissíveis pelo sangue e citomegalovírus (sorologia para a detecção de anticorpos totais e IgM), dentro de 30 dias antes da coleta;

II – teste de gravidez, quando aplicável, 7 (sete) dias antes da coleta; e

III – tipagem ABO e RhD, pesquisa de anticorpos irregulares e titulação das isohemaglutininas anti-A e anti-B para transplante ABO incompatível;

§ 1º Na hipótese descrita no inciso I deste artigo, os resultados dos testes realizados devem ser documentados e informados ao doador, bem como ao médico do receptor em caso de transplante aparentado, antes do início do regime de condicionamento do receptor.

§ 2º Na hipótese descrita no inciso III deste artigo, as provas de compatibilidade pré-transfusionais devem ser repetidas até 72 horas antes do transplante, se o receptor recebeu transfusão sangüínea desde a última prova de compatibilidade pré-transfusional realizada.

Art. 96 São critérios de desqualificação do doador de CPH para uso alogênico não- aparentado:

I – idade inferior a 18 anos ou superior a 59 anos, 11 meses e 29 dias na data da doação;

II – infecção confirmada pelos vírus HIV tipo 1 ou HIV tipo 2;

III – infecção pelos vírus HTLV tipo I ou HTLV tipo II;

IV – teste não reagente para HBsAg com teste reagente para anti-HBc, exceto quando o doador for anti-HBs reagente;

V– teste reagente para HBsAg, exceto quando o receptor também for HBsAg reagente;

VI – teste reagente para anti-HCV, exceto quando o receptor também apresentar teste qualitativo positivo para RNA-HCV;

VII – Doença de Chagas;

VIII – doença neoplásica maligna, exceto carcinoma basocelular de pele e carcinoma *in situ* de colo de útero;

IX – a doença falciforme, na hipótese de coleta de CPH-SP;

X – condição clínica irreversível que coloque em risco a saúde do doador;

XI – gestação em curso;

XII – condição clínica reversível que coloque em risco a saúde do doador; ou

XIII – os critérios de desqualificação temporária definidos para doação de sangue, conforme legislação específica vigente.

§ 1º Consideram-se critérios definitivos de desqualificação do doador de CPH para uso alogênico não-aparentado as condições previstas nos incisos I a X do *caput* deste artigo.

§ 2º Consideram-se critérios temporários de desqualificação do doador de CPH para uso alogênico não-aparentado as condições previstas nos incisos XI a XIII do *caput* deste artigo.

Art. 97 São critérios de desqualificação do doador de CPH para uso alogênico aparentado: I – infecção confirmada pelos vírus HIV tipo 1 ou HIV tipo 2;

II – infecção pelos vírus HTLV tipo I ou HTLV tipo II;

III – condição clínica irreversível que coloque em risco a saúde do doador; IV – a doença falciforme, na hipótese de coleta de CPH-SP;

V – Doença de Chagas;

VI – teste reagente para HBsAg, exceto quando o receptor também for HBsAg reagente;

VII – teste reagente para anti-HBc com HBsAg não reagente, exceto quando o doador for anti-HBs reagente;

VIII – teste reagente para anti-HCV, exceto quando o receptor também apresentar teste qualitativo positivo para RNA-HCV;

IX – gestação em curso; ou

X – condição clínica reversível que coloque em risco a saúde do doador;

§ 1º Consideram-se critérios definitivos de desqualificação do doador de CPH para uso alogênico aparentado as condições previstas nos incisos I a V do *caput* deste artigo.

§ 2º Consideram-se critérios temporários de desqualificação do doador de CPH para uso alogênico aparentado as condições previstas nos incisos VI a X do *caput* deste artigo.

§ 3º Doadores com Hepatite B ou Hepatite C, confirmadas por testes qualitativos para ácido nucléico viral, não devem ser qualificados, a menos que seja documentada a necessidade médica urgente.

Art. 98 As unidades de CPH-MO e CPH-SP, para uso alogênico aparentado e não-aparentado, pós-coleta, devem ser identificadas com rótulo adesivo resistente a resfriamento, contendo, no mínimo, as seguintes informações:

I – natureza do componente;

II – código de identificação do doador;

III – nome e código de identificação do receptor; IV – data e hora do término da coleta;

V – tipagem ABO e RhD do componente;

VI – resultados dos testes para infecções transmissíveis pelo sangue; e

VII – volume total da unidade.

Art. 99 As unidades de CPH-MO e CPH-SP para uso alogênico aparentado e não-aparentado, pós-processamento, devem ser identificadas com rótulo adesivo resistente a resfriamento, contendo, no mínimo, as seguintes informações:

I – nome e código identificador do produto;

II - código de identificação do doador;

III – nome e código de identificação do receptor;

IV – data do processamento;

V – data da criopreservação, quando couber;

VI – volume final do componente;

VII – resultados dos testes para infecções transmissíveis pelo sangue; e

VIII – tipagem ABO e RhD.

Parágrafo único. Outras informações relacionadas às unidades de CPH-MO e CPH-SP, resultados dos testes de triagem microbiológica, quando couber, e resultado da prova de compatibilidade realizada anteriormente à coleta devem ser fornecidas em documentação que acompanha a bolsa na liberação.

Subseção II

Critérios referentes ao uso autólogo

Art. 100 A qualificação do doador paciente para transplante autólogo de CPH deve seguir critérios previamente definidos e documentados, devendo levar em consideração o exame físico e a história clínica.

Art. 101 Os seguintes testes laboratoriais devem ser realizados no doador/paciente para transplante autólogo:

I – testes para detecção de infecções transmissíveis pelo sangue e para citomegalovírus (sorologia para a detecção de anticorpos totais e IgM);

II – teste de gravidez, quando aplicável; e

III – tipagem ABO e RhD e pesquisa de anticorpos irregulares.

§ 1º Nos testes a que se refere o inciso I deste artigo, resultados reagentes não desqualificam o doador paciente.

§ 2º No teste a que se refere o inciso II deste artigo, gestação em curso implica desqualificação temporária.

Art. 102 As unidades de CPH-MO e CPH-SP para uso autólogo, pós-coleta, devem ser identificadas com rótulo adesivo resistente a resfriamento, contendo, no mínimo, as seguintes informações:

I – natureza do componente;

II – nome e código de identificação do doador paciente;

III – data e hora do término da coleta;

IV – resultados dos testes para infecções transmissíveis pelo sangue; e

V – volume total do componente.

Art. 103 As unidades de CPH-MO e CPH-SP para uso autólogo, pós-processamento, devem ser identificadas com rótulo adesivo resistente a resfriamento, contendo, no mínimo, as seguintes informações:

I – natureza do componente;

II – nome e código de identificação do receptor;

III – data do processamento e, quando couber, criopreservação;

IV – resultados dos testes para infecções transmissíveis no sangue;

V – resultados de testes microbiológicos; e

VI – volume do componente.

Subseção III
Outros critérios

Art. 104 Os seguintes testes devem ser realizados na unidade de CPH para uso alogênico, aparentado e não-aparentado, e autólogo:

I – Em unidades de CPH-MO:

a) contagem do número total de células nucleadas;

b) teste de viabilidade celular; e

c) análise microbiológica para bactérias, aeróbias e anaeróbias, e fungos, pelo menos no produto final, após processamento e antes da criopreservação.

II – Em unidades de CPH-SP:

a) contagem do número total de células nucleadas;

b) teste de viabilidade celular;

c) análise microbiológica para bactérias, aeróbias e anaeróbias, e fungos, pelo menos no produto final, após processamento e antes da criopreservação; e

d) contagem de células CD34 positivas;

§ 1º Em casos de necessidade de infusão imediata após o processamento, as bolsas podem ser liberadas para infusão antes do resultado da análise microbiológica.

§ 2º Logo que disponível, o resultado da análise microbiológica deve ser registrado e comunicado ao médico responsável pelo paciente receptor.

§ 3º É recomendada a determinação do número de unidades formadoras de colônias granulocíticas-monocíticas (CFU-GM) nas unidades de CPH-MO.

Art. 105 No mínimo uma alíquota representativa do produto final de cada unidade de CPH-MO e CPH-SP pós-processamento deve ser criopreservada e armazenada conjuntamente, e sob as mesmas condições da bolsa correspondente, e estar disponível para os testes que antecedem o uso da mesma.

Seção XIX

Requisitos específicos para qualificação de doador, processamento e uso de Células Progenitoras Hematopoéticas provenientes de Sangue de Cordão Umbilical e Placentário para uso Alogênico não-aparentado (BSCUP)

Art. 106 O banco de sangue de cordão umbilical e placentário para uso alogênico não-aparentado deve seguir os critérios técnico-sanitários descritos nas Seções I a XVII do Capítulo II deste Regulamento bem como o disposto nesta Seção específica.

Art. 107 São candidatas à doação de sangue de cordão umbilical e placentário para uso alogênico não-aparentado as gestantes que satisfaçam pelo menos as seguintes condições:

I – idade materna acima de 18 (dezoito) anos e que tenha se submetido há, no mínimo, duas consultas pré-natais documentadas.

II – idade gestacional igual ou superior a 35 (trinta e cinco) semanas;

III – bolsa rota há menos de 18 (dezoito) horas;

IV – trabalho de parto sem anormalidade; e

V – ausência de processo infeccioso e ou doença durante a gestação que possa(m) interferir na vitalidade placentária.

Art. 108 São critérios de desqualificação à doação de sangue de cordão umbilical e placentário para uso alogênico não-aparentado as seguintes condições:

I – sofrimento fetal grave;

II – feto com anormalidade congênita;

III – temperatura materna igual ou superior a 38 °C durante o trabalho de parto;

IV – gestante com situação de risco acrescido para infecções transmissíveis pelo sangue;

V – presença de processo infeccioso e ou doença durante o trabalho de parto, que possa(m) interferir na vitalidade placentária;

VII – gestante em uso de hormônios ou drogas que se depositam nos tecidos;

VIII – gestante com história pessoal de doença sistêmica auto-imune ou de neoplasia; ou

IX – gestante e seus familiares, pais biológicos e seus familiares ou irmãos biológicos do recém-nascido com história de doenças hereditárias do sistema hematopoético, tais como, talassemia, deficiências enzimáticas, esferocitose, eliptocitose, anemia de Fanconi, porfiria, plaquetopatias, neutropenia crônica ou outras doenças de neutrófilos, bem como com história de doença granulomatosa crônica, imunodeficiência, doenças metabólicas ou outras doenças genéticas.

X – gestante incluída nos demais critérios de exclusão visando à proteção do receptor, descritos nas normas técnicas vigentes para doação de sangue.

Art. 109 O BSCUP deve utilizar sistema de identificação de bolsas e amostras utilizando código de barras.

Art. 110 Um código de identificação único deve ser atribuído a cada unidade de sangue de cordão umbilical e placentário coletada, devendo ser colada uma etiqueta de código de barras com tal numeração nos seguintes locais:

I – no formulário que contém os dados do pré-natal, do parto e do recém-nascido; II – no Termo de Consentimento Livre e Esclarecido;

III – no formulário que contém os dados da coleta, acondicionamento, transporte, processamento, criopreservação e armazenamento do material e dos resultados dos testes laboratoriais realizados;

IV – em cada bolsa; e

V – nas alíquotas da mãe e do SCUP.

Art. 111 O sangue coletado deverá ser aceito para processamento quando o número total de células nucleadas na unidade for igual ou superior a 5×10^8 (quinhentos milhões) de células nucleadas.

Parágrafo único. O BSCUP, de acordo com o definido por sua política de qualidade, pode decidir por aumentar o valor mínimo aceito para o processamento de unidades de sangue de cordão umbilical e placentário em suas instalações.

Art. 112 Os seguintes testes laboratoriais devem ser realizados na mãe, em uma primeira amostra de sangue colhida no dia do parto ou até 48 (quarenta e oito) horas após:

I – testes de triagem de infecções transmissíveis pelo sangue;

II – citomegalovírus – sorologia para a detecção de anticorpos totais e IgM;

III – toxoplasmose – sorologia para a detecção de anticorpos IgM; e

IV – teste para detecção de hemoglobinas anormais

Parágrafo único. Sempre que possível, repetir os testes de triagem de doenças transmissíveis em uma amostra de sangue materno, coletada após o segundo mês pós-parto, idealmente no sexto-mês pós-parto.

Art. 113 Os seguintes testes laboratoriais devem ser realizados na unidade de sangue de cordão umbilical e placentário, em alíquota coletada da unidade antes da criopreservação:

I – teste para detecção de hemoglobinas anormais;

II – tipagem de HLA-A, HLA-B e HLA-DR, conforme legislação específica vigente;

III – tipagem ABO e RhD;

IV – contagem do número total de células nucleadas e de eritoblastos; V – contagem de células CD34 positivas;

VI – teste de viabilidade celular por citometria de fluxo;

§ 1 – É recomendável a contagem diferencial dos leucócitos e a quantificação de plaquetas, por meio de contagem automatizada. Estes parâmetros devem ser avaliados para exclusão de neutropenia, trombocitopenia /plaquetopatias e imunodeficiência congênitas.

Art. 114 São critérios de desqualificação da unidade de SCUP para uso alogênico não-aparentado:

I – teste positivo para qualquer dos marcadores para infecções transmissíveis pelo sangue;

II – teste positivo para citomegalovírus e ou toxoplasmose (anticorpos da classe IgM);

III – teste microbiológico positivo;

IV – presença de hemoglobinopatia congênita; ou

V – número total de células nucleadas viáveis, determinado após o processamento da unidade e anteriormente a criopreservação, inferior a 5×10^8 (quinhentos milhões) de células nucleadas, ou conforme definido pelo BSCUP de acordo com o estabelecido no parágrafo único do artigo 111 deste Regulamento.

Art. 115 A unidade de sangue de cordão umbilical e placentário somente deve ser liberada para uso pelo BSCUP:

§ 1º Após a realização de teste molecular para HIV/HCV, na amostra materna coletada no dia do parto ou até 48 horas após.

§ 2º Preferencialmente após um exame clínico na criança, após dois meses de idade, ou após obter informações sobre o estado de saúde da mesma, por contato telefônico com a família. Estas informações devem ser registradas e arquivadas juntas aos outros documentos referentes à unidade em questão.

Art. 116 A criopreservação deve ser realizada submetendo a unidade de sangue de cordão umbilical e placentário ao congelamento sob variação controlada da temperatura em processo validado, e equipamento qualificado para este fim, devendo ser registradas e disponíveis para o serviço de transplante as seguintes informações:

I – a variação de redução de temperatura;

II – a concentração final de criopreservante;

III – o fabricante e o número do lote da bolsa plástica utilizada para a criopreservação; e

IV – a origem e o lote do criopreservante.

Art. 117 No mínimo duas alíquotas representativas de cada unidade de CPH, contendo células viáveis, devem ser criopreservadas e armazenadas em segmento contínuo à bolsa de criopreservação, conjuntamente e sob as mesmas condições da unidade de CPH correspondente, devendo estar disponíveis para os testes que antecedem o uso da mesma.

Art. 118 As seguintes alíquotas, no mínimo, devem ser armazenadas para testes futuros a temperatura igual ou inferior a 70 °C negativos:

I – Alíquotas da unidade de CPH:

a) duas alíquotas de plasma; e

b) uma alíquota de DNA ou de células mononucleares viáveis.

II – Alíquotas da amostra da mãe:

a) uma alíquota de soro ou plasma; e

b) uma alíquota de DNA ou de células mononucleares viáveis.

Parágrafo único. As alíquotas devem ser mantidas durante todo o período de armazenamento da unidade de CPH e, no mínimo, por doze meses após a sua utilização terapêutica, ou até o descarte da unidade.

Art. 119 Para a distribuição de uma unidade para o centro de transplante, o BSCUP deve cumprir os seguintes requisitos:

I – providenciar a realização da tipificação de HLA em segmento contínuo à bolsa de criopreservação, por laboratório credenciado para este fim, conforme legislação específica vigente;

II – ter à disposição do centro de transplante e encaminhar, após solicitação, uma alíquota de DNA ou de células viáveis do sangue de cordão umbilical e placentário para realização de testes confirmatórios da identidade da amostra;

III – realizar nova contagem e determinação da viabilidade celular em alíquota da unidade de CPH; e

IV – avaliar a função da CPH por meio da quantificação do número de unidades formadoras de colônias granulocíticas-monocíticas (CFU-GM) ou da realização de teste funcional equivalente;

Parágrafo único. Os resultados e valores obtidos nos testes descritos nos incisos I a III deste artigo, bem como demais informações necessárias, devem ser fornecidos ao profissional responsável pelo paciente, conforme o artigo 66, parágrafo único, deste Regulamento.

Art. 120 O banco de sangue de cordão umbilical e placentário deve realizar e manter registros de avaliação anual da viabilidade celular de um percentual de unidades criopreservadas do seu inventário, definido no Manual Técnico Operacional.

Seção XX

Particularidades para as unidades de Sangue de Cordão Umbilical e Placentário para Uso Alogênico Aparentado

Art. 121 A coleta, o acondicionamento, o processamento, a criopreservação, o armazenamento, a liberação e o transporte das unidades de SCUP para uso alogênico aparentado devem seguir os critérios técnico-sanitários descritos na Seção XIX, referentes ao sangue de cordão umbilical e placentário para uso alogênico não-aparentado, com exceção do disposto nesta Seção.

Art. 122 A indicação da coleta de SCUP para uso alogênico aparentado restringe-se aos nascituros que guardem parentesco de até primeiro grau com portadores de patologia que justifique o tratamento com CPH.

Parágrafo único. A indicação a que se refere o *caput* deste artigo deve ser realizada pelo médico responsável pelo tratamento do paciente, em conjunto com o centro de transplante e com o serviço que realizará o processamento e ou criopreservação da unidade.

Art. 123 Testes laboratoriais, conforme disposto no artigo 112 deste Regulamento, devem ser realizados em amostra da mãe, colhida no dia do parto ou até 48 (quarenta e oito) horas após.

Art. 124 Devem configurar decisão conjunta entre o médico responsável pelo tratamento do paciente, o centro de transplante e o serviço de processamento/criopreservação da respectiva unidade:

II – a utilização terapêutica de unidade com teste microbiológico positivo;

III – a utilização terapêutica de unidade com um ou mais resultados sorológicos reagentes para marcadores de infecções transmissíveis pelo sangue, citomegalovírus e toxoplasmose (anticorpos de classe IgM).

§ 1º Quando for detectada infecção pelos vírus HIV tipo 1 ou HIV tipo 2, a unidade não poderá ser utilizada.

§ 2º Quando for detectada infecção pelo vírus HCV, a unidade não poderá ser utilizada, exceto quando o receptor também apresentar teste reagente na pesquisa qualitativa de RNA- HCV.

Seção XXI
Particularidades do Banco de Sangue de Cordão Umbilical e Placentário para uso Autólogo (BSCUPA)

Art. 125 O banco de sangue de cordão umbilical e placentário para uso autólogo deve seguir os critérios técnico-sanitários descritos nas Seções I a XVII do Capítulo II deste Regulamento, bem como o disposto nesta Seção.

Art. 126 A coleta, o acondicionamento, o processamento, a criopreservação, o armazenamento e o transporte das unidades de CPH de sangue de cordão umbilical e placentário para uso autólogo devem seguir os critérios técnico-sanitários descritos na Seção XIX, referentes ao sangue de cordão umbilical e placentário para uso alogênico não- aparentado, com exceção do disposto nesta Seção.

Art. 127 São candidatas à coleta de sangue de cordão umbilical e placentário para uso autólogo as gestantes que satisfaçam pelo menos as seguintes condições:

I – idade gestacional igual ou superior a 32 (trinta e duas) semanas;

II – bolsa rota há menos de 18 (dezoito) horas;

III – trabalho de parto sem anormalidade; e

IV – ausência de evidências clínicas, durante a gestação, de processo infeccioso ou de doenças que possam interferir na vitalidade placentária.

Art. 128 São critérios de exclusão à doação de sangue de cordão umbilical e placentário para uso autólogo as seguintes condições:

I – sofrimento fetal grave;

II – evidência clínica de infecção aguda durante o trabalho de parto; ou

III – presença de evidências clínicas, durante o trabalho de parto, de doenças que possam interferir na vitalidade placentária

Art. 129 Testes laboratoriais, conforme o disposto no artigo 112 deste Regulamento, devem ser realizados em amostra da mãe, colhida no dia do parto ou até 48 (quarenta e oito) horas após.

Art. 130 Os seguintes testes laboratoriais devem ser realizados na unidade de sangue de cordão umbilical e placentário para uso autólogo, no produto final após processamento e anteriormente à criopreservação:

I – contagem do número total de células nucleadas e de eritroblastos;

II – fenotipagem celular quantificando células com marcador CD34 positivas; III – teste de viabilidade celular; e

IV – testes para detecção de contaminação bacteriana, aeróbica e anaeróbica, e fúngica.

Art. 131 Os critérios de desqualificação das unidades de sangue de cordão umbilical e placentário para uso autólogo, no que se relaciona à presença de contaminação bacteriana e ou fúngica e à quantidade total de células nucleadas viáveis devem obedecer aos critérios estabelecidos para a desqualificação das unidades de sangue de cordão umbilical e placentário para uso alogênico não-aparentado dispostos nos incisos III e V do artigo 114 deste Regulamento.

Art. 132 Deve configurar decisão conjunta, entre o BSCUPA e os pais ou o representante legal do recém-nascido, o armazenamento de unidades com resultado reagente nos teste(s) sorológicos para:

I – HIV tipo 1 e HIV tipo 2;

II – HTLV tipo I e HTLV tipo II;

III – Vírus da Hepatite B;

IV – Vírus da Hepatite C; III – Doença de Chagas; IV – Sífilis;

V – Citomegalovirus (IgM); e

VI – Toxoplasmose (IgM).

Art. 133 No mínimo, as seguintes alíquotas devem ser armazenadas para testes futuros:
I – uma alíquota de DNA ou de células mononucleares viáveis da unidade de CPH; e

II – uma alíquota de soro ou plasma de amostra da mãe.

Parágrafo único. As alíquotas devem ser mantidas durante todo o período de armazenamento da unidade de CPH no mínimo por doze meses após a sua utilização terapêutica ou até o descarte da unidade.

Art. 134 Para a distribuição de uma unidade para o centro de transplante, o BSCUP deve cumprir os seguintes requisitos:

I – ter à disposição do centro de transplante e encaminhar, após solicitação, uma alíquota de DNA ou de células viáveis do sangue de cordão umbilical e placentário para realização de testes confirmatórios da identidade da amostra; e

II – realizar nova contagem do número total de células nucleadas e de eritroblastos e determinar a viabilidade celular, em alíquota da unidade de CPH armazenada;

§ 1º Os resultados e valores obtidos nos testes descritos no inciso II deste artigo, bem como demais informações necessárias, devem ser fornecidos ao profissional responsável pelo paciente, conforme estabelecido pelo artigo 66, parágrafo único, deste Regulamento.

§ 2º A alíquota de células viáveis de CPH do sangue de cordão umbilical e placentário utilizada para os exames mencionados no inciso II deste artigo deve estar armazenada em segmento contínuo à bolsa de criopreservação, conjuntamente e sob as mesmas condições da unidade de CPH correspondente.

CAPÍTULO III

DAS DISPOSIÇÕES FINAIS E TRANSITÓRIAS

Art. 135 Os estabelecimentos abrangidos por esta Resolução terão o prazo de 180 (cento e oitenta) dias, contados a partir da data de sua publicação, para promover as adequações necessárias às novas determinações deste Regulamento Técnico.

Parágrafo único. A partir da publicação desta Resolução, os novos estabelecimentos e aqueles que pretendam reiniciar suas atividades, devem atender na integra as exigências nela contidas, previamente ao seu funcionamento.

Art. 136 O descumprimento das disposições contidas nesta Resolução e no regulamento por ela aprovado constitui infração sanitária, nos termos da Lei nº 6.437, de 20 de agosto de 1977, sem prejuízo das responsabilidades civil, administrativa e penal cabíveis.

Art. 137 Esta Resolução entra em vigor na data de sua publicação.

DIRCEU RAPOSO DE MELLO

ANEXO I

Critérios para emissão de autorização para a realização da atividade de transporte interestadual de unidades de medula óssea, sangue periférico e sangue de cordão umbilical e placentário.

Para fins de obtenção de autorização para transporte interestadual de unidades de medula óssea, sangue periférico e sangue de cordão umbilical e placentário do local de coleta até o processamento, o laboratório de processamento de células progenitoras hematopoéticas ou o banco de sangue de cordão umbilical e placentário deve apresentar o pleito à Gerência Geral de Sangue, outros Tecidos, Células e Órgãos – GGSTO, na sede da ANVISA em Brasília, acompanhado das seguintes informações:

1 – formulário de petição de autorização (Anexo II) preenchido integralmente;

2 – cópia do documento de regularização do serviço junto ao órgão de vigilância sanitária competente; e

3 – documento emitido pelo órgão de vigilância sanitária competente atestando o cumprimento de adequação às condições sanitárias necessárias para realização do transporte.

ANEXO II

Formulário de peticionamento de autorização para transporte interestadual de unidades de medula óssea, sangue periférico e sangue de cordão umbilical e placentário.

1 – Serviço requerente

Nome Fantasia:

Razão Social:

Endereço:

2 – Responsável técnico do serviço e documentos comprobatórios;

3 – Estados e ou Distrito Federal dos quais receberão o material biológico: (Relatório)

4 – Média estimada de volume mensal de material a ser transportado;

5 – Tipo de modal de transporte utilizado;

6 – Em casos de terceirização: dados da empresa transportadora e contrato.

Para a renovação da autorização para transporte interestadual de unidades de medula óssea, sangue periférico e sangue de cordão umbilical e placentário, além da documentação listada acima, o serviço deverá enviar, também, relatório de dados do transporte, do ano anterior, contendo o quantitativo de unidades transportadas, mensalmente, por tipo e por Estado e ou Distrito Federal.

Portaria que regulamenta a atividade de transplante de medula óssea no Brasil

Portaria número 2.600 de 21 de outubro de 2009 que regulamenta o sistema Nacional de Transplantes no Brasil. Ministério da Saúde, Gabinete do Ministro, publicado no Diário Oficial da União em 30 de outubro de 2009. Foi suprimido o texto referente aos transplantes de órgãos sólidos.

Seção VIII

Módulo de Células-Tronco Hematopoéticas

Art.116. Para a realização de Transplantes de Células-Tronco Hematopoéticas (TCTH) deverão ser observadas as atribuições das entidades envolvidas e as normas técnicas para identificação e seleção de doadores para receptores nacionais e internacionais definidas neste módulo.

Parágrafo único. As rotinas para autorização e renovação de autorização para estabelecimentos e equipes especializadas serão tratadas no Anexo VI.

Art. 117. As atribuições do SNT e do INCA quanto à identificação e busca de doadores para receptores nacionais e internacionais são as abaixo relacionadas:

I – O SNT tem como responsabilidade o controle, a avaliação e a regulação das ações e atividades relativas ao Transplante de Células-Tronco Hematopoéticas – (TCTH) e contará com a assessoria técnica do INCA nas atividades relacionadas a TCTH.

II – A busca nacional ou internacional de doador não aparentado de células-tronco hematopoéticas para receptores nacionais e internacionais é prerrogativa do SNT, que se responsabilizará pelo ressarcimento dos procedimentos de identificação, para os receptores nacionais, e delega ao INCA, por meio deste regulamento, a gerência técnica e operacional dessa atividade.

III – A busca nacional e internacional de precursores hematopoéticos para receptores nacionais será concomitante em sua fase preliminar; e após a análise dos dados obtidos na busca preliminar, será selecionado o doador mais adequado para cada receptor.

IV – Na existência de doadores compatíveis no Registro Nacional de Doadores Voluntários de Medula Óssea – REDOME ou no Registro Nacional de Sangue de Cordão Umbilical RENACORD/REDOME e nos registros internacionais, prevalecerá, em caso de similaridade imunogenética, a escolha do doador dos registros brasileiros.

V – Para fins da organização sistemática dos fluxos de receptores nacionais, para transplantes de células-tronco hematopoéticas alogênicos aparentados e não aparentados, deverá ser utilizado o programa informatizado de gerenciamento do REREME.

VI – As Autorizações de Internação Hospitalar (AIH) referentes a transplantes alogênicos aparentados e não aparentados somente poderão ser autorizadas para pacientes inscritos no cadastro único mantido pelo REREME e de acordo com a respectiva CNCDO do Estado onde se encontra o estabelecimento de saúde que assiste o paciente.

VII – O cadastro único para os pacientes candidatos a TCTH alogênico – REREME deverá considerar os critérios específicos de indicação e de priorização para esse tipo de transplante, definidos neste módulo.

VIII – Todos os leitos especializados autorizados para TCTH alogênico, conveniados ao SUS, estarão sujeitos à regulação, pelo SNT, na sua alocação para atendimento aos pacientes inscritos no cadastro único de receptores de TCTH alogênico – REREME, cabendo ao INCA o gerenciamento da distribuição de leitos aos pacientes com doador identificado para transplantes alogênicos aparentados e não aparentados.

IX – O INCA manterá os respectivos cadastros do REDOME, do RENACORD e do REREME atualizados com as informações dos doadores, das unidades de Sangue de Cordão Umbilical e Placentário – SCUP, e da situação clínica dos receptores, enviadas por meio do sistema informatizado pelos médicos que assistem ao paciente; e

X – Caberá ao INCA determinar tecnicamente a necessidade de campanhas de recrutamento de doadores voluntários para o REDOME, sob autorização da CGSNT.

Art. 118. As etapas da busca nacional e internacional de doador não aparentado deverão seguir os fluxos abaixo relacionados:

I – na impossibilidade de se identificar doador aparentado, a equipe médica de um centro de transplante autorizado (Centro Avaliador) reavaliará o paciente e, conforme as indicações estabelecidas no item Critérios de Indicação deste módulo, incluirá o receptor no sistema REREME, para a busca nacional de doador não aparentado no REDOME;

II – identificado(s) o(s) doador(es) no REDOME, a respectiva CNCDO e o hemocentro onde o doador foi registrado atuarão com vistas a localizar e chamar o(s) candidato(s) à doação, ocasião em que deverá ser confirmada a intenção da doação e, se confirmada, coletada nova amostra de material para a realização dos exames de sorologia, e para encaminhamento de nova amostra ao próprio hemocentro referido e ao(s) laboratório(s) autorizado(s) para a realização dos exames confirmatórios de histocompatibilidade;

III – uma vez identificado e confirmado um doador nacional, pelo sistema REDOME/ REREME, o candidato ao transplante deverá ser encaminhado a estabelecimento de saúde autorizado para realização do transplante; e as CNCDOs, solicitantes e executoras, deverão considerar os mecanismos usuais de autorização de Tratamento Fora de Domicílio TFD, quando for necessário;

IV – o doador, no caso de doação de medula óssea, será encaminhado ao estabelecimento de saúde, onde se dará o transplante ou a outro em que apenas se coletará, acondicionará e encaminhará a medula para o estabelecimento de saúde transplantador;

V – na eventualidade se o estabelecimento de saúde de coleta da medula óssea estar instalado em cidade diversa da residência do doador, o gestor estadual ou do Distrito Federal deverá prover os meios para seu deslocamento e acomodação;

VI – no caso de doadores de células-tronco hematopoéticas de sangue periférico, o doador voluntário, devidamente esclarecido sobre o procedimento e após a administração de medicação indutora da hematopoese, submeter-se-á a aférese ambulatorial, para obtenção de células-tronco circulantes no sangue periférico, no estabelecimento de saúde ou hemocentro que lhe for designado pela CNCDO, dentro de critérios que garantam a total segurança do doador;

VII – o procedimento de coleta, fornecimento, acondicionamento e transporte da medula e outros precursores hematopoéticos de doadores identificados pelo REDOME poderá ser solicitado somente por estabelecimento de saúde autorizado para TCTH;

VIII – não sendo encontrado doador por meio da busca nacional acima descrita, o REDOME dará seguimento à busca internacional de doador não aparentado, conforme as indicações de TCTH não aparentado estabelecidas nos Critérios de Indicação deste Regulamento;

IX – uma vez identificado e confirmado um doador internacional, o paciente deverá ser encaminhado ao estabelecimento de saúde autorizado para a realização de TCTH não-aparentado, levando-se em consideração os critérios de priorização para a lista de atendimento, estabelecidos no item Cadastro de Receptores deste módulo, devendo as CNCDOs, solicitante e executoras, considerar os mecanismos usuais de autorização de Tratamento Fora do Domicílio – TFD, quando for necessário; e

X – a consulta aos registros internacionais de doadores e os procedimentos de busca, coleta, acondicionamento, fornecimento e transporte de células-tronco hematopoéticas desses doadores para transplante (busca internacional) somente poderão ser realizados pelo REDOME/INCA.

Parágrafo único. Os procedimentos relativos aos TCTH não aparentados serão custeados pelo Fundo de Ações Estratégicas e Compensação – FAEC, sendo que os pagamentos serão efetuados para pesquisa e controle do câncer.

Art. 119. Os critérios de indicação, bem como a nomenclatura utilizada para defini-los estão descritos no Anexo VII.

§ 1º As propostas de inclusão de novas indicações para TCTH oriundas das sociedades médicas, que não apresentarem nível de evidência que sustente sua recomendação inequívoca, deverão ser encaminhadas técnico-cientificamente justificadas, ao SNT.

§ 2º O SNT definirá, em conjunto com o INCA e a CTN, para cada indicação aceita para avaliação, centros de excelência onde se desenvolverão esses transplantes, como projeto de pesquisa, devidamente submetido à CONEP e coordenado pelo MS, para posterior decisão, ou não, sobre inclusão em Regulamento Técnico.

§ 3º Casos que se relacionem à extensão dos critérios presentes neste Regulamento devem ser encaminhados para avaliação da CTN, acompanhados de todo o histórico clínico do paciente, descrição do exame físico atual, cópia dos exames complementares pertinentes, bibliografia relacionada e justificativa arrazoada da extensão do critério. A Câmara Técnica deverá emitir parecer conclusivo em até 30 dias.

§ 4º Casos que necessitem de avaliação mais urgente deverão vir assim identificados, com justificativa do caráter de urgência, e a CTN terá 48 horas úteis para pronunciamento.

Art. 120. Os receptores deverão ser cadastrados e organizados na Lista de Atendimento, a ser gerenciada pelo REREME/INCA, da seguinte forma:

I – todos os hospitais autorizados para a realização de TCTH alogênico aparentado deverão, obrigatoriamente, manter atualizados seus cadastros de receptores junto às CNCDOs dos respectivos estados, por meio do sistema REREME;

II – todos os hospitais autorizados para a realização de TCTH alogênico não-aparentado, autorizados/habilitados ou não no SUS, deverão, obrigatoriamente, manter atualizados seus cadastros de receptores junto às CNCDO dos respectivos Estados por meio do sistema REREME;

III – a alocação de leitos para os TCTH não aparentados nos hospitais autorizados, integrantes do SUS, far-se-á observando-se os critérios de priorização por gravidade, curabilidade, tempo de inscrição em lista única e de ordem logística;

IV – os critérios de priorização na Lista para Atendimento para transplantes alogênicos por estabelecimento de saúde autorizado, credenciado/habilitado no SUS, serão utilizados nacionalmente, e classificarão os receptores, observando-se os Critérios de Indicações do Anexo VII, e com base nos seguintes fatores, demonstrados pela tabela de pontuação especificada a seguir:

Doença	Urgência	Curabilidade	Q Constante*
Anemia aplástica grave/síndrome mielodisplásica hipocelular/imunodeficiência combinada severa/osteopetrose	100	80	80
Mielofibrose primária em fase evolutiva	80	40	120
Leucemia aguda falha de indução	100	15	115
Leucemia aguda em 2ª ou remissões posteriores	80	30	110
Síndrome mielodisplásica em transformação	70	40	110
Leucemia mieloide crônica – fase acelerada (de transformação)	90	20	110
Leucemia aguda 1ª remissão completa	50	55	105
Leucemia mieloide crônica – fase crônica < 1 ano diagnóstico e < 20 anos de idade	20	80	100
Talassemia major	10	90	100
Síndromes mielodisplásicas outras/leucemia mielomonocítica crônica	40	50	90
Leucemia mieloide crônica – fase crônica outras	30	50	80

* A cada dia somam-se 0,33 (trinta e três centésimos) de pontos igualmente para todos os casos, a partir da data de inclusão do receptor na lista. Receptores menores de 13 anos, independentemente da doença, deverão ter o seu escore final acrescido de 20 pontos.

I – a pontuação relacionada à tabela acima será revista periodicamente pela Câmara Técnica Nacional para os TCTH ou por demanda do SNT;

II – uma vez encontrado leito disponível para atendimento do receptor classificado, este (ou seu responsável legal) deverá autorizar formalmente o estabelecimento de saúde e equipe especializada a realizar o procedimento indicado, nos termos do Consentimento Livre e Esclarecido constante no Formulário I no Anexo VII a este Regulamento;

III – a priorização também deve considerar, em ordem decrescente, a espera por um primeiro, segundo ou terceiro transplante para um mesmo paciente, conforme especificado no Critério de Indicações do Anexo VII; e

IV – entre receptores que tenham o mesmo escore final, prevalecerá o que primeiro estiver pronto para o transplante e, em caso de receptor com escore maior, mas ainda não pronto para transplante, prevalecerá aquele com escore imediatamente abaixo que estiver pronto.

Art. 121. A regulação do acesso a TCTH alogênico dar-se-á conforme os fluxos abaixo estabelecidos:

I – regulação do acesso a TCTH alogênico aparentado:

a) o médico/estabelecimento de saúde autorizado para o procedimento, integrante ou não do SUS, que assiste o paciente candidato a receptor de TCTH alogênico aparentado, procederá à busca entre consanguíneos, até a identificação e confirmação do doador;

b) uma vez confirmado o doador, a equipe médica solicitante, de estabelecimento de saúde autorizado, habilitado ou não no SUS para a realização de TCTH alogênico aparentado, procederá à inclusão do paciente no cadastro do sistema REREME;

c) caso o exame confirmatório exclua o possível doador, o médico/estabelecimento de saúde solicitante autorizado, habilitado ou não ao SUS para a realização de TCTH alogênico aparentado, deverá alterar no REREME a situação do paciente, a fim de incluí-lo para a pesquisa de doador não aparentado;

II – regulação do acesso a TCTH alogênico não aparentado:

a) a busca de doador não aparentado só se dará levando em consideração os itens Critérios de Indicação do Anexo VII e art. 119 deste Regulamento; e

b) nesse caso, o paciente deverá ser encaminhado a um centro autorizado para TCTH alogênico, não aparentado;

c) as etapas da busca nacional de doador não aparentado deverão ser as seguintes:

1. na impossibilidade de se identificar doador aparentado em primeiro grau, conforme descrito no inciso I entre antigo a equipe médica de um centro de transplante autorizado reavaliará o paciente, informará ao sistema essa nova situação e, conforme as indicações estabelecidas no Anexo VII a este Regulamento, incluirá o receptor no REREME, para a busca nacional de doador não aparentado no REDOME;

2. localizado(s) o(s) doador(es) no REDOME, as respectivas CNCDOs e o respectivo Hemocentro atuarão conforme o descrito no art. 117 deste Regulamento;

3. uma vez confirmado um doador nacional pelo sistema REDOME/REREME, o REREME, sob a supervisão do INCA e do SNT, levando em consideração os critérios de

classificação na Lista de Atendimento, nos termos do art. 117 deste Regulamento, procederá à indicação do estabelecimento de saúde transplantador, que poderá ser o estabelecimento de saúde que cadastrou o receptor, ou outro que realiza TCTH alogênico não aparentado;

4. havendo necessidade de deslocamento de doador para coleta ou do receptor para o transplante, as CNCDOs solicitantes e executoras, providenciarão os meios de deslocamento e acomodação, considerando-se os mecanismos usuais de autorização de TFD;

5. não sendo encontrado doador por meio da busca nacional acima descrita, o REDOME/REREME dará início à busca internacional de doador não aparentado, conforme as indicações de TCTH não aparentado estabelecidas nos Critérios de Indicações, no Anexo VII a este Regulamento; e

6. no caso de localização de doador no exterior, o INCA/MS, providenciará o cumprimento das exigências para o envio do material doado ao estabelecimento de saúde autorizado para TCTH alogênico não aparentado, autorizado, credenciado ou não ao SUS, onde se dará o transplante.

Art. 122. O acompanhamento dos pacientes transplantados e os resultados dos TCTH realizados deverão observar o seguinte:

I – os receptores transplantados originários dos próprios hospitais transplantadores, neles devem continuar sendo assistidos e acompanhados;

II – os demais receptores transplantados deverão, efetivada a alta do centro/estabelecimento de saúde transplantador, ser devidamente reencaminhados aos seus hospitais de origem, para a continuidade da assistência e o acompanhamento, devendo ser mantida a comunicação entre os hospitais de modo a que o estabelecimento de saúde solicitante conte, sempre que necessário, com a orientação do estabelecimento de saúde transplantador e este, com as informações atualizadas sobre a evolução dos transplantados;

III – os centros transplantadores deverão, por meio do sistema informatizado RBTMO, manter atualizados os dados do seguimento dos pacientes transplantados de acordo com os respectivos formulários eletrônicos disponíveis no sistema; e

IV – a não atualização dos dados de seguimento acarretará impedimento de inscrição de novos pacientes, e poderá implicar suspensão ou perda da autorização para transplante.

Art. 123. Com a finalidade de auxiliar os pacientes de outros países que necessitam de Células-Tronco Hematopoéticas para fins de transplante ou tratamento, fica autorizado o envio ao exterior de amostras de células-tronco hematopoéticas de doadores cadastrados no Registro Nacional de Doadores Voluntários de Medula Óssea – REDOME, por meio dos registros internacionais de doadores voluntários, para a realização de TCTH em hospitais relacionados ao registro internacional.

Parágrafo único. A amostra a ser enviada pode ser de medula óssea, sangue periférico ou sangue de cordão umbilical e placentário, e que a origem da amostra de sangue de cordão umbilical e placentário deve ser, obrigatoriamente, de estabelecimento integrante da rede BRASILCORD.

Art. 124. O REDOME é o exclusivo meio de recebimento de solicitação e de autorização do envio de amostra de doador brasileiro compatível com receptor estrangeiro, inclusive quando a amostra for de sangue de cordão umbilical e placentário identificada em estabelecimento integrante da rede BRASILCORD.

Parágrafo único. É vedada a qualquer laboratório de histocompatibilidade ou centro de transplante, a comunicação direta com registro internacional com vistas ao envio para o exterior de amostras de células-tronco hematopoéticas.

Art. 125. Na busca internacional, a identificação do doador, a confirmação da tipificação e a coleta de amostra de células-tronco hematopoéticas devem observar os mesmos mecanismos, fluxos e procedimentos já regulamentados para a busca nacional de doadores voluntários.

§ 1º Somente laboratório e centro de transplantes de células-tronco hematopoéticas autorizados pelo SNT podem realizar os exames de histocompatibilidade e o fornecimento de amostras para envio para o exterior, sob a coordenação do REDOME ou do RENACORDREDOME.

§ 2º Para o consentimento livre e esclarecido, o doador voluntário deve declarar-se ciente de que inexistirá retorno pecuniário de qualquer ordem ou natureza, quer pela doação, quer pela utilização da amostra doada, e que o destino da referida amostra é outro país.

§ 3º O doador terá sua identidade mantida em sigilo no entanto, serão fornecidas informações sobre o seu estado de saúde e o resultado de exames.

§ 4º O receptor no exterior terá sua identidade igualmente mantida em sigilo.

§ 5º O consentimento livre e esclarecido do doador voluntário identificado por meio do REDOME deverá ser obtido antes dos procedimentos exigidos para a doação, como os testes confirmatórios da sua histocompatibilidade com o receptor no exterior, a avaliação da condição de saúde do doador e a coleta da amostra.

Art. 126. O INCA, como coordenador técnico do REDOME, tomará as providências necessárias para formalizar legalmente a atuação da Fundação Ary Frauzino para Pesquisa e Controle do Câncer – FAF, como entidade de direito privado de apoio ao INCA, no recebimento dos recursos financeiros pagos por registro internacional para o ressarcimento dos gastos envolvidos com a identificação do doador, a confirmação da tipificação e a coleta de amostra de células-tronco hematopoéticas e o envio para o exterior de amostras de células-tronco hematopoéticas de doadores brasileiros.

1º Os processos de solicitação de amostra por registro internacional e o envio de amostra para o exterior devem ser os mesmos exigidos na busca internacional de doadores de células-tronco hematopoéticas para receptores nacionais.

§ 2º Os recursos financeiros percebidos de registro internacional pela FAF devem – excluída a cobertura dos gastos administrativos especificada no contrato com o INCA – ser utilizados na busca internacional de doadores para receptores nacionais, de modo a reduzir os gastos com esse tipo de procedimento.

Art. 127. A CGSNT será a responsável pelo controle e avaliação das atividades inerentes ao envio de amostras de células-tronco hematopoéticas para o exterior.

§ 1º A FAF deverá apresentar anualmente a prestação de contas da movimentação financeira relativa à solicitação e ao envio de amostras de células-tronco hematopoéticas para o exterior, bem como a aplicação dos recursos assim obtidos, na busca internacional para doadores nacionais.

§ 2º A movimentação financeira de que trata o parágrafo anterior será objeto de auditoria periódica pela Coordenação-Geral do Sistema Nacional de Transplantes ou sempre que solicitada pelos órgãos competentes.

§ 3º O convênio já celebrado entre o Ministério da Saúde e a FAF, destinado ao custeio da metodologia de pagamentos e recebimentos dos processos de busca internacional para doadores nacionais e aplicável ao envio de células-tronco hematopoéticas para o exterior poderá ser prorrogado até que haja um equilíbrio entre o montante de recursos financeiros despendidos e recebidos.

Art.128. A Secretaria de Atenção à Saúde deverá adotar as providências cabíveis para viabilizar o financiamento dos procedimentos necessários para o envio de amostra de células-tronco hematopoéticas de doadores brasileiros para o exterior.

Art. 129. O INCA deverá adotar as providências necessárias para o desempenho efetivo e eficaz das funções técnicas e operacionais do REDOME e do REREME, conforme os critérios definidos pelos registros internacionais e o estabelecido neste Regulamento.

Modelo: Termo de Consentimento Livre e Esclarecido para a Realização de Transplante de Medula Óssea Autólogo

Este procedimento consta da administração de quimioterápicos e de radiação corporal total em altas doses, visando à destruição das células malignas no caso das leucemias, linfomas e tumores sólidos.

Informações sobre o procedimento

Os quimioterápicos podem causar vômitos, náuseas, diarreia, perda temporária dos cabelos e algumas vezes sangramento pela bexiga, sendo que uma pequena proporção dos pacientes pode ter irritação e sangramento prolongado da bexiga. Também suprimem de forma intensa a produção de hemácias (células vermelhas), leucócitos (células brancas) e plaquetas necessárias à coagulação do sangue, promovendo um alto risco de infecções e/ou sangramentos, o que obriga o tratamento dessas complicações com transfusões de concentrado de hemácias, plaquetas e administração de antibióticos. A contagem (hemograma) é feita diariamente para a monitorização da volta da produção pela medula óssea. Existe um pequeno risco de que a medula óssea transplantada não funcione adequadamente (falha do enxerto).

A quimioterapia ainda promove uma diminuição da imunidade, o que pode resultar em um aumento das infecções, em geral por vários meses após o transplante. O dano cardíaco causado pelo uso destas drogas pode acontecer em um pequeno número de pacientes.

Efeitos colaterais

Existe a possibilidade de mucosite (feridas na boca) durante os primeiros dias do transplante. Pode não haver a "pega" de enxerto e volta da doença. Em adição aos riscos mencionados, existe a possibilidade de falências orgânicas incluindo o coração, rins, pulmões, cérebro, fígado e outras partes do corpo. Os quimioterápicos podem causar esterilidade e ainda que esta não ocorra, existe o risco do dano genético celular, que pode ser transmitido à prole subsequente.

A administração de medicações, derivados sanguíneos (plaquetas, concentrado de hemácias, plasma e concentrado de leucócitos), a infusão da medula óssea e as coletas de sangue para os exames diários são feitas através de um cateter colocado cirurgicamente em uma veia de grande calibre (geralmente no pescoço), visando à maior comodidade do paciente durante o período do transplante.

Benefícios

O transplante de medula óssea autólogo é utilizado no tratamento de doenças com alto índice de mortalidade e visa ao prolongamento da sobrevida do paciente e/ou cura da doença. Neste tipo de transplante, a medula óssea do paciente é coletada antes do regime de condicionamento e conservada através da técnica adequada de congelamento até o dia em que o paciente estiver em condições clínicas favoráveis para receber a medula óssea novamente.

Se o tratamento levar a uma redução do tumor, é possível que a longevidade e a qualidade de vida do paciente melhorem. É importante ressaltar que a sua participação é voluntária no transplante de medula óssea, e que uma vez iniciado o tratamento de condicionamento (quimioterapia pré-infusão da medula) o(a) sr.(a) não poderá mais desistir do tratamento pelo risco de não recuperação do paciente. A sua desistência ao tratamento não afetará a continuidade de seu tratamento.

Tratamento

No dia da coleta da medula, o paciente é levado ao Centro Cirúrgico onde, sob anestesia geral ou peridural, é submetido a múltiplas aspirações da medula óssea dos ossos pélvicos (da bacia).

As complicações relacionadas com a anestesia incluem, raramente, queda da pressão arterial, lesão nervosa, irregularidade cardíaca, dor de cabeça temporária e, muito raramente, parada cardíaca. O procedimento será feito por equipe especializada e medidas corretivas apropriadas serão empregadas quando necessárias. Existe um pequeno risco de infecção no local das punções e o paciente poderá sentir dores neste local durante alguns dias. O volume de medula óssea retirado é de aproximadamente 10 a 15 mL por kg de peso do paciente e não é esperado que cause alguma dificuldade, mesmo porque será parcialmente reposto através de transfusão de componentes sanguíneos como explicado acima. O paciente permanecerá internado no hospital sob observação por um ou dois dias.

Atualmente, a coleta das células da medula óssea é realizada pelo sangue periférico. Neste procedimento o sangue é retirado do paciente, geralmente pelo cateter central, passa por um equipamento, que recolhe somente as células brancas do sangue, e o restante volta para o paciente. A coleta é realizada em ambulatório, durante 3 a 4 horas, por 3 dias consecutivos, e inclui o uso de um hormônio para a medula óssea. Esse hormônio é aplicado por injeções subcutâneas (na pele) e pode causar algumas dores ósseas.

A escolha do tipo de coleta que será realizado no paciente fica a cargo da equipe médica especializada.

A equipe de transplante de medula óssea se coloca à disposição, bem como a de seus familiares, para esclarecer quaisquer dúvidas relacionadas ao tratamento proposto, seja antes de iniciá-lo ou durante a sua administração.

Após assinada, uma cópia deste documento será anexada ao seu prontuário.

Eu declaro que fui informado da natureza e dos objetivos do transplante de medula óssea, incluindo o fato de que minha participação é voluntária, aceito prosseguir com o transplante de medula.

____

Data

____

Paciente

____

Pai ou responsável

____

Mãe ou responsável

____

Testemunha

____

Médico que realizou a entrevista

Modelo: Termo de Consentimento Livre e Esclarecido para a Doação de Medula Óssea

Este termo de consentimento explica o procedimento de coleta de medula óssea de um doador, com os potenciais riscos e benefícios. Se você desejar prosseguir com a doação de medula óssea, o seu médico pedirá que assine este documento. A sua assinatura simplesmente indica que você entendeu o procedimento. Uma cópia deste consentimento será fornecida a você.

Informações sobre o procedimento

O transplante de medula óssea é um tratamento curativo para várias doenças onco-hematológicas. Obviamente a existência de um doador de medula óssea é imprescindível para a realização do procedimento. O melhor doador é selecionado através de testes de histocompatibilidade, avaliação clínica e laboratorial, sendo então discutida a sua participação no tratamento do paciente.

No dia do transplante o doador é levado ao centro cirúrgico onde, sob anestesia geral ou peridural, é submetido a múltiplas aspirações da medula óssea dos ossos pélvicos. Durante este procedimento o doador poderá receber uma unidade de sangue autólogo (seu próprio sangue) retirado cerca de dez a quinze dias antes do transplante.

Efeitos colaterais

As complicações relacionadas com a anestesia incluem raramente queda da pressão arterial, lesão nervosa, irregularidade cardíaca, dor de cabeça temporária e muito raramente parada cardíaca. O procedimento será feito por equipe especializada e medidas corretivas apropriadas serão empregadas quando necessárias. Existe um pequeno risco de infecção no local durante alguns dias. O volume de medula óssea retirado é de aproximadamente 10 a 15 cc por kg de peso do doente e não é esperado que cause alguma dificuldade, mesmo porque poderá ser pelo menos parcialmente reposto através de transfusão (doação autóloga). O doador permanecerá internado no hospital sob observação por um ou dois dias.

Outra maneira de doar a medula é através do emprego de processadoras celulares. Nesta situação, o doador receberá um medicamento chamado G-CSF, que aumenta o número de células da medula óssea (*stem cell*). Isto é feito pela administração de uma ampola do medicamento por via subcutânea (pele) durante 5 dias consecutivos e, ao final deste, começa-se a coleta do produto. O sangue do doador é processado em alta velocidade pelo equipamento e as reações do doador restringem-se a raros episódios de formigamento em volta dos lábios, tremores e sensação de frio. Os médicos que o(a) acompanhar(á)ão podem reduzir a velocidade do equipamento e com isso diminuir os efeitos colaterais. O processo total de coleta por esta técnica leva em torno de 4 horas. Às vezes é necessário de uma a duas coletas por doador.

Benefícios

Se o transplante de medula óssea levar a uma redução do tumor ou promover a recuperação medular no receptor, é possível que a longevidade e a qualidade de vida do paciente melhorem.

Deve-se ressaltar que a sua participação é voluntária, sendo que a desistência do doador após o início do condicionamento do paciente implica em graves consequências, com alta probabilidade de morte ao paciente.

A equipe de transplante de medula se coloca à disposição, bem como de seus familiares, para esclarecer quaisquer dúvidas relacionadas à doação de medula. Após assinada, uma cópia deste documento será anexada ao seu prontuário e outra ficará com o seu médico.

Eu declaro que fui informado da natureza do tratamento acima descrito, incluindo o fato de que minha participação é voluntária, aceito prosseguir com a doação de medula óssea.

____

Data

____

Doador

____

Pais ou responsáveis

____

Testemunha

____

Médico que realizou a entrevista

Modelo: Termo de Consentimento Livre e Esclarecido para o Transplante de Medula Óssea Alogênico

Este termo de consentimento explica a realização do transplante de medula óssea alogênico com os potenciais riscos e benefícios. Se você desejar prosseguir com o transplante, o seu médico pedirá que assine este documento. A sua assinatura simplesmente indica que você entendeu a natureza do procedimento. Uma cópia deste documento será fornecida a você.

Informações sobre o transplante

O transplante de medula óssea (TMO) é utilizado no tratamento de doenças com alto risco de mortalidade e visa ao prolongamento da sobrevida do paciente e/ou a cura da doença. O TMO tem várias etapas a serem seguidas e você superou as primeiras, estando pronto para receber uma nova medula óssea. A seguir, descreveremos as etapas do transplante: um cateter venoso será colocado cirurgicamente em uma veia calibrosa (geralmente no pescoço) e permanecerá no paciente até que não seja mais necessário e/ou ocorra alguma infecção no local. Deste cateter são colhidos os exames e por ele são infundidas as medicações, transfusões, quimioterápicos e a medula óssea.

Antes de receber a medula será administrado um condicionamento com altas doses de quimioterápicos, que dura alguns dias, com a finalidade de evitar que o sistema imunológico rejeite a medula e também para destruição das células malignas (doentes) nos casos das doenças onco-hematológicas. A quimioterapia tem uma série de efeitos colaterais, sendo as mais comuns as náuseas, vômitos, diarreia, perda temporária dos cabelos e, às vezes, sangramento da bexiga, sendo que um pequeno número de pacientes pode ter irritação e sangramento prolongado da bexiga, que pode ocorrer de imediato ou mais tardiamente. Existe ainda a mucosite (feridas na boca), durante o condicionamento e nos dias posteriores ao TMO.

Efeitos colaterais

Os quimioterápicos podem causar esterilidade e ainda que esta não ocorra, existe o risco de dano genético celular que pode ser transmitido à criança. O dano cardíaco causado pelo uso destas drogas pode acontecer em um pequeno número de pacientes. Esta quimioterapia em altas doses acarreta intensa diminuição na produção das células do sangue, que são as hemácias (células vermelhas), os leucócitos (células brancas) e as plaquetas, ocasionando uma queda das defesas do organismo e facilitando as infecções e os sangramentos. As complicações infecciosas são tratadas com antibióticos e o sangramento com transfusões de hemocomponentes. Diariamente é feita a contagem das células do sangue para verificar a necessidade de transfusão e a evolução da nova medula. Existe um pequeno risco de que a medula óssea transplantada não funcione adequadamente. Após o transplante alogênico pode existir uma alteração do organismo, que se chama de doença do enxerto contra o hospedeiro (sigla GVHD em inglês) e corresponde ao ataque das células novas do doador (linfócitos) contra o organismo do paciente. Esta reação pode atingir o fígado levando à icterícia (parte branca dos olhos fica amarelada e a pele também), o intestino, causando diarreia, e a pele, provocando uma vermelhidão, coceira e, nos casos mais graves, até bolhas na pele. Nos olhos leva à secura da mucosa ocular, podendo ser aguda (logo após o TMO) ou crônica (aparece alguns meses após o TMO). O GVHD na maioria das vezes é controlado com medicamentos, que impedem que a medula nova ataque o paciente (medicamentos imunossupressores). A reação aguda mais grave do que a crônica: dependendo do grau de severidade pode ser fatal. Há ainda o risco de falências orgânicas que incluem o coração, rins, pulmão, fígado, cérebro e/ou outras partes do organismo. A prevenção desta reação do enxerto contra o hospedeiro é feita com medicamentos, tais como a ciclosporina A, o corticoide, o methotrexate e o micofenolato de mufetil. Todos podem apresentar efeitos colaterais. A ciclosporina pode levar à insuficiência renal, reversível com a parada da medicação, aumento dos pelos, alterações do fígado, neurológicas, e malignidades secundárias ao seu uso; o corticoide pode aumentar a incidência de infecções, induzir ao *Diabetes mellitus* temporário e provocar manifestações cushingoides (cara de lua cheia) e o methotrexate pode piorar a mucosite. No transplante alogênico há a possibilidade de haver rejeição da medula óssea nova e/ou o retorno da doença.

Benefícios

Se o transplante levar a uma redução do tumor ou promover a recuperação medular, é possível que a longevidade e a qualidade de vida do paciente melhorem.

A equipe do transplante se coloca à sua disposição, bem como à de seus familiares, para esclarecer quaisquer dúvidas relacionadas ao transplante proposto, seja antes de iniciá-lo ou durante a sua administração.

É importante ressaltar que a sua participação é voluntária e que somente poderá desistir antes de iniciar a quimioterapia de condicionamento. A sua desistência ao transplante não afetará a continuidade do tratamento de sua doença.

Após assinada, uma cópia deste documento será anexada ao seu prontuário e outra ficará com o seu médico.

Eu declaro que fui informado da natureza do tratamento acima descrito, incluindo o fato de que minha participação é voluntária, aceito prosseguir com o transplante de medula óssea.

Data: ______________________________

Paciente: ______________________________

Pai ou responsável: ______________________________

Testemunha: ______________________________

Médico que realizou a entrevista: ______________________________

Modelo Simplificado: Termo de Consentimento Livre e Esclarecido para Coleta de Células Progenitoras por Aférese

1. Foi-me explicado sobre o procedimento de aférese e entendo que trata-se da remoção contínua de sangue de uma veia do braço ou via cateter, previamente colocado, com finalidade de remoção de Células Progenitoras Hematopoéticas, juntamente com glóbulos vermelhos, plaquetas e glóbulos brancos, pelo equipamento e retorno do restante de meu sangue para mim, na mesma veia, por veia do outro braço ou por cateter. Foi-me informado que este procedimento demorará em média de 3 a 4 horas e que meu sangue só entrará em contato com o circuito plástico (*kit*) estéril e descartável do equipamento.
2. Eu entendo que, para não ocorrer coagulação do sangue durante o procedimento, meu sangue será anticoagulado ao entrar na máquina. O produto anticoagulante é o ACD (à base de citrato de sódio), que é rapidamente destruído pelo fígado, fazendo com que seu efeito anticoagulante seja transitório.
3. Estou ciente de que durante o procedimento posso apresentar: dor de cabeça, náusea, queda transitória na pressão arterial, sensação de formigamento no rosto (lábios) ou dedos.

AUTORIZO ESTA COLETA DE CÉLULAS PROGENITORAS POR AFÉRESE.

Data: ____/____/____

Assinatura do Doador:____

Modelo de Uso Compassivo de Novos Fármacos dos Conceitos

A resolução número 252, de 7 de agosto de 1997, do Conselho Nacional de Saúde (CNS), contempla em seu item II os termos de definições sobre pesquisa com novos fármacos, vacinas ou testes diagnósticos em seres humanos, que achamos oportuno citar neste parecer:

- **Fase pré-clinica:** estudo em animais de experimentação para definir o perfil toxicológico do novo fármaco. A partir do ano de 2000 foram criados os chamados estudos de fase zero, com o mesmo propósito toxicológico, agora envolvendo um pequeno número de pacientes utilizando microdoses da molécula teste, em níveis subterapêuticos, por um pequeno período de tempo (sete dias ou menos), antes que os testes padrões em animais tenham terminado, apenas para agregar dados sobre toxicidade e eventuais atividades bioquímicas ou fisiológicas.[1]
- **Fase I (primeiro estudo em seres humanos):** é o primeiro estudo universalmente aceito em seres humanos, embora em pequeno grupo de voluntários sadios. Objetiva estabelecer uma avaliação preliminar da segurança e do perfil farmacocinético do novo fármaco.[2]
- **Fase II (estudo terapêutico piloto):** estudo realizado com número limitado (pequeno) de pacientes (pessoas afetadas pela doença). Objetiva demonstrar a atividade farmacodinâmica e estabelecer, a curto prazo, a segurança do princípio ativo e também estabelecer as relações dose-resposta, com o objetivo de obter dados sólidos para consubstanciar os estudos posteriores.[2]
- **Fase III (estudo terapêutico ampliado):** estudo realizado com grandes e variados grupos de pacientes. Objetiva determinar o risco-benefício a curto e longo prazo das formulações do princípio ativo e seu valor terapêutico relativo, além de explorar o perfil das reações adversas e características especiais: interações farmacológicas, biodisponibilidades.[2]
- **Fase IV (estudo pós-comercialização):** estudo realizado com base nas características que autorizam o novo medicamento. Objetiva fazer uma vigilância pós-comercialização, para estabelecer o valor terapêutico, o surgimento de novas reações adversas, suas frequências e as estratégias de tratamento.[2]

Na própria minuta de resolução da Diretoria Colegiada da Anvisa que aprova o regulamento para o programa de acesso expandido, uso compassivo e doação pós-estudo de medicamentos, há definições necessárias ao corpo deste parecer.

Programa de acesso expandido: programa de disponibilização de medicamento novo, promissor, ainda sem registro na Anvisa, que esteja em estudo de Fase III, em desenvolvimento ou concluído, destinado a um grupo de pacientes portadores de doenças debilitantes graves e/ou que ameacem a vida e sem alternativa terapêutica satisfatória com produtos registrados no país.[3]

Uso compassivo: disponibilização de um medicamento promissor, para uso pessoal de paciente e não participante de programa de acesso expandido ou de pesquisa clínica, ainda sem registro na Anvisa, que esteja em processo de desenvolvimento clínico, destinado a pacientes portadores de doenças debilitantes graves e/ou que ameacem a vida, sem alternativa satisfatória com produto registrado no país.[3]

Doação após término do estudo clínico: disponibilização de medicamentos aos sujeitos de pesquisa que se beneficiaram de seu uso durante o estudo, sem custo para ele ou para o sistema de saúde, aplicável nos casos em que o estudo se encerrou e não está prevista a sua extensão.[3]

Introdução

Os órgãos responsáveis pela análise dos pedidos de utilização de novos fármacos e pela fiscalização de seus usos específicos, dentro de suas indicações, são: no Brasil, a Anvisa; nos Estados Unidos, o Food and Drug Administration (FDA); no Canadá, o Food and Drug Regulation (FDR), e na Europa, o European Medicines Agency (EMA).[4]

Sob a regulamentação desses órgãos só há duas formas de utilização de fármacos em seres humanos: como parte integrante de projetos de pesquisa, devidamente avaliados e aprovados por comitês de ética, ou assistencial, quando a indicação estiver aprovada pelos órgãos responsáveis. Quanto à última, a assistencial, obviamente, quando avaliados pelos estudos toxicológicos e de fases I, II, III e IV, necessários à comprovação de sua segurança e eficácia.[4]

A partir do início dos anos 1980, com o surgimento da epidemia de Aids [primeiros casos em 1978 (USA, Haiti e África Central; no Brasil, em 1980)], uma doença, à época, altamente letal, inicialmente rotulada de 5S [(hemofílicos, homossexuais, haitianos, heroinômanos e *hookers* (profissionais do sexo)], adveio nova demanda pelo uso assistencial de novos fármacos, ainda em testes experimentais, ou seja, ainda não devidamente aprovados.[4]

Surgiram, desde então, novas possibilidades do uso de drogas ainda em investigação: extensão do uso (os sujeitos de uma pesquisa continuam a ter acesso ao fármaco após o término do estudo clínico), uso compassivo (pacientes específicos em risco de vida), e acesso expandido (uso por grande número de pacientes, de droga ainda não aprovada, mas com processo de liberação já encaminhado).[5-7]

Para uso compassivo, quando individual, exige-se apenas dados de estudos pré-clínicos e de fase I. Em caso de uso compassivo para pequenos grupos de pessoas, amplia-se a exigência para dados de estudos de fase II. Os programas de acesso expandido dependerão, por seu turno, de dados de estudos de fase III.[4]

As duas últimas possibilidades, o uso compassivo e o acesso expandido, ampliam a utilização assistencial de fármacos ainda experimentais para pacientes não sujeitos de projetos de pesquisa.

A regulamentação existente no Brasil sobre o acesso assistencial de fármacos ainda experimentais é definida pela Resolução de Diretoria Colegiada (RDC) nº 26, de 17 de dezembro de 1999, da Anvisa, que foca apenas o acesso expandido (não contempla o uso compassivo). Outros países da Europa, e ainda o Canadá e os Estados Unidos, têm suas regulações próprias.

O FDA, desde a década de 1980, tem criado mecanismos e definido critérios para permitir a paciente gravemente enfermo o acesso a fármacos ainda não aprovados para uso assistencial. Esses critérios, atualizados a partir da última década, estabelecem que: haja uma demonstração inequívoca da necessidade, não exista outro tratamento eficaz, os benefícios potenciais justifiquem os riscos, e o acesso permitido não interfira na realização de pesquisa clínica em curso ou planejada.[6]

É princípio que todo acesso de modo assistencial a fármacos ainda experimentais seja estritamente monitorado e que os eventos adversos observados sejam imediatamente comunicados.[8]

Aspectos técnicos e éticos dos programas específicos

Uso compassivo

O uso compassivo de um fármaco ainda experimental, como a própria definição o caracteriza, compreende situação de extrema necessidade para o paciente com iminente risco de vida, sem alternativa terapêutica consagrada e anúncio de morte bem próxima se essa forma de tratamento compassivo não ocorrer rapidamente.[7] Ele pode ser destinado a um único paciente (uso compassivo individual) ou para pequenos grupos de pacientes (uso compassivo por pequenos grupos). O uso compassivo sempre deve ser considerado prática assistencial e não uma atividade de pesquisa.

No Brasil o uso compassivo individual está regulamentado pela Resolução CNS número 251/97, que prescreve em seu item VI.2.c: nos casos de pesquisa envolvendo situações para as quais não há tratamento consagrado ("uso humanitário" ou por "compaixão") poderá vir a ser autorizada a liberação do produto, em caráter de emergência, desde que tenha havido aprovação pelo CEP, ratificada pela Conep e pela SVS/MS (Anvisa).[2]

São exigências éticas do uso compassivo individual:[4]

1. Destinado a situações de extrema necessidade para o paciente com iminente risco de vida, com prenúncio de morte e sem alternativa terapêutica consagrada.
2. Deve haver um médico assistente responsável pelo uso da droga experimental nessas circunstâncias.
3. É uma situação de excepcionalidade terapêutica e, por isso, deve ser adequadamente justificada e, sobretudo, autorizada pelo CEP, Conep e Anvisa.
4. O médico assistente é responsável pelo monitoramento do uso compassivo do fármaco experimental e deve prover todas as informações acerca do tratamento, incluindo os eventos adversos.
5. O consentimento informado do paciente é extremamente necessário. Caso haja a incapacidade (crianças, comatoso, incapaz), deve-se buscar o responsável legal.

O uso compassivo para pequenos grupos de pacientes pode ocorrer quando várias solicitações de acesso individual para um mesmo fármaco cheguem aos comitês de ética ou agências reguladoras. Esses ou essas podem solicitar que os patrocinadores façam uma proposta de programa de acesso a pequenos grupos. São situações também excepcionais e que têm em comum – com os programas de acesso individual – os mesmos princípios.

Texto extraído do processo-consulta CFM número 10.090/11 Parecer CFM nº 31/12, cujo interessado foi a Agência Nacional de Vigilância Sanitária – Anvisa e o assunto: Programa de acesso expandido, uso compassivo e doação pós-estudo de medicamentos novos e o relator foi o Conselheiro Lúcio Flávio Gonzaga Silva.

Obs.: Para as respostas aos questionamentos, o parecerista contou com a valiosa contribuição do professor Anibal Gil Lopes.

Resolução da Diretoria Colegiada que regulamenta Centros de Tecnologia Celular

Resolução da Diretoria Colegiada – RDC nº 9, de 16 de março de 2011.

Dispõe sobre o funcionamento dos Centros deTecnologia Celular para fins de pesquisa clínica e terapia, e dá outras providências.

A Diretoria Colegiada da Agência Nacional de Vigilância Sanitária no uso da atribuição que lhe confere o inciso IV do o art. 11 do Regulamento aprovado pelo Decreto nº 3.029, de 16 de abril de 1999, e tendo em vista o disposto no inciso II e nos §§ 1º e 3º do Art. 54 do Regimento Interno aprovado nos termos do Anexo I da Portaria no 354 da Anvisa, de 11 de agosto de 2006, republicada no DOU de 21 de agosto de 2006, em reunião realizada em 3, de março de 2011, adota a seguinte Resolução da Diretoria Colegiada e eu, diretor-presidente, determino a sua publicação:

Art. 1º Fica aprovada a presente Resolução que estabelece os requisitos mínimos para o funcionamento de Centros de Tecnologia Celular (CTC) de células humanas e seus derivados para fins de pesquisa clínica e/ou terapia.

Parágrafo único. Para os fins desta Resolução, entende-se como células humanas as células somáticas, células germinativas, células-tronco adultas, células-tronco embrionárias e células-tronco pluripotentes induzidas.

CAPÍTULO I

DAS DISPOSIÇÕES INICIAIS

Seção I

Objetivo

Art. 2º Esta Resolução possui o objetivo de estabelecer requisitos técnico-sanitários mínimos para a coleta, processamento, acondicionamento, armazenamento, testes de controle de qualidade, descarte, liberação para uso e transporte de células humanas e seus derivados visando à segurança e à qualidade das células e de seus derivados disponibilizados para pesquisa clínica e terapia.

Seção II

Abrangência

Art. 3º Esta Resolução se aplica a todos os estabelecimentos, públicos ou privados, que realizem atividades com células humanas e seus derivados com finalidade de pesquisa clínica e/ou terapia.

§ 1º Excluem-se desta Resolução os estabelecimentos que utilizem células humanas e seus derivados em pesquisa básica e pré-clínica.

§ 2º A coleta, o processamento, a testagem, o armazenamento, o transporte, o controle de qualidade e o uso humano de células-tronco hematopoéticas obtidas de medula óssea, sangue periférico ou sangue de cordão umbilical e placentário com a finalidade de transplante convencional de células progenitoras hematopoéticas, deve seguir o determinado pela RDC nº 56 de 16 de dezembro de 2010, da Anvisa, ou a legislação que vier a substituí-la.

§ 3º A coleta, o transporte, o registro, o processamento, o armazenamento, o descarte e a liberação de células germinativas, tecidos germinativos e embriões humanos com finalidade de reprodução humana assistida deve seguir o determinado pela RDC nº 33, de 17 de fevereiro de 2006, da Anvisa, ou pela legislação que vier a substituí-la.

Seção III

Definições

Art. 4º Para os efeitos desta Resolução, considera-se

I – alvará sanitário/licença de funcionamento/licença sanitária: documento expedido pelo órgão sanitário competente Estadual, Municipal ou do Distrito Federal, que autoriza o funcionamento dos estabelecimentos que exerçam atividades sob regime de vigilância sanitária;

II – ambiente: espaço fisicamente determinado e especializado para o desenvolvimento de determinada(s) atividade(s), caracterizado por dimensões e instalações diferenciadas, podendo constituir-se de uma sala ou de uma área;

III – antecâmara: área contígua à sala de processamento que garanta o acesso exclusivo de pessoas a esta.

IV – aplicação humana: utilização de tecidos ou células, inclusive seus derivados, como aplicação, infusão, implante ou transplante em um receptor humano;

V – área: ambiente aberto, sem paredes em uma ou mais de uma das faces;

VI – Banco de Células e Tecidos Germinativos (BCTG): serviço de saúde destinado a selecionar, coletar, transportar, registrar, processar, armazenar, descartar e liberar células, tecidos germinativos e embriões, para uso próprio ou em doação;

VII – biossegurança: condição de segurança alcançada por um conjunto de ações destinadas a prevenir, controlar, reduzir ou eliminar riscos inerentes às atividades que possam comprometer a saúde humana, animal e o meio ambiente;

VIII – contagem de células: determinação do número total de células nucleadas por sistema manual ou automatizado, validados e registrados em instruções escritas e atualizadas;

IX – células somáticas: células diferenciadas adultas;

X – células-tronco humanas: células de origem humana que possuem a capacidade de se autorrenovar por longos períodos de tempo e de se diferenciar ao receber estímulos específicos;

XI – células-tronco adultas (CTA): células-tronco originadas a partir de diferentes órgãos e tecidos, depois do nascimento do indivíduo (*post partum*), incluindo os anexos extraembrionários (placenta e cordão umbilical);

XII – células-tronco embrionárias (CTE): células de embrião pré-implantação, que apresentam a capacidade de se transformar em células de qualquer tecido de um organismo;

XIII – células-tronco pluripotentes induzidas (CTPi): células criadas a partir de reprogramação de células somáticas, de CTA ou de qualquer outro tipo de célula humana;

XIV – Centros de Tecnologia Celular (CTC): serviço que, com instalações físicas, recursos humanos, equipamentos, materiais, reagentes e produtos para diagnóstico de uso *in vitro* e metodologias, realiza atividades voltadas à utilização de células humanas, inclusive seus derivados, em pesquisa clínica e/ou terapia;

XV – Comissão Nacional de Ética em Pesquisa (CONEP/MS): instância colegiada e independente, de natureza consultiva, deliberativa, normativa, educativa, vinculada ao Conselho Nacional de Saúde;

XVI – Comitês de Ética em Pesquisa (CEP): colegiados interdisciplinares e independentes, com *munus publico*, de caráter consultivo, deliberativo e educativo, criados para defender os interesses dos sujeitos da pesquisa em sua integridade e dignidade e para contribuir no desenvolvimento da pesquisa dentro de padrões éticos;

XVII – controle genético: controle que utiliza método para identificação de anomalias cromossômicas numéricas e/ou estruturais dos cromossomos humanos, com atenção adequada à representatividade estatística amostral do teste;

XVIII – cultivo celular: manutenção de células *in vitro* em condições ambientais adequadas em meios de cultivo apropriados;

XIX – derivados de células humanas: componentes celulares, moléculas produzidas e secretadas e matrizes orgânicas mineralizadas ou não;

XX – Estabelecimentos Assistenciais de Saúde (EAS): qualquer edificação destinada à prestação de assistência à saúde da população, em regime de internação ou não, qualquer que seja seu nível de complexidade;

XXI – expansão celular (*in vitro*): cultivo de células em condições ambientais ideais para obtenção de uma massa celular suficiente para utilização em procedimentos de pesquisa clínica e/ou de terapias;

XXII – fenotipagem celular: identificação molecular, percentual, que indica a homogeneidade ou heterogeneidade das amostras de células a serem disponibilizadas;

XXIII – garantia da qualidade: conjunto de atividades planejadas, sistematizadas e implementadas com o objetivo de cumprir os requisitos da qualidade especificados;

XXIV – liberação para uso: entrega das células humanas e seus derivados, em condições de segurança e qualidade apropriadas para pesquisa clínica e/ou terapia, conforme previsto no artigo 60 desta Resolução, ao profissional legalmente habilitado responsável pelo seu uso;

XXV – manipulação a fresco: manipulação de células e/ou derivados, autólogas ou alogênicas, não submetidas à expansão celular e cultivo celular;

XXVI – manipulação mínima: processamento de material biológico que não altera de maneira relevante as características originais das células relacionadas ao seu uso, consistente apenas em cortar, moer, moldar, colocar em soluções antibióticas, irradiar, separar células, centrifugar ou purificar, filtrar, congelar e criopreservar para fins de reconstrução, reparo ou substituição;

XXVII – manipulação extensa: todo processamento de material biológico que não configure manipulação mínima;

XXVIII – materiais passíveis de processamento: produtos para saúde fabricados a partir de matérias-primas e com conformação estrutural que permitem um conjunto de ações relacionado à limpeza, à secagem, à desinfecção, à esterilização e ao armazenamento, entre outras, e que não perdem a sua eficácia e funcionalidade após usos múltiplos;

XXIX – material biológico humano: fluidos corporais, células, tecidos, excrementos, órgãos ou outros fluidos de origem humana ou isolados a partir destes;

XXX – metodologia própria executada em laboratório *(in house)*: reagentes ou sistemas analíticos produzidos e validados pelo próprio Centro de Tecnologia Celular, exclusivamente para uso próprio, em pesquisa clínica ou em terapia;

XXXI – pesquisa clínica: estudo sistemático que segue métodos científicos aplicáveis a experimentações com células humanas e seus derivados em seres humanos, de acordo com exigências legais e éticas;

XXXII – produto para a saúde: produto que se enquadra em pelo menos uma das duas categorias descritas a seguir:

a) produto médico – equipamento, aparelho, material, artigo ou sistema de uso ou aplicação médica ou laboratorial destinado à prevenção, diagnóstico, tratamento, reabilitação e que não utiliza meio farmacológico, imunológico ou metabólico para realizar sua principal função em seres humanos, podendo, entretanto, ser auxiliado em suas funções por tais meios;

b) produto para diagnóstico de uso *in vitro* – reagentes, padrões, calibradores, controles, materiais, artigos e instrumentos, junto com as instruções para seu uso, que contribuem para realizar uma determinação qualitativa, quantitativa ou semi-quantitativa de uma amostra proveniente do corpo humano e que não estejam destinados a cumprir alguma função anatômica, física ou terapêutica, que não sejam ingeridos, injetados ou inoculados em seres humanos e que são utilizados unicamente para prover informação sobre amostras obtidas do organismo humano;

XXXIII – profissional legalmente habilitado: profissional com formação de nível superior inscrito no respectivo Conselho de Classe, com suas competências atribuídas por Lei;

XXXIV – rastreabilidade: capacidade de recuperação do histórico, da aplicação ou da localização daquilo que está sendo considerado, por meio de identificações registradas;

XXXV – Responsável Técnico (RT): profissional legalmente habilitado que assume a responsabilidade técnica do CTC perante a vigilância sanitária;

XXXVI – sala: ambiente delimitado por paredes em todo seu perímetro e uma porta;

XXXVII – terapia: qualquer processo terapêutico que utiliza células humanas ou seus derivados;

XXXVIII – Termo de Consentimento Livre e Esclarecido (TCLE): termo de consentimento através do qual o sujeito da pesquisa e/ou de seu representante legal expressa anuência, autorizando sua participação voluntária na pesquisa, livre de vícios (simulação, fraude ou erro), dependência, subordinação ou intimidação, após explicação completa e pormenorizada sobre a natureza da pesquisa, seus objetivos, métodos, benefícios previstos, potenciais riscos e o incômodo que ela possa acarretar;

XXXIX – teste funcional: teste que visa a verificar e garantir a presença da capacidade funcional e/ou proliferativa de células humanas e de seus derivados;

XL – teste microbiológico: teste realizado conforme legislação vigente, visando à detecção de agentes microbiológicos a partir de uma alíquota da amostra a ser disponibilizada;

XLI – teste de pirogenicidade: teste que visa a verificar a presença de pirogênios na amostra de material biológico;

XLII – transplante convencional de células progenitoras hematopoéticas: expressão utilizada em substituição à expressão "transplante de medula óssea" para designar o tipo de terapia celular que utiliza da infusão de células progenitoras hematopoéticas, com o objetivo de obter enxerto transitório ou permanente para correção de defeito quantitativo ou qualitativo da medula óssea, ou ainda restaurar a hematopoese após quimioterapia mieloablativa para tratamento de diversas doenças;

XLIII – uso alogênico: utilização em pesquisa clínica e/ou terapia de células e seus derivados provenientes de outro indivíduo (doador), aparentado ou não;

XLIV – uso autólogo: utilização em pesquisa clínica e/ou terapia de células e seus derivados provenientes do próprio indivíduo a ser transplantado (paciente);

XLV – validação: procedimento que fornece evidências de que um sistema apresenta desempenho dentro das especificações da qualidade, de maneira a gerar resultados válidos;

XLVI – vestiário de barreira: vestiário que deve possuir um lavatório e servir de barreira à sala de processamento, de forma a assegurar o acesso dos profissionais portando roupas de uso exclusivo; e

XLVII – viabilidade celular: determinação do número total de células nucleadas vivas por meio de um sistema manual ou automatizado, validado e registrado em instruções escritas e atualizadas.

CAPÍTULO II

DOS ASPECTOS GERAIS

Art. 5º Os Centros de Tecnologia Celular são responsáveis por todos os procedimentos relacionados ao preparo das células humanas e seus derivados, para o uso em pesquisa clínica e/ou terapia, incluindo coleta, processamento, acondicionamento, armazenamento, testes de controle de qualidade das células, descarte, liberação para uso e transporte.

Parágrafo único. As atividades relacionadas no *caput* são, em regra, exclusivas dos CTC, permitindo-se a terceirização, todavia, somente das atividades de coleta, testes de triagem laboratorial, testes de controle de qualidade das células e transporte.

Art. 6º Caso o CTC realize pesquisa básica ou pré-clínica, estas devem ser realizadas em salas separadas de onde são realizados o processamento e a manipulação de células humanas e seus derivados para uso em pesquisa clínica e/ou terapia.

Parágrafo único. As salas devem estar dispostas a permitir a circulação de pessoas com fluxos independentes de materiais, reagentes e produtos para diagnóstico de uso *in vitro*, material biológico, resíduos, de modo que não ocorra o cruzamento de fluxos entre as salas de pesquisa básica e pré-clínica e as salas de pesquisa clínica e/ou terapia.

Art. 7º Células humanas e seus derivados só poderão ser disponibilizados para pesquisa clínica e/ou terapia pelos CTCs, mediante a comprovação de aprovação da pesquisa clínica pelo sistema CEP/CONEP ou comprovação de que o procedimento terapêutico é autorizado pelo Conselho Federal de Medicina (CFM) ou Conselho Federal de Odontologia (CFO).

Art. 8º O CTC deve apresentar licença de funcionamento, licença sanitária ou alvará sanitário, atualizada(o) e emitida(o) pelo órgão de vigilância sanitária competente, de acordo com o disposto no parágrafo único do artigo 10 da Lei n. 6.437, de 20 de agosto de 1977, salvo disposições legais estaduais ou municipais complementares.

Parágrafo único. O serviço de saúde que incluir em suas instalações um CTC pode solicitar a inclusão da descrição desta atividade em sua licença de funcionamento, licença sanitária ou alvará sanitário, cabendo ao órgão de vigilância sanitária competente a deliberação sobre esta solicitação.

CAPÍTULO III
DAS DISPOSIÇÕES TÉCNICAS
Seção I
Da Classificação e das Atividades

Art. 9º Os CTCs podem ser classificados como:

I – CTC tipo 1: estabelecimento que realiza atividades somente com células humanas adultas, autólogas, a fresco ou criopreservadas, sem cultivo, apenas com manipulação mínima para uso em pesquisa clínica e/ou terapia.

II – CTC tipo 2: estabelecimento que realiza atividades com células-tronco humanas embrionárias ou adultas, autólogas ou alogênicas, a fresco ou criopreservadas, com ou sem cultivo, com ou sem manipulação extensa para uso em pesquisa clínica e/ou terapia.

§1º O CTC tipo 1 está apto somente para processar ou criopreservar células humanas e seus derivados coletados para uso em pesquisa clínica e/ou terapia que, sabidamente, não necessitem de posterior expansão, necessitem apenas de manipulação mínima e que sejam, indubitavelmente, para uso autólogo.

§2º São atividades executadas pelo CTC tipo 1:

I – coletar ou orientar a coleta de material biológico;

II – criopreservar e armazenar células humanas adultas e seus derivados;

III – receber e, quando necessário, providenciar a triagem clínica e laboratorial do paciente;

IV – avaliar a qualidade do material biológico recebido ou coletado;

V – processar o material biológico;

VI – realizar ou providenciar os testes necessários para liberação do material conforme artigo 60 desta Resolução;

VII – prover células humanas adultas e seus derivados para pesquisa clínica e/ou terapia, fornecendo as informações necessárias;

VIII – prover orientação escrita referente à manipulação, acondicionamento e validade das células humanas adultas e seus derivados disponibilizados para uso em pesquisa clínica e/ou terapia;

IX – realizar ou providenciar o transporte de forma a garantir a integridade do material biológico; e

X – manter registro que permita a rastreabilidade das células humanas adultas e seus derivados, desde a coleta até o uso.

§3º Além das atividades mencionadas no parágrafo anterior para o CTC tipo 1, o CTC tipo 2 poderá ainda:

I – manter cultura com o intuito de expandir ou diferenciar as células humanas adultas;

II – realizar extensão de cultura de embriões humanos até o estágio de blastocisto;

III – transportar embriões e células-tronco embrionárias humanas;

IV – receber e armazenar embriões que foram disponibilizados para a pesquisa clínica e terapia;

V – realizar a indução para diferenciação de células-tronco embrionárias;

VI – realizar a reprogramação de células humanas para células pluripotentes induzidas (CTPi);

VII – criopreservar, armazenar, manipular e processar células-tronco humanas embrionárias e CTPi;

VIII – prover células humanas e seus derivados para pesquisa clínica e/ou terapia fornecendo as informações necessárias, respeitando o sigilo da doação; e

IX – prover orientação escrita referente à manipulação, ao acondicionamento e à validade das células e seus derivados disponibilizados para uso em pesquisa clínica e/ou terapia.

Seção II

Do Regimento Interno

Art. 10 O CTC deve ter um regimento interno no qual constem os seguintes itens:

I – finalidade;

II – organograma, descrevendo a estrutura administrativa e técnico-científica do CTC, com definição do responsável legal e do responsável técnico (as funções de responsável legal e responsável técnico poderão ser exercidas pelo mesmo profissional); e

III – relação nominal, acompanhada da correspondente assinatura de todo o pessoal administrativo e técnico-científico, indicando a qualificação, as funções e as responsabilidades do responsável técnico e dos demais profissionais do CTC.

Parágrafo único. A manutenção e atualização da relação prevista no inciso III do *caput* são atribuições do responsável técnico do CTC.

Seção III

Do Manual Técnico Operacional

Art. 11. O CTC deve possuir um Manual Técnico Operacional que defina detalhadamente todos os procedimentos para coleta, processamento, controle de qualidade, acondicionamento, armazenamento, liberação para uso, transporte e descarte de células humanas e seus derivados, sob a forma de instruções escritas e atualizadas.

Art. 12. O manual mencionado no artigo anterior deve se encontrar acessível, a qualquer momento, a todos os funcionários e estar presente, nas formas impressa e eletrônica, nos respectivos setores do laboratório.

Parágrafo único. Caso o CTC utilize a forma eletrônica, deve existir pelo menos uma cópia impressa disponível no serviço.

Art. 13. O manual deve ainda:

I – ser revisado anualmente e sempre que houver alguma modificação;

II – ser assinado e datado pelo responsável técnico do CTC;

III – indicar o profissional responsável de cada procedimento;

IV – conter as condutas frente às não conformidades; e

V – descrever as normas de biossegurança a serem seguidas por todos os funcionários.

Seção IV

Da Estrutura Administrativa e Técnico-Científica

Art. 14. O CTC deve possuir equipe profissional com formação e qualificação compatível com suas atividades.

Art. 15. O CTC deve manter disponíveis registros de formação e qualificação de seus profissionais, compatíveis com as funções desempenhadas.

Art. 16. O CTC deve promover treinamento e educação permanente de seus Funcionários, mantendo disponíveis os registros dos mesmos.

Art. 17. A responsabilidade técnica deve ficar a cargo de profissional de nível superior, com mestrado ou doutorado na área de saúde ou ciências biológicas, e experiência mínima de 5 (cinco) anos em biologia celular e/ou molecular e com registro no respectivo conselho de classe.

§1º O CTC deve possuir um responsável técnico substituto com a mesma qualificação profissional do responsável técnico.

§2º O tempo de mestrado e/ou doutorado na área de biologia celular e/ou molecular poderá ser contado como tempo de experiência profissional.

Art. 18. O responsável técnico pode possuir, perante a vigilância sanitária, a responsabilidade por no máximo 1 (um) CTC.

Seção V
Da Garantia da Qualidade

Art. 19. O responsável técnico do CTC tem a responsabilidade de planejar, implementar e garantir a qualidade dos processos, que inclui:

I – a manutenção da equipe técnica e recursos necessários para o desempenho de suas atribuições;

II – a proteção das informações confidenciais das amostras;

III – a supervisão do pessoal técnico por profissional de nível superior legalmente habilitado durante o seu período de funcionamento;

IV – a qualificação e verificação dos equipamentos, dos instrumentos e dos materiais, reagentes e produtos para diagnóstico de uso *in vitro* utilizados, antes de serem colocados em uso;

V – a utilização de técnicas conforme recomendações do fabricante (equipamentos e produtos) ou, quando couber, conforme validação realizada pelo CTC;

VI – a adoção de procedimentos para detecção, registro, correção e prevenção de erros e não conformidades, incluindo a realização de controle de qualidade interno do CTC; e

VII – a implementação e manutenção da rastreabilidade de todos os seus processos.

Art. 20. O CTC deve dispor de instruções escritas e atualizadas das rotinas técnicas implantadas.

Seção VI
Da Biossegurança

Art. 21. O CTC deve manter atualizadas e disponibilizar, a todos os funcionários, instruções escritas de biossegurança, contemplando no mínimo os seguintes itens:

I – normas e condutas de segurança biológica, química, física, ocupacional e ambiental;

II – instruções de uso para os equipamentos de proteção individual (EPI) e de proteção coletiva (EPC);

III – procedimentos em caso de acidentes; e

IV – manuseio de transporte de material e amostra biológica.

Art. 22. O responsável técnico pelo CTC deve documentar o nível de biossegurança dos ambientes e áreas com base nos procedimentos realizados e equipamentos utilizados, adotando as medidas de segurança compatíveis.

Seção VII

Dos Materiais, Reagentes e Produtos para Diagnóstico de Uso *in vitro*

Art. 23. Os materiais, reagentes e produtos para diagnóstico de uso *in vitro* utilizados para coleta, processamento, testes laboratoriais, preservação e expansão de células-tronco humanas e seus derivados devem estar regularizados junto à Anvisa, de acordo com a legislação específica vigente.

Art. 24. Todos os materiais, reagentes e produtos para diagnóstico *in vitro* utilizados e que mantêm contato com as células e seus derivados, devem ser estéreis, apirogênicos, não citotóxicos e, quando couber, de uso único, bem como devem ter a origem, a validade e o número do lote registrados, a fim de garantir a rastreabilidade.

Parágrafo único. Para os materiais passíveis de processamento deve existir um procedimento de limpeza e esterilização validado, de acordo com a legislação vigente.

Art. 25. Os reagentes preparados ou aliquotados pelo próprio laboratório devem ser identificados com rótulo contendo: nome, concentração, número de lote (se aplicável), data de preparação, identificação de quem preparou (quando aplicável), data de validade, condições de armazenamento, além de informações referentes a riscos potenciais.

Parágrafo único. Devem ser mantidos registros dos processos de preparo e do controle da qualidade dos reagentes preparados.

Art. 26. A utilização de materiais, reagentes e produtos para diagnóstico de uso *in vitro* deve respeitar as recomendações de uso do fabricante, condições de preservação, armazenamento e os prazos de validade, não sendo permitida a sua revalidação depois de expirada a validade.

Art. 27. O CTC que utilizar metodologias próprias – *in house*, deve documentá-las incluindo no mínimo:

I – a descrição das etapas do processo;

II – a especificação e a sistemática de aprovação de materiais, reagentes e produtos para diagnóstico *in vitro*, de equipamentos e de instrumentos;

III – a sistemática de validação; e

IV – o registro de todo o processo.

Art. 28. A utilização de produtos de origem animal deve ser evitada.

§1º Se utilizados produtos de origem animal, estes devem possuir certificação de ausência de agentes infecciosos e contaminantes.

§2º Para fatores de crescimento, devem ser estabelecidas medidas de identidade, pureza e potência para assegurar a reprodutibilidade das características da cultura celular.

Seção VIII

Dos Equipamentos

Art. 29. O CTC deve cumprir os seguintes requisitos relativos aos equipamentos:

I – possuir equipamentos e instrumentos específicos e em quantidade necessária ao atendimento de sua demanda;

II – manter instruções escritas e atualizadas referentes ao uso dos equipamentos disponíveis aos funcionários do setor, as quais devem ser complementadas por manuais do fabricante, em língua portuguesa;

III – manter e implementar um programa de manutenção preventiva e corretiva, onde conste um cronograma de intervenção;

IV – manter os equipamentos de medição calibrados e os respectivos registros; e

V – manter registros da origem e série dos equipamentos utilizados a fim de garantir a rastreabilidade.

Parágrafo único. Na hipótese descrita no inciso III deste artigo, todas as intervenções realizadas nos equipamentos devem ser registradas sistematicamente, informando dia, responsável pela intervenção, descrição da intervenção e, em caso de substituição de peças, lista das peças substituídas.

Art. 30. Os equipamentos e instrumentos utilizados, nacionais e importados, devem estar regularizados junto à Anvisa, de acordo com a legislação vigente.

Art. 31. As planilhas de controle das rotinas de uso e manutenção dos equipamentos devem ficar permanentemente disponíveis para consulta.

Art. 32. Deve ser mantido registro diário das condições dos equipamentos, refrigeradores, congeladores ou reservatórios de armazenamento, documentando a temperatura, o nível de CO2 (para incubadora) e o nível de nitrogênio.

§ 1º A verificação e o registro da temperatura e do nível de CO_2, quando couberem, devem ser realizados a intervalos definidos pelo CTC para os equipamentos que não dispõem de registrador automático.

§ 2º Os registros devem ser assinados e periodicamente revisados por uma pessoa qualificada.

§ 3º Os alarmes devem ser testados.

§4º Deve haver um procedimento escrito, definindo a conduta a ser tomada em relação ao armazenamento das amostras caso haja defeito nos equipamentos de estocagem.

§ 5º O volume de nitrogênio líquido, nos reservatórios, deve ser controlado e registrado na frequência definida pelo CTC.

Seção IX

Da Infraestrutura física mínima

Art. 33. A infraestrutura física do CTC deve, no que couber, atender ao disposto no regulamento técnico para planejamento, programação, elaboração e avaliação de projetos físicos de estabelecimentos assistenciais de saúde, aprovado pela RDC Anvisa nº 50, de 21 de fevereiro de 2002, ou a que vier a substituí-la, bem como às exigências específicas contidas nesta Resolução e demais normas vigentes.

Parágrafo único. O CTC deve possuir sistema emergencial de energia elétrica, conforme previsto na RDC Anvisa nº 50, de 21 de fevereiro de 2002, ou a que vier a substituí-la, devendo ainda observar as instruções do fabricante dos equipamentos com relação a exigências de uso de *"no-breaks"*.

Art. 34. A infraestrutura física do CTC deve ser de uso e acesso exclusivo para tal finalidade, devendo ser constituída por ambientes numa disposição que permita circulação com fluxo independente de insumos, material biológico, profissionais e resíduos, permitindo a limpeza e a manutenção, com a finalidade de garantir a qualidade das células humanas e seus derivados em todas as fases do processo.

Art. 35. A construção, a reforma ou a adaptação na estrutura física do CTC deve ser precedida de aprovação do projeto junto à autoridade sanitária local.

Art. 36. O CTC deve realizar controle microbiológico de seus ambientes, equipamentos (incubadora de CO_2) e meios de cultura, quando couber.

§ 1º Caso haja manipulação dos meios de cultura (aliquotagem, adição de componentes) previamente registrados ou cadastrados pela Anvisa, o controle microbiológico dos mesmos deve ser realizado.

§ 2º O controle microbiológico dos ambientes e da incubadora de CO_2 deverá ser realizado em intervalos de tempo definidos pelo CTC, a depender do fluxo de trabalho.

Seção X

Da Seleção do doador e/ou paciente

Art. 37. A doação de células humanas para uso em pesquisa clínica ou terapia deve respeitar os preceitos legais e éticos sobre o assunto, ficando garantido o sigilo, a não percepção de remuneração ou de benefício direto, e o Termo de Consentimento Livre e Esclarecido (TCLE), conforme legislação vigente.

Art. 38. Para obtenção de células humanas, seja para uso autólogo ou para uso alogênico, o CTC dever realizar triagem clínica e laboratorial.

Parágrafo único. A triagem laboratorial deve seguir aquela determinada para a doação de sangue, conforme legislação vigente.

Art. 39. Para obtenção de embriões ou células-tronco embrionárias, devem ser seguidos os critérios da Lei nº 11.105, de 24 de março de 2005, e devem ser obtidas as informações de triagem clínica e laboratorial realizadas pelo Banco de Células e Tecidos Germinativos (BCTG), conforme disposto em Regulamento técnico para o funcionamento dos BCTG.

Art. 40. O serviço responsável pela seleção do doador e/ou paciente deve prover todas as informações relativas ao processo de doação, riscos envolvidos, testes laboratoriais, entre outras necessárias para compreensão e assinatura do TCLE, o

qual deve ser redigido em linguagem clara e compreensível para o leigo, devendo conter, quando couber, os seguintes itens:

I – informações sobre os riscos ao doador e benefícios ao receptor da doação;

II – informações sobre os testes que serão realizados para a qualificação do doador;

III – autorização para acesso aos dados clínicos e à história médica do doador para obtenção de dados clínicos com importância potencial para o procedimento de pesquisa clínica e/ou terapia;

IV – autorização para o CTC transferir os dados qualitativos e quantitativos sobre o material para o responsável pela pesquisa clínica e/ou terapia;

V – autorização para armazenar amostras de células, plasma, soro e DNA do doador para testes que se fizerem necessários no futuro;

VI – autorização para descartar as unidades que não atenderem aos critérios para armazenamento ou seu uso posterior em pesquisa clínica e/ou terapia.

§ 1º Em qualquer momento do processo, o doador tem o direito de desistir da doação.

§ 2º No caso de doador com idade inferior a 18 anos ou mentalmente incapacitado, o TCLE deve ser firmado pelos pais ou responsável legal.

Art. 41. O uso de células humanas e seus derivados para doação que não preencha integralmente os critérios de qualificação dependerá de avaliação e decisão conjunta entre o responsável pela pesquisa clínica e/ou terapia, a equipe médica do serviço onde será feita a aplicação das células e seus derivados, o doador e o receptor ou seus responsáveis legais.

Art. 42. São critérios de exclusão do candidato à doação de células humanas para uso alogênico:

I – infecção confirmada pelos vírus HIV-1/2;

II – teste HBsAg não reagente com anti-HBc reagente, exceto quando o doador for anti--HBs reagente;

III – teste HBsAg reagente, exceto quando o receptor também for HBsAg reagente;

IV – teste anti-HCV reagente, exceto quando o receptor também apresentar teste

reagente na pesquisa qualitativa de RNA-HCV;

V – doença neoplásica maligna, exceto carcinoma basocelular de pele e carcinoma *"in situ"* de colo de útero;

VI – condição clínica irreversível que coloque em risco a saúde do doador;

VII – gestação em curso;

VIII – condição clínica reversível que coloque em risco a saúde do doador; como os critérios de desqualificação temporária definidos para doação de sangue, conforme legislação específica vigente.

§ 1º Consideram-se critérios definitivos de exclusão do doador de células humanas e seus derivados para uso alogênico as condições previstas nos incisos I a VI do *caput* deste artigo.

§ 2º Consideram-se critérios temporários de exclusão do doador de células humanas e seus derivados para uso alogênico não aparentado as condições previstas nos incisos VII a VIII do *caput* deste artigo.

Seção XI

Da Coleta

Art. 43. A coleta de material biológico para posterior processamento de células humanas e seus derivados, seja para uso alogênico ou autólogo, deve ser realizada por profissional devidamente capacitado para tal atividade.

Art. 44. A coleta deve ser realizada no próprio CTC ou em estabelecimento assistencial de saúde que possua licença sanitária, quando couber, devendo ser mantidas as condições assépticas necessárias.

Art. 45. O CTC deve manter cadastro dos serviços e dos profissionais dos quais receberá material biológico para processamento.

Art. 46. Condições específicas da coleta devem estar descritas pelo CTC em instruções escritas e atualizadas.

Art. 47. As células humanas e seus derivados ou o material biológico de onde serão obtidos, quando não coletados pela equipe do próprio CTC, deverão ser encaminhados ao CTC acompanhados de relatório de coleta padronizado pelo serviço responsável pela coleta.

§ 1º Compete ao CTC estabelecer, em instruções escritas e atualizadas, critérios para a aceitação ou não de células humanas e seus derivados não coletados por sua equipe.

§ 2º O relatório de coleta deve conter, no mínimo, as seguintes informações:

I – nome do doador paciente;

II – dados clínico-laboratoriais;

III – data e hora da coleta;

IV – responsável pela coleta;

V – descrição do procedimento;

VI – temperatura de armazenamento do material biológico para transporte;

VII – resultado dos exames sorológicos, caso houver; e

VIII – Termo de Consentimento Livre e Esclarecido.

Seção XII

Processamento e Armazenamento

Art. 48. Todo material biológico humano, por ser potencialmente infeccioso, deve ser manipulado conforme as normas de biossegurança aplicáveis.

Art. 49. Todas as etapas do processamento devem estar descritas em instruções escritas e atualizadas, com protocolos definidos e validados, e devem atender a especificações descritas nesta Resolução.

Art. 50. Os protocolos de processamento devem impossibilitar a contaminação cruzada e a troca de material.

Art. 51. Não é permitido o processamento simultâneo de células humanas e seus derivados de mais de um doador/paciente no mesmo ambiente.

Art. 52. O CTC deve assegurar a limpeza e assepsia na sala de processamento e de seus equipamentos a cada processamento.

Art. 53. A manipulação e exposição do material biológico e dos materiais reagentes e produtos para diagnóstico *in vitro*, durante o processamento, deve ocorrer exclusivamente em ambiente classificado como ISO 5 (Classe 100).

Art. 54. Para o CTC 1, o ambiente classificado como ISO 5 (Classe 100) deve estar instalado em uma sala com classificação mínima ISO 8 (Classe 100.000).

Parágrafo único. O CTC 1 deve possuir vestiário de barreira no acesso à sala onde será processado o material biológico, dotado de lavatório e área de paramentação.

Art. 55. Para o CTC 2, o ambiente classificado como ISO 5 (Classe 100) deve estar instalado em uma sala com classificação mínima ISO 7 (Classe 10.000).

Parágrafo único: O CTC 2, deve possuir antecâmara e vestiário de barreira dotado de lavatório e área de paramentação no acesso à sala onde será processado o material biológico.

Art. 56. Todos os materiais biológicos que forem submetidos ao processo de cultivo, manipulação extensa ou criopreservação previamente ao seu uso em terapia celular devem ter amostragem representativa criopreservada e armazenada nas mesmas condições, destinada ao uso nos testes de controle de qualidade de processo.

Parágrafo único. O número de amostras preparadas deve ser suficiente para a realização dos testes de controle de qualidade necessários para liberação do uso do material biológico, conforme artigo 60 desta Resolução, e para controle de qualidade futuro, caso sejam necessárias análises complementares.

Art. 57. O armazenamento deve ser realizado em condições controladas que garantam a manutenção das características biológicas das células.

Art. 58. Se o CTC possuir sistema de armazenamento de unidades de células em tanques de nitrogênio líquido, ou se houver um sistema de segurança de nitrogênio para congelador mecânico com temperatura igual ou inferior a 150 °C negativos, a sala de criopreservação e armazenamento deve contar com:

I – visualização externa do seu interior;

II – sistema de exaustão mecânica, para diluição dos traços residuais de nitrogênio, que promova a exaustão forçada de todo o ar da sala de criopreservação e armazenamento, com descarga para o ambiente externo do prédio;

III – sensor do nível de oxigênio ambiental com alarmes sonoro e visual, interno e externo à sala de criopreservação e armazenamento;

IV – alarmes sonoro e visual, interno e externo à sala de criopreservação e armazenamento, que alertem para possíveis falhas no suprimento de nitrogênio líquido e/ou do equipamento de armazenamento; e

V – termômetro para monitoramento de temperatura ambiental, que indique valores máximo e mínimo.

§ 1º O sistema de exaustão mecânica deve manter uma vazão mínima de ar total de 75 $(m^3/h)/m^2$.

§ 2º O ar de reposição deve ser proveniente dos ambientes vizinhos ou suprido por insuflação de ar exterior, com filtragem mínima com filtro classe G1.

§ 3º As grelhas de captação do sistema de exaustão mecânica devem ser instaladas próximas ao piso.

§ 4º Se utilizado congelador mecânico com temperatura igual ou inferior a 150 °C negativos, a sala de criopreservação e armazenamento deve contar com um sensor de temperatura ambiental com alarme.

Art. 59. As unidades de células e derivados com testes microbiológicos positivos ou com resultado reagente em pelo menos um dos marcadores para infecções transmissíveis pelo sangue devem ser armazenadas, preferencialmente, em congelador ou tanque específico, separado das demais unidades com testes negativos.

Parágrafo único. Caso as unidades de células e derivados com testes microbiológicos positivos ou com resultado reagente em pelo menos um dos marcadores para doenças transmissíveis pelo sangue forem acondicionadas no mesmo equipamento das unidades com resultados não reagentes/negativos, deverá ser utilizado um sistema de embalagem externa ou equipamento que garanta a proteção das demais unidades criopreservadas.

Seção XIII

Do Controle de Qualidade das Células

Art. 60. Antes de liberar as células humanas e seus derivados para uso em pesquisa clínica e/ou terapia, seja para uso autólogo ou alogênico, cultivadas ou não, a fresco ou criopreservadas, com ou sem manipulação extensa, o CTC deve garantir sua segurança e qualidade.

§1º São requisitos mínimos para a garantia de segurança e qualidade das células humanas e seus derivados:

I – testes microbiológicos;

II – testes laboratoriais para detecção de doenças infectocontagiosas no doador/paciente;

III – testes de pirogenicidade, quando couber;

IV – contagem e viabilidade celular;

V – fenotipagem celular, quando couber;

VI – controle genético, que deve ser realizado em células submetidas a cultura e expansão ou células modificadas geneticamente e/ou por transdução de proteínas

VII – teste funcional, quando couber; e

VIII – identificação dos antígenos de histocompatibilidade (HLA), quando couber.

§ 2º Se os resultados dos testes microbiológicos e laboratoriais não estiverem disponíveis antes da utilização das células, tal fato deve ser justificado e registrado.

§ 3º Os resultados dos testes do controle de qualidade das células devem ser anexados ao prontuário clínico do doador/paciente.

Seção XIV

Da Liberação para uso

Art. 61. O acondicionamento das células humanas e seus derivados para pesquisa clínica e/ou terapia deve ser realizado em embalagens de uso final.

Art. 62. O CTC deve fornecer informações sobre as condições para recebimento do material biológico, sua utilização e ocorrência de efeitos inesperados ou indesejáveis na utilização do material biológico.

Parágrafo único. As instruções de uso das células e seus derivados devem ser fornecidas ao profissional responsável por sua utilização no momento da liberação para uso.

Art. 63. O responsável técnico do CTC deve emitir um certificado comprovando a qualificação das células humanas e seus derivados para uso em pesquisa clínica e/ou terapia contendo, no mínimo, os seguintes itens:

I – identificação do CTC;

II – endereço e telefone do CTC;

III – identificação do responsável técnico e seu número de registro no respectivo conselho profissional regional;

IV – identificação do profissional que liberou o exame e seu número de registro no respectivo conselho profissional regional;

V – nome e número de registro da identificação do doador ou receptor gerado pelo CTC;

VI – data de emissão do laudo;

VII – identificação do procedimento realizado;

VIII – comprovação da qualificação do material conforme artigo 60 desta Resolução; e

IX – observações e informações pertinentes, quando aplicável.

Seção XV

Dos Dados de Produção

Art.64. O CTC deve enviar à Gerência Geral de Sangue, outros Tecidos, Células e Órgãos da Anvisa, por meio eletrônico, relatório anual de produção, informando:

I – número total de material biológico recebido para processamento;

II – número de material biológico processado para criopreservação;

III – número total de material biológico liberado para uso em terapia celular; e

IV – número de material biológico descartado e o motivo do descarte.

Seção XVI

Dos Aspectos Sanitários do Transporte

Art. 65. O transporte de células humanas e seus derivados deve atender à legislação vigente, às normas de biossegurança e às exigências técnicas relacionadas à sua conservação.

Art. 66. Todas as operações do processo de transporte, incluindo-se, entre outras etapas, as condições de acondicionamento, embalagem, transferência do material, armazenamento temporário, limpeza e manutenção dos equipamentos e veículos, devem ser padronizadas por meio de instruções escritas e atualizadas e devem ser validadas e registradas.

Art. 67. O transporte de células humanas e seus derivados deve ser acompanhado por um documento que contenha, no mínimo, as seguintes informações:

I – nome do CTC remetente e do serviço de destino, incluindo endereços e telefones;

II – telefone de emergência e contato, caso haja algum problema durante o percurso do transporte;

III – quantidade de células humanas e seus derivados transportados, em número total e quantidade fracionada (embalada);

IV – nome do paciente receptor e do médico responsável;

V – data e hora do transporte e nome do responsável pelo transporte; e

VI – tempo de validade do material, mantido nas condições de trasnporte (na embalagem enviada e não violada).

Art. 68 As células humanas e seus derivados devem ser transportados por profissional devidamente capacitado.

§1º A responsabilidade pelo material transportado deve ser definida em contrato ou instrumento congênere celebrado entre o CTC e o serviço que irá recebê-lo.

§2º O transporte de células humanas e seus derivados implica responsabilidades para o remetente, o destinatário e a empresa transportadora.

Art. 69. As embalagens, rotulagem e sinalizações utilizadas no transporte de células humanas e seus derivados devem seguir as especificações da legislação vigente, de forma a garantir a estabilidade e integridade do material, assim como a segurança das pessoas e do ambiente.

Parágrafo único. A embalagem que contenha gelo seco, nitrogênio líquido, líquido criogênico, gás não inflamável ou outro material de conservação e preservação que ofereça riscos durante o processo de transporte deve estar sinalizada externamente, de acordo com as normas nacionais e internacionais para transporte de produtos perigosos.

Art. 70. O transporte de células humanas e seus derivados, após coleta ou processamento, deve ser realizado em recipiente isotérmico resistente e com tampa, que disponha de sistema de monitoramento e registro da temperatura interna.

§1º Os limites apropriados e aceitos de manutenção de temperatura no recipiente isotérmico devem ser estabelecidos pelo CTC.

§2º É expressamente proibido submeter o recipiente à radiação, inclusive nos aeroportos.

§3º No lado externo do recipiente isotérmico, deve constar o seguinte aviso: "MATERIAL BIOLÓGICO HUMANO. NÃO SUBMETER À RADIAÇÃO (RAIOS X)"

§4º Nos casos de transporte internacional, o aviso de que trata o parágrafo anterior deve estar escrito em inglês.

Seção XV

Do Registro e Arquivos

Art. 71. O CTC deve ter sistema de registro que permita a rastreabilidade das células humanas e de seus derivados, desde a sua obtenção até o seu destino final, incluindo-se a sua análise laboratorial.

Art. 72. Todos os registros referentes a células humanas e seus derivados, coleta ou recebimento de material biológico, processamento e armazenamento de material biológico, dados brutos, cópias dos laudos liberados e procedimentos relacionados ao controle e garantia da qualidade realizados pelo CTC devem ser arquivados por um período mínimo de 5 (cinco) anos.

§1º Os prontuários clínicos devem ser arquivados por um período mínimo de 20 (vinte) anos, sob responsabilidade do médico (ou da instituição) responsável pelo paciente que receber as células humanas e/ou seus derivados.

§2º Esses registros podem ser feitos na forma eletrônica, impressa ou microfilmagem de tal forma que sejam facilmente recuperáveis e que garantam a sua rastreabilidade.

§3º No caso do uso do meio eletrônico, os dados devem ser armazenados em cópias de segurança, com proteção contra fraudes ou alterações de dados e garantia de inviolabilidade.

§4º Todos os registros do CTC devem ser de caráter confidencial.

Art. 73. O CTC deve manter arquivos de documentos e registros relativos, no mínimo, a:

I – dados da triagem clínica, quando couber;

II – dados da coleta;

III – dados de acondicionamento e transporte;

IV – dados de processamento, armazenamento e criopreservação;

V – resultados da triagem laboratorial;

VI – resultados dos testes realizados para disponibilização das células;

VII – data e motivo do descarte das amostras, quando couber;

VIII – Termo de Consentimento Livre e Esclarecido (TCLE) assinado pelo doador ou seu responsável legal;

IX – Termo de Consentimento Livre e Esclarecido (TCLE) assinado pelo receptor, quando couber;

X – solicitação de células humanas e seus derivados assinada pelo médico profissional responsável pelo procedimento terapêutico; e

XI – solicitação de células humanas e seus derivados para pesquisa clínica aprovada por Comitê de Ética (CEP), assinada pelo responsável.

Art. 74. O CTC deve manter registros dos serviços e/ou profissionais dos quais receba material biológico e para os quais forneça células humanas e seus derivados.

Seção XVI

Do Descarte de Material Biológico

Art. 75. O descarte de resíduos do CTC deve estar de acordo com o Plano de Gerenciamento de Resíduos de Serviços de Saúde (PGRSS) aprovado pelos órgãos competentes e deverá ser realizado de acordo com as normas vigentes.

CAPÍTULO IV

DAS DISPOSIÇÕES FINAIS E TRANSITÓRIAS

Art. 76. Os estabelecimentos abrangidos por esta resolução terão o prazo de 1 (um) ano contado a partir da data de sua publicação para promover as adequações necessárias ao seu cumprimento.

Parágrafo único. A partir da publicação desta Resolução, os novos estabelecimentos, e aqueles que pretendem reiniciar suas atividades, devem atender na íntegra as exigências nela contidas, previamente ao seu funcionamento.

Art. 77. O descumprimento das disposições contidas nesta Resolução constitui infração sanitária, nos termos da Lei nº 6.437, de 20 de agosto de 1977, sem prejuízo das responsabilidades civil, administrativa e penal cabíveis.

Art. 78. Esta Resolução de Diretoria Colegiada deve ser revista no prazo máximo de 3(três) anos, a partir da data de sua publicação.

Art. 79. Esta resolução entra em vigor na data de sua publicação.

DIRCEU BRÁS APARECIDO BARBANO

REFERÊNCIAS BIBLIOGRÁFICAS

Legislação do banco de sangue de cordão umbilical e placentário

1. MANUAL BRASILEIRO DE ACREDITAÇÃO – Organizações Prestadoras de Serviços de Saúde – Versão 2014 – ONA
2. http://www.ona.org.br – Organização Nacional de Acreditação
3. Donabedian A. The seven pillars of quality. Archives of Pathology. Ed Laboratory Medicine, 1990.
4. Drucker P. The effective executive. Harper Collins Publishers, 1993.

Modelo de uso compassivo de novos fármacos dos conceitos

1. Drive for drugs leads to baby clinical trials. Nature. 2000; 440(7083):406–7.
2. Resolução nº 251 (7/8/97) do Conselho Nacional de Saúde.
3. Minuta da Resolução de Diretoria Colegiada (RDC) nº XX, de XX, de XXXX de 2011 – que aprova o regulamento para o programa de acesso expandido, uso compassivo e doação pós-estudo de medicamentos.
4. Goldim JR. O uso de drogas ainda experimentais em assistência: extensão de pesquisa, uso compassivo e acesso expandido. Ver Panam Salud Publica. 2008; 23(3):198-206.
5. Mello NK et al. Buprenorphine treatment of opiate and cocaine abuse: clinical and preclinical studies. Harv Rev Psychiatric. 1993;1(3):168–83.
6. Food and Drug Administration. Expanded access to investigational drugs for treatment use. Fed Reg, Final Rule. 2009; 74(155):40900-45.
7. Resolução RDC nº 26 Anvisa, de 17 de dezembro de 1999.
8. Leyland-Jones B, Davies BR, Clagett-Car K, et al. Patient treatment on a compassive basis documentation of high adverse drug reaction rate. Ann Oncol. 1992; 3(1):59–62.

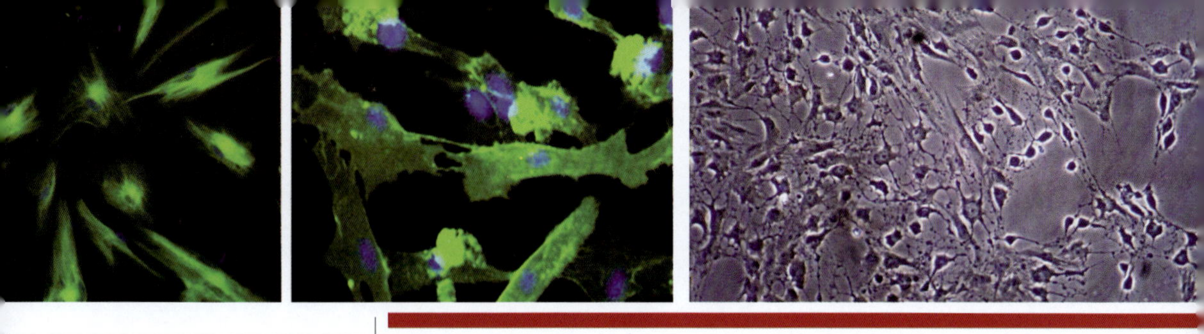

parte 6

Ensaios Terapêuticos

capítulo 28

Aplicações das Células-Tronco Mesenquimais em Protocolos Terapêuticos

As CTM podem ser encontradas em quase todos os tecidos e são responsáveis pela regeneração e homeostase do organismo. O principal efeito da aplicação das CTM em protocolos terapêuticos sempre foi atribuído à regeneração de tecidos devido à capacidade de diferenciação das CTM em vários tipos de células. No entanto, nos últimos anos, descobriu-se que em uma população de CTM há CTM que apresentam as propriedades de pericitos perivasculares.[1] Essas propriedades tornaram as CTM muito mais promissoras para o tratamento de diversas doenças, nas quais regeneração não é a única ação terapêutica, como em doenças autoimunes e doenças do metabolismo. Um número significativo de estudos pré-clínicos publicados e também de ensaios clínicos (clinicaltrials.gov) para diferentes indicações tem demonstrado a segurança do tratamento com CTM.

Uma das questões mais importantes das terapias com CTM é a capacidade de migração direcionada e a enxertia (*homing*) das CTM nos locais de lesão isquêmica, inflamatória ou traumas mecânicos. A via de administração sistêmica (via intravenosa – IV) é uma forma mais utilizada de entrega das CTM em estudos pré-clínicos e clínicos. Esse método é minimamente invasivo e permite injeções de doses múltiplas de células, repetidas em intervalos de tempo determinados. Esse método de infusão é semelhante ao mecanismo fisiológico de participação das células-tronco derivadas da medula óssea na regeneração de diferentes tecidos.[2] Esse processo envolve a migração de células pela corrente sanguínea, a transmigração endotelial através das paredes vasculares, e a invasão do tecido- alvo. Existem, ainda, alternativas de administração das CTM, como as vias intraperitoneal e direta (intratecal, intracarótida, intracoronária, intramiocárdica, intra-hepática, intraesplênica). A escolha pela via de administração está sempre relacionada ao tipo/quantidade de célula, a localização/tamanho da lesão, com mínimo de efeitos colaterais e também ao prognóstico do paciente (Figura 28.1). Diversos estudos demonstraram que as CTM, independentemente da via de administração, tem um elevado potencial para a migração e enxertia em locais de lesão.[3-6]

Atualmente, existem dois tipos de terapias com CTM que são utilizados em estudos clínicos: autólogo e alogênico. A terapia autóloga é tradicionalmente considerada por médicos, mais desejável e comumente utilizada em ensaios clínicos. Contudo, hoje está se tornando cada vez mais evidente que o transplante alogênico pode também ser uma opção. Os efeitos do envelhecimento do organismo sobre as CTM devem ser levados em consideração. Há uma grande diminuição de CTM-MO desde o nascimento até a adolescência, e outra grande redução a partir da adolescência até a velhice.[7] O número de CTM

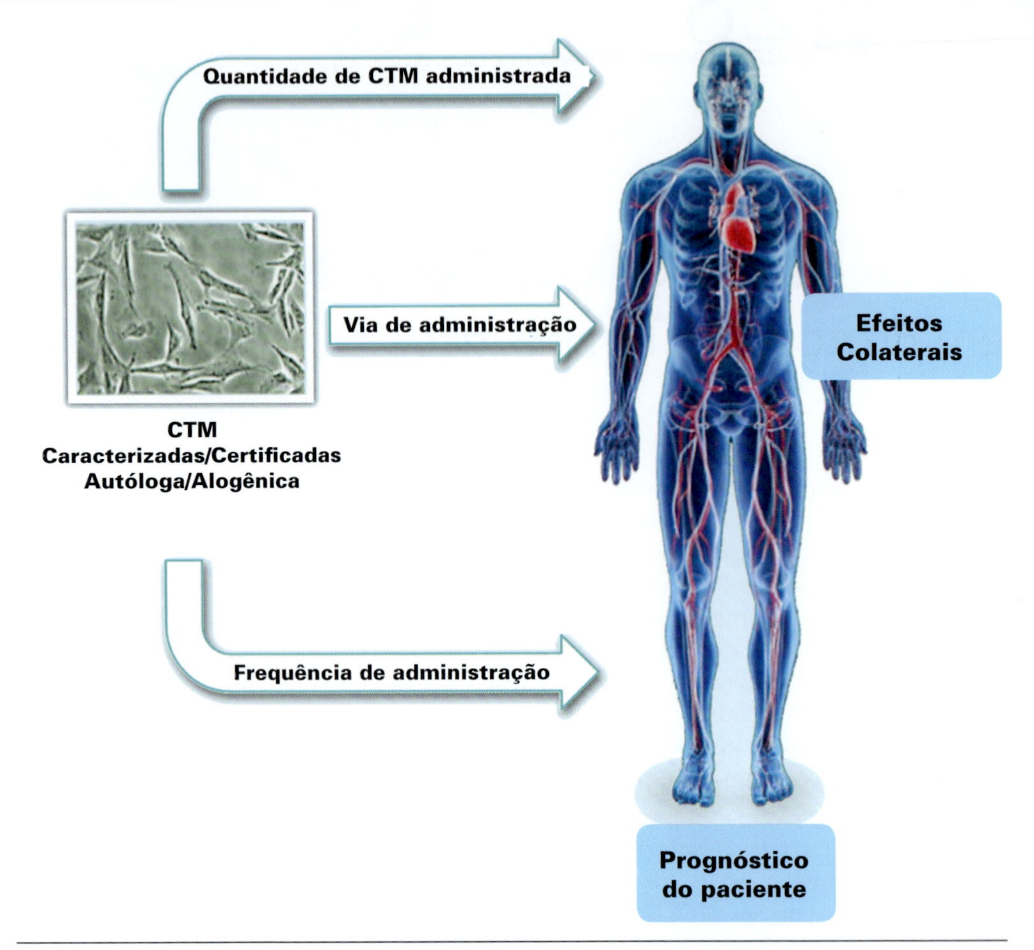

Figura 28.1 ▶ Fatores a serem considerados para a utilização clínica das CTM. A escolha da via de administração está diretamente relacionada à quantidade de células, à localização/tamanho da lesão e ao prognóstico do paciente.

é fator crítico para terapia, e para os estudos clínicos não devem ser usadas CTM depois de cinco passagens, de acordo com a regulamentação do FDA (Food and Drug Administration), pois a expansão *in vitro* excessiva das CTM pode levar a mudanças no cariótipo e acúmulo de mutações do genoma.

Uma sistemática revisão e meta-análise sobre a segurança da terapia celular com as CTM em ensaios clínicos foi publicada por Lalu e colaboradores (2012).[8] O MEDLINE, EMBASE, Cochrane Central Register (Clinical trials até junho de 2011) foram revisitados. Os ensaios clínicos prospectivos com administração intravascular de CTM (por via intravenosa ou intra-arterial) na população adulta ou populações mista entre adultas e pediátricas foram identificados. O resultado de eventos adversos primários foi agrupado de acordo com acontecimentos imediatos (de toxicidade aguda da infusão, febre), complicações sistêmicas de órgãos, infecção e eventos adversos de longo prazo (morte, doença maligna). Um total de 1.012 participantes com condições clínicas de acidente vascular cerebral isquêmico, doença de Crohn, cardiomiopatia, infarto do miocárdio, doença enxerto *versus* hospedeiro, e em voluntários saudáveis foram incluídos. A meta-análise dos ensaios clínicos randomizados não detectou uma associação entre a toxicidade aguda da infusão, complicações sistêmicas de órgãos, infecção, morte ou doença maligna. Houve apenas associação significativa entre CTM e febre transitória. Com base nos testes clínicos atuais, a terapia com CTM se mostra segura.

Ainda, de acordo com Ren e colaboradores (2012),[9] existem 92 testes clínicos registrados avaliando o potencial da terapia celular com CTM. Todos esses estudos demonstram uma utilização segura de CTM em humanos. As CTM foram usadas com sucesso em pacientes com doença de enxerto *versus* hospedeiro, lúpus, doença de Crohn, infarto agudo do miocárdio, diabetes, atrofia de múltiplos sistemas, esclerose lateral amiotrófica, derrame, cirrose, insuficiência hepática, e mostraram efeitos terapêuticos na reparação de tecidos musculoesqueléticos e doenças de pele.

Os resultados de ensaios clínicos até agora demonstram que as CTM derivadas de várias fontes são seguras, assim como as CTM-MO autólogas, e podem até mesmo exercer efeitos terapêuticos semelhantes. No entanto, novos estudos ainda são necessários para determinar quais fontes de CTM são melhores para doenças específicas.

REFERÊNCIAS BIBLIOGRÁFICAS

1. Crisan M, Yap S, Casteilla L, Chen CW, Corselli M, et al. A perivascular origin for mesenchymal stem cells in multiple human organs. Cell Stem Cell. 2008; 3:301–313.
2. Rennert RC, Sorkin M, Garg RK, Gurtner GC. Stem cell recruitment after injury: lessons for regenerative medicine. Regen Med. 2012; Nov;7(6):833–50.
3. Barbash IM, Chouraqui P, Baron J, Feinberg MS, Etzion S, Tessone A, et al. Systemic delivery of bone marrow-derived mesenchymal stem cells to the infarcted myocardium: feasibility, cell migration, and body distribution. Circulation. 2003; Aug 19;108(7):863–8.
4. Zonta S, De Martino M, Bedino G, Piotti G, Rampino T, Gregorini M, et al. Which is the most suitable and effective route of administration for mesenchymal stem cell-based immunomodulation therapy in experimental kidney transplantation: endovenous or arterial? Transplant Proc. 2010; May;42(4):1336–40.
5. Goldmacher GV, Nasser R, Lee DY, Yigit S, Rosenwasser R, Iacovitti L. Tracking transplanted bone marrow stem cells and their effects in the rat MCAO stroke model. PLoS One. 2013; 8(3):e60049.
6. Kholodenko IV, Yarygin KN, Gubsky LV, Konieva AA, Tairova RT, Povarova OV, et al. Intravenous xenotransplantation of human placental mesenchymal stem cells to rats: comparative analysis of homing in rat brain in two models of experimental ischemic stroke. Bull Exp Biol Med. 2012; Nov;154(1):118–23.
7. Singer NG, Caplan AI. Mesenchymal stem cells: mechanisms of inflammation. Annu Rev Pathol. 2011; 6:457–78.
8. Lalu MM, McIntyre L, Pugliese C, Fergusson D, Winston BW, Marshall JC, et al. Safety of cell therapy with mesenchymal stromal cells (SafeCell): a systematic review and meta-analysis of clinical trials. Canadian Critical Care Trials Group. PLoS One. 2012; 7(10):e47559.
9. Ren G, Chen X, Dong F, Li W, Ren X, Zhang Y, Shi Y. Concise review: mesenchymal stem cells and translational medicine: emerging issues. Stem Cells Transl Med. 2012; Jan;1(1):51–8.

capítulo 29

Celso Massumoto
Pedro Lemos

Infarto do Miocárdio e Células-tronco Mesenquimais

O infarto agudo do miocárdio é a principal causa de insuficiência cardíaca congestiva, responsável pela alta mortalidade dos pacientes. O tratamento com angioplastia, trombolíticos e emprego de *stents* reduziu a mortalidade em 50%. A reperfusão precoce da artéria ocluída aumenta a expectativa de vida dos pacientes e melhora o prognóstico a longo prazo.

Entretanto, reduzir a insuficiência cardíaca é um desafio. Uma metodologia recentemente empregada é com células-tronco para complementar a terapêutica com angioplastia e trombolíticos. O uso racional desse tratamento baseia-se na capacidade dessas células de regenerar/repor as células lesadas pelo baixo fluxo coronariano.[1]

A meta-análise de 13 ensaios clínicos randomizados[2] mostrou que o emprego de células-tronco mesenquimais derivadas da medula óssea melhoram a função ventricular. Dois fatores ainda continuam intrigantes. O primeiro é o tempo adequado da administração da terapia celular. A maioria dos artigos favorece o emprego até sete dias do evento agudo do miocárdio, e outros autores acreditam que o uso precoce seria mais benéfico. O segundo relaciona-se com a dose celular empregada nos diversos estudos, sendo aparente que o número maior de células (superior a 10^8) teria melhor relação com o aumento da função ventricular. E terceiro, o tipo de infarto do miocárdio teria relação com a resposta, sendo melhores naqueles com extensa área acometida.[1]

Em relação à tentativa de explicar os mecanismos envolvidos na melhora da função ventricular após a infusão das células da medula óssea, um subestudo do protocolo FINCELL[1] tentou analisar alguns parâmetros. Foram avaliados a Proteína C Reativa (PCR), Interleucina 6 (IL-6), a troponina-I e os fatores: Peptídio Natriurético Proatrial (NT-pro ANP) e o Peptídio Natriurético Procerebral (NT-proBNP) em dois grupos, sendo o primeiro submetido a trombólise e Intervenção Percutânea Coronariana (IPC) seguido de infusão de células da medula óssea em pacientes com infarto do miocárdio com elevação do segmento ST,[1] e o outro grupo recebeu trombolítico e IPC. Um total de oitenta pacientes foi randomizado e não foram observadas diferenças entre os dois grupos quanto aos parâmetros analisados.

O estudo BOOST,[3] publicado em 2006, trata de um trabalho randomizado com o intuito de avaliar a função sistólica e diastólica de pacientes que tiveram elevação do segmento ST e receberam infusão intracoronária de células da medula óssea. Os critérios de inclusão envolviam demonstração de hipocinesia ou acinesia, englobando mais de dois terços da parede ventricular esquerda nas porções anterosseptal, lateral e/ou inferior. Os pacientes foram randomizados na proporção de 1:1 com o controle. Houve aumento da mobilidade da parede sistólica e aumento da função ventricular esquerda no início, mas que não se mantinha após 18 meses de seguimento. Um estudo de reavaliação da função ventricular diastólica foi conduzido pelos investigadores, agora com sessenta meses de seguimento.[4] Os autores observaram que, após cinco anos de seguimento com estudo ecocardiográfico, a infusão de células da medula óssea não mostrou evidências de qualquer efeito adicional. Os autores ainda conseguiram identificar um subgrupo de pacientes que não se beneficiam da terapêutica com as células: são os pacientes hipertensos e um subgrupo de pacientes com extensa lesão miocárdica que se beneficiaria do emprego das células derivadas da medula óssea. Esses pacientes são aqueles com infarto transmural.[4]

Os estudos randomizados[5] ainda mostram que infusões contínuas de células-tronco podem ser benéficas, sem aumentar o risco do procedimento. Um estudo randomizado avaliou o uso de células-tronco mesenquimais alogênicas por via venosa. Trata-se de um agente investigacional (Prochymal) preparado a partir de um doador alogênico não HLA compatível com o receptor. O preparado mostrou-se seguro, e um estudo de Fase II encontra-se em andamento neste momento.

Estudos de metanálise (*SafeCell*)[1] revelaram que não existe risco aumentado de neoplasia com a infusão de células-tronco mesenquimais. O problema clínico mais frequente foi o aparecimento de febre, porém transitória e não associada a sequelas. De acordo com estudos randomizados, os mecanismos envolvidos no aparecimento da febre se devem a reações inflamatórias agudas. Essa febre é semelhante às reações febris não hemolíticas vistas durante a transfusão de concentrado de hemácias. Não foi observado aumento de toxicidade quando as MSC foram cultivadas com soro fetal bovino. Existe um risco teórico de contaminação zoonótica no produto celular (doença de príon) e aumento da imunogenicidade das células. Somente um estudo avaliou esse problema e não encontrou eventos adversos a longo prazo com o emprego de soro fetal bovino. Por isso, em nosso protocolo utilizamos o soro fetal bovino.

Uma revisão sistemática com 13 estudos randomizados e que representava 14 estudos comparativos[6] comparou a Intervenção Percutânea Coronariana (IPC) com célula-tronco de medula óssea ou IPC+controle. Os resultados demonstram que o tratamento com células-tronco aumenta a função ventricular esquerda, reduz a área de lesão miocárdica, e aumenta a fração de ejeção do ventrículo esquerdo (2,99%) em comparação com o grupo-controle. Para se ter uma ideia, nos estudos CADILLAC[7] e ADMIRAL,[8] que utilizaram terapêutica trombolítica associada com IPC, a média de melhora da função ventricular foi de 2,8% e 4,1%, respectivamente. Os resultados foram analisados com um seguimento mínimo de seis meses, dando maior credibilidade ao estudo. Os mecanismos envolvidos no processo parecem depender de uma modificação do fenótipo celular, produção de citocinas (VEGF, *Vascular Endothelial Growth Factor*), ou a presença de células mesenquimais que contribuiriam para a revascularização e redução da inflamação e melhora da qualidade tecidual. Um ponto importante relaciona-se com a dose celular infundida. Acredita-se que a ocorrência de um aumento da fração de ejeção do ventrículo esquerdo ocorra quando 10^8 de células-tronco da medula óssea foram infundidas nos pacientes. Outro ponto importante levantado relaciona-se com a manutenção de células-tronco para serem recrutadas para a regeneração cardíaca. O resultado dos estudos revela uma tendência de se aplicar doses múltiplas, que deveriam ser infundidas para a obtenção de um resultado mais sustentado.

Em nosso estudo-piloto observamos que o importante é infundir um número superior a 10^8 de células-tronco mesenquimais e deve-se tentar achar alguma forma de fixar a célula ao local lesado. Nossa estratégia foi a de infundir mais células mesenquimais por via periférica para tentar atingir o local lesado.

Transplante transcoronário de células mesenquimais

O emprego de células-tronco por via transcoronária está associado a um aumento da contratilidade e da função ventricular esquerda. Pesquisadores gregos[9] empregaram o uso transcoronário para infundir células-tronco mesenquimais e promover a miogênese e angiogênese em locais infartados. Foram selecionados 11 pacientes com obstrução da artéria descendente anterior e com prévia implantação de *stent* coronariano. Todos os pacientes tinham fluxo TIMI3 na artéria descendente anterior pela cinecoronariografia pós *stent*. Todos os pacientes tiveram estudo prévio ao início do tratamento e quatro meses após a infusão das células. Seis pacientes tiveram infarto do miocárdio recente (menos de um mês), e o restante com IAM superior a um mês. O emprego das células mesenquimais por via transcoronariana resultou em redução da isquemia e promoveu o aumento da viabilidade do tecido infartado (de $4{,}09 \pm 2{,}02$ para $2{,}81 \pm 2{,}52$ $p = 0{,}04$). No grupo tratado com as céluas-tronco houve aumento da contratilidade miocárdica em $0{,}63 \pm 1{,}46$ dos segmentos miocárdicos por paciente, sendo altamente diferente com o grupo histórico ($p = 0{,}001$). É desconhecido o mecanismo de reparação tecidual, mas acredita-se que possa ser decorrente de formação de tecido miocárdico *de novo* ou um processo de neovascularização.[9]

Outro estudo chinês[10] com o mesmo objetivo de avaliar a função ventricular esquerda após o transplante de células mesenquimais da medula óssea em pacientes com infarto do miocárdio. Foram avaliados 78 pacientes com IAM, de acordo com os critérios da Organização Mundial da Saúde e com precordialgia de 12 horas do início da dor. Setenta e um pacientes receberam um *stent* para manter a estenose inferior a 20%. Sessenta e nove pacientes tiveram a medula óssea coletada em um volume definido (60 mL) exatamente no oitavo dia da intervenção coronariana. As células-tronco mesenquimais foram cultivadas e obtidas de acordo com o protocolo convencional de Strauer.[11] No grupo tratado com as células-tronco, os pacientes receberam de 8 a 10 $x10^9$ células/mL e injetadas na artéria coronária através de um cateter contendo um balão *over-the-wire* e com 10 atm. A oclusão da artéria durou 2 minutos. O grupo-controle recebeu somente solução salina. Os resultados demonstram que no grupo tratado com as células mesenquimais houve menos área de hipocinesia, acinesia e discinesia (13 ± 5 *versus* $32 \pm 11\%$. Houve ainda aumento da fração de ejeção no grupo tratado $67 \pm 11\%$ *versus* $49 \pm 9\%$, no grupo placebo. Os autores comentam que o intervalo (18 dias) entre a intervenção coronariana e o transplante das células exclui a possibilidade de melhora da função ventricular ter ocorrido somente pelo cateterismo e a implantação do *stent*. O resultado do estudo ainda confirma o papel das células mesenquimais na melhora da função ventricular e novos estudos são necessários para clarificar este ponto.

Em relação ao estudo de segurança dessas células mesenquimais existe o trabalho de Stamm e cols.[12] Eles analisaram o papel de células CD133+ derivadas da medula óssea injetadas diretamente no miocárdio durante a cirurgia de *bypass* coronariano. Foram realizadas, em média, dez injeções de 0,2 mL de uma suspensão contendo células CD133+ purificadas por anticorpo monoclonal em volta da área do infarto. Os objetivos eram a determinação da mortalidade por doença cardíaca nos primeiros 12 meses, o aparecimento de arritmia ventricular e qualquer evento classe III ou IV da classificação do Centro de Controle de Doença e Prevenção. No total, 43 pacientes foram distribuídos para *bypass* coronariano com células ou somente *bypass*. Observou-se um aumento da fração de ejeção do ventrículo esquerdo de 37,4% pré-operatório para 47,1% em seis meses após a cirurgia de *bypass* e infusão das células ($p < 0,0001$). No grupo *bypass* isolado o incremento foi de 37,9% para 41,3% ($p = 0,012$). Esse incremento manteve-se aos 18 meses (47,9% $p = 0,012$) no grupo *bypass* mais células CD133+. Exames de PET miocárdico mostraram uma melhora na área infartada aos seis meses em quatro pacientes no grupo *bypass* isolado, e em 11 pacientes no grupo *bypass* mais células. Uma explicação possível levantada pelos autores seria que as células CD133+ rapidamente assumem um fenótipo de endotélio *in vitro*, e que essas células poderiam aumentar o conteúdo de vasos sanguíneos na zona infartada e reduzir a apoptose de cardiomiócitos naquele local.

Um aspecto importante que observamos em nossa rotina de coleta de células por punção das cristas ilíacas foi a porosidade aumentada em pacientes idosos (acima de sessenta anos). Nesta população, devido à idade, o osso ilíaco fica mais amolecido e contém menor quantidade de células. Por isso, recomendamos coletar uma quantidade entre 10 e 20% superior a um jovem para a produção de células mesenquimais.

Protocolo de células-tronco para infarto do miocárdio

As células-tronco mesenquimais são provenientes da medula óssea. A coleta das células é feita por múltiplas punções aspirativas das cristas ilíacas posteriores do doador. O paciente é posicionado em decúbito ventral, sob anestesia geral. Em cada coleta aspira-se de 5 mL a 7 mL de medula óssea por meio de agulhas de Thomas previamente umedecidas em solução contendo heparina sódica para prevenir a formação de coágulos.

Utiliza-se um *kit* de coleta de aspiração de medula óssea de fornecedor nacional, que contém as bolsas de coleta de medula óssea e também dois filtros (0,22 um e 0,44 um, respectivamente). Eles são necessários à remoção de espículas ósseas, gordura e coágulos. Como não existe corte na pele, apenas introduzem-se as agulhas de punção e uma vez na cavidade medular o sangue da medula óssea é aspirado para dentro de seringas plásticas descartáveis (20 mL).

A seguir, o volume sanguíneo (200 mL) da medula óssea aspirada é transferido para as bolsas plásticas descartáveis e livres de espículas ósseas.

Todo o material é submetido a cultura microbiana para avaliar possível contaminação do produto durante o procedimento de coleta, realizado em centro cirúrgico e com todo rigor de assepsia.

1. O material é encaminhado ao laboratório de terapia celular.
2. As células são separadas em gradiente de Ficoll e o isolamento da camada mononuclear.

3. As células separadas são lavadas e depois colocadas em cultura em meio apropriado.
4. As células são transferidas para a câmara de incubação umedecida com CO_2 e temperatura a 37 °C.
5. No dia 3 de cultura, as células não aderentes são removidas e colocadas em outros frascos plásticos e suplementadas com meio de cultura apropriado.
6. No dia 7, as culturas são testadas para análise microbiana e as células não aderentes são descartadas, permanecendo as células aderentes.
7. As células aderentes são liberadas com trypsina EDTA e suplementadas com albumina humana e lavadas quatro vezes com o mesmo meio de cultura.
8. Uma pequena fração dessas células será usada para fenotipagem por citometria de fluxo.
9. Todas as etapas são reguladas de acordo com a qualidade GMP (*Good Manufacturing Practice*).
10. Todas as etapas estão de acordo com as práticas GLP (*Good Laboratory Practice*).
11. Infusão das células

- A artéria coronariana é cateterizada.
- Um balão tipo *over-the-wire* será posicionado e inflado em 6 atm por 1 minuto, ou até que o balão encoste na parede da artéria.
- Durante esse tempo, 2 mL a 3 mL de solução contendo as células-tronco mesenquimais serão infundidas contendo $100x10^6$ células mesenquimais através do lúmen central do cateter
- O procedimento é realizado uma única vez, e as seguintes infusões celulares são realizadas por via periférica.
- Quatro semanas após a primeira infusão intracoronária, as células-tronco mesenquimais, preparadas da mesma maneira acima, serão infundidas por via periférica por *bolus* em 8 minutos, ou se não houver contraindicação clínica, por cateterismo novamente.
- Uma terceira infusão será realizada em quatro semanas após a última infusão, em um total de 100×10^6 a 200×10^6 células-tronco mesenquimais assegurando um *boost* celular para a região do miocárdio lesado.

Exames de avaliação após o procedimento de transplante de células-tronco mesenquimais.

1. Ecocardiografia: solicitar um ecocardiograma transtorácico.
2. Ecocardiografia de estresse: o estudo será realizado com infusão de dobutamina para acessar a viabilidade miocárdica.
3. Ventriculografia com radioisótopos.
4. Estudo de perfusão miocárdica comTc^{99} sestamibi.
5. Eletrocardiograma de ambulatório realizado mensalmente.

REFERÊNCIAS BIBLIOGRÁFICAS

1. Miettinen J, Yitalo K, Hedberg P, et al. Determinants of functional recovery after myocardial infarction of patients treated with bone marrow-derived stem cells after trombolytic therapy. Heart.2010;96:362–367.
2. Lalu M, McIntyre L, Pugliese C, et al. Safety of Cell therapy with mesenchymal stromal cells (SafeCell): A systematic review and metaanalysis of clinical trials. PLOS. 2012;7(10):1–21.
3. Meyer GP, Wollert KC, Lotz J, et al. Intracoronary bone marrow cell transfer after myocardial infarction: eighteen months' follow-up data from the randomized, controlled BOOST (BOne marrOw transfer to enhance ST-elevation infarct regeneration) trial. Circulation. 2006;113:1287–94.
4. Shaefer A, Zwadlo C, Fuchs M, et al. Long-term effects of intracoronary bone marrow cell transfer on diastolic function in patients after acute myocardial infarction: 5-year results from the randomized-controlled BOOST trial-an echocardiographic study. Eur J Echo. 2010;11:165–171.
5. Hare J, Traverse J, Henry T, et al. A randomized, double-blind placebo controlled, dose--escalation study of intravenous adult human mesenchymal stem cells (Prochymal) after acute myocardial infarction. J Am Coll Cardiol. 2009;54(24):2277–2286.
6. Martin-Rendon E, Brunskill S, Hyde C, et al. Autologous bone marrow stem cells to treat myocardial infarction: a systematic review. Eur Heart J. 2008;29:1807–1818.
7. Stone GW, Grines CL, Cox DA, et al. Comparison of angioplasty with stenting, with or without abciximab, in acute myocardial infarction. N Engl J Med. 2001;346:957–966.
8. Montalescot G, Barragan P, Wittenberg O, et al. Platelet glycoprotein IIb/IIIa inhibition with coronary stenting for acute myocardial infarction. N Engl J Med.2001;344:1895–1201.
9. Katritsis D, Sotiropoulou P, Karvouni E, et al. Transcoronary transplantation of autologous mesenchymal stem cells and endothelial progenitors into infarcted human myocardium. Cath Cardio Inter. 2005; 65:321–329.
10. Chen S, Fang W, Ye F et a. Effect on left ventricular function of intracoronary transplantation of autologous bone marrow mesenchymal stem cells in patients with acute myocardial infarction. Am J Cardiol. 2004:94:92–95.
11. Strauer BE, Brehm M, Zeus T, et al. Intracoronary, human autologous stem cell transplantation for myocardial regeneration following myocardial infarction. Dtsch Med Wochenschr. 2001;126(34–35):932–938.
12. Stamm C, Kleine H, Choi Y, et al. Intramyocardial delivery of CD133+ bone marrow cells and coronary artery bypass grafting for chronic ischemic heart disease: Safety and efficacy studies. J Thoracic Cardiov Surg. 2007;133(3):717–725.

capítulo 30

Antonio Santos de Araújo Júnior
Guilherme Lepski
Celso Massumoto
Rogério Tuma
Mirella M Fazzito
Ricardo Ferreira

Células-Tronco e suas Aplicações em Pacientes Lesados Medulares

Introdução

Durante muito tempo, a medula espinhal era vista como um tubo, que apenas ligava o cérebro a diferentes órgãos e estruturas do corpo humano. Essa visão simplificada mudou graças à contribuição brilhante de Sir Charles S. Sherrington, cuja famosa monografia, "The Integrative Action of the Nervous System" ("A Ação Integrada do Sistema Nervoso"), explicou como o Sistema Nervoso Central (SNC) é organizado. Com essa monografia já centenária, Sherrington resolveu o debate de longa data entre a "Reticular Theory" ("Teoria Reticular", que argumentava que os neurônios são fisicamente contíguos) e a "Neuron Doctrine" (que sugeria que os neurônios se comunicam uns com os outros através de sinapses).[1,2]

Outra forte crença na época era de que o SNC era incapaz de regenerar. Esse ponto de vista foi desafiado quando Santiago Ramón y Cajal comprovou, há mais de cem anos, que as medulas espinhais transeccionadas de animais eram capazes de se regenerar; no entanto, essa regeneração espontânea durava apenas cerca de 10 a 14 dias. [2-4]

Ainda hoje, um dos maiores desafios da biologia moderna é saber como um sistema multicelular complexo pode se desenvolver a partir de uma única célula ou linhagem de células.[5,6] O conceito das células-tronco foi inicialmente descrito na década de 1960 para células hematopoéticas, quando o transplante de um número limitado de células da medula óssea resultou na formação de colônias eritrocíticas no baço de camundongos previamente irradiados.[7,8]

Desses experimentos nasceu o conceito atual das células-tronco, as quais devem respeitar três propriedades para serem classificadas como tais: a) capacidade de multiplicação própria; b) habilidade de produzir todos os tipos de células presentes em um determinado tecido; c) habilidade de se manter por um período de tempo significativo da vida do hospedeiro.[9]

Animais vertebrados possuem vários tipos de células-tronco, alguns ativos apenas por curtos períodos da embriogênese, outros funcionantes por toda a vida do organismo.[9] A mais primitiva das células-tronco, chamada de célula-tronco totipotencial, é capaz de gerar qualquer tecido embrionário ou extraembrionário de um organismo, como a célula do óvulo fertilizado. O produto da divisão celular do óvulo é o blastocisto.

O blastocisto tem uma camada externa de células do trofoblasto, que ajuda na nidação com o útero e na formação da placenta, e uma camada interna de 10-20 células pluripotentes que, quando da implantação vão produzir todos os tecidos e órgãos do embrião em desenvolvimento. A célula pluripotente, também conhecida como Célula-Tronco Embrionária (CTE), pode se diferenciar em qualquer célula do corpo com exceção do trofoblasto.[6]

As CTE, de acordo com estímulos locorregionais, se diferenciam em células multipotentes do ectoderma, mesoderma e endoderma, as quais, por sua vez, vão resultar em células-tronco tissulares (mesenquimal, dérmica, sanguínea etc.) ou órgão-específicas, tais como as células-tronco neurais.

Células-tronco neurais

As Células-Tronco Neurais (CTN) apresentam uma organização hierárquica muito parecida com as células-tronco hematopoéticas. À medida que as células multipotentes se proliferam e se renovam, as células progenitoras vão perdendo sua capacidade de se diferenciar em outras linhagens ou de se proliferar, ou seja, as células mais jovens têm uma capacidade menor de diferenciação.

As CTN podem se diferenciar em linhagens de neurônios, oligodendrócitos ou astrócitos. *In vitro* as CTN se dispõem em formações esféricas conhecidas como "neuroesferas". [10] Poucas células oriundas da neuroesfera, quando transferidas para o cérebro de roedores, podem produzir neurônios e células da glia. No cérebro humano adulto, neuroesferas contendo CTN já foram isoladas da zona subventricular e do giro denteado do hipocampo.[11]

Uchida *et al.*[12] foram os primeiros a isolar CTN humanas separadas por técnica de imunofluorescência contra proteínas de membrana celular (p. ex.: CD 133^{+}, $CD24^{neg/lo}$, $CD45^{neg}$) da zona subventricular fetal. Essas células, quando selecionadas *in vitro*, puderam se replicar em cultura e gerar "neuroesferas" capazes de se diferenciar em neurônios, astrócitos e oligodendrócitos. Essas células também tiveram capacidade de se enxertar, migrar e se diferenciar quando transplantadas para cérebros de camundongos recém-nascidos imunocomprometidos.[13]

Essas células, quando injetadas em camundongos portadores de lesão medular traumática puderam também melhorar a função motora.[14] Apesar de o mecanismo dessa melhora ser controverso, ele parece resultar da diferenciação das CTN em oligodendrócitos mielinizados sobre uma malha de linhagem astrocítica.[15,16]

No entanto, o uso de enxerto heterólogo de CTNs em pesquisa com modelo animal necessita da aplicação concomitante de corticosteroides e de longos períodos de imunossupressão do hospedeiro. Consequentemente, como solução, surgiram as pesquisas com células-tronco endógenas derivadas de células da medula óssea, principalmente células-tronco mesenquimais.

Até poucos anos havia número limitado de trabalhos em humanos, principalmente por questões éticas ligadas ao uso de células-tronco embrionárias. No entanto, com o advento de células-tronco endógenas derivadas da medula óssea, esse panorama está mudando, e de maneira drástica.

Lesão traumática medular em humanos

No Brasil a incidência de Traumatismo Raquimedular (TRM) é de quarenta casos novos/ano/milhão de habitantes, ou seja, cerca de 6 a 8 mil casos novos por ano, sendo que destes 80% das vítimas são homens e 60% se encontram entre os dez e trinta anos de idade.[17]

A severidade do TRM pode variar de completa paraplegia até mielopatia incompleta ou paraparesia. Além da severidade da lesão, o mecanismo de trauma é um dos fatores cruciais na escolha da modalidade terapêutica e na possibilidade de recuperação. O trauma inicial resulta em forças de estiramento e laceração do tecido nervoso, com interrupção da transmissão axonal, e posterior degeneração axonal e neuronal, com formação de cicatriz astrocítica.[18]

Em muitos casos de TRM, o algoritmo de tratamento envolve a descompressão medular com realinhamento espinhal e estabilização mecânica, a prevenção de isquemia e desmielinização pela cascata inflamatória, e finalmente a promoção da regeneração neural.

O primeiro relato da capacidade regenerativa da medula espinhal com o uso de enxerto de nervo periférico data de 1980,[19] e desde então duas modalidades terapêuticas emergiram desse conhecimento, uma na tentativa de prevenir a cascata inflamatória (neuroproteção) e outra no intuito de induzir a remielinização e a regeneração axonal e neuronal (neurorregeneração).

Um TRM desenvolve uma isquemia aguda na medula espinhal por contusão direta ou por compressão de seu arcabouço ósseo, ligamentar ou discal. A concentração de variáveis tóxicas e a própria isquemia contribuem para a morte celular e necrose, o que pode causar lesões secundárias que ocorrem ao nível celular e são muitas vezes mais complexas.[3-5] Ao bloquear os potenciais de ação, desregular o equilíbrio de íons, causar peroxidação lipídica e excitotoxicidade glutamatérgica, essas lesões secundárias podem causar distúrbios funcionais, tais como a sensibilização central, a morte celular, necrose, lesão axonal e inflamação.[3-5]

A cascata inflamatória se inicia um a dois dias após o trauma com a infiltração granulocítica, e em cinco a sete dias com a infiltração macrofágica. Nesse estágio os macrófagos ajudam na fagocitose de debris celulares e restos de mielina, e liberam fatores tróficos para CTNs ependimárias endógenas, na tentativa de ativar a neurorregeneração. O pico da indução celular para diferenciação das CTN ependimárias ocorre com sete dias do trauma.[18]

No entanto, após três semanas do trauma, esses mesmos fatores estimulam a astrocitose reacional levando à formação de cicatriz astrocítica, que por sua vez dificulta a neurorregeneração. Ou seja, o processo inflamatório exacerbado estimula a perda neuronal após o TRM, no entanto, a inflamação controlada parece estimular a neurorregeneração.[18]

Durante as primeiras semanas do trauma, outra estrutura fundamental responsável pela neurorregeneração são as Células de Schwann (CS). As CS são responsáveis pela produção das bainhas de mielina e servem de guia para orientação do crescimento axonal após a lesão.[3-5] Quando transplantadas, as células de Schwann produzem vários fatores neurotróficos (tais como o NGF, BDNF e CNTF), que contribuem para a sobrevivência neuronal e para a geração de moléculas de adesão celular e proteínas da matriz extracelular, que favorecem o crescimento axonal. As cicatrizes gliais são uma barreira natural potente para a migração das CS, assim como o sulfato de condroitina de proteoglicanos (CSPG), agrecan e efrinas.[3-5]

Após um mês do trauma, a ativação e promoção de CTN endógenas subependimárias intramedulares são de particular importância porque resultam em aproximadamente 500.000 - 2.000.000 de novas células no local da lesão.[19] Aparentemente a reativação desse processo pode ser conseguida com a implantação de Células-Tronco Mesenquimais (CTM) derivadas da medula óssea.

Aplicação de Células-tronco mesenquimais na neurorregeneração da lesão medular

A injeção de CTM em modelos animais experimentais de TRM resultou em significativa preservação tissular, redução da cavidade siringomiélica e da cicatriz astrocítica, e melhora motora funcional.[20-22]

Em um ensaio clínico prospectivo de longa duração, Park JH *et al.*[23] demonstraram melhora radiológica, eletrofisiológica e motora funcional nos pacientes com lesão traumática cervical completa, portadores de paraplegia ou tetraplegia, submetidos a injeção intramedular e intradural de CTMs derivadas da medula óssea.

Nesse trabalho, dez pacientes portadores de lesão medular grave foram submetidos à punção da medula óssea do osso ilíaco para cultura de CTMs por quatro semanas. Após o que os pacientes foram submetidos a uma laminectomia sobre o local da cavidade siringomiélica, com abertura da dura-máter e injeção intramedular de 1 ml de solução salina contendo $8x10^6$ CTMs, e mais 5 ml com $4x10^7$ CTMs no espaço intradural. E após quatro semanas e oito semanas, os pacientes foram submetidos à punção lombar com injeção intratecal de mais 8 ml de solução salina contendo $5x10^7$ CTMs.

Como resultado, seis pacientes em dez obtiveram melhora da força motora após um seguimento médio de seis meses, e destes, três pacientes apresentaram melhora gradual para atividades de vida diária. Os mesmos três pacientes também apresentaram melhora radiológica mostrada pela Ressonância Magnética, com redução da cavidade siringomiélica e aumento da densidade e do diâmetro da medula espinhal. Esses pacientes ainda apresentaram melhora eletrofisiológica dos Potenciais Evocados Motores e Somatossennsitivos.[23] Nenhum evento adverso relacionado à aplicação de CTMs foi observado no período de estudo, tampouco foi observada degeneração maligna (Teratoma), como anteriormente relatada para células-tronco embrionárias.

Princípios da avaliação neurológica nos pacientes lesados medulares

Após condutas primárias de atendimento ao paciente politraumatizado, aqueles pacientes suspeitos de lesão medular devem ser avaliados por um neurocirurgião, no intuito de se identificar a etiologia da lesão medular, os possíveis níveis de acometimento, a intensidade da lesão, o comprometimento sensório-motor segundo exame neurológico detalhado e para solicitação de exames complementares à investigação.

Em seguida aos exames complementares, deve-se proceder à estratificação da lesão medular segundo a escala mundialmente aceita ASIA (American Spinal Injury Association)/ ISCoS (International Spinal Cord Society) [24,25], e então avaliar possíveis indicações de tratamento cirúrgico ou necessidades de imobilização/tração.

A classificação ASIA[24] é composta dos seguintes tópicos: a) avaliar o nível sensório-motor da lesão baseado no teste de sensibilidade somatossensitiva consciente e no teste de motricidade volitiva; b) definir se a lesão medular é completa ou incompleta, segundo a perda completa ou preservação da função sensório-motora sacral; c) definir o grau de intensidade da lesão (ASIA A, B, C, D ou E); d) estimar a zona de preservação parcial sensório-motora naqueles doentes com lesão completa.

A definição neurológica para se classificar uma lesão medular como síndrome clínica completa ou incompleta foi inicialmente descrita por Guttmann em 1976.[26] A síndrome clínica completa seria aquela secundária a uma secção transversa total da medula espinhal, resultando na perda completa de sensibilidade e motricidade voluntária abaixo do nível da lesão.[26] Por sua vez, a síndrome clínica incompleta seria advinda de lesão parcial da medula espinhal, com preservação de parte das funções sensório-motoras abaixo do nível da lesão.

A lesão incompleta, por sua vez, pode ser dividida em dois subgrupos: a) lesão difusa acometendo todo um segmento medular, com lesão na substância cinzenta central e nos tratos longos ascendentes e descendentes da substância branca, no entanto de intensidade subtotal; b) lesão anatomicamente circunscrita de partes distintas da medula espinhal, com déficits dissociados dependentes do local danificado, por exemplo, síndrome cordonal anterior, central (Schneider), posterior ou síndrome de cone medular.

No entanto, com o advento da avaliação neurofisiológica moderna, alguns pacientes anteriormente tidos como portadores de lesão medular completa tiveram comprovação eletrofisiológica de influência supraespinhal sobre o potencial somatossensitivo, com a transmissão de sinal atravessando o sítio da lesão medular.

Por exemplo, quando esses pacientes eram submetidos à monitoração cutânea polieletromiográfica nos membros inferiores e realizavam a manobra de Jendrassik ou faziam a flexão voluntária do pescoço, havia nitidamente um aumento na amplitude do potencial.

Essa resposta teria um substrato anatômico em estudos de necropsia, com a preservação de um pequeno número de axônios atravessando o sítio da lesão, e que poderiam responder aos estímulos suprassegmentares.[27]

A essa síndrome subclínica incompleta (embora clinicamente completa), na qual estímulos suprassegmentares são capazes de alterar os reflexos profundos espinhais ou mesmo o potencial evocado somatossensitivo abaixo do nível da lesão medular, Kakulas e Dimitrijevik *et al.*[28] denominaram de "síndrome clínica discompleta".

Esses então seriam os pacientes passíveis de tratamento neurorregenerativo da medula espinhal, tendo em vista atividade residual de controle suprassegmentar, ainda que subclínica!

Critérios de seleção de pacientes passíveis de tratamento com CTM

Seriam passíveis de tratamento neurorregenerativo com CTM aqueles pacientes portadores de Traumatismo Raquimedular (TRM) cervical ou torácico, com síndrome clínica discompleta (com comprovação eletromiográfica de atividade residual suprassegmentar), com exames de imagem mostrando cavidade siringomiélica no nível de acometimento medular (sem a presença de cicatriz astrocítica e sem outros acometimentos ou compressões medulares residuais, comprovados por exame de ressonância magnética).

Alguns fatores de confusão, como a presença de TRM com síndrome clínica incompleta, e a presença de outros acometimentos da medula espinhal, serviriam como fatores de exclusão para o tratamento com CTM, tendo em vista a possibilidade de recuperação funcional espontânea. Pacientes com lesão incompleta poderiam apresentar uma melhora sensório-motora apenas com tratamento fisioterápico ou mesmo pela história natural da doença como naqueles portadores de lesão centromedular. Pacientes com outras compressões raquianas poderiam se beneficiar apenas com o tratamento cirúrgico específico, falseando os possíveis resultados do tratamento neurorregenerativo.

Outrossim, pacientes portadores de lesão medular completa absoluta, que preencham todos os critérios clínicos e neurofisiológicos (com abolição total de motricidade voluntária ou sensibilidade abaixo do nível da lesão), com evidência de silêncio eletromiográfico (sem sinal de influência supraespinhal ou mesmo influência consciente sobre os reflexos espinhais), devem também ser excluídos do tratamento neurorregenerativo com CTM.

Síntese de caso

Paciente de 47 anos, médico, apresentou há dois anos quadro súbito de lombociatalgia direita de forte intensidade, seguida por paraplegia anestésica. Paciente deu entrada em nosso serviço dez horas após, mantendo paraplegia flácida, com nível sensitivo denso T4, e abolição de reflexo bulbocavernoso.

Paciente foi então submetido à Ressonância Magnética de Coluna evidenciando hemorragia subaracnoide extensa de C7 à S1, com mielopatia compressiva T4-T6 e mielomalácia multissegmentar (Figura 30.1). Na RM de coluna lombar também foi

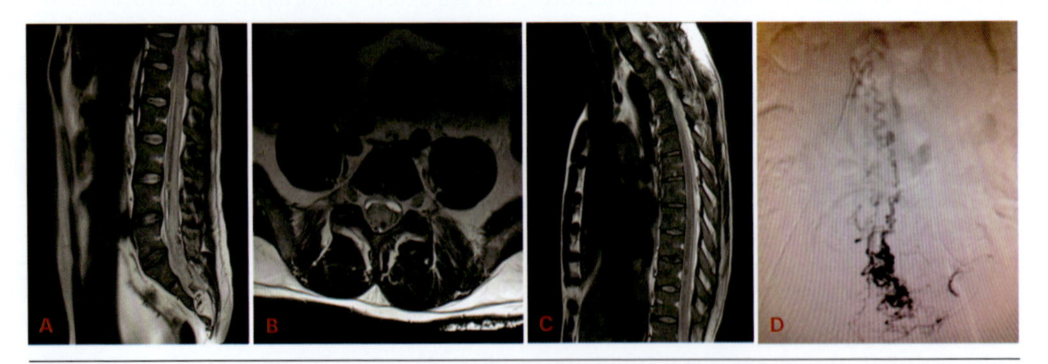

Figura 30.1 ▶ RM de coluna pré-operatória. **(A)** Sequência sagital lombar ponderada em T2 mostrando hemorragia subaracnoide extensa com *flow-void* lombossacro e lipoma S1-S2; **(B)** RM Axial T2 mostrando volumoso hematoma com compressão importante do saco dural lombar; **(C)** RM sagital T2 torácica mostrando extensão torácica do hematoma, com importante compressão medular T4-T6; **(D)** Angiografia mostrando MAV lombossacra responsável pela hemorragia, antes da embolização.

evidenciada medula ancorada, com cone medular baixo em nível de L4, e lipoma sacral S1-S2 com *flow-void* de vasos epidurais lombares (sugestivo de malformação arteriovenosa lombossacra).

Paciente foi prontamente submetido à laminectomia T4-T6 com durotomia e drenagem de hematoma subaracnoide com uso de sonda uretral disposta craniocaudalmente, com embolização de MAV lombossacra extensa, nutrida por ramos lombares terminais.

A despeito de tratamento cirúrgico e endovascular, o paciente manteve sequela neurológica com discreta melhora sensitiva subjetiva no pós-operatório, no entanto sem melhora motora (ASIA A), tendo alta hospitalar sob orientação de tratamento fisioterápico.

Paciente no seguimento desenvolveu um cisto aracnoide T8 e uma cavidade siringomiélica T10, ambos exercendo efeito compressivo sobre a medula residual, que foram tratados há um ano, com a fenestração do cisto para cavidade siringomiélica e a colocação de cateter de derivação siringossubaracnoide em "T" (Figura 30.2).

Paciente no intraoperatório e no pós-operatório imediato foi então submetido à monitorização de potencial evocado somatossensitivo e motor (Figura 4-A), com registro de pouquíssima atividade paravertebral e nenhuma atividade abaixo de ílio-psoas.

Como nesse ano, após a cirurgia para drenagem do cisto aracnoide e da cavidade siringomiélica, nosso paciente não apresentou melhora motora e manteve estacionada a recuperação também sensitiva, optou-se pela utilização de células- tronco mesenquimais no intuito de induzir a neurorregeneração da medula espinhal lesada, e também no intuito de resolver a cavidade siringomiélica. Após o consentimento do paciente e de seus familiares, e após aprovação do método no Comitê de Ética em Pesquisa Clínica de nosso hospital, o paciente foi submetido ao protocolo de infusão de células-tronco mesenquimais segundo Park *et al.*[23] (Figura 30.3).

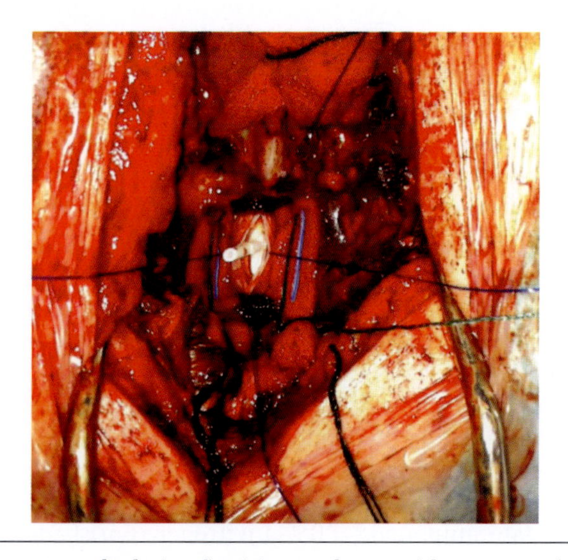

Figura 30.2 Posicionamento de derivação siringo-subaracnoide com uso de dreno em "T".

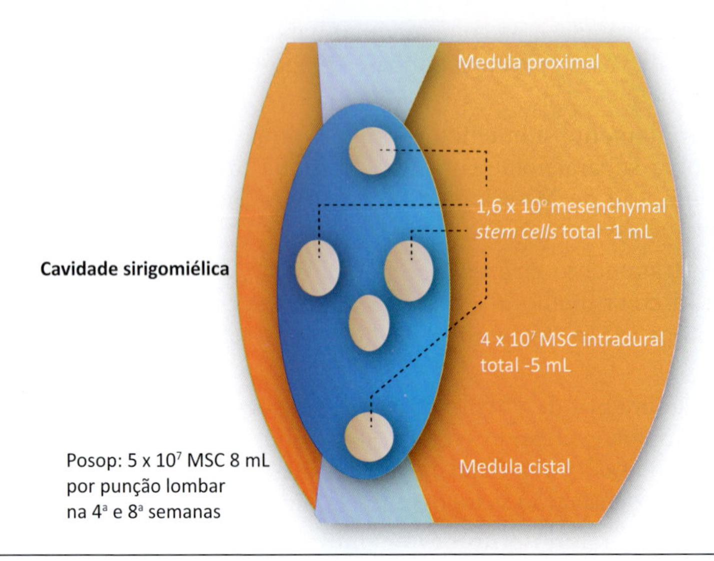

Figura 30.3 ▶ Ilustração representativa da medula espinhal no nível da cavidade siringomiélica e do espaço subaracnoideo. **(A)** Primeira infusão de células-tronco mesenquimais, sob visualização operatória microcirúrgica, 1ml (8×10^6 células) divididas em cinco localizações da cavidade siringomiélica, e ainda 5 mL (4×10^7 células) antes do fechamento dural no espaço subaracnoideo. **(B)** Segunda, após quatro semanas, e terceira infusão, após oito semanas, com o uso de punção lombar para infusão de 8 ml (5×10^7 células) no espaço subaracnoideo. (Método retirado de Park *et al.*[21])

Preparo e cultivo das células-tronco mesenquimais derivadas da medula óssea do osso ilíaco[29-31]

Em centro cirúrgico foram coletados cerca de 200 ml de medula óssea extraída da crista ilíaca do paciente, segundo protocolo estabelecido por Thomas *et al.*, 1975.

O paciente concordou em participar do estudo, bem como assinou um termo de consentimento informado. Após a coleta, o material foi submetido à separação das células mononucleares através do gradiente de densidade Ficoll-Paque ™ PLUS (GE Healthcare, Little Chalfont, Buckinghamshire, UK) segundo Ahmadbeigi, *et al.* 2012, sendo em seguida lavado com solução fisiológica e centrifugado a 500 g por 5 minutos.

As células mononucleares (~10^6) foram plaqueadas em frascos de cultivo de 75 cm^2 (Corning Inc., Corning, NY, USA) e cultivadas segundo Lizier, *et al.*, 2012 em meio Dulbecco's-modified Eagle's medium (DMEM) /Ham's F12 (DMEM/F12, Invitrogen Corporation – Carlsbad, CA, USA) suplementado com 15% soro fetal bovino (SFB, Hyclone, Logan, Utah, USA), 100 units/ml penicilina, 100 µg/ml streptomicina, 2 mM L-glutamina, e 2 mM aminoácido não essenciais (todos da Invitrogen) em atmosfera úmida a 37 °C e 5% CO_2 (estufa incubadora – Thermo Fisher Scientific Inc, Waltham, MA, USA). Após um período de três a sete dias, células fibroblastoides começaram a aparecer. Essas células crescem em monocamada e posteriormente foram lavadas duas vezes com solução fosfatotamponada (PBS - Invitrogen, Carlsbad, CA, USA) e submetidas à dissociação enzimática com Tryple (Invitrogen) por 3 a 6 minutos a 37 °C.

A passagem 1 foi contada após a primeira dissociação enzimática. A ação da Tryple foi inativada por meio de cultura suplementada com 10% SFB e as células (~5×10^5) foram plaqueadas em frascos de cultivo 75 cm^2 (Corning). Esse protocolo de subcultivo foi realizado a cada 7 a 14 dias e o meio de cultivo foi trocado a cada três a quatro dias. Para a criopreservação, 90% plasmim (Halex Istar, Goiania, GO, Brasil) e 10% dimethilsulfoxido (DMSO) (OriGen Biomedical, Austin, TX, USA) foram utilizados como meio criopreservante. As células criopreservadas foram mantidas em batoques (Corning) a −196 °C.

Imunofenotipagem das Células-tronco Mesenquimais derivadas da Medula Óssea

A imunofenotipagem foi baseada em citometria de fluxo utilizando anticorpos específicos contra proteínas humanas conjugados com FITC, como CD90 (marcador mesenquimal) e CD34 (marcador hematopoiético) e seu respectivo isotipo controle (todos da BD Pharmingen, Franklin Lakes, NJ, USA).

As células na passagem três foram dissociadas por tratamento enzimático (6 min a 37°C com Tryple), centrifugadas (10 min a 400 g) e lavadas com PBS a 4°C. A seguir as células na concentração de 10^5 células/ml foram incubadas com os anticorpos acima mencionados (1 µl). Após 45 minutos de incubação, protegidas da luz e em temperatura ambiente, as células foram lavadas três vezes com PBS e ressuspendidas em 0,25 ml de PBS gelado. A análise foi realizada utilizando um *fluorescence-activated cell sorter* (FACSCantoII; Becton, Dickinson, San Jose, CA) utilizando o programa *CELL Quest* (Becton, Dickinson).

Controle de Crescimento Microbiológico na Cultura das Células-tronco Mesenquimais derivadas da Medula Óssea

Para esse procedimento foram retirados cerca de 2 ml de meio condicionado dos frascos de cultura das células-tronco mesenquimais sendo posteriormente adicionados à garrafa de crescimento microbiológico (BD Bactec Peds Plus™). Esse controle detecta o crescimento de micro-organismo aeróbio e anaeróbio em amostras de meio após cerca de cinco dias, pois contêm resinas inibidoras de antibióticos (meios PLUS).

Controle radiológico e eletrofisiológico

Após três meses da última aplicação das células-tronco mesenquimais, foram realizados controles radiológicos com RM de coluna toraco-lombar (Figura 30.4) e controle eletrofisiológico com potencial evocado motor (Figura 30.5 e 30.6).

Na RM de coluna toracolombar houve melhora da cavidade siringomiélica em nível T10, a despeito de importante aracnoidite adesiva multissegmentar, que comprometem a avaliação do diâmetro medular ou da espessura da medula.

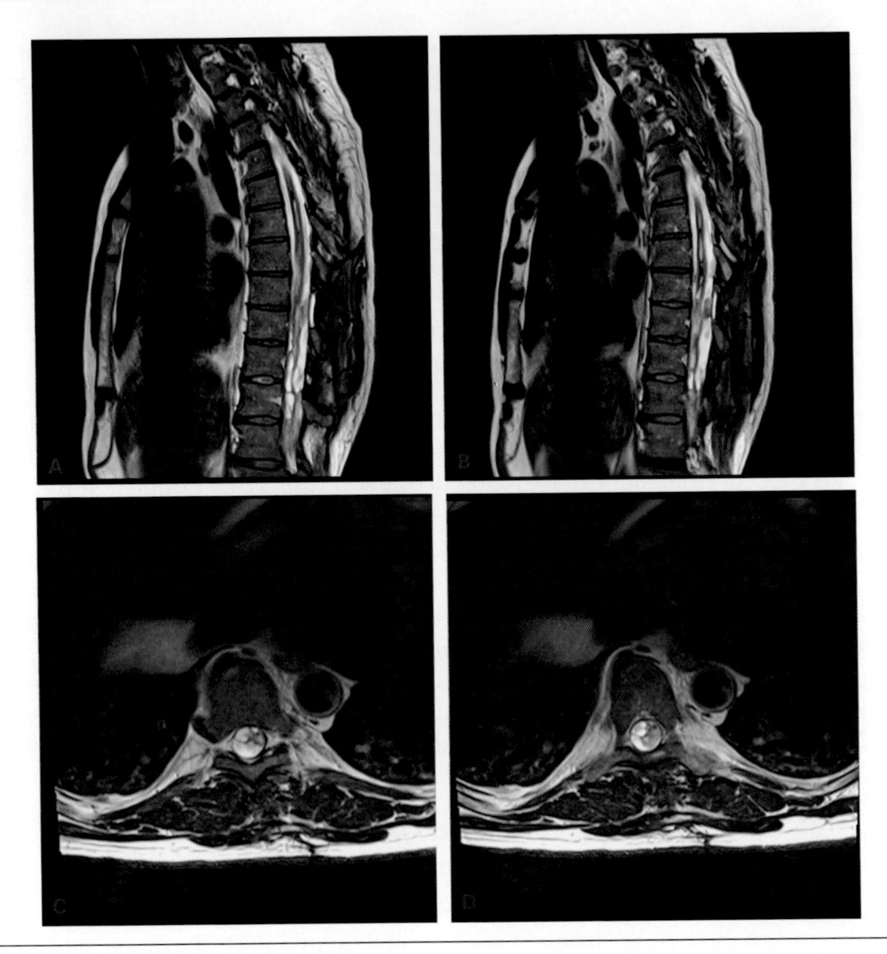

Figura 30.4 **(A-B)** RM de coluna torácica em cortes sagitais ponderada em T2, mostrando importante aracnoidite adesiva multissegmentar com siringomielia em nível T10 operada e submetida a infusão intracavitária de células-tronco mesenquimais; **(C-D)** RM torácica axial T2 mostrando aracnoidite com aderências anteriores e posteriores.

No controle eletrofisiológico pode-se identificar melhora nos potenciais motores em ambos os membros inferiores, com aparente normalidade no segmento paravertebral bilateral (o que ao nosso paciente possibilitou a manutenção da postura sentada, com perfeito equilíbrio de tronco, a ponto de permitir que ele voltasse a desempenhar suas atividades cirúrgicas), melhora ílio-psoas (atualmente consegue fletir o tronco de forma bastante satisfatória), melhora do quadríceps (com retorno do tônus e trofismo em coxa bilateral), e retorno até então não-funcional abaixo do quadríceps.

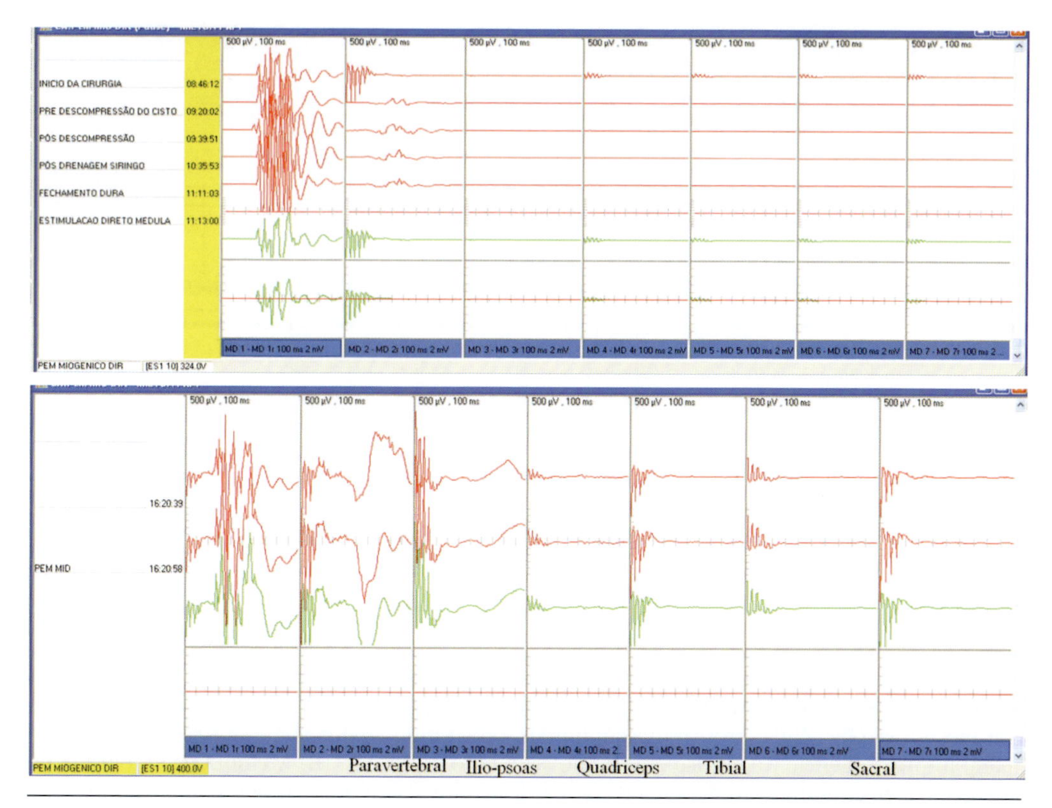

Figura 30.5 Potencial evocado motor no Membro Inferior Direito, com estímulo de 2 mV. **(A)** Pré-infusão das células-tronco mesenquimais, mostrando potencial residual mínimo paravertebral e silêncio isoelétrico a partir de segmento ílio-psoas. **(B)** Pós-infusão de células-tronco mesenquimais, mostrando importante melhora da amplitude do potencial paravertebral, ílio-psoas, quadríceps, tibial e sacral, com potencial similar ao normal no segmento paravertebral e próximo ao normal no segmento ílio-psoas.

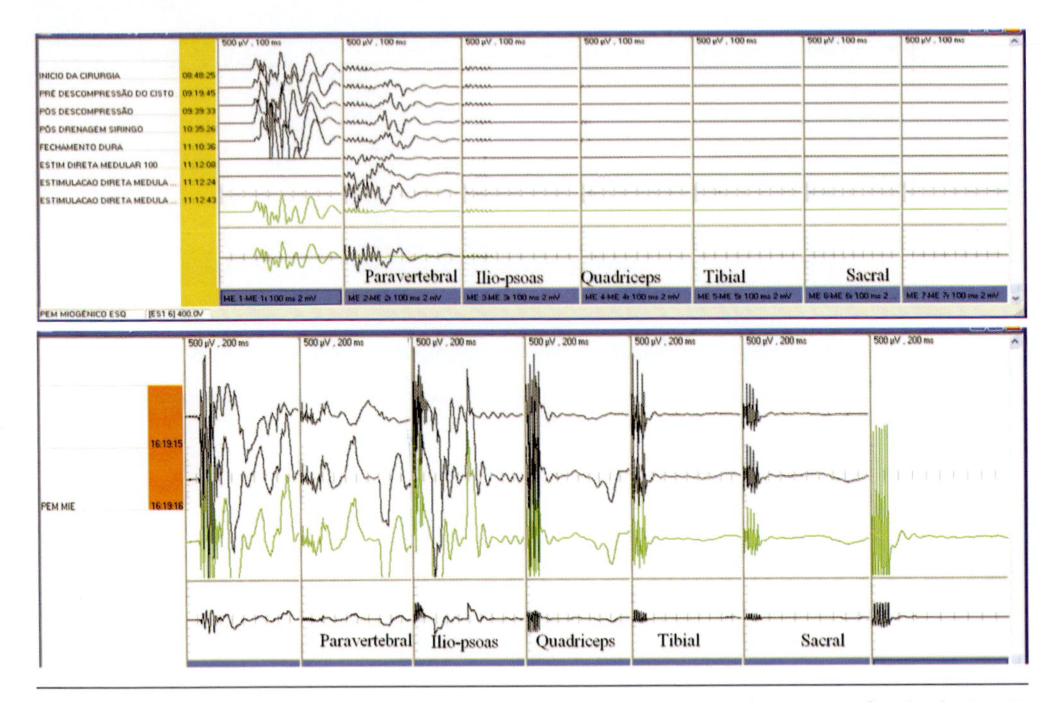

Figura 30.6 ▸ Potencial evocado motor no Membro Inferior Esquerdo, com estímulo de 5 mV. (A) Pré-infusão de células-tronco mesenquimais, mostrando atividade elétrica residual paravertebral ínfima e silêncio isoelétrico a partir do segmento ílio-psoas. (B) Melhora da amplitude do potencial, com amplitude aumentada e quase normal nos segmentos paravertebral e ílio-psoas, e subnormal a partir do quadríceps.

Conclusão

Tendo em vista a melhora clínica, radiológica e eletrofisiológica apresentada pelo nosso paciente (e a despeito de esse estudo apresentar apenas os resultados preliminares do primeiro paciente incluído no protocolo do uso de células-tronco mesenquimais em lesados medulares), parece ser promissora esta nova modalidade terapêutica. O seguimento a longo prazo desses pacientes e a inclusão de novos pacientes em nosso protocolo deverá fortalecer os futuros resultados, a ponto de permitir maiores conclusões.

REFERÊNCIAS BIBLIOGRÁFICAS

1. Burke RE. Sir Charles Sherrington's the integrative action of the nervous system: a centenary appreciation. Brain 2007;130:887-894.
2. Puchala E, Windle WF. The possibility of structural and functional restitution after spinal cord injury. A review. Exp Neurol 1977;55:1-42
3. Mariano ED, Batista CM, Barbosa BJ, Marie SK, Teixeira MJ, Morgalla M, Tatagiba M, Li J, Lepski G. Current perspectives in stem cell therapy for spinal cord repair in humans: a review of work from the past 10 years. Arq Neuropsiquiatr. 2014 Jun;72(6):451-6.
4. Batista CM, Mariano ED, Barbosa BJ, Morgalla M, Marie SK, Teixeira MJ, Lepski G. Adult neurogenesis and glial oncogenesis: when the process fails. Biomed Res Int. 2014;2014:438639.
5. Li J, Lepski G. Cell transplantation for spinal cord injury: a systematic review. Biomed Res Int. 2013;2013:786475.
6. Cheshier SH, Kalani MY, Lim M, Ailles L, Huhn SL, Weissman IL. A neurosurgeon´s guide to stem cells, cancer stem cells, and brain tumor stem cells. Neurosurgery 65:237-250, 2009.
7. Wu AM, Siminovitch L, Till JE, McCulloch EA. Evidence for a relationship between mouse hemopoietic stem cells and cells forming colonies in culture, Proc Natl Acad Sci USA 59:1209-1215, 1968.
8. Wu AM, Siminovitch L, Till JE, McCulloch EA. A cytological study of the capacity for differentiation of normal hemopoietic colony-forming cells. J Cell Physiol 69:177-184, 1967.
9. Batista CE, Mariano ED, Marie SK, Teixeira MJ, Morgalla M, Tatagiba M, Li J,Lepski G. Stem cells in neurology--current perspectives. Arq Neuropsiquiatr. 2014 Jun;72(6):457-65.
10. Anderson DJ. Stem cells and pattern formation in the nervous system: The possible versus the actual. Neuron 30:19-35, 2001.
11. Doetsch E, Petreanu I, Caill I, Garc a-Verdugo JM, Alvarez-Buylla A. EGF converts transit--amplifying neurogenic precursors in the adult brain into multipotent stem cells. Neuron 36:1021-1034, 2002.
12. Uchida N, Buck DW, He D, Reitsma MJ, Masek M, Phan TV, Tsukamoto AS, Gage FH, Weissman IL. Direct isolation of human central nervous system stem cells. Proc Natl Acad Sci USA 97:14720-14725, 2000.
13. Tanaki S, Eckert K, He D, Sutton R, Doshe M, Jain G, Tushinski R, Reitsma M, Harris B, Tsukamoto A, Gage F, Weissman I, Uchida N. Engraftment of sorted/ expanded human central nervous system stem cells from fetal brain. J Neurosci Res 69:976-986, 2002.
14. Cummings BJ, Uchida N, Tamaki SJ, Salazar DL, Hooshmand M, Summers R, Gage FH, Anderson AJ. Human neural stem cells differentiate and promote locomotor recovery in spinal cord-injured mice. Proc Natl Acad Sci USA 102:14069-14074, 2005.
15. Cao QL, Zhang YP, Howard RM, Walters WM, Tsoufas P, Whittemore SR. Pluripotent stem cells engrafted into the normal or lesioned adult rat spinal cord are restricted to a glial lineage. Exp Neurol 167:48-58, 2001.
16. Rosenbluth J, Schiff R, Liang WL, Menna G, Young W. Xeno-transplantation of transgenic oligodendrocytes-lineage cells into spinal cord-injured adult rats. Exp Neurol 147:172-182, 1997.
17. D'Andrea Greve J. Traumatismos raquimedulares nos acidentes de trânsito e uso de equipamentos de segurança. Diag & Tratam 2(3):10-3, 1997.
18. Bambakidis NC, Butler J, Horn EM, Wang X, Preul MC, Theodore N, Spetzler RF, Sonntag VKH. Stem cell biology and its therapeutic applications in the setting of spinal cord injury. Neurosurg. Focus 24:E19, 2008.

19. Richardson PM, McGuinness UM, Aguayo AJ. Axons from CNS neurons regenerate into PNS grafts. Nature 284:264-265, 1980.
20. Osaka M, Hommou O, Murakami T, et al. Intravenous administration of mesenchymal stem cells derived from bone marrow after contusive spinal cord injury improves functional outcome. Brain Res 1343:226-235, 2010.
21. Neuhuber B, Timothy Himes B, Shumsky JS, Gallo G, Fischer I. Axon growth and recovery of function supported by human bone marrow stromal cells in the injured spinal cord exhibit donor variations. Brain Res 1035(1):73-85, 2005.
22. Zurita M, Vaquero J. Bone marrow stromal cells can achieve cure of chronic paraplegic rats: functional and morphological outcome one year after transplantation. Neurosci Lett 402(1-2):51-56, 2006.
23. Park JH, Kim DY, Sung IY, Choi GH, Jeon MH, Kim KK, Jeon SR. Long-term results of spinal cord injury therapy using mesenchymal stem cells derived from bone marrow in humans. Neurosurgery 70(5):1238-47, 2012.
24. American Spinal Injury Association. International Standards for Neurological Classification of Spinal Cord Injury, rev. 2002. Chicago, IL: American Spinal Injury Association, 2002.
25. Steeves JD, Lammertse D, Curt A, Fawcett JW, Tuszynski MH, DitunnoJF et al. "Guidelines for the conduct of clinical trials for spinal cord injury (SCI) as developed by the ICCP panel: Clinical trial outcome measures." Spinal cord 45 (2007):206-221.
26. Guttmann L. "Symptomatology". In Spinal Cord Injuries: Comprehensive Management and Research, edited by L. Guttmann, 260-279. London: Oxford University Press, 1976.
27. Kakulas BA. "A review of the neuropathology of human spinal cord injury with emphasis on special features". J Spinal Cord Medicine 22(1999):119-124.
28. Kakulas BA, Dimitrijevik MR, Tansey K. Neurophysiological principles for the assessment of residual motor control below the spinal cord injury in humans. In Restorative neurology of spinal cord injury, edited by Milan R. Dimitrijevik, 10-42. London: Oxford University Press, 2012.
29. Thomas E, Storb R, Clift RA, Fefer A, Johnson FL, Neiman PE, Lerner KG, Glucksberg H, Buckner CD. Bone-marrow transplantation. N Engl J Med. 1975 Apr 17;292(16):832-43.
30. Ahmadbeigi N, Soleimani M, Babaeijandaghi F, Mortazavi Y, Gheisari Y, Vasei M, Azadmanesh K, Rostami S, Shafiee A, Nardi NB. The aggregate nature of human mesenchymal stromal cells in native bone marrow. Cytotherapy. 2012 Sep;14(8):917-24.
31. Lizier NF, Kerkis A, Gomes CM, Hebling J, Oliveira CF, Caplan AI, Kerkis I. Scaling-up of dental pulp stem cells isolated from multiple niches. PLoS One. 2012;7(6):e39885.

capítulo 31

Milton Artur Ruiz
Roberto Luiz Kaiser Junior

O Transplante de Células-Tronco Hematopoéticas na Doença de Cröhn

Introdução

A Doença de Cröhn (DC) é uma doença inflamatória intestinal frequente do íleo terminal, com potencial de acometer qualquer parte do aparelho digestivo e de apresentar sintomas extraintestinais.

A sua etiologia é desconhecida e existem fatores considerados predisponentes para o seu aparecimento como hábitos alimentares, exposição a medicamentos, genéticos e hereditários, e atualmente a doença está incluída no rol das doenças autoimunes (Liu).[1] É uma doença crônica, que evolui com recaídas e períodos de remissões clínicas, que se inicia comumente entre os 15 e os 30 anos de idade, em pacientes de ambos os sexos, com dores abdominais, diarreias frequentes que podem ou não ter sangue nas fezes, febre e perda de peso. Sintomas como artrite, uveíte e eritema nodoso estão presentes em mais da metade dos pacientes, assim é frequente a presença de fístulas perianais. O diagnóstico da DC é estabelecido com história e exame clínico, sorologia, radiologia, endoscopia, e de dados histológicos (Laas).[2]

O tratamento das doenças inflamatórias nos últimos anos tem experimentado um grande avanço com os imunossupressores e agentes biológicos como o fator de antinecrose tumoral α (anti-TNFα) (Antunes).[3] Apesar dos resultados benéficos, existem pacientes que apresentam toxicidade aos anti-TNFα e, por vezes, não respondem ao tratamento tradicional e tornam-se refratários. A DC, como foi citado, é uma doença de evolução crônica e inúmeros pacientes apresentarão estenose e oclusão de segmentos intestinais, estando descrito que metade dos pacientes durante a evolução terá indicação de ressecções cirúrgicas (Peyrin-Biroulet).[4] As cirurgias em diversos pacientes podem tornar-se recorrentes, existindo a chance também do desencadeamento da síndrome do intestino curto. Assim, em que pesem os avanços inegáveis obtidos com os anti-TNFα no tratamento da DC, é necessária uma nova opção para os pacientes refratários e com risco de serem submetidos a cirurgias mutilantes, a ressecções intestinais e/ou ao implante de estomas (Snowden).

O transplante com células-tronco

O Transplante de Células-Tronco Hematopoéticas (TCTH), a partir de estudos experimentais, foi demonstrado ser um tratamento efetivo para as doenças autoimunes (DAI) (Ikehara).[5] Os primeiros casos descritos foram em pacientes que tinham indicações do TCTH para outras doenças e que coincidentemente apresentavam DAIs. O mesmo ocorreu na DC, em 1998, quando um paciente portador de Linfoma de Hodgkin foi submetido a um TCTH autólogo e houve uma remissão clínica das duas moléstias (Kashiap).[6] O número de casos descritos na literatura tratados com o TCTH não é extenso, mas existe uma vasta coincidência de resultados similares de remissão clínica após o TCTH. Dentre estes, Oyama e colaboradores[7,] com 12 pacientes tratados com TCTH autólogo, obtiveram remissão clínica em todos os pacientes com Índice de Atividade da Doença de Cröhn (IADC) abaixo do escore de 150. Não houve óbitos e a complicação mais importante relatada foi febre na vigência de neutropenia. Burt e colaboradores[8] em uma observação de longo prazo da casuística observaram sobrevida livre de recaída da doença em 63% dos casos aos três anos e 36% aos cinco anos.

O ensaio clínico multicêntrico ASTIC, que recrutou 48 pacientes e os submeteu ao TCTH autólogo, foi finalizado em 2012 (Hawkey),[9] teve os seus dados revisados e publicados recentemente, que confirmaram os resultados preliminares com melhora evidente no IADC, nas alterações endoscópicas e um expressivo benefício na qualidade de vida dos pacientes(Hawkey).[10] Resultado semelhante foi observado em um paciente brasileiro submetido ao TCTH autólogo com cicatrização das lesões endoscópicas, e desaparecimento de todos os sintomas (Ruiz).[11]

Conclusão

Paciente refratário, com toxicidade ao tratamento convencional, com cirurgias prévias ou com risco de novas cirurgias ou passível de implante de estomas, nesses casos, o TCTH deve ser aventado como uma opção de tratamento na Doença de Cröhn.

REFERÊNCIAS BIBLIOGRÁFICAS

1. Liu JZ, Anderson CA. Genetic studies of Crohn's disease: past, present and future. Best Pract Res Clin Gastroenterol. 2014; 28 (3): 373–86. doi: 10.1016/j.bpg.2014.04.009. Epub 2014 May 6.
2. Laass MW, Roggenbuck D, Conrad K. Diagnosis and classification of Crohn's disease. Autoimmun Rev. 2014; 13 (4–5):467–71. doi: 10.1016/j.autrev.2014.01.029. Epub 2014 Jan 11.
3. Antunes O, Filippi J, Hébuterne X, Peyrin-Biroulet L. Treatment algorithms in Crohn's - up, down or something else? Best Pract Res Clin Gastroenterol. 2014;28 (3):473–83. doi: 10.1016/j.bpg.2014.05.001. Epub 2014 May 17.
4. Peyrin-Biroulet L, Loftus Jr EV, Colombel JFF, DandbornWJ. The natural history of adult Cröhn's disease in population based in cohorts. Am J Gastroenterol. 2010 ;105:289–97
5. Ikehara S. Treatment of autoimmune diseasesby hematopoietic stem cell transplantation. Exp Hematol. 2001; 105:29: 661–9
6. Kashiap A, Forman SJ, Autologous bone marrow transplantation for non-Hodgkin's lymphoma resulting in long-term remission of coincidental Cröhn's disease. Br J. Haematol. 1998; 103 (3):651–2
7. Oyama Y, Craig RM, Traynor AE, Quigley K, Statkute L, Halverson A. et al Autologous hematopoietic stem cell transplantation in patients with refractory Cröhn's disease. Gastroenterology 2005; 128:552–63

8. Burt RK, Craig RM, Milanetti F, Quigley K, Gozdziak P, Bucha J et al Autologous nonmyeloablative hematopoietic stem cell transplantation in patients with severe anti TNF refractory Cröhn's disease Blood 2010; 116 : 6123–32
9. Hawkey CJ. Stem cells as treatment in inflammatory bowel disease.Dig Dis 2012;30 Suppl 3:134–9. doi: 10.1159/000342740. Epub 2013 Jan 3.
10. Hawkey C, on behalf of The ASTIC Trialists (listed at http://www.nottingham.ac.uk/research/groups/giandliverdiseases/nddc-clinical-trials/astic-trial/centres-and-members.asp) OC-007 Haemopoetic Stem Cell Transplantation For Severe Resistant Crohn's Disease: Preliminary Evidence For Durable Benefit Gut 2014;63:A4 doi:10.1136/gutjnl-2014-307263.7
11. Ruiz MA, Kaiser Junior RL, Faria MA, Quadros LG. Early remission of refractory Crohn's disease after Autologous Hematopoietic Stem Cell Transplantation. Rev Bras hematol. Hemoter, 2014 (submetido)

capítulo 32

Joel Augusto Ribeiro Teixeira
Flávio Key Miura

Células-Tronco na Doença Degenerativa do Disco Intervertebral

Estrutura do disco intervertebral

A **dor lombar** está entre as doenças mais comuns da nossa sociedade. Cerca de 632 milhões de pessoas são afetadas no mundo. A prevalência da doença ao longo da vida é de 70 a 80%, e a elevada taxa de incapacidade para exercer as atividades rotineiras e ocupacionais é uma característica da condição. Disso resulta um elevado custo direto no tratamento desses pacientes, e indireto, referente à perda de produtividade desses indivíduos. Das possíveis causas implicadas na origem da dor lombar, o **Disco Intervertebral** (**DI**) é o gerador de dor mais frequente, sendo responsável por 40 a 60% dos casos.[1-8]

O **DI** é um órgão avascular, flexível e resistente, que conecta e articula os corpos vertebrais, agindo também como amortecedor mecânico. É formado por um tecido cartilaginoso representado pelos **platôs vertebrais** de cada uma das vértebras adjacentes, e de um **ânulo fibroso,** que circunda um **núcleo pulposo** onde predominam as fibras de colágeno.[3-13]

O núcleo pulposo é formado por um tecido altamente hidratado, composto por uma matriz de proteoglicanos, incluindo o *aggrecan,* fibras de colágeno tipo II (e também tipos VI, IX e XI em menor quantidade) além de elastina. As células do núcleo pulposo são semelhantes a condrócitos, embebidas na matriz extracelular em uma densidade de 5.000 células/mm^3 [3,7,8] A matriz proteoglicana associada a compostos osmóticos não iônicos dá características hidrofílicas com elevada pressão osmótica no interior do núcleo.[3,7,8].

O ânulo fibroso consiste de 15 a 25 lamelas concêntricas compostas de fibras de colágeno tipo I e III (tipo II em menor quantidade), com orientações de fibras alternadas, com elastina e proteoglicanas entre as camadas. As lamelas estão firmemente ancoradas nos platôs vertebrais. As células são uma combinação de fibroblastos e condrócitos. A densidade de células é de 9.000 células/mm^3. A função do ânulo fibroso é prover resistência tênsil à estrutura e manter a pressão osmótica elevada do seu núcleo.[3,7,8]

Os platôs vertebrais são as interfaces com os corpos vertebrais revestidos por uma fina camada de condrócitos e uma matriz hialina, semelhante à cartilagem. Abaixo desta, no corpo vertebral, uma rede capilar é responsável por 80% da nutrição do **DI.**[3,7,8].

Na vida adulta, apenas 1% do volume do **DI** é ocupado por células. Ainda assim, o seu papel é de vital importância, sendo responsável pela síntese, pelo reparo e pela reciclagem da matriz extracelular.[11]

Embriologia e fisiologia

A coluna vertebral é desenvolvida com a orientação da notocorda, que se destaca da mesoderme e é responsável pela orientação axial do embrião. Os corpos vertebrais e os ânulos fibrosos dos DI são derivados do somito mesenquimal central. As células da notocorda permanecem no interior do núcleo pulposo e começam a degenerar pouco antes do nascimento, aparecendo em quantidade regressiva após o nascimento, e ainda podendo ser identificadas na vida adulta.[3,7,11] Muito se especulou a respeito da origem das células do núcleo pulposo, se estas eram derivadas de células de origem mesenquimal de tecido circundante da notocorda ou se eram derivadas da própria notocorda, que se diferenciavam nessas células adultas ao invés de simplesmente degenerarem. Estudos foram realizados no sentido de elucidar essa questão, e os resultados atuais sugerem que coexistam as duas populações distintas de células derivadas da notocorda e de tecidos adjacentes, com a mesma expressão fenotípica.[11] Esse fato possui grande importância na condução de linhas de pesquisa referentes a células-tronco no **DI**.[3,14,15]

O **DI** é uma estrutura avascular, sendo que toda a sua nutrição é realizada por difusão de oxigênio e outras moléculas provindas dos vasos que circundam o ânulo fibroso e dos capilares subjacentes aos platôs vertebrais. Esse processo de nutrição é menos eficiente, levando à condição de metabolismo anaeróbio no interior do núcleo, pH baixo e alta concentração de ácido láctico. O interior do núcleo pulposo possui carga negativa por conta dos proteoglicanos da matriz extracelular. Desta forma, moléculas neutras e com carga positiva tendem a se difundir pelos platôs vertebrais, e as com carga negativa são difundidas mais facilmente pela periferia do ânulo fibroso. As células do núcleo pulposo são sensíveis às condições adversas de hipóxia e pH baixo. Fatores de transcrição como o **HIF-1** (*Hipoxia Inducible Factor*) respondem ao nível de oxigênio baixo e agem regulando o consumo de oxigênio mitocondrial. Outra ação do **HIF-1** é ativação do **VEGF** (*Vascular Endothelial Growth Factor*) e **Angiopoietina-1**, fatores implicados na sobrevivência das células à hipóxia.[4,7,16]

Mecanismos de degeneração e envelhecimento

O **DI** pode sofrer degeneração abrupta devido a uma sobrecarga ou traumatismo que ultrapassa sua resistência,[7] porém, via de regra, este sofre um processo de degeneração crônico ao longo da vida do indivíduo que é influenciada por fatores genéticos e ambientais. Como já foi descrito, o microambiente do interior do **DI** é *sui generis*, envolvendo um frágil equilíbrio de metabolismo de predomínio anaeróbio, baixa concentração de glicose e pH baixo. Uma deterioração dessas condições por um desequilíbrio de oferta e demanda pode levar a um predomínio dos processos catabólicos sobre os anabólicos.[17] Distúrbios que afetam a interface dos platôs vertebrais como a aterosclerose, alterações de Modic, nódulos de Schmorl, tabagismo e a obesidade comprometem o processo de nutrição do DI.[3,17] Fatores genéticos como polimorfismos nos genes que codificam o colágeno I, IX, XI, *aggrecan*, asporina e IL-1 são associados à suscetibilidade ao processo degenerativo.[3,7,16]

Com a deterioração do ambiente intradiscal, fenômenos consequentes ocorrem, tais como diminuição do número de células e diminuição da produção da matriz extracelular, com progressiva desidratação do disco. Nesse processo ocorre substituição do colágeno tipo II por tipo I, de natureza mais fibrosa. A cadeia inflamatória é ativada com produção de citocinas: Interleucinas (***IL-1, IL-2, IL-4, IL-6, IL-8, IL-12, IL-17***), fator de necrose tumoral α (**TNF-α**) e **interferon** γ. A desidratação e perda da matriz extracelular incorre na perda da altura discal e abaulamento do ânulo fibroso. Este, por sua vez, fica sujeito à formação de fissuras que podem ser dolorosas. Essas fissuras são acompanhadas por formação de tecido de granulação, neobrotamento neural e produção de fatores inflamatórios locais. O metabolismo baixo e a diminuição de células produtoras de matriz extracelular e de células reparadoras no interior do **DI** impedem que o processo reparador dessas anomalias seja eficiente, levando a uma cadeia de eventos de evolução crônica e progressiva de deterioração.[3,7,8,10,11,16,17]

Estudos realizados com coelhos e posteriormente com discos humanos extraídos por discectomia identificaram células progenitoras com marcadores semelhantes aos das Células-Tronco Mesenquimais (**CTM**) da medula óssea.[18,19] Uma fração dessas células é capaz de se diferenciar em adipócitos, osteoblastos, condrócitos, neurônios e endotélio em vivo.[3,18,19] Células similares foram também encontradas nos platôs vertebrais extraídos em discectomia.[20] Investigações em camundongos e humanos identificaram também populações de células do **núcleo pulposo** que são positivas para marcadores de superfície ***tyrosine-like*** **Tie2** e **disialogangliosideo 2** (**GD2**). Esses clones de células encontrados são superiores na diferenciação de células do núcleo pulposo e na formação da matriz extracelular. A sobrevivência dessas células é mantida com a sinalização da **angiopoietina-1**. Existe também uma correlação referente ao desaparecimento dessas células com a degeneração discal e o envelhecimento, tornando-as candidatas a serem reconhecidas como um reservatório natural de células pluripotentes de reparação.[14,21] Essas células podem ter características únicas, devido à sua sobrevivência a condições de baixo oxigênio, glicose e pH baixo, tendo potencial para diferenciação em outros tecidos, inclusive tecido neural como demonstrado em estudo *in vitro* com células caninas.[15]

Terapias de reparação celular e células-tronco

Os tratamentos tradicionais com base em medicamentos, analgésicos, terapias físicas e cirurgias não solucionam todos os casos de alterações discais, além de serem tratamentos paliativos que tentam contornar, mas não corrigir a origem do distúrbio (que é o desequilíbrio da homeostase do **DI**).[1-13] A última década tem mostrado uma explosão de linhas de pesquisa em tentar reparar a população original de células do DI, bem como sua matriz extracelular e homeostase.[3,8,22]

Uma possibilidade explorada é estimular as próprias células precursoras no interior do DI para repará-lo, como já foi citado. Um trabalho utilizando como estimulante o ***granulocyte colony-stimulating factor*** (**GCSF**), uma citocina capaz de estimular **CTM** da medula óssea, não teve resultado positivo.[23] Outra linha de pesquisa é a injeção direta no disco de fatores tróficos e de crescimento como a proteína osteogênica (**OP-1**), fator de crescimento 5 (**GDF-5**), sinvastatina e **plasma rico em plaquetas** (**PRP**), motivando promover a atividade anabólica do **DI**.[3,8,22]

A terapia gênica pode proporcionar um efeito de longa duração para o reparo da homeostase do **DI**. Estudos têm sido efeitos com genes codificando fatores intradiscais anabolizantes e de ação anti-inflamatória, através de vetores virais e não virais. Esses trabalhos apresentam resultados promissores.[3]

Não sendo possível reparar a maquinaria celular e estrutural do **DI** por qualquer método, a proposta em linhas de pesquisa em animais e algumas poucas em seres humanos é repopular o **DI** utilizando-se células-tronco precursoras que possam se diferenciar em condrócitos do núcleo pulposo. O primeiro passo nesse sentido foi dado por transplantes de condrócitos autólogos. As células são difíceis de obter naturalmente, tanto pela impossibilidade de se lesar discos saudáveis, como pelo fato de os discos operados já estarem degenerados, deficientes de células precursoras. As células são retiradas de tecido cirúrgico proveniente de discectomia e são cultivadas com **CTM** para que ocorra uma recuperação por transferência de tratores tróficos e serem posteriormente implantadas. Há resultados iniciais promissores com o uso desta técnica em restauração das características fisiológicas do **DI**.[24,25,26]

O transplante de **CTM** é uma opção lógica e atraente para a restauração do **DI**. As células podem ser obtidas da medula óssea ou do tecido adiposo. Neste último há maior quantidade de células, não tornando necessário o processamento para expansão como quando as mesmas são extraídas da medula óssea.[3,8] A primeira tentativa bem-sucedida de transplante autólogo de **CTM** foi realizada em coelhos, em 2003, por **Sakai** e colaboradores.[27] O resultado foi favorável, demonstrando expressão proteica compatível com a sobrevivência e diferenciação das células transplantadas, inclusive com produção de colágeno e *aggrecan*. Houve melhora do aspecto radiológico dos **DI** em exames de ressonância magnética.[8,27] Outros estudos posteriores em camundongos, coelhos e cães, e de células humanas implantadas em discos de camundongos e porcos, mostraram a diferenciação das **CTM** em células do núcleo pulposo com produção de marcadores compatíveis.[27-31] Apesar de estar provada a diferenciação das **CTM**, não se sabe ao certo por quanto tempo estas permanecem viáveis, e qual a sua participação direta na regeneração da matriz celular. Fatores como pH baixo, níveis de glicose baixos, hipóxia e carga mecânica são agressivos às **CTM**, embora o pH baixo e carga mecânica também sejam imputados no processo de diferenciação das células.[3,8,12,32] Outros mecanismos, senão a diferenciação e produção proteica, podem ser responsáveis pelos efeitos benéficos do transplante de **CTM**. As **CTM** podem reativar as células do **núcleo pulposo** através de contato célula a célula, e pela troca de componentes da membrana, ação anti-inflamatória, modulação imunológica e indução da atividade anabólica.[3,8,12]

Algumas questões ainda necessitam de esclarecimento e desenvolvimento da técnica do procedimento de transplante de **CTM**. O veículo responsável pelo condicionamento e transporte das **CTM** não está padronizado. Uma variedade de hidrogéis sintéticos e naturais é considerada, composta de fibrina, colágeno, ácido hialurônico testada. Um polímero de fibrina e *hyaluronan* também parece promissor.[3] O orifício decorrente da punção do **DI** para a injeção das células também pode ser um problema, com o vazamento das células implantadas e o risco de diferenciação osteogênica em outro sítio da coluna. Tampões e selantes estão sendo desenvolvidos para evitar esta possibilidade.[3,8] O próprio orifício de punção para injeção das células pode ser um fator de degeneração discal, tomando por base trabalhos de experimentação animal e de discografias em humanos.[3,8]

A despeito dos resultados em experimentos com discos de cobaias, estes não podem ser totalmente transponíveis para seres humanos. Além da variação da composição de matriz extracelular e celularidade, o fato de os **DIs** de animais também não experimentarem a mesma sobrecarga do ser humano na postura ereta, está também o tamanho dos discos com implicações na difusão de nutrientes, oxigênio, e da proliferação de **CTM**.[3,7,811] Dois estudos preliminares com seres humanos foram recentemente publicados.[33,34]

Yoshikawa e colaboradores relataram em 2010 dois casos de duas pacientes do sexo feminino com 67 e 70 anos de idade, e lombalgia, com alterações degenerativas da coluna lombar, apresentando ao exame de ressonância magnética **DI** degenerados, com desidratação, fenômeno do vácuo e diminuição da altura discal. As **CTM** foram obtidas por punção aspirativa do osso ilíaco na quantidade de 5 mL cada. As células foram processadas, cultivadas por duas a quatro semanas e centrifugadas e lavadas em solução salina, obtendo-se uma suspensão com 10^5 células/mL. Foram usadas esponjas de colágeno e silicone para absorver a suspensão. Essas esponjas foram implantas cirurgicamente no interior dos discos vertebrais. O orifício de punção foi tamponado com a mesma esponja sem **CTM**. Ambas as pacientes obtiveram melhora de sintomas de dor e sensibilidade no intervalo de seis meses a dois anos. A ressonância magnética das pacientes mostrou melhora da hidratação dos discos tratados e do fenômeno do vácuo anteriormente presente, mas sem melhora das alturas discais.[33]

Orozco e colaboradores publicaram em 2011 uma série com dez pacientes (quatro masculinos e seis femininos, idade 35 ± 7 anos) apresentando doença discal degenerativa e dor lombar. As células de medula óssea obtidas foram expandidas por 20 a 28 dias e cultivadas por sete a dez dias. No final do processo as células apresentavam aspecto fibroblástico. Não há detalhes do método de implantação das células nos **DI**. Houve melhora da dor e sintomas gerais em três meses, e aumento da hidratação dos discos detectada em 12 meses.[34]

Conclusão

O **disco intervertebral** é uma estrutura complexa e sensível, que uma vez danificada causa dor e sofrimento a uma parcela significativa da população. Avanços nos estudos de sua fisiologia e fisiopatologia, bem como da terapia com células-tronco estão confluindo numa modalidade terapêutica com resultados iniciais promissores.

Protocolo operacional de punção do disco para introdução de células-tronco

1. Paciente posicionado em mesa cirúrgica radiotransparente, em decúbito ventral, suportado por coxins de gel.
2. Assepsia, antissepsia da região lombar. Colocação de campos estéreis e de filme iodado adesivo.
3. Posicionamento de radioscopia anteroposterior (Figura 32.1).
4. Localização do espaço discal pretendido. Alinhamento dos platôs vertebrais, do processo espinhoso e dos pedículos, tornando a orientação do raio X totalmente paralelo às vertebras adjacentes.

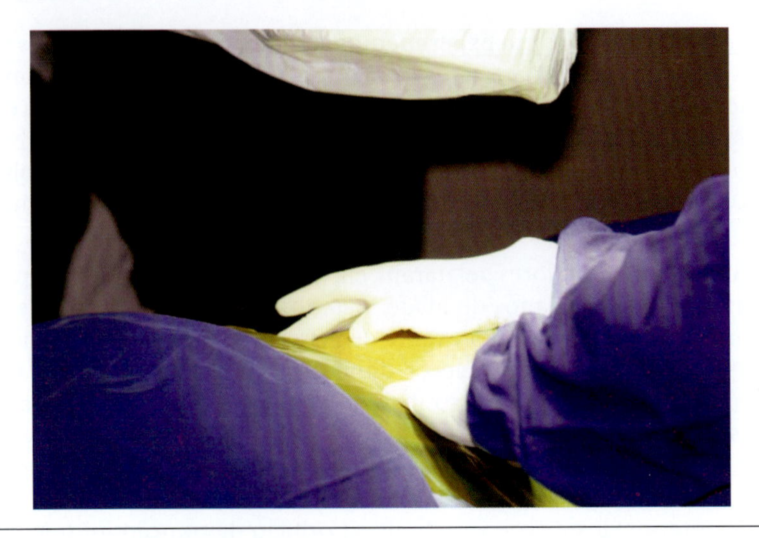

Figura 32.1 ▸ Preparação do campo cirúrgico e radioscopia.

5. Rotação lateral da radioscopia para o lado pretendido da punção. A rotação deve ser em média de 45º, ou até que a articulação facetária superior da vértebra inferior se alinhe com o centro do disco.
6. Botão de anestésico na pele e subcutâneo, lidocaína 2%, no ponto de entrada.
7. Utilização de agulha de 8 polegadas, 18G apontando para o espaço discal, lateral à articulação facetária (Figuras 32.2 e 32.3).
8. Introdução da agulha em pele e subcutâneo. A agulha é guiada por radioscopia utilizando a técnica do túnel de visão.

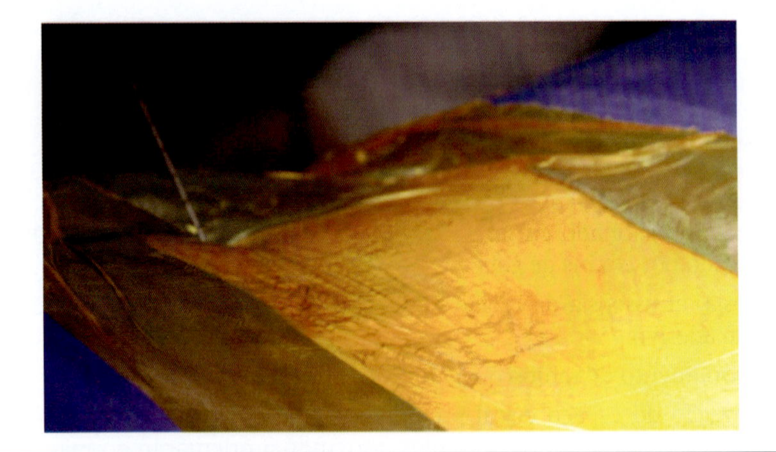

Figura 32.2 ▸ Punção com agulha descrita.

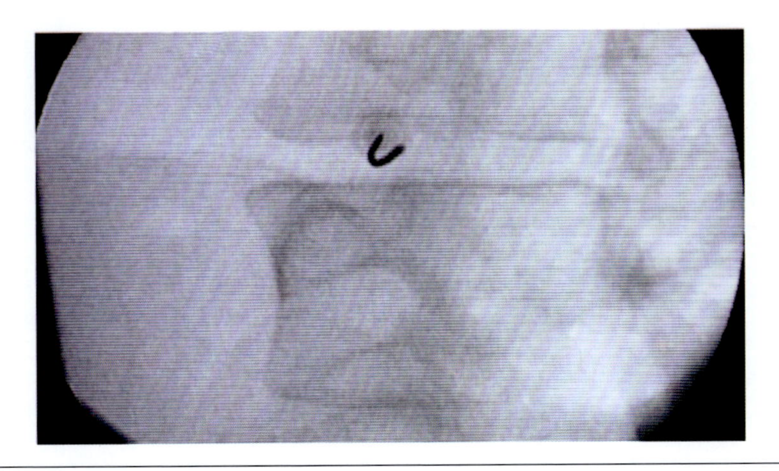

Figura 32.3 Agulha guiada por túnel de visão em posição de radioscopia oblíqua, lateral à faceta articular.

9. Ao penetrar no disco, sente-se leve resistência. O paciente pode sentir um pouco de dor.
10. Avança-se ligeiramente a agulha.
11. Voltando a radioscopia para a posição anteroposterior, a extremidade da agulha deve estar no terço medial do disco (Figura 32.4).
12. Posicionando a radioscopia na posição perfil, a extremidade da agulha deve estar no terço medial do disco (Figura 32.5).
13. Injeção das células-tronco mesenquimais.
14. Retirada da agulha.
15. Hemostasia e curativo oclusivo.

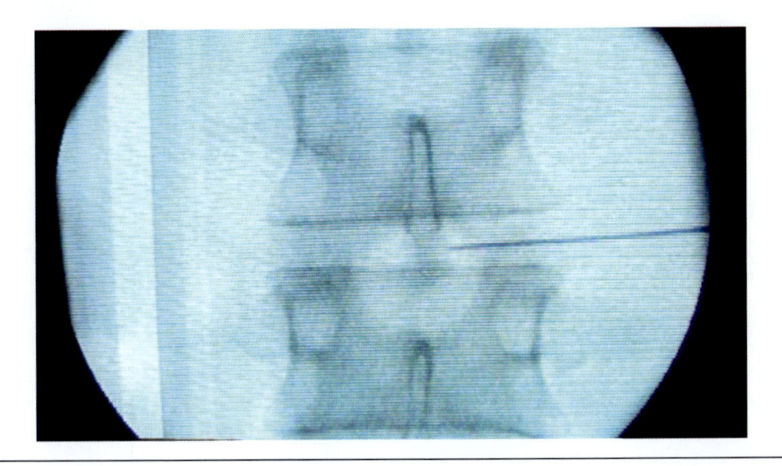

Figura 32.4 Controle de posição da agulha anteroposterior.

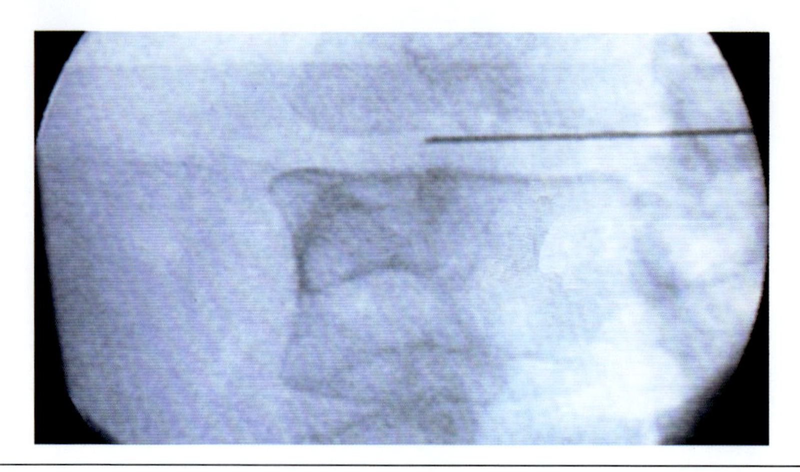

Figura 32.5 ▶ Controle de posição da agulha no perfil.

REFERÊNCIAS BIBLIOGRÁFICAS

1. Chou R, Loeser JD, Owens DK, Rosenquist RW, Atlas SJ, Baisden J, Carragee EJ, Grabois M, Murphy DR, Resnick DK, Stanos SP, Shaffer WO, Wall EM. Interventional therapies, surgery, and interdisciplinary rehabilitation for low back pain: an evidence-based clinical practice guideline from the American Pain Society. American Pain Society Low Back Pain Guideline Panel. Spine (Phila Pa 1976). 2009 May 1;34(10):1066–77.
2. Bhangle SD, Sapru S, Panush RS. Back pain made simple: an approach based on principles and evidence. Cleve Clin J Med. 2009 Jul;76(7):393–9.
3. Sakai D, Grad S. Advancing the cellular and molecular therapy for intervertebral disc disease. Adv Drug Deliv Rev. 2014 Jun 30. [Epub ahead of print].
4. Pereira CL, Gonçalves RM, Peroglio M, Pattappa G, D'Este M, Eglin D, Barbosa MA, Alini M, Grad S. The effect of hyaluronan-based delivery of stromal cell-derived factor-1 on the recruitment of MSCs in degenerating intervertebral discs. Biomaterials. 2014 Sep;35(28):8144–53. doi: 10.1016/j.biomaterials.2014.06.017. Epub 2014 Jun 24.
5. Kadow T, Sowa G, Vo N, Kang JD. Molecular Basis of Intervertebral Disc Degeneration and Herniations: What Are the Important Translational Questions? Clin Orthop Relat Res. 2014 Jul 15. [Epub ahead of print].
6. Wang HQ, Samartzis D. Clarifying the nomenclature of intervertebral disc degeneration and displacement: from bench to bedside. Int J Clin Exp Pathol. 2014 Mar 15;7(4):1293–8. eCollection 2014.
7. Adams M, Bogduk N, Burton K, Dolan P. The Biomechanics of Back Pain. 2nd edition. Elsevier, 2006.
8. Sakai D. Stem cell regeneration of the intervertebral disk. Orthop Clin North Am. 2011 Oct;42(4):555–62, viii–ix.
9. Kumar D, Gerges I, Tamplenizza M, Lenardi C, Forsyth NR, Liu Y. Three-dimensional hypoxic culture of human mesenchymal stem cells encapsulated in a photocurable, biodegradable polymer hydrogel: A potential injectable cellular product for nucleus pulposus regeneration. Acta Biomater. 2014 Aug;10(8):3463–74.

10. Erwin WM. Biologically based therapy for the intervertebral disk: who is the patient? Global Spine J. 2013 Jun;3(3):193–200.
11. Rodrigues-Pinto R1, Richardson SM, Hoyland JA. An understanding of intervertebral disc development, maturation and cell phenotype provides clues to direct cell-based tissue regeneration therapies for disc degeneration. Eur Spine J. 2014 Apr 29.[Epub ahead of print]
12. Gilbert HT, Hoyland JA, Richardson SM. Stem cell regeneration of degenerated intervertebral discs: current status (update). Curr Pain Headache Rep. 2013 Dec;17(12):377.
13. Wang HQ, Samartzis D. Clarifying the nomenclature of intervertebral disc degeneration and displacement: from bench to bedside. Int J Clin Exp Pathol. 2014 Mar 15;7(4):1293–8. eCollection 2014.
14. Lu Y, Wang MY. The identification of a nucleus pulposus progenitor cell population: a tie to the spinal disc degenerative disease? Neurosurgery. 2013 Jun;72(6):N24–6.
15. Erwin WM, Islam D, Eftekarpour E, Inman RD, Karim MZ, Fehlings MG. Intervertebral disc-derived stem cells: implications for regenerative medicine and neural repair. Spine. 2013 Feb 1;38(3):211–6.
16. Huang YC, Urban JP, Luk KD. Intervertebral disc regeneration: do nutrients lead the way? Nat Rev Rheumatol. 2014 Jun 10.
17. Maidhof R, Jacobsen T, Papatheodorou A, Chahine NO. Inflammation induces irreversible biophysical changes in isolated nucleus pulposus cells. PLoS One. 2014 Jun 17;9(6):e99621. doi: 10.1371/journal.pone.0099621. eCollection 2014.
18. Henriksson H, Thornemo M, Karlsson C, Hägg O, Junevik K, Lindahl A, Brisby H. Identification of cell proliferation zones, progenitor cells and a potential stem cell niche in the intervertebral disc region: a study in four species. Spine (Phila Pa 1976). 2009 Oct 1;34(21):2278–87.
19. Tzaan WC, Chen HC. Investigating the possibility of intervertebral disc regeneration induced by granulocyte colony stimulating factor-stimulated stem cells in rats. Adv Orthop. 2011;2011:602089. doi: 10.4061/2011/602089. Epub 2010 Nov 21.
20. Liu LT1, Huang B, Li CQ, Zhuang Y, Wang J, Zhou Y.Characteristics of stem cells derived from the degenerated human intervertebral disc cartilage endplate. PLoS One. 2011;6(10):e26285. doi: 10.1371/journal.pone.0026285. Epub 2011 Oct 18.
21. Sakai D, Nakamura Y, Nakai T, Mishima T, Kato S, Grad S, Alini M, Risbud MV, Chan D, Cheah KS, Yamamura K, Masuda K, Okano H, Ando K, Mochida J. Exhaustion of nucleus pulposus progenitor cells with ageing and degeneration of the intervertebral disc. Nat Commun. 2012;3:1264.
22. Richardson SM, Hoyland JA, Mobasheri R, Csaki C, Shakibaei M, Mobasheri A. Mesenchymal stem cells in regenerative medicine: opportunities and challenges for articular cartilage and intervertebral disc tissue engineering. J Cell Physiol. 2010 Jan;222(1):23–32.
23. Tzaan WC, Chen HC. Investigating the possibility of intervertebral disc regeneration induced by granulocyte colony stimulating factor-stimulated stem cells in rats. Adv Orthop. 2011;2011
24. Watanabe T, Sakai D, Yamamoto Y, Iwashina T, Serigano K, Tamura F, Mochida J. Human nucleus pulposus cells significantly enhanced biological properties in a coculture system with direct cell-to-cell contact with autologous mesenchymal stem cells. J Orthop Res. 2010 May;28(5):623–30.
25. Hohaus C, Ganey TM, Minkus Y, Meisel HJ. Eur Spine J. Cell transplantation in lumbar spine disc degeneration disease. 2008 Dec;17 Suppl 4:492–503.

26. Meisel HJ, Siodla V, Ganey T, Minkus Y, Hutton WC, Alasevic OJ. Clinical experience in cell-based therapeutics: disc chondrocyte transplantation A treatment for degenerated or damaged intervertebral disc.Biomol Eng. 2007 Feb;24(1):5–21.
27. Sakai D, Mochida J, Yamamoto Y, Nomura T, Okuma M, Nishimura K, Nakai T, Ando K, Hotta T. Transplantation of mesenchymal stem cells embedded in Atelocollagen gel to the intervertebral disc: a potential therapeutic model for disc degeneration. Biomaterials. 2003 Sep;24(20):3531–41.
28. Yang F, Leung VY, Luk KD, Chan D, Cheung KM. Mesenchymal stem cells arrest intervertebral disc degeneration through chondrocytic differentiation and stimulation of endogenous cells. Mol Ther. 2009 Nov;17(11):1959–66.
29. Sakai D, Mochida J, Iwashina T, Watanabe T, Nakai T, Ando K, Hotta T. Differentiation of mesenchymal stem cells transplanted to a rabbit degenerative disc model: potential and limitations for stem cell therapy in disc regeneration. Spine (Phila Pa 1976). 2005 Nov 1;30(21):2379–87.
30. Hiyama A, Mochida J, Iwashina T, Omi H, Watanabe T, Serigano K, Tamura F, Sakai D. Transplantation of mesenchymal stem cells in a canine disc degeneration model. J Orthop Res. 2008 May;26(5):589–600.
31. Henriksson HB1, Svanvik T, Jonsson M, Hagman M, Horn M, Lindahl A, Brisby H. Transplantation of human mesenchymal stems cells into intervertebral discs in a xenogeneic porcine model. Spine (Phila Pa 1976). 2009 Jan 15;34(2):141–8.
32. Li H, Liang C, Tao Y, Zhou X, Li F, Chen G, Chen QX. Acidic pH conditions mimicking degenerative intervertebral discs impair the survival and biological behavior of human adipose-derived mesenchymal stem cells. Exp Biol Med (Maywood). 2012 Jul;237(7):845–52.
33. Yoshikawa T, Ueda Y, Miyazaki K, Koizumi M, Takakura Y. Disc regeneration therapy using marrow mesenchymal cell transplantation: a report of two case studies. Spine (Phila Pa 1976). 2010 May 15;35(11):E475–80.
34. Orozco L, Soler R, Morera C, Alberca M, Sánchez A, García-Sancho J. Intervertebral disc repair by autologous mesenchymal bone marrow cells: a pilot study. Transplantation. 2011 Oct 15;92(7):822–8.

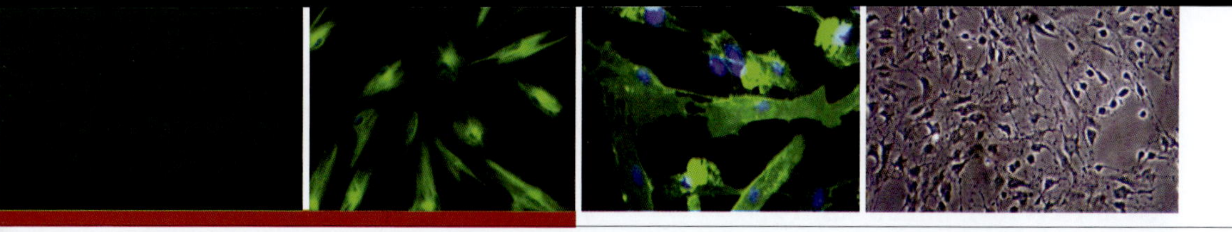

Índice Remissivo

D

E

F

G

H

I

K

L

M

N

O

P

U

V

W

Y